普通高等教育"十二五"规划教材

Visual Basic.NET 程序设计

主 编 夏敏捷 齐 晖

副主编 刘 姝 李 枫 张睿萍

中国水利水电出版社
www.waterpub.com.cn

内 容 提 要

本书以 Visual Studio 2008 为开发环境，通过丰富的实例阐述基本编程方法和程序设计技巧，并详尽介绍了 Visual Basic.NET 语言基础、程序的基本控制结构、数组、过程、用户界面设计、菜单、图形、面向对象的编程、文件、访问数据库及调试和错误处理等内容。书中提供的有针对性的实例、精心编排的内容和科学的学习顺序是初学者深入理解"面向对象"思想和从入门到精通的保证。本书既重视理论知识的讲解，又强调应用技能的培养，每一章都设计了大量的例题对核心知识点进行讲解，并将重要的知识点穿插于具体的实例中。

本书可作为高等学校非计算机专业程序设计基础课教材，也可作为广大计算机爱好者的自学读物。

本书配有电子教案，读者可以从中国水利水电出版社网站和万水书苑免费下载，网址为：http://www.waterpub.com.cn/softdown/ 和 http://www.wsbookshow.com。

图书在版编目（CIP）数据

Visual Basic.NET 程序设计 / 夏敏捷，齐晖主编
. -- 北京：中国水利水电出版社，2012.12（2016.1 重印）
普通高等教育"十二五"规划教材
ISBN 978-7-5170-0384-7

Ⅰ. ①V… Ⅱ. ①夏… ②齐… Ⅲ. ①BASIC 语言－程序设计－高等学校－教材 Ⅳ. ①TP312

中国版本图书馆 CIP 数据核字(2012)第 286094 号

策划编辑：向　辉　雷顺加　　责任编辑：张玉玲　　加工编辑：李　燕　　封面设计：李　佳

书　名	普通高等教育"十二五"规划教材 Visual Basic.NET 程序设计
作　者	主　编　夏敏捷　齐　晖 副主编　刘　姝　李　枫　张睿萍
出版发行	中国水利水电出版社 （北京市海淀区玉渊潭南路 1 号 D 座　100038） 网址：www.waterpub.com.cn E-mail：mchannel@263.net（万水） 　　　　sales@waterpub.com.cn 电话：（010）68367658（发行部）、82562819（万水）
经　售	北京科水图书销售中心（零售） 电话：（010）88383994、63202643、68545874 全国各地新华书店和相关出版物销售网点
排　版	北京万水电子信息有限公司
印　刷	三河市铭浩彩色印装有限公司
规　格	184mm×260mm　16 开本　21.5 印张　540 千字
版　次	2012 年 12 月第 1 版　2016 年 1 月第 3 次印刷
印　数	6001—9000 册
定　价	38.00 元

凡购买我社图书，如有缺页、倒页、脱页的，本社发行部负责调换

版权所有·侵权必究

前　　言

　　.NET 是微软未来的技术发展方向，其强大的技术优势已逐渐为人们所推崇，并且在全世界掀起了学习.NET 技术的高潮，掌握了该技术，无疑会在当前激烈的就业竞争中握有胜券。作为微软.NET 框架下的核心技术之一，Visual Basic.NET（VB.NET）经过几年的发展，正在成为主流的开发语言。随着微软.NET 技术的普及，各高校为适应科技发展的需要，纷纷采用先进的开发语言来教学，大多高校理工类专业大多都开设"Visual Basic.NET 程序设计"课程，所以 Visual Basic.NET 编程爱好者也越来越多。

　　本教程为学习 Visual Basic.NET 程序设计提供了一个简单易学的切入点。本书面向全无编程经验的读者，将控件使用放在后面的章节中，前面章节仅使用标签和文本框控件讲解程序设计的思想及常用算法（排序、打擂、找最小等）。在后面的章节的实例中才将控件使用与代码设计有机地结合起来，并做到概念清晰、逻辑性强、层次分明、例题丰富。本书既重视理论知识的讲解，又强调应用技能的培养，每一章都设计了大量的例题对核心知识点进行讲解，并将重要的知识点穿插于具体的实例中。

　　全书共分 12 章，主要包括：Visual Basic.NET 程序开发环境、Visual Basic.NET 语言基础、Visual Basic.NET 可视化程序设计初步、Visual Basic.NET 程序控制结构、数组、过程、常用基础控件、菜单与工具栏设计、Visual Basic.NET 面向对象程序设计、Visual Basic.NET 图形程序设计、文件、Visual Basic.NET 数据库管理应用程序开发等。为了加深对内容的理解，每章后均附有一定数量的习题。同时为了便于 Visual Basic 6.0 读者学习本书，在附录中总结了 Visual Basic.NET 和 Visual Basic 的区别。

　　为了方便教师备课，本书配有电子教案，任课教师可到中国水利水电出版社网站和万水书苑上免费下载。相信我们多年的教学经验会对广大师生的教与学有所帮助。建议本书的教学学时为 68 个学时，其中理论教学 48 学时，课内上机实践 20 学时，课外上机不少于32 学时。

　　本书由夏敏捷、齐晖任主编，刘姝、李枫、张睿萍任副主编，各章编写分工如下：第 1 章和第 4 章由刘姝编写，第 2 章由李国伟编写，第 3 章由金秋编写，第 5 章由潘惠勇编写，第 6 章和第 9 章由李枫编写，第 7 章由夏敏捷编写，第 8 章由张睿萍编写，第 10 章由齐晖编写，第 11 章由张慎武编写，第 12 章由李娟编写，附录由张睿萍、李娟编写。全书由夏敏捷、齐晖修改并统稿。本书在编写过程中得到了中原工学院计算机学院院长郑秋生教授的大力支持在此表示衷心的感谢。

　　由于编者水平有限及时间仓促，书中难免有疏漏甚至错误之处，恳请广大读者批评指正。

编者
2012 年 10 月

目 录

前言

第1章 Visual Basic.NET 概述 ………………… 1
1.1 Visual Basic.NET 简介 ………………… 1
　1.1.1 Visual Basic.NET 的历史 …………… 1
　1.1.2 Visual Basic.NET 的特点 …………… 2
　1.1.3 .NET 框架 …………………………… 2
1.2 Visual Studio 2008 的安装和启动 …… 4
　1.2.1 Visual Studio 2008 的安装 ………… 4
　1.2.2 Visual Studio 2008 的启动 ………… 6
1.3 Visual Basic 2008 的集成开发环境 …… 7
　1.3.1 菜单栏 ………………………………… 7
　1.3.2 工具栏 ………………………………… 7
　1.3.3 窗体设计器 …………………………… 8
　1.3.4 工具箱 ………………………………… 9
　1.3.5 属性窗口 ……………………………… 10
　1.3.6 解决方案资源管理器 ………………… 10
　1.3.7 代码编辑器 …………………………… 11
　1.3.8 输出窗口 ……………………………… 12
　1.3.9 错误列表窗口 ………………………… 12
1.4 面向对象程序设计的基本概念 ………… 12
　1.4.1 类与对象 ……………………………… 13
　1.4.2 对象的属性 …………………………… 13
　1.4.3 对象的方法 …………………………… 14
　1.4.4 对象的事件与事件过程 ……………… 14
1.5 Visual Basic.NET 应用程序的开发步骤 … 15
实验一 设计第一个 Visual Basic.NET
　　　　应用程序 ……………………………… 16
习题一 ………………………………………… 18

第2章 编程基础 ………………………………… 20
2.1 数据类型 ………………………………… 20
　2.1.1 数值数据类型 ………………………… 21
　2.1.2 字符数据类型 ………………………… 22
　2.1.3 布尔数据类型 ………………………… 22
　2.1.4 日期数据类型 ………………………… 22

　2.1.5 对象数据类型 ………………………… 23
　2.1.6 用户自定义数据类型 ………………… 23
2.2 常量和变量 ……………………………… 23
　2.2.1 常量 …………………………………… 23
　2.2.2 变量 …………………………………… 24
2.3 运算符和表达式 ………………………… 26
　2.3.1 算术运算符 …………………………… 27
　2.3.2 赋值运算符 …………………………… 28
　2.3.3 连接运算符 …………………………… 28
　2.3.4 关系运算符 …………………………… 28
　2.3.5 逻辑运算符 …………………………… 30
　2.3.6 复合赋值运算符 ……………………… 31
　2.3.7 表达式与运算符优先顺序 …………… 31
2.4 常用内部函数 …………………………… 32
　2.4.1 算术函数 ……………………………… 33
　2.4.2 字符串函数 …………………………… 34
　2.4.3 日期与时间函数 ……………………… 35
　2.4.4 转换函数 ……………………………… 35
　2.4.5 数据类型转换函数 …………………… 36
　2.4.6 随机函数 ……………………………… 37
2.5 Visual Basic.NET 基本语句格式 ……… 38
实验二 Visual Basic.NET 语言基础练习 …… 38
习题二 ………………………………………… 40

第3章 Visual Basic.NET 可视化程序设计初步 … 42
3.1 窗体的结构、常用属性、事件和方法 …… 42
　3.1.1 窗体的结构 …………………………… 42
　3.1.2 窗体的常用属性 ……………………… 43
　3.1.3 窗体的常用事件 ……………………… 48
　3.1.4 窗体的常用方法 ……………………… 48
3.2 命令按钮控件 Button …………………… 51
　3.2.1 命令按钮 Button 的常用属性 ……… 51
　3.2.2 命令按钮的常用事件 ………………… 52
　3.2.3 命令按钮的常用方法 ………………… 53

3.3 标签控件 Label ·············· 54
   3.3.1 标签 Label 的常用属性 ·········· 54
   3.3.2 标签 Label 的事件和方法 ········· 55
3.4 文本框控件 TextBox ············ 57
   3.4.1 文本框的输入/输出 ············ 57
   3.4.2 多行文本框 ················ 60
   3.4.3 在文本框中实现文本的选定 ······ 61
   3.4.4 创建密码与只读文本框 ········· 62
   3.4.5 文本框的常用事件 ············ 63
   3.4.6 文本框的常用方法 ············ 65
3.5 数据的输入与输出 ············· 67
   3.5.1 InputBox 函数 ··············· 67
   3.5.2 MsgBox 函数 ················ 68
3.6 对象的输入焦点与 Tab 键次序 ····· 71
   3.6.1 输入焦点 ·················· 71
   3.6.2 Tab 键次序和 TabIndex 属性 ······ 71
实验三 可视化程序设计 ············· 72
习题三 ···························· 74
第 4 章 程序的控制结构 ············· 77
4.1 顺序结构 ······················ 77
4.2 选择结构 ······················ 78
   4.2.1 单行结构 If 语句 ············· 78
   4.2.2 块结构 If 语句 ··············· 79
   4.2.3 多分支选择结构 If...Then...ElseIf ···· 80
   4.2.4 多分支选择结构 Select Case ······ 82
   4.2.5 使用单行结构 If 语句与块结构
        If 语句的注意事项 ············· 84
   4.2.6 IIf 函数 ···················· 85
4.3 循环结构 ······················ 85
   4.3.1 While...End While 语句 ········· 85
   4.3.2 For...Next 语句 ·············· 87
   4.3.3 Do...Loop 语句 ·············· 90
   4.3.4 循环结构语句的比较 ·········· 93
   4.3.5 循环结构嵌套 ··············· 93
4.4 常用算法及应用实例 ············ 94
   4.4.1 累加与累乘 ················ 95
   4.4.2 求最大数、最小数与平均值 ······ 96
   4.4.3 求素数 ···················· 97
   4.4.4 枚举法 ···················· 98

   4.4.5 递推与迭代 ················ 98
实验四 程序控制结构 ··············· 100
习题四 ···························· 102
第 5 章 复合数据类型 ··············· 107
5.1 枚举 ·························· 107
   5.1.1 枚举类型的定义 ············· 107
   5.1.2 枚举的使用 ················ 108
5.2 数组 ·························· 109
   5.2.1 数组的几个基本概念 ·········· 109
   5.2.2 数组的声明 ················ 110
   5.2.3 数组的初始化 ··············· 111
   5.2.4 数组的基本操作 ············· 111
   5.2.5 For Each...Next 语句 ·········· 112
   5.2.6 数组的使用 ················ 113
   5.2.7 动态数组 ·················· 120
5.3 结构 ·························· 122
   5.3.1 结构的定义 ················ 122
   5.3.2 定义结构类型变量 ··········· 123
   5.3.3 结构类型变量成员的引用 ······ 123
   5.3.4 结构类型变量的赋值 ·········· 124
5.4 集合 ·························· 125
   5.4.1 创建集合对象 ··············· 125
   5.4.2 集合的使用 ················ 125
5.5 综合应用 ······················ 128
实验五 数组的基本操作与应用 ······· 130
习题五 ···························· 133
第 6 章 过程 ······················· 136
6.1 Sub 过程 ······················ 136
   6.1.1 事件过程与通用过程 ·········· 136
   6.1.2 通用过程的创建 ············· 137
   6.1.3 通用过程的调用 ············· 138
6.2 Function 过程 ·················· 140
   6.2.1 Function 过程的创建 ·········· 140
   6.2.2 Function 过程的调用 ·········· 141
6.3 向过程传递参数 ················ 141
   6.3.1 形参与实参 ················ 142
   6.3.2 传址与传值 ················ 143
   6.3.3 传递数组 ·················· 145
6.4 变量与过程的作用域 ············ 147

6.4.1 模块的概念……………………147
6.4.2 变量的作用域…………………148
6.4.3 过程的作用域…………………153
6.5 过程的嵌套调用与递归调用…………153
6.5.1 过程的嵌套调用………………154
6.5.2 过程的递归调用………………155
实验六 过程的基本操作与应用…………155
习题六……………………………………157

第7章 Visual Basic.NET 控件及其应用……161
7.1 控件共有的基本操作…………………161
7.1.1 控件常用属性和事件…………161
7.1.2 控件的锚定和停靠……………162
7.2 单选按钮和复选框……………………163
7.2.1 单选按钮………………………163
7.2.2 复选框…………………………167
7.3 容器控件………………………………169
7.3.1 分组框控件……………………169
7.3.2 面板控件………………………170
7.4 列表类控件……………………………170
7.4.1 列表框控件 ListBox……………171
7.4.2 复选列表框控件 CheckedListBox…173
7.4.3 组合框控件 ComboBox…………175
7.5 日期时间选择控件……………………177
7.6 定时器控件……………………………179
7.6.1 常用属性和事件………………179
7.6.2 定时器的应用…………………179
7.7 图片框控件……………………………180
7.7.1 常用属性和事件………………180
7.7.2 图片框的应用…………………181
7.8 滚动条控件……………………………182
7.8.1 滚动条的属性和事件…………182
7.8.2 滚动条的应用…………………182
7.9 对话框控件……………………………184
7.9.1 文件对话框控件………………184
7.9.2 颜色对话框控件………………187
7.9.3 字体对话框控件………………188
7.10 综合应用………………………………189
实验七 常用控件的操作…………………190
习题七……………………………………192

第8章 VB.NET 面向对象程序设计……195
8.1 面向对象程序设计的基本特性………195
8.2 类和对象的定义………………………196
8.2.1 类的定义………………………196
8.2.2 类中数据成员的定义…………198
8.2.3 类中方法的定义………………199
8.2.4 对象的定义及成员访问………200
8.2.5 类中属性的定义及使用………202
8.2.6 类中事件的定义及使用………205
8.2.7 构造函数和析构函数…………208
8.3 类的继承与派生………………………209
8.3.1 基类和派生类…………………209
8.3.2 派生类的构造函数……………211
8.4 类的多态性……………………………213
8.4.1 重载与重写……………………213
8.4.2 多态性及其实现………………215
8.5 接口……………………………………216
8.6 委托……………………………………218
8.7 综合应用………………………………220
实验八 面向对象程序设计………………222
习题八……………………………………226

第9章 菜单、工具栏和状态栏……………228
9.1 菜单……………………………………228
9.1.1 标准菜单的组成………………228
9.1.2 创建应用程序菜单……………229
9.1.3 编写菜单控件代码……………231
9.1.4 控制菜单状态…………………232
9.1.5 动态增减菜单…………………233
9.2 工具栏…………………………………235
9.2.1 创建工具栏……………………235
9.2.2 编写工具栏代码………………237
9.2.3 动态控制工具栏………………237
9.3 状态栏…………………………………239
9.3.1 创建状态栏……………………239
9.3.2 使用状态栏……………………239
9.3.3 控制状态栏对象………………242
9.4 鼠标和键盘事件………………………243
9.4.1 鼠标事件………………………243
9.4.2 键盘事件………………………244

实验九　菜单、工具栏及状态栏的设计 …… 246
习题九 …… 249

第 10 章　图形图像编程 …… 251
10.1　图形图像绘制基础知识 …… 251
10.1.1　GDI+概述 …… 251
10.1.2　Graphics 类 …… 252
10.1.3　坐标 …… 253
10.1.4　Paint 事件 …… 253
10.2　绘制基本图形 …… 253
10.2.1　创建画笔 …… 253
10.2.2　绘制直线 …… 255
10.2.3　绘制矩形 …… 255
10.2.4　绘制多边形 …… 256
10.2.5　绘制曲线 …… 257
10.2.6　绘制椭圆和弧线 …… 257
10.3　创建画刷填充图形 …… 258
10.4　图像处理 …… 261
10.4.1　显示图像 …… 261
10.4.2　图像的平移、旋转和缩放 …… 262
10.4.3　彩色图像变换灰度图像 …… 263
10.5　文字处理 …… 264
10.5.1　创建字体 …… 264
10.5.2　格式化输出文本 …… 265
10.6　综合应用 …… 266
实验十　图形图像的绘制 …… 269
习题十 …… 272

第 11 章　数据文件 …… 274
11.1　文件概述 …… 274
11.1.1　文件 …… 274
11.1.2　文件的结构 …… 274
11.1.3　文件的分类 …… 275
11.2　文件的访问 …… 276
11.2.1　文件的访问步骤 …… 276
11.2.2　文件的访问方法 …… 276
11.3　使用 System.IO 命名空间中的类访问文件 …… 278
11.3.1　流的相关基本概念 …… 278
11.3.2　使用 FileStream 类访问文件 …… 280
11.3.3　使用 StreamReader 和 StreamWriter 类访问文本文件 …… 285
11.3.4　使用 BinaryReader 和 BinaryWriter 类访问二进制文件 …… 289
实验十一　文件处理 …… 293
习题十一 …… 296

第 12 章　数据库应用 …… 298
12.1　数据库的基本概念 …… 298
12.1.1　关系数据库与二维表 …… 298
12.1.2　关系数据库的有关概念 …… 299
12.1.3　关系数据库的操作 …… 300
12.2　ADO.NET 简介 …… 301
12.2.1　ADO.NET 体系结构 …… 302
12.2.2　.NET Data Provider …… 302
12.2.3　DataSet 对象 …… 303
12.2.4　ADO.NET 相关类的命名空间 …… 304
12.2.5　ADO.NET 的联机与脱机数据存取模式 …… 304
12.3　ADO.NET 对象及其编程 …… 305
12.3.1　使用 Connection 对象连接数据源 …… 305
12.3.2　使用 Command 对象执行数据库操作 …… 306
12.3.3　使用 DataReader 对象 …… 307
12.3.4　使用 DataAdapter 对象 …… 309
12.3.5　使用 DataSet 对象 …… 310
12.3.6　数据绑定 …… 313
12.4　应用案例 …… 317
实验十二　数据库应用 …… 321
习题十二 …… 324

附录 A　ASCII 码表 …… 326
附录 B　程序调试 …… 327
附录 C　VB6.0 与 VB.NET 的区别 …… 331
参考文献 …… 336

第 1 章　Visual Basic.NET 概述

Visual Basic 是微软公司于 20 世纪 90 年代推出的基于 Windows 平台的新一代可视化软件开发工具。它是公认的开发 Windows 应用程序效率较高的编程语言之一。

Visual Basic 经过不断的发展和更新，极大地扩充了原有的功能，开发速度也进一步提高。2008 年 2 月，微软发布了基于.NET 框架的可视化应用程序开发工具 Visual Studio 2008 简体中文版，集程序设计、程序编译、程序调试于一体，并将多种程序设计语言紧密地集成在一起，共同使用一个集成开发环境，大大简化了应用程序的开发过程。其中 Visual Basic 2008 是 Visual Studio 2008 可视化应用程序开发工具组中的一个重要部分。

了解 Visual Basic.NET 的发展历史，掌握.NET 的框架结构和特点。结合 Visual Basic 2008 集成开发环境以及面向对象程序设计的基本概念设计一个简单的 Visual Basic.NET 应用程序。

1.1　Visual Basic.NET 简介

1.1.1　Visual Basic.NET 的历史

BASIC（Beginners All-purpose Symbolic Instruction Code，初学者通用的符号指令代码）是美国 Darktouth 学院两位学者于 1964 年创建的程序设计语言。由于它简单易学的特点，很快成为初学者学习计算机程序设计的首选语言。

微软在推出 Windows 操作系统之后，在原有 BASIC 语言的基础上添加了可视化的编程成分，于 1991 年推出了第一个可视化的编程工具软件 Visual Basic 1.0 版，这是软件开发史上的一个具有划时代意义的事件。接下来随着 Visual Basic 的功能逐步扩充完善，微软相继推出了其他的版本。1998 年，Visual Basic 6.0 作为 Visual Studio 6.0 的一员被发布，它是 Basic 发展史上最成功的版本之一。

2001 年，发布了.NET 框架。Visual Basic.NET 是.NET 框架下的四种语言之一，它在.NET 框架基础上对 Visual Basic 6.0 进行了很大的功能上的改进和扩充，操作更加简单方便。在.NET 中过程的思想已经完全被面向对象的思想所取代，面向对象的思想尤为突出，不仅能编写常用的 Windows 应用程序，而更易于编写分布式应用程序，如 Web 应用程序等。Visual Basic.NET 的发展如下：

- 2002 年，推出 Visual Basic.NET，同时.NET Framework 1.0 发布。
- 2003 年，推出 Visual Basic.NET 2003，同时.NET Framework 1.1 发布。
- 2005 年，推出 Visual Basic 2005，同时.NET Framework 2.0 发布。

- 2007 年 11 月，推出 Visual Basic 2008，同时.NET Framework 3.5 发布。
- 2010 年 4 月，推出 Visual Basic 2010，同时.NET Framework 4.0 发布。

1.1.2　Visual Basic.NET 的特点

1. 可视化的程序设计

Visual Basic.NET 采用可视化的编程方式。所谓"可视化"，指程序设计者利用系统提供的良好的集成开发环境（IDE），不需要编写大量代码去描述界面上各元素的外观和位置，利用系统提供的大量可视化控件（如文本框、按钮等），通过直接拖动的方式把控件拖动到界面上相应的位置，所见即所得，非常方便，而且用户界面良好。

2. 面向对象的程序设计思想

Visual Basic.NET 采用了面向对象的程序设计思想，它将复杂的设计问题分解为一个个相对简单的独立问题，分别由不同的对象来完成。构成图形界面的可视化控件可以看做是一个个的对象，如一个按钮、一个文本框、一个列表框等。

在面向对象的程序设计中，对象是一个可操作的实体，每个对象具有各自的属性和方法。为了实现每个对象各自的功能，可以分别针对不同对象编写程序代码。

3. 事件驱动的编程机制

Visual Basic.NET 采用了事件驱动的编程方式。系统为每个对象设定了若干特定的事件，每个事件都能驱动执行一段特定的程序代码（事件过程），这一段代码就是针对该对象功能编写的程序代码。

例如，用鼠标单击命令按钮对象产生一个单击事件 Click，同时调用执行该按钮的 Click 事件过程实现该按钮的功能。事件过程的执行与否和执行顺序取决于用户的操作。

4. 支持大型数据库的管理和开发

Visual Basic.NET 提供了强大的数据管理和存取操作能力，能够开发和管理大型的数据库。从.NET 开始，数据访问技术在原有 ADO 的基础上发展为 ADO.NET，这是对 ADO 的重新设计和功能扩展，大大提高了数据访问和处理的灵活性。同时，ADO.NET 还可以使用 XML 在应用程序之间以及 Web 网页之间交换数据。

5. 强大的 Web 应用程序开发功能

.NET 框架强调网络编程和网络服务，因此在开发 Web 应用程序方面功能更强大，开发更容易。特别是基于.NET 框架的 Visual Basic 2008，在方便易用的 Web 应用程序开发环境下，可以通过直接编辑 ASP.NET 来开发 Web 应用程序和 Web 服务。

1.1.3　.NET 框架

微软开发的.NET 平台的核心思想即体现在.NET Framework（.NET 框架）上，"它代表了一个集合、一个环境和一个可以作为平台支持下一代 Internet 的可编程结构"。

.NET 框架集为各种应用程序的开发提供了一个有利、快捷的平台，目的就是让用户在任何地方、任何时间、利用任何设备都能访问他们所需要的各种信息、文件和程序。系统对访问过程中的后台处理操作对用户来说是透明的，即用户只需要提出请求，就可以直接得到处理结果，而不必关心信息的存储位置和处理过程。到目前为止.NET 框架先后经历了.NET Framework 1.0、.NET Framework 2.0、.NET Framework 3.5 和.NET Framework 4.0 多个版本。.NET 框架的体系结构如图 1-1 所示。

第1章 Visual Basic.NET 概述 3

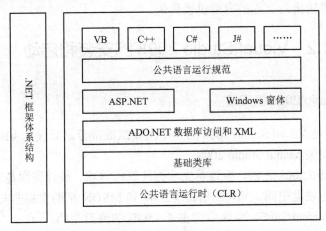

图1-1 .NET框架体系结构

1. 公共语言运行时（CLR）

公共语言运行时是.NET框架的基础，提供所有核心服务，如内存的管理和分配，线程和进程的启动、管理和删除等，并且强制实行安全性策略，确保代码运行的安全性和可靠性。与COM相比，运行时的自动化程度比较高，如在映射功能上，显著减少了将业务逻辑程序转化为可复用组件的代码编写量，这样使得开发人员的工作量大幅减小，开发工作变得相对轻松。

2. 基础类库

.NET Framework 包含了一个综合性的面向对象的可重用的类库集（API），其中含有大量常用功能预先写好的代码，如访问 Windows 基本服务、访问网络、访问数据源等。用户根据需要通过继承可以使用该类库中的所有代码，开发出各种常用的 Windows 应用程序以及基于 ASP.NET 的 Web 应用程序和 Web 服务。

3. ADO.NET 和 XML

为.NET 提供了统一的数据访问技术。ADO.NET 来源于 ADO，是对 ADO 对象模型的扩充，是专门为.NET 框架而创建的，实现了与.NET 框架的无缝集成。ADO.NET 提供了一组数据访问服务的类，可以提供对 Microsoft SQL Server 和 XML 等数据源以及通过 OLE DB 和 ODBC 公开的数据源的访问，实现了与 XML 的紧密集成。

4. ASP.NET 和 Windows 窗体

ASP.NET 和 Windows 窗体是在.NET 中设计界面的两种方式。利用 ASP.NET 提供的控件集可以设计各种 Web 应用程序和 Web 服务的界面，而 Windows 窗体用于设计传统的 Windows 应用程序的界面。

5. 公共语言运行规范

规定了.NET 框架中的各种程序设计语言必须遵守的共同约定，是确保代码可以在任何语言中使用的最小标准集合。

6. .NET 语言

.NET 框架支持四种编程语言，即 Visual Basic.NET、Visual C++.NET、Visual C#.NET 和 Visual J#.NET。

用户选择任何一种语言编写的应用程序在执行前都会首先被编译成 MSIL（Microsoft Intermediate Language，微软中间语言）代码，接着 CLR 通过 JIT（Just-In-Time，即时编译）

将 MSIL 中间语言代码转换为真正的内部机器代码。

1.2　Visual Studio 2008 的安装和启动

1.2.1　Visual Studio 2008 的安装

Visual Basic 2008 是 Visual Studio 2008 的一个重要组成部分，要使用 Visual Basic 2008 开发应用程序，必须先安装 Visual Studio 2008。

在安装 Visual Studio 2008 之前，应该首先检查计算机的软、硬件资源是否符合安装要求，特别是要确保有足够的硬盘空间。Visual Studio 2008 和 MSDN 帮助文档的安装文件总计约占 4GB 空间，完全安装 Visual Studio 2008 后约占 4～5GB 的硬盘空间。

Visual Studio 2008 的安装方法如下：

（1）把 Visual Studio 2008 的安装光盘放入光驱，找到并运行其中的 Setup.exe 文件，将弹出"Visual Studio 2008 安装程序"的初始安装界面，如图 1-2 所示。

图 1-2　Visual Studio 2008 安装界面

（2）选择对话框中的"安装 Visual Studio 2008"选项进行安装。安装文件将向操作系统加载安装组件，加载完成后单击"下一步"按钮，将进入 Visual Studio 2008 安装程序的"起始页"对话框，如图 1-3 所示。

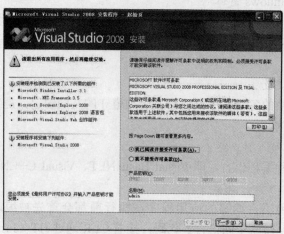

图 1-3　Visual Studio 2008 安装程序起始页

(3）按要求阅读相关的软件许可协议，单击"我已阅读并接受许可条款"选项，并输入产品序列号和名称，然后单击"下一步"按钮，进入 Visual Studio 2008 安装程序的"选项页"对话框，如图 1-4 所示。

图 1-4　Visual Studio 2008 安装程序选项页

Visual Studio 2008 提供了三种安装方式：
- 默认值：提供了使用 Visual Studio 2008 必需的以及最重要的安装组件。
- 完全：包含了 Visual Studio 2008 的所有安装组件，要求较大的硬盘空间。
- 自定义：按照用户的选择安装 Visual Studio 2008 的相应组件。

（4）选择一种安装方式，推荐使用"默认值"或"完全"安装方式。

（5）单击"安装"按钮，进入如图 1-5 所示的"安装页"界面，这一步需要等待较长的时间。

图 1-5　Visual Studio 2008 安装程序安装页

（6）安装完成后，出现 Visual Studio 2008 的"完成页"界面，单击"完成"按钮完成安装过程。

1.2.2 Visual Studio 2008 的启动

进行 Visual Basic.NET 项目的开发，首先要启动 Visual Studio 2008 开发环境。选择"开始"→"所有程序"→Microsoft Visual Studio 2008→Microsoft Visual Studio 2008 命令，打开 Visual Studio 2008 起始页窗口。在起始页窗口中可以浏览有关产品的最新信息，访问 Visual Studio 2008 环境下相关组件和信息并进行切换，同时进行一些选项的设置。

多种语言共享 Visual Studio 2008 的集成开发环境，可以选择不同的编程语言来创建项目。选择"文件"→"新建项目"命令，弹出"新建项目"对话框，如图 1-6 所示。在"项目类型"列表中选择 Visual Basic→Windows，在"模板"列表中选择需要创建的文件类别，如"Windows 窗体应用程序"，在"名称"文本框中输入项目名称，单击"确定"按钮，打开如图 1-7 所示的 Visual Basic 2008 集成开发环境，完成 Visual Basic 2008 项目的创建。

图 1-6 "新建项目"对话框

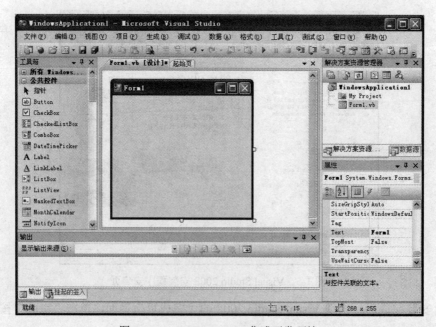

图 1-7 Visual Basic 2008 集成开发环境

提示：第一次启动 Visual Studio 2008 时，系统会提示设置默认环境，选择"Visual Basic 开发设置"，再单击"启动 Visual Studio 2008"，系统将按照用户的设置进行环境配置。

1.3 Visual Basic 2008 的集成开发环境

Visual Basic 2008 集成开发环境是一个集界面设计、代码编写、程序调试和资源管理于一体的工作环境。用户可以依靠环境中提供的控件、窗口和方法进行各种应用程序的开发，减少了代码编写工作量，更注重程序逻辑结构的设计，大大提高了程序开发效率。

Visual Basic 2008 的开发环境主要包括菜单栏、工具栏、窗体设计器、工具箱、属性窗口、解决方案资源管理器和代码编辑器等。

1.3.1 菜单栏

Visual Basic 2008 菜单栏包括了 12 个菜单项：文件、编辑、视图、项目、生成、调试、数据、格式、工具、测试、窗口和帮助，提供了程序设计过程中的所有功能。

（1）"文件"菜单。完成项目、解决方案以及其他类型文件的相关操作，包括文件的建立、打开、保存和关闭等。

（2）"编辑"菜单。用于对控件对象和程序代码的编辑操作，如剪切、复制、粘贴、查找和替换等。

（3）"视图"菜单。根据当前的任务需要设置 Visual Basic 2008 的界面环境，通过"视图"菜单可以打开或者关闭各个子窗口。

（4）"项目"菜单。用于对当前项目进行管理，如添加组件、模块和类等，并显示当前项目的结构以及包含的不同类型的文件。

（5）"生成"菜单。包括生成、重新生成、清理和发布项目。

（6）"调试"菜单。程序设计完成后，需要进行程序的调试。菜单中提供了调试程序的若干方法，如逐语句、逐过程和设置断点等。

（7）"数据"菜单。在应用程序中显示和添加数据源。

（8）"格式"菜单。对界面中的控件对象进行格式化设置，包括设置控件的对齐方式、统一控件的尺寸大小、设置控件之间的距离以及相对于窗体的位置等操作。

（9）"工具"菜单。针对不同的操作，如连接到数据库、连接到服务器等，列出了 Visual Basic 2008 提供的各种不同的工具。

（10）"测试"菜单。提供了和测试相关的一些功能，如加载数据文件、编辑测试运行配置等。

（11）"窗口"菜单。设置各类子窗口的显示方式和窗口之间的排列方式。

（12）"帮助"菜单。Visual Studio 2008 提供了一个基于 MSDN Library 的较为完善的联机帮助系统，其中包含了.NET 支持的所有语言的信息内容以及程序示例，可以通过搜索目录和查询关键词等多种方式进行检索，同时还可以和 Internet 上的相关站点进行链接，极大地方便了用户进行.NET 程序设计。

1.3.2 工具栏

工具栏以图标形式提供了常用命令的快速访问按钮，单击某个按钮，可以执行相应的操作。Visual Basic 2008 将常用命令根据功能的不同进行了分类，用户在完成不同的任务时可以打开不同类型的工具栏。标准工具栏各主要按钮的功能如表 1-1 所示。

表 1-1 标准工具栏主要按钮

按钮图标	名称	功能	快捷键
	新建项目	新建一个项目，在解决方案资源管理器中显示该项目的结构	Ctrl+N
	新建网站	新建一个 ASP.NET 网站或 Web 服务	Shift+Alt+N
	打开文件	打开 Visual Basic.NET 环境下建立的各种类型的文件	无
	添加新项	打开右边的下拉列表，在当前项目中添加窗体、控件、各种组件和类等	Ctrl+Shift+A
	保存 Form1.vb	保存当前项目中的窗体文件	Ctrl+S
	全部保存	保存正在编辑的项目的所有模块和窗体	Ctrl+Shift+S
	剪切	当选定内容时可用，把对象或者文本剪切到剪贴板上	Ctrl+X
	复制	当选定内容时可用，把对象或者文本复制到剪贴板上	Ctrl+C
	粘贴	当剪贴板上有内容时可用，把剪贴板上的内容粘贴到当前窗口中	Ctrl+V
	查找	打开"查找"对话框，查找相应的内容，包括快速查找、在文件中查找和查找符号等操作	Alt+F12 Ctrl+F
	启动调试	开始运行当前的项目	F5
	全部中断	中断当前运行的程序，进入中断模式	无
	停止调试	结束当前程序的运行，返回设计状态	无
	逐语句	调试程序的一种方法	F8
	逐过程	调试程序的一种方法	Shift+F8
	解决方案资源管理器	打开"解决方案资源管理器"窗口	Ctrl+Alt+L
	属性窗口	打开"属性"窗口	F4
	对象浏览器	打开"对象浏览器"窗口	F2
	工具箱	打开"工具箱"窗口	Ctrl+Alt+X
	错误列表	打开"错误列表"窗口	Ctrl+W, Ctrl+E

1.3.3 窗体设计器

窗体（Form）是显示图形、图像和文本等数据的载体，是 Windows 应用程序最终面向用户的窗口。在窗体设计器中可以进行可视化的、基于客户端的窗体设计。程序员根据界面的要求，从工具箱中选择所需的控件，拖放到窗体上的相应位置即可。

在创建了一个 Windows 应用程序后，系统会自动生成一个默认的窗体 Form1，如图 1-8 所示，程序员可以根据需要在"属性"窗口中为其设置新的名字。当在设计窗体时，窗体的周围有 3 个矩形形状的控制柄，通过拖动这些控制柄可以调整窗体的大小。

图 1-8　窗体设计器

1.3.4　工具箱

工具箱窗口通常位于 Visual Basic 2008 集成环境的左侧，其中含有许多可视化的控件，用户从中选择相应的控件，将它们添加到窗体中，完成图形用户界面的设计。

工具箱中的控件和各种组件按照功能的不同进行了分组，如图 1-9 所示。通过单击组名称前面的"+"能展开一个组，显示该组中的所有控件，图 1-10 是展开"公共控件"组后显示出的控件集合。通常组的第一项不是控件，是鼠标指针的形式 ▶ 指针，单击它可以取消对控件的选择，重新选择其他的控件。表 1-2 列出了工具箱中的公共控件及其功能说明。

图 1-9　工具箱分组　　　　　　　　图 1-10　工具箱公共控件

表 1-2　工具箱公共控件按钮

控件图标	名称	功能
▶	指针	工具箱中唯一不是控件对象的图标，用于选择或移动控件对象
ab	Button	命令按钮控件，用于接受鼠标或键盘事件并完成某种功能
☑	CheckBox	复选框控件，为用户提供可选择项，可以选择一组选项中的多个
▤	CheckedListBox	复选列表框控件，在列表框中提供多个复选项，用户可以进行多选
▤	ComboBox	组合框控件，组合文本框与列表框的功能，既能在文本框中输入信息，也能选取列表框中的内容
▦	DateTimePicker	允许用户选择日期和时间，并用指定的格式显示日期和时间

续表

控件图标	名称	功能
A	Label	标签控件，用于在窗体上显示只读的文字信息，该文字只能在程序运行时通过代码来修改
A	LinkLabel	显示支持超链接功能的标签，在窗体上创建具有 Web 样式的链接
	ListBox	列表框控件，显示用户只能从中进行选择而不能修改的项目列表
	ListView	可以以五种视图方式显示列表中的项
	MaskedTextBox	使用掩码区分正确的和不正确的用户输入
	MonthCalendar	显示日历，用户可从中选择日期
	NotifyIcon	运行期间在 Windows 任务栏右侧的通知区域显示图标
	NumericUpDown	设置微调按钮，用户通过单击控件的上下按钮可以增加或减少数值
	PictureBox	图片框控件，用来显示图像
	ProgressBar	进度条控件，通过一个填充条来指示当前任务执行的进度
	RadioButton	单选按钮控件，允许用户从一组选择项中选择其中的一个
	RichTextBox	提供高级输入和编辑文本功能，能对文本进行字符和段落等格式设置
abl	TextBox	文本框控件，提供一个输入、编辑和显示文本的区域，可以进行多行编辑和设置密码字符等
	ToolTip	当用户将指针移过控件对象时显示的信息
	TreeView	树形结构控件，显示包含图像的标签项的级层结构，用户可从中选择
	WebBrowser	允许用户在窗体内浏览网页

1.3.5 属性窗口

属性用来描述对象（包括窗体和控件）的特征，直接影响对象的外观，如颜色、大小和位置等。通过属性窗口，可以非常方便地设计窗体或控件的属性，而且可以选择窗体或控件要处理的事件并编写事件过程代码。

属性窗口最上面为"对象"下拉列表框，包括当前窗体以及该窗体上所有控件的名称列表，从列表中选择要设置属性或事件的对象。当在属性窗口中选择"属性"按钮 时，左边一栏显示选中对象的所有属性名，右边一栏显示相应属性的属性值，如图 1-11（a）所示。当在属性窗口中选择"事件"按钮 时，左边一栏显示对象能够接受的所有事件名称，右边一栏显示事件过程名，如图 1-11（b）所示。

属性名和事件名的排列方式分为按字母顺序和按分类顺序两种，分别通过单击"按字母顺序"按钮 和"按分类顺序"按钮 来实现。在属性窗口的底部，显示选中属性或事件的相关说明和应用。

1.3.6 解决方案资源管理器

Visual Basic.NET 提供了解决方案和项目两种方式来有效地进行程序开发工作。项目可以看做编译后的一个可执行单元，可以是一个应用程序或动态链接库等，而解决方案往往需要多个可执行程序合作来完成，即包含多个项目。开发一个 Visual Basic.NET 应用程序会生成多种类型的文件，如程序文件（.vb，包括程序设计员编写的代码）、项目文件（.vbproj）、解决方案文件（.sln）、资源文件（.resx）和可执行文件（.exe）等。

（a）

（b）

图 1-11　属性窗口

解决方案资源管理器窗口（如图 1-12 所示）是 Visual Basic 2008 中管理项目、文件和相关资源的主要工具。通过该窗口可以实现对文件和文件夹的打开、添加、删除、重命名和移动等操作。

图 1-12　解决方案资源管理器窗口

在解决方案资源管理器窗口的上方有一组工具按钮，包括"属性"按钮、"显示所有文件"按钮、"刷新"按钮、"查看代码"按钮、"视图设计器"按钮、"查看类关系图"按钮。通过单击"查看代码"按钮 和"视图设计器"按钮 可以在代码编辑窗口和窗体设计器窗口之间进行切换。单击"显示所有文件"按钮 ，将以层次结构列出该项目中的所有文件。

1.3.7　代码编辑器

完成了窗体界面设计后，就要根据应用程序的功能针对不同的对象进行程序代码的编写。代码编辑窗口一般是隐藏的，选择"视图"→"代码"命令或者直接双击"窗体设计器"窗口中的任意对象，或者单击"解决方案资源管理器"窗口中的"查看代码"按钮 均可打开代码编辑器窗口，如图 1-13 所示。

代码编辑器窗口的上方有两个下拉列表框。左边的"类名"列表框中列出了当前窗体和窗体上的所有对象名称，右边的"方法名称"下拉列表框中列出了选中对象的相关事件和方法名称。在选定了要操作的对象和相应的事件后，会自动生成该事件过程的过程头和过程尾，用户只需在两者之间输入程序代码即可。

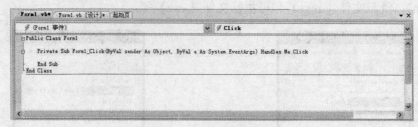

图 1-13　代码编辑器窗口

1.3.8　输出窗口

输出窗口的主要作用是显示在对组成一个项目的所有代码文件进行编译调试过程中产生的信息，包括编译项目产生的错误信息以及程序设定的输出信息等，如图 1-14 所示。

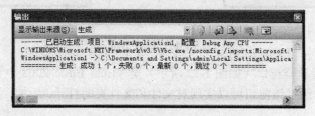

图 1-14　输出窗口

1.3.9　错误列表窗口

错误列表窗口（如图 1-15 所示）列出了当前程序编译过程中出现的所有错误。不仅描述了错误的类型，而且如果双击某一错误记录行，可以直接把光标定位在程序中出错的代码位置，直接修改，非常方便。

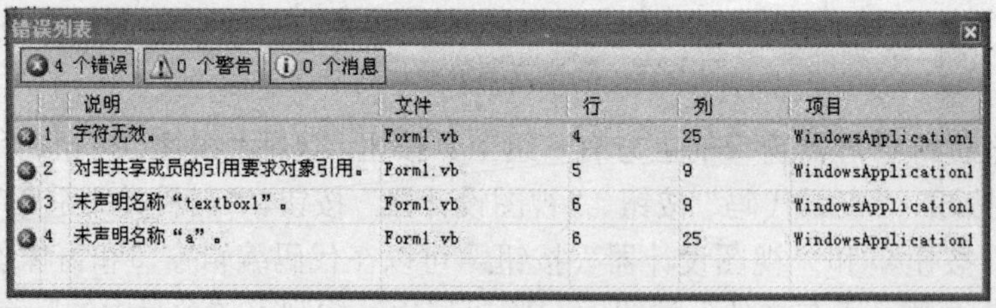

图 1-15　错误列表窗口

提示：Visual Basic 2008 的窗口共有"浮动"、"可停靠"、"选项卡式文档"、"自动隐藏"和"隐藏" 5 种显示方式，用户可以根据自己的需要单击窗口标题栏上的"窗口位置"按钮进行设置。"视图"菜单中包含了 Visual Basic 2008 中的所有窗口，因此要显示隐藏的窗口，只需打开"视图"菜单进行选择即可。

1.4　面向对象程序设计的基本概念

面向对象程序设计是随着 Windows 图形界面的诞生而产生的一种新的程序设计思想。传统的过程化程序设计虽然也能较好地解决一些复杂问题，但是当需要处理的数据量较大时，对于数据结构的定义、处理这些数据的方法以及处理数据的顺序之间难以分离，使程序变得难以维护。面向对象程序设计在充分吸收了过程化程序设计的优点的基础上，考虑了对象与现实世界之间的映射关系，将问题的求解尽可能简化，使程序设计的过程和现实世界更加贴近，特别适合于开发大规模的程序和软件，开发过程容易理解，同时也极大地提高了开发效率。

1.4.1 类与对象

在面向对象的程序设计中，类是对象的模板，它定义了对象的特征和行为规则，是具有相同属性和行为的对象的集合。类的实例被称为对象，通常先定义类，再由一个类构造多个对象。由一个类产生的对象一般都具有相同的属性和行为。例如，将所有长方体的共同特征（具有互相垂直的长、宽和高）抽象出来就是长方体类，选择特定的一个长方体（具有具体的长、宽和高值）就是一个长方体对象。

在 Visual Basic.NET 程序设计中，最主要的类是窗体类和各个控件类。窗体是创建 Windows 应用程序的界面基础，也是容纳其他控件对象的容器。从工具箱窗口中选择相应的控件类，直接将它拖放到窗体上，就会产生一个控件对象，如文本框、标签、列表框、命令按钮对象等。

1.4.2 对象的属性

对象的外观（如颜色、大小和位置等）可以通过对象的属性集合来描述。不同类的对象拥有的属性集合是不同的。例如，长方体类的对象需要用长、宽和高来描述它的大小，而球体类的对象需要用球的半径来描述它的大小。同属一类的对象通常具有相同的属性集合，但对于集合中的同一个属性，不同对象可以有各自不同的属性值。例如，两个长方体的大小是不同的，可以用各自的长、宽和高的属性值来描述。

控件属性用来描述控件的特征，包括控件对象的命名、大小、颜色、位置和对齐方式等，每一个控件类具有相同的属性集合，通过对集合中相关属性的设置可以改变控件对象的外观和行为。控件对象属性的设置既可以在程序设计期间通过属性窗口来完成，也可以在程序运行期间通过编写代码进行设置。

在程序设计时设置对象的属性，要先选择设置属性的对象，在属性窗口中单击"属性"图标，然后在左侧下拉列表中选择要设置的属性名，右侧下拉列表中选择或者输入相应的属性值，即可完成相应属性的设置。例如，在属性窗口中设置命令按钮对象 Button1 的大小（Size 属性）为（100,35），即宽度（Width 属性）为 100 像素，高度（Height 属性）为 35 像素，如图 1-16 所示。

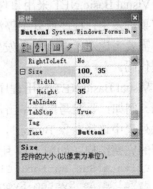

图 1-16　利用属性窗口设置 Button1 的属性

在程序运行时设置对象的属性，可以通过 Visual Basic.NET 的赋值语句来完成，其具体格式如下：

对象名.属性名=属性值

其中，引用对象的某个属性要遵循相应的规则，用小数点分隔对象名和属性名。"="是赋值号，将赋值号右边的属性值赋给赋值号左边的某个对象的相关属性。

例如，设置命令按钮对象 Button1 的 Text 属性内容为字符串"确定"，只需在代码编辑窗口中输入代码：
```
Button1.Text="确定"
```

1.4.3 对象的方法

对象的方法决定了对象的行为特征，是指对象所具有的一些特殊的功能和操作。实际上方法是封装在类里面的预先定义好的一些特定的函数或过程，这些函数或过程的代码对用户来说是透明的，用户看不到也不需要了解具体的代码实现，只需通过函数名或过程名直接在程序中调用即可。

在 Visual Basic.NET 中，一般不同类都有各自不同的内部方法集合。如 Form 类具有显示窗体（Show）、隐藏窗体（Hide）和关闭窗体（Close）等方法。通过调用对象内部的某个方法，就可以控制该对象的相关行为。编写代码过程中，方法的调用规则和属性的引用规则类似，将对象名和方法名之间用小数点分隔，具体的方法调用格式如下：

对象名.方法名([参数])

例如，卸载当前窗体 Form1，返回设计环境，代码如下：

```
Me.close()
```

其中 Me 代表当前窗体。

提示：有些方法需要参数，使用时将参数放在方法名后的括号中。方法也可以不带参数，但方法名后的括号不能省略。

1.4.4 对象的事件与事件过程

事件是由 Visual Basic.NET 预先定义好的、能够被对象识别的动作。例如，鼠标的单击（Click）、双击（DoubleClick）等操作，键盘的按下（KeyDown）、释放（KeyUp）等操作。当事件被触发时，如用鼠标单击某个对象，该对象就会对鼠标单击事件做出响应，响应后所执行的操作是根据该对象的功能编写的程序代码来实现的，这一段程序代码叫做事件过程。

Visual Basic.NET 采用事件驱动的编程机制，程序的执行与否由用户的操作来决定。如果没有事件发生，程序就处于停滞状态，等待事件的发生。因此，在这种编程机制下，程序设计者只需要考虑对于某个对象发生了一个特定的事件后系统完成了什么功能,编写出相应的事件过程代码。

Visual Basic.NET 应用程序设计的主要工作是为不同的对象针对不同的事件编写事件过程代码。例如，要编写鼠标单击命令按钮 Button1 的事件过程，打开代码编辑器窗口，在左边的下拉列表中选择对象 Button1，在右边的下拉列表中选择 Click，在代码窗口中会自动出现事件过程的完整结构（如图 1-17 所示）：

```
Private Sub Button1_Click(ByVal sender As System.Object,_
ByVal e As System.EventArgs) Handles Button1.Click
    …
End Sub
```

其中，Button1_Click 代表了事件过程名，Button1.Click 表示按钮对象 Button1 的 Click 事件，Handles 用来连接事件与事件过程。

由于一个对象可以感知和接受多个不同的事件，这些事件有些是由用户操作触发（如鼠标单击、键盘释放等），有些也可以由操作系统或者应用程序本身来触发（如窗体的加载等），因此一个对象可以根据要设计的应用程序的功能拥有多个不同的事件过程。

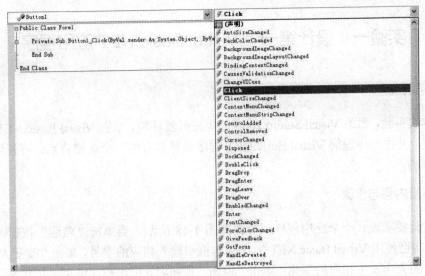

图 1-17　Button1_Click 事件过程的建立

1.5　Visual Basic.NET 应用程序的开发步骤

开发一个 Visual Basic.NET 应用程序，通常按照以下步骤来完成：

（1）需求分析。根据程序需要完成的任务编写需求分析报告。对于任务整体进行模块划分，细化到每一个功能和相关的控件对象相对应，即该子功能由什么控件对象来控制、通过什么事件来触发，以及编写怎样的事件过程代码来实现该功能。

（2）新建项目。根据需要创建的应用程序的类型，打开 Visual Basic.NET 的集成开发环境，创建项目文件。

（3）设计应用程序界面。根据需求分析确定用户界面需要完成的功能、包含哪些控件对象。从工具箱窗口中选择相应的控件拖放到窗体上，并调整控件的大小，合理布局窗体上各控件的位置。

提示：选择窗体上相应的控件对象，控件周围出现 8 个矩形控制柄，当鼠标移动到控制柄上变成水平和垂直方向的双向箭头时，拖动鼠标即可从水平和垂直方向改变控件的大小。

（4）设置控件属性。可以通过属性窗口来设置控件对象的属性，调整对象的外观和启动应用程序界面时的初始状态。

（5）编写事件过程代码。这是实现应用程序功能的核心步骤。确定在对应用程序进行操作的过程中用什么事件来触发哪个控件对象，就对该对象编写相应的事件过程。可以在属性窗口中选择要操作的对象和事件，再打开代码编辑窗口编写代码；也可以直接在代码编辑窗口的两个下拉列表中分别选择要操作的对象和事件，再编写相关的事件过程。

（6）运行与调试。上述步骤完成后，就可以对程序进行调试了。运行和调试是一个反复的过程，是一个发现问题和解决问题的过程。程序员根据开发环境中对错误的提示信息逐个进行修改，直到运行程序正确，最终得到需要的结果为止。

（7）保存项目。一个应用程序在设计、调试和运行完成后，通常要进行保存操作，以便将来再次打开使用。选择"文件"→"全部保存"命令，或者单击工具栏中的"全部保存"按钮，都可以实现项目文件的保存。

实验一　设计第一个 Visual Basic.NET 应用程序

一、实验目的

通过本次实验，熟悉 Visual Studio 2008 的集成开发环境，掌握 Visual Basic.NET 应用程序的开发过程，并进一步理解 Visual Basic.NET 程序设计语言的三个主要特点：可视化、面向对象和事件驱动。

二、实验内容与步骤

本次实验要求设计一个应用程序，界面如图 1-18 所示。当单击"欢迎"按钮时，在窗体上会显示"欢迎使用 Visual Basic.NET"；在文本框中输入相应的字号，单击"改变大小"按钮，窗体上文字的大小发生相应的变化；单击"退出"按钮时，应用程序结束运行状态，返回设计界面。

1. 新建项目

选择"文件"→"新建项目"命令或者单击工具栏中的"新建项目"按钮，打开"新建项目"对话框。在左边的"项目类型"列表中选择 Visual Basic→Windows，在右边的"模板"列表中选择"Windows 窗体应用程序"，在"名称"文本框中输入项目名称，系统默认为 WindowsApplication1。单击"确定"按钮后，即可创建一个项目，将自动创建并打开 Form1 窗体。

2. 设计应用程序界面

该应用程序的窗体中包含 6 个控件对象：3 个命令按钮（Button）、2 个标签（Label）和 1 个文本框（TextBox）。

在窗体上添加控件的具体操作方法如下：

（1）选择工具箱中的 Label 按钮，在窗体的适当位置拖动鼠标即可画出标签 Label1，同样的方法画出标签 Label2。

（2）还可以选择工具箱中的 Button 按钮，在窗体的任意位置单击，即可添加命令按钮 Button1，用鼠标把 Button1 拖动到适当的位置，并且通过拖动按钮周围的填充柄调整控件的大小。同样的方法画出命令按钮 Button2 和 Button3。

单击工具箱中的 TextBox 按钮，选择以上两种方法的任意一种添加文本框对象 TextBox1。添加控件后的窗体如图 1-19 所示。

图 1-18　应用程序界面

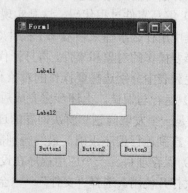

图 1-19　添加控件后的窗体

3. 设置控件属性

应用程序中窗体和控件的属性设置如表 1-3 所示。

表 1-3　应用程序窗体和控件的属性

对象	属性	属性值	属性说明
Form1	Name	Myform	设置在程序代码中使用的窗体的名称
	Text	第一个 VB.NET 应用程序	设置窗体标题栏显示的文本
Label1	Name	Lbl1	设置在程序代码中使用的标签的名称
	Text	初始状态为空	设置标签上显示的文本，内容在代码中设置
	AutoSize	True	设置控件的大小是否自动适应文本的内容
	Font	楷体_GB2312　15 号字	设置标签上文字的字体、字号、显示效果等
Label2	Text	请输入字号：	设置标签上显示的文本
	AutoSize	True	同 Label1
Button1	Text	欢迎	设置命令按钮上显示的文本
	Name	Welcome	设置在程序代码中使用的命令按钮名称
Button2	Text	改变大小	同 Button1
	Name	ChangeSize	同 Button1
Button3	Text	退出	同 Button1
	Name	Quit	同 Button1

设置窗体 Form1 的属性。单击窗体的空白处或者在属性窗口的"对象名称"下拉列表中选择 Form1，即可选择窗体。选择"属性"按钮后，在左边列表中选择 Name 属性，右边列表中设置其值为 MyForm；同样设置 Text 属性为"第一个 VB.NET 应用程序"。同样的方法按照表 1-3 中的要求设置其他控件的相关属性。设置完属性后的窗体界面如图 1-20 所示。

图 1-20　设置属性后的窗体界面

4. 编写程序代码

编写程序代码的操作步骤如下：

（1）双击窗体或者窗体上的任意控件，打开代码编辑窗口，在"类名"下拉列表中选择对象 Welcome，在"方法名称"下拉列表中选择事件 Click，系统自动生成该事件过程的框架结构，在过程的开头和结尾两行之间输入程序代码如下：

```
Private Sub Welcome_Click(ByVal sender As System.Object, ByVal e As System.EventArgs) Handles Welcome.Click
      Lbl1.Text = "欢迎使用Visual Basic.NET"
End Sub
```

（2）在"类名"下拉列表中选择对象 ChangeSize，在"方法名称"下拉列表中选择事件 Click，输入如下程序代码：

```
Private Sub ChangeSize_Click(ByVal sender As Object, ByVal e As System.EventArgs) Handles ChangeSize.Click
```

```
        Lbl1.Font = New Font("楷体_GB2312", TextBox1.Text)
    End Sub
```

（3）在"类名"下拉列表中选择对象 Quit，在"方法名称"下拉列表中选择事件 Click，程序代码如下：

```
Private Sub Quit_Click(ByVal sender As Object, ByVal e As System.EventArgs) Handles Quit.Click
    Close()
End Sub
```

提示：打开代码窗口还可以通过选择"视图"→"代码"命令；或者右击任意对象，在快捷菜单中选择"查看代码"命令；或者单击解决方案资源管理器窗口中的"查看代码"按钮来实现。

5．运行与调试

选择"调试"→"启动调试"命令，或者单击工具栏中的"启动调试"按钮，或者按快捷键 F5，都可以开始程序的运行与调试工作。

调试过程中，程序的错误信息会显示在错误列表窗口或者输出窗口中，根据错误信息反复修改程序，直到成功为止。

6．保存项目

编辑完项目后，需要进行保存。选择"文件"→"全部保存"命令，或者单击工具栏中的"全部保存"按钮，出现如图 1-21 所示的对话框。在对话框中输入项目名称 Winapp1，并通过单击"浏览"按钮确定保存的位置，然后单击"保存"按钮。

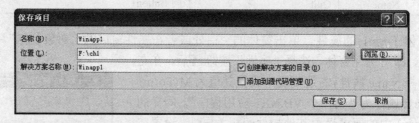

图 1-21　"保存项目"对话框

提示：程序运行和保存成功后，会在 Winapp1\bin\Debug 目录中自动生成应用程序的可执行文件 WindowsApplication1.exe，该文件脱离了 Visual Basic.NET 的开发平台后仍然可以独立运行（注意系统需要安装 NET 框架）。

习题一

一、选择题

1．以下不属于.NET 框架体系结构组成部分的项目是（　　）。

  A．公共语言运行时（CLR）　　　　B．基础类库

  C．ADO.NET　　　　　　　　　　D．ASP

2．Visual Basic.NET 作为一种面向对象的编程语言，构成对象的三要素是（　　）。

  A．属性、方法和事件　　　　　　B．控件、模块和方法

  C．属性、窗体和事件　　　　　　D．控件、过程和方法

3. Visual Basic.NET 通过（　　）窗口来管理项目中的所有文件和文件夹。
   A．代码　　　　　　　　　　B．属性
   C．解决方案资源管理器　　　D．工具箱
4. 双击窗体设计器上的任意控件对象可以打开（　　）窗口。
   A．属性　　　B．代码　　　C．工具箱　　　D．解决方案资源管理器
5. 要设置命令按钮对象 Button1 上显示的文本，通过修改（　　）属性来实现。
   A．Name　　　B．Text　　　C．Font　　　D．Caption
6. 以下叙述中错误的是（　　）。
   A．窗体的 Name 属性代表窗体的名称，标识一个窗体
   B．窗体的 Name 属性只能在设计阶段在属性窗口中设置
   C．窗体的 Name 属性不能在运行期间通过程序代码来改变
   D．窗体的 Name 属性用来设置在窗体标题栏上显示的文本

二、填空题

1. _____表示对象的特征，_____表示对象能够执行的操作，_____表示对象能够识别的动作。
2. 对象的属性既可以在_____中设置，也可以通过_____来设置。
3. Visual Basic.NET 采用_____的编程机制，用户的操作决定了程序执行与否和程序的执行顺序。
4. 打开代码窗口，在左边的_____下拉列表和右边的_____下拉列表中分别做出选择后，即可建立相应对象的_____。
5. 在 Visual Basic.NET 中，结束窗体的运行，返回设计状态，用到窗体的_____方法。

三、判断题

1. 控件的名称可以由编程人员自己定义。　　　　　　　　　　　　　　　　　（　　）
2. 事件的名称可以由编程人员自己定义。　　　　　　　　　　　　　　　　　（　　）
3. 一个对象可以接受多个不同的事件，因此可以拥有多个事件过程。　　　　　（　　）
4. 事件是由系统预先定义好的，只能由用户的操作来触发。　　　　　　　　　（　　）
5. 一个项目可以包含多种不同类型的文件。　　　　　　　　　　　　　　　　（　　）
6. 对象的所有属性都可以在运行时通过代码来设置。　　　　　　　　　　　　（　　）
7. 在解决方案资源管理器窗口中，只能包含一个项目及属于该项目的各类文件。（　　）

四、简答题

1. 简述.NET 的框架结构和特点。
2. 通过具体的例子说明 Visual Basic.NET 的三个主要特点：可视化、面向对象、事件驱动。
3. 举例说明对象、属性和方法的概念。
4. 打开属性窗口有几种方法？请一一列举。
5. 打开代码窗口有几种方法？请一一列举。
6. 写出事件过程的一般格式，并说明代码中各个部分的含义。
7. 说明 Visual Basic 2008 集成开发环境的主要组成部分以及各部分的主要功能。
8. 简述开发一个 Visual Basic.NET 应用程序的一般步骤。

第 2 章 编程基础

使用程序设计语言，必须熟练掌握其基本的语法规则，才能在后续内容的学习中运用自如，并减少编程时可能发生的错误。本章主要介绍 Visual Basic.NET 的数据类型、常量、变量、运算符、表达式、函数等方面的基本概念和基础知识。

通过本章的学习，应该重点掌握以下内容：
- 数据类型的概念、不同类型的数据表示方法
- 常量的定义与变量的声明
- 运算符的优先级与表达式的组成规则
- 函数的概念、常用函数的表示方法

2.1 数据类型

数据是程序的必要组成部分，也是程序处理的对象，程序中的数据是分属不同类型的，不同类型的数据，对其进行计算、处理的方法也不同。程序员在编程时根据需要选择适当的数据类型，可以提高程序运行的效率并节约存储空间。

Visual Basic.NET 提供的数据类型概括起来包括六大类：数值数据类型、字符数据类型、日期数据类型、布尔数据类型、对象数据类型、用户自定义数据类型。表 2-1 列出了 Visual Basic.NET 支持的数据类型。

表 2-1 Visual Basic.NET 的基本数据类型

数据类型	类型关键字	类型标识符	值类型字母	存储空间（字节）	表示数的范围
字节型	Byte			1	0～255
短整型	Short		S	2	-32768～32767
整型	Integer	%	I	4	-2147483648～2147483647
长整型	Long	&	L	8	-9223372036854775808～9223372036854775807
单精度浮点型	Single	!	F	4	负数：-3.402823E38～-1.401298E-45 正数：1.401298E-45～3.402823E38

续表

数据类型	类型关键字	类型标识符	值类型字母	存储空间（字节）	表示数的范围
双精度浮点型	Double	#	R	8	负数：-1.79769313486232E308～-4.94065645841247E-324 正数：4.94065645841247E-324～1.79769313486232E308
货币型	Decimal	@	D	16	小数位为 28 时：-7.9228162514264337593543950335～7.9228162514264337593543950335
字符型	Char		C	2	0～65535
字符串型	String	$		根据实际情况	字符串长度最多约 20 亿（2^{31}）个 Unicode 字符
布尔型	Boolean			2	True 或 False
日期型	Date			8	0001 年 1 月 1 日 0:00:00 到 9999 年 12 月 31 日 23:59:59
对象型	Object			4	可保存任何类型的数据
用户自定义类型				根据实际情况	根据各个成员声明的数据类型而定

2.1.1 数值数据类型

数值数据类型包括字节型、短整型、整型、长整型、单精度浮点型、双精度浮点型和货币型。

1. 字节型（Byte）

字节型是无符号整数类型，存储时占用 1 个字节（8 位），表示的是 0～255 范围的整数，不能表示负数。例如 15、126 等。

2. 短整型（Short）

短整型是有符号整数类型，以 2 个字节存储，可表示的整数范围是-32768（-2^{15}）～32767（$2^{15}-1$）。例如-15、32126 等。

3. 整型（Integer）

整型也是有符号整数类型，以 4 个字节存储，可表示的整数范围是-2147483648～2147483647。例如-1500216、2012126 等。

4. 长整型（Long）

长整型也是有符号整数类型，以 8 个字节存储,可表示的整数范围是-9223372036854775808～9223372036854775807。

5. 单精度浮点型（Single）

单精度浮点型是用来存储单精度浮点数的，以 4 个字节存储，其中符号占 1 位，指数占 8 位，其余 23 位表示尾数。浮点数的有效范围比 Decimal 类型的数要大得多，但可能会产生小的进位（四舍五入）误差。单精度浮点数可以精确到 7 位十进制，负数的表示范围为-3.402823E38～-1.401298E-45，正数的表示范围为 1.401298E-45～3.402823E38。例如-1.5E05、1.6235E12 等。

6. 双精度浮点型（Double）

双精度浮点型是用来存储双精度浮点数的，以 8 个字节存储，其中符号占 1 位，指数占 11 位，其余 52 位表示尾数。双精度浮点数可以精确到 15 位或 16 位十进制，负数的表示范围为 -1.79769313486232E308～-4.94065645841247E-324，正数的表示范围为 4.94065645841247E-324～1.79769313486232E308。例如 1.6123456E120。

7. 货币型（Decimal）

货币型用来存储小数，是精确小数的表示形式，以 16 个字节存储。当小数位为 0 时，可表示最大可能值为±79228162514264337593543950335。当小数位为 28 时，最大可表示为±7.9228162514264337593543950335。最小非 0 数字为±0.0000000000000000000000000001。例如 0.12345。

Decimal 类型比较适合财会类的计算，可记录的数的位数很大，但又不允许出现进位（四舍五入）误差。

说明：对于整型数据，Visual Basic.NET 还允许使用八进制和十六进制的形式来表示。但在输出时，系统会自动把它们转换成十进制数据的形式。Visual Basic.NET 规定十六进制数必须加前缀 "&H" 或 "&h"，八进制数必须加前缀 "&O" 或 "&o" 或 "&"。例如，十进制数 17 可表示为&H11、&O21 或&21。

2.1.2 字符数据类型

字符数据类型包括字符型（Char）和字符串型（String）两种。

1. 字符型（Char）

字符型用于存储单个字符，以 2 个字节存储，是单个双字节 Unicode 字符，以无符号数（0～65535）形式存储，显示时仍然是以文本符号的形式显示。例如"A"、"1"。

2. 字符串型（String）

字符串型（String）用来存放一个字符序列，一个字符串最多可以存储 20 亿（2^{31}）个 Unicode 字符。一个字符串的两侧要用双引号括起来，例如"Visual Basic.NET"、"计算机程序设计"等，其中长度为 0 的字符串（不包含任何字符）称为空字符串，表示形式为""。

2.1.3 布尔数据类型

布尔型（Boolean）用来表示 true/false、yes/no、on/off 等逻辑值信息，以 2 个字节存储，取值只有两种：True（真）或者 False（假）。

布尔型可与数值类型进行相互转换。将一个数值型数据转换成布尔型时，0 值转换成 False，非 0 值转换成 True；而将一个布尔型数据转换成数值型时，False 转换为 0，True 转换为-1。

2.1.4 日期数据类型

日期型（Date）数据以 8 个字节存储，可以同时或分别表示日期与时间。其日期范围为：公元 0001 年 1 月 1 日～公元 9999 年 12 月 31 日，时间范围为 0:00:00～23:59:59。Date 类型的数据要写在两个 "#" 之间，其中日期必须以 mm/dd/yyyy（月/日/年）的格式定义，时间必须以 hh:mm:ss（小时:分钟:秒）的格式定义，例如：

#2/15/2013#
#14:20:30#

#2/15/2013 14:20:30#

2.1.5 对象数据类型

对象数据类型（Object）为一个 32 位地址，用来引用应用程序或其他应用程序中的对象。可以指定一个被声明为 Object 的变量去引用应用程序所识别的任何实际对象。Object 变量也可以引用其他任何类型的数据，这个功能使 Object 类型取代了 VB6.0 中的 Variant 类型。

2.1.6 用户自定义数据类型

以上介绍的是 Visual Basic.Net 的基本（标准）数据类型，在程序中可以直接使用，有时用户需要根据程序的实际需要定义一些用户自定义数据类型，如数组、枚举、结构、集合等，这些数据类型将在第 5 章介绍。

2.2 常量和变量

在程序运行过程中，常量和变量都可以用来存储数据，它们都有自己的名字和数据类型。不同的是，在程序执行过程中，变量中存储的值是可以改变的，而常量的值则始终保持不变。

2.2.1 常量

常量即常数，是在程序运行过程中其值保持不变的量，它可以是任何数据类型。常量分直接常量和符号常量。

1. 直接常量

直接常量是以数值、字符串或某种特定的形式直接表示的各种数据，如 2.1 节中介绍的各种类型的常数。根据数据类型的不同，直接常量可以分为数值型常量、字符串型常量、日期型常量和布尔型常量。

直接常量的类型和值由它本身的表示形式决定，不需要声明和定义，Visual Basic.NET 规定常数根据输入的形式决定保存它所使用的数据类型，默认情况下，把整数常量作为 Integer 类型处理，把小数常量作为 Double 类型处理，例如：

100	整型（Integer）
3.14	双精度浮点型（Double）
"V"	字符型
"Visual"	字符串型
True	布尔型
#2/8/2013 10:30:00 #	日期型

为了显式地指明直接常量的类型，可在其后面加上类型标识符或值类型字母（参考表2-1），例如：

100%	整型（Integer）常量
100&	长整型（Long）常量
1.56!	单精度浮点型（Single）常量
1.56#	双精度浮点型（Double）常量
12345.6789@	货币型（Decimal）常量

100S	短整型（Short）常量
100I	整型（Integer）常量
100L	长整型（Long）常量
1.56F	单精度浮点型（Single）常量
1.56R	双精度浮点型（Double）常量
12345.6789D	货币型（Decimal）常量

2. 符号常量

符号常量是以标识符形式出现的常量，即用一个标识符代表一个具体的常量值，这样既方便书写又便于记忆。Visual Basic.NET 有以下两种符号常量：内部（系统定义）常量和用户自定义常量。

（1）内部常量。内部常量又称为系统常量，是由 Visual Basic.NET 提供的，这些常量可在代码中直接引用。内部常量常用"vb"作为前缀，例如：

vbCrLf：表示回车/换行字符组合。

vbCr：表示回车符。

vbTab：表示 Tab 字符。

（2）用户自定义符号常量。尽管 Visual Basic.NET 内部已经定义了大量的常量，但有时候还是需要创建自己的符号常量。用户自定义常量的语法格式如下：

Const 符号常量名 [As 数据类型] = 表达式

其中：

符号常量名：是有效的符号名，命名规则同变量名一样，可参考 2.2.2 节。

As 数据类型：用来说明常量的数据类型。如果省略了 As 子句，则由系统根据表达式的值确定最合适的数据类型。例如：

Const PI = 3.1415926   '定义了一个 Double 类型的符号常量
Const TODAY = #2/8/2013#   '表示定义了一个 Date 类型的符号常量

表达式：可以是各种类型的直接常量，或者是由常数和运算符组成的表达式，但不能使用函数和变量。

定义符号常量时，可以在常量名后加上类型标识符来表示符号常量的类型。例如：

Const NUMBER1% = 15   '相当于 Const NUMBER1 As Integer = 15

在程序中引用上述方法定义的符号常量时，类型标识符可以省略。即可以在程序中使用 NUMBER1 代替符号常量 NUMBER1%。

一个 Const 语句可以定义多个符号常量，中间用逗号分隔，例如：

Const C1 As Integer = 12, C2 As Integer = 24

注意：用 Const 定义的常量在程序运行过程中不能被重新赋值，否则将出现错误提示。

2.2.2 变量

在程序运行过程中，大量的数据是会随时发生变化的，这就需要使用变量来存储这些数据。例如，计算圆面积 $S=\pi R^2$，其中，圆周率 π 可以定义为一个符号常量，而圆面积 S 和半径 R 就应该使用变量来表示。

在程序运行过程中值可以随时变化的数据称为变量。一个变量相当于一个容器，对应着计算机内存中的一块存储单元，把一个数据存入变量中，就是将数据存放到变量对应的内存单元中。变量被重新赋值时，变量中的原有数据将会被新的数据覆盖。

每个变量均有属于自己的名字和数据类型。变量的名字称为变量名，程序通过变量名来引用变量的值。变量的数据类型决定该变量可以存储哪种类型的数据。

1. 变量的命名规则

在 Visual Basic.NET 中，变量的命名要遵循以下规则：

（1）变量名必须以字母、汉字或下划线"_"开头，并且只能由字母、汉字、数字和下划线"_"组合而成。建议变量名要简明、便于记忆，最好做到见名知义。

（2）不允许将 Visual Basic.NET 的关键字未作任何修改用于变量名。例如，变量名 if、Double#是不合法的，但如果改为 if123、Double1，则可以用作变量名。

（3）在同一范围内，变量名必须是唯一的。

（4）变量名最长不能超过 255 个字符。

注意：对于变量名，Visual Basic.NET 不区分其中所含字母的大小写，即变量 A 等价于变量 a。

在 Visual Basic.NET 中变量名、数组名、结构类型名、过程名和符号常量名都必须遵循上述规则。

2. 变量的声明

使用变量前，一般需要先声明这个变量。声明变量就是事先将变量的有关信息通知程序，包括变量名以及数据类型。声明变量通常使用 Dim 声明关键字，使用 Dim 语句声明变量的语法格式为：

```
Dim 变量名 [As 类型]
```

其中：

变量名：用户定义的标识符，应遵循变量名的命名规则。

As 类型：用来定义被声明变量的数据类型，省略时默认为 Object 类型。例如：

```
Dim number1 As Integer
Dim mystring As String
```

表示把 number1 定义为整型变量，把 mystring 定义为字符串型变量。

说明：

（1）使用 Dim 语句，Visual Basic.NET 自动将变量初始化：数值型变量赋初值为 0，字符串型变量赋初值为空串，布尔型变量赋初值为 False，日期型变量赋初值为#0:00:00#。

（2）声明变量的同时也可以直接给变量赋初值。例如：

```
Dim x As Integer=15
Dim flag As Boolean=True
```

表示把 x 定义为整型变量，并赋初值为 15；把 flag 定义为布尔型变量，并赋初值为 True。

（3）一个 Dim 语句可以同时定义多个不同类型的变量，各变量之间以逗号进行分隔。例如：

```
Dim number1 As Integer, mystring As String
```

（4）一个 Dim 语句也可以使用一个 As 子句同时定义多个同类型的变量。例如：

```
Dim a,b,c As Integer,x,y As Double, mystring As String
```

表示把 a、b、c 定义为整型变量，把 x、y 定义为双精度浮点型变量，把 mystring 定义为字符串型变量。

（5）在声明多个同类型的变量的同时不能初始化它们的内容。例如：

```
Dim a=10,b=20,c=30 As Integer
```

以上语句是错误的。

（6）声明变量时，使用的声明关键字不同以及声明变量的语句在程序中的位置不同，所定义的变量的种类和作用范围会有很大的差别。这一点将在第 6 章介绍。

3. 变量的隐式声明与显式声明

变量的隐式声明是使用变量之前不声明，在程序中使用变量时在其后跟一个类型标识符来说明该变量的数据类型。如 x%、mystring$分别声明了整型变量 x 和字符串型变量 mystring。

在默认情况下，Visual Basic.NET 编译器要求强制使用显式声明，也就是说，每个变量在使用前必须先用声明语句进行声明。程序员可以用编译器选项去掉这个限制，允许隐式声明。

方式 1：在解决方案资源管理器窗口中右击项目名称，在弹出的菜单中选择"属性"命令，出现项目属性对话框，单击"编译"选项，如图 2-1 所示，在 Option explicit 下拉列表中选择 Off（On 表示显式声明）。

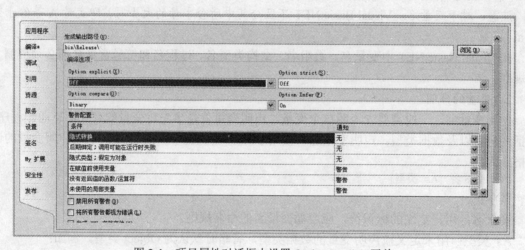

图 2-1　项目属性对话框中设置 Option Explicit 开关

方式 2：通过在代码开始处使用 Option Explicit 语句控制编译器的行为方式，该语句的语法格式为：

```
Option Explicit [on|off]
```

将 Option Explicit 语句设置为 off，表示隐式声明；设置为 on 则要求显式声明；如果省略，默认为显式声明。例如下面的代码允许使用隐式声明：

```
Option Explicit Off
Public Class Form1
    Private Sub Button1_Click(ByVal sender As System.Object, ByVal e As System.EventArgs)Handles Button1.Click
        str1$ = "Visual Basic.NET"
        Label1.Text = str1
    End Sub
End Class
```

虽然通过设置可以隐式声明变量，但是建议程序员在使用变量时采用显式声明，因为这样可以减少命名冲突和拼写错误造成程序出错，从而提高程序的运行效率。

2.3　运算符和表达式

在计算机中，基本的运算关系可以通过一些简洁的符号来描述，这些符号称为"运算符"，而参加运算的数据则被称为"操作数"。由运算符和操作数可构成表示各种运算关系的式子，称为表达式。

Visual Basic.NET 提供了丰富的运算符，概括起来有 6 种类型：算术运算符、赋值运算符、连接运算符、关系运算符、逻辑运算符和复合赋值运算符。

2.3.1 算术运算符

算术运算符是在程序中进行算术运算的符号，算术运算包括最常见的加、减、乘、除运算，以及指数运算、取模运算等，用于数值型数据的简单计算。Visual Basic.NET 提供了 8 种基本的算术运算符，如表 2-2 所示。

表 2-2 算术运算符

运算符	运算关系	表达式实例	运算结果
+	加法	4+3	7
-	减法	4-3	1
*	乘法	2*50	100
/	除法	11/2	5.5
\	整除	11\2	5
^	指数运算	5^2	25
Mod	取模运算（求余）	18 Mod 5	3
-	取负	-a（设 a=-8）	8

在表 2-2 所列的 8 个运算符当中，取负运算"-"只需要一个操作数，称为单目运算符，其他的运算符都需要两个操作数，称为双目运算符。各运算符含义与数学中基本相同。

需要重点说明的问题如下：

（1）注意"/"与"\"的区别，"/"为浮点数除法运算符，执行标准的除法运算，运算结果为浮点数。"\"为整除运算符，执行整除运算，运算结果为整数。整除时的操作数一般为整型数，当遇到非整数时，首先要对小数部分进行四舍五入取整，然后再进行整除运算。例如：

```
11/2        '结果为 5.5
11\2        '结果为 5
25\4.6      '先将 4.6 四舍五入为 5，再进行计算，结果为 5
23.9\6.3    '四舍五入后计算 24\6，结果为 4
```

（2）Mod 是取模运算，用于求两数相除的余数。运算结果的符号取决于左操作数的符号。例如：

```
16 Mod 3     '结果为 1
14 Mod 3     '结果为 2
-14 Mod 3    '结果为-2
```

优先级是指当一个表达式中存在多个运算符时，各运算符的执行顺序。算术运算符的优先顺序为：

指数运算→取负→乘法和除法→整除→取模运算→加法和减法

优先级相同时，按照从左到右的顺序执行运算。可以用括号改变运算时的优先顺序，括号内的运算总是优先于括号外的运算。

2.3.2 赋值运算符

赋值运算符用于赋值语句，用"="表示，赋值运算可以将指定的值赋给运算符左侧的变量或属性。语法格式如下：

变量或属性名=表达式

赋值语句先计算表达式的值，然后再把这个值赋给左侧的变量或属性。例如：

```
Dim s As Single
s = 3.14 * 5 * 5          '先计算3.14 * 5 * 5得到78.5，再把78.5赋给变量s
TextBox1.Text ="Hello World!"   '把字符串"Hello World!"赋给文本框的Text属性
```

2.3.3 连接运算符

连接运算符用于将两个字符串进行连接，形成一个新的字符串。用于字符串连接运算的运算符有两个："&"和"+"。

"&"运算符用来强制两个表达式作字符串连接。对于非字符串类型的数据，先将其转换为字符串型，再进行连接运算。

"+"运算符具备加法和连接两种运算功能。当两个表达式均为字符串时，进行连接运算。如果一个是字符串（必须能够转换为数值）而另一个是数值型数据，则先将字符串转换为数值，再进行加法运算。如果该字符串无法转换为数值，则出现错误。例如：

```
"中国" & "北京"          '结果为"中国北京"
"中国" + "北京"          '结果为"中国北京"
"123" & "456"          '结果为"123456"
"123" + "456"          '结果为"123456"
"123" & 456            '结果为"123456"
"123" + 456            '结果为579
123 & 456              '结果为"123456"
"abc" +123             '出现错误
```

2.3.4 关系运算符

关系运算符又称比较运算符，用于对两个类型相同的数据进行比较运算。其比较的结果是一个逻辑值 True 或者 False。Visual Basic.NET 提供了多种关系运算符，如表2-3所示。

表2-3 关系运算符

运算符	名称	例子
=	等于	a = b
<>	不等于	a <> b
>	大于	a > b+c
<	小于	a < 5
>=	大于或等于	x+y >=15
<=	小于或等于	x+y <=z
Like	比较模式	"ABC" Like "A*C"
Is	比较对象	X Is Y
IsNot	比较对象	X IsNot Y

1. 数值比较

对两个数值或算术表达式进行比较用表 2-3 中的前 6 种运算符。例如：
```
25>10
a+b>=c+d
x<>y
```
在上面的表达式中，如果关系运算符的两边的值满足关系（比较）要求结果为 True，否则结果为 False。

应避免对两个浮点数直接作"相等"或"不相等"的比较，可能会得出错误结果，这主要是因为浮点数在计算机中存储的是一个近似值（有误差）。

2. 日期比较

对日期型数据比较时，较早的日期小于较晚的日期。例如：
```
#5/12/2013#>#4/12/2013#        '结果为 True
```

3. 字符串比较

对字符型数据进行比较用表 2-3 中的前 7 种运算符。

如果比较的是单个字符，则比较两个字符的 ASCII 码值。例如：
```
"a"<"b"            '结果为 True
"A"<"a"            '结果为 True
```
默认情况下，Option Compare Binary|Text 语句的设置为 Binary，按上述 ASCII 码方式比较，如果设置为 Text，则不区分字符大小写，即"A"="a"、"B"="b"，此时按文本顺序进行比较。例如：
```
Option Compare Text
"A" < "B"          '结果为 True
"B" < "b"          '结果为 False
```
两个字符串的比较，是按字符的 ASCII 码值将两个字符串从左到右逐个比较。即首先比较两者的第一个字符，其中 ASCII 码值较大的字符所在的字符串大，并结束比较。如果第一个字符相同，则需要比较第二个，依此类推，直到某一位置上的字符不同，或全部位置上的字符比较完毕。

Like 运算符是用来比较两个字符串的模式是否匹配，即判断一个字符串是否符合某一模式，在 Like 表达式中可以使用的通配符如表 2-4 所示。

表 2-4 匹配模式表

通配符	含义	实例	可匹配字符串
*	可匹配任意多个字符	M*	Max，Money
?	可匹配任何单个字符	M?	Me，My
#	可匹配单个数字字符	123#	1234，1236
[charlist]	可匹配列表中的任何单个字符	[b-f]	b,c,d,e,f
[!charlist]	不允许匹配列表中的任何单个字符	[!b-f]	a,g,k,…

例如：
```
"X" Like "X"       '结果为 True
"X" Like "x"       '结果为 False
"X" Like "XY"      '结果为 False
"XY" Like "X?"     '结果为 True
```

```
"width" Like "w*h"              '结果为 True
"X" Like "[U-Z]"                '结果为 True
"X" Like "[!U-Z]"               '结果为 False
"X6Y" Like "X#Y"                '结果为 True
"X6YaW" Like "X#Y?[U-Z]"        '结果为 True
```

4. 对象比较

对两个对象进行比较时用 Is 与 IsNot 运算符。Is 运算符用来判断两个对象是否引用了同一个对象，不进行值的比较，如果两个对象变量都引用了同一个对象，结果为 True，否则为 False。IsNot 与 Is 功能相反。

2.3.5 逻辑运算符

逻辑运算符又称布尔运算符，对布尔型数据进行运算。逻辑运算通常用于表示复杂的关系。Visual Basic.NET 提供了多种逻辑运算符，如表 2-5 所示。

表 2-5 逻辑运算符

运算符	名称	例子	说明
Not	非	Not (1 > 0)	值为 False，由真变假或由假变真，即进行取"反"操作
And	与	(4 > 5) And (3 < 4)	值为 False，两个表达式的值均为 True，结果才为 True，否则为 False
Or	或	(4 > 5) Or (3 < 4)	值为 True，两个表达式中只要有一个值为 True，结果就为 True，只有两个表达式的值均为 False，结果才为 False
Xor	异或	(4 > 5) Xor (3 < 4)	值为 True，两个表达式的值不同时，结果为 True，否则为 False
AndAlso	与	(4 > 5) AndAlso (3 < 4)	值为 False，两个表达式的值均为 True 时，结果为 True，否则为 False；但当第一个表达式的值为 False 时，则不再计算第二个表达式的值
OrElse	或	(3 < 4) OrElse (4 > 5)	值为 True，两个表达式中只要有一个值为 True，结果为 True，只有两个表达式的值均为 False，结果才为 False；但当第一个表达式的值为 True 时，则不再计算第二个表达式的值

用逻辑运算符将布尔变量、布尔值和其他各种表达式连接起来的式子称为逻辑表达式，逻辑表达式的值为逻辑值。逻辑运算的规则可以用真值表来表示，如表 2-6 所示。

表 2-6 逻辑运算真值表

a	b	Not a	a And b	a Or b	a Xor b	a AndAlso b	a OrElse b
True	True	False	True	True	False	True	True
True	False	False	False	True	True	False	True
False	True	True	False	True	True	False	True
False	False	True	False	False	False	False	False

当表达式中出现多个逻辑运算符时，它们的运算顺序是不同的，逻辑运算符的优先级由高到低依次是 Not、And 和 AndAlso、Or 和 OrElse、Xor。

注意：AndAlso、OrElse 是 Visual Basic.NET 新增的逻辑运算符，VB6.0 中 6 种逻辑运算符是 Not、And、Or、Xor、Eqv（等价）和 Imp（蕴含）。

2.3.6 复合赋值运算符

部分算术运算符可以和赋值运算符结合使用构成复合赋值运算符，这些运算符的功能和用法如表 2-7 所示。

表 2-7 复合赋值运算符

运算符	功能	示例
+=	先相加再赋值	A+=B，等价于 A=A+B
-=	先相减再赋值	A-=B，等价于 A=A-B
*=	先相乘再赋值	A*=B，等价于 A=A*B
/=	先相除再赋值	A/=B，等价于 A=A/B
\=	先整除再赋值	A\=B，等价于 A=A\B
^=	先乘方再赋值	A^=B，等价于 A=A^B
&=	先字符串连接再赋值	S1&=S2，等价于 S1=S1 & S2

2.3.7 表达式与运算符优先顺序

表达式是程序设计语言的基本语法单位，由运算符和操作数组成。表达式中的操作数可以是常量、变量或者函数。从广义上讲，一个单独的常量、变量或者函数也可以称之为表达式。表达式本身也是有类型的，它表示了运算结果的类型。

本节前面介绍各种运算符时，已经给出了不少表达式的例子。在书写表达式时，应注意以下几点：

（1）表达式要在同一行书写。例如，分式必须采用除法运算符。即 $\dfrac{a+b}{c+d}$ 应写成：(a + b) / (c + d)。

（2）不要采用上下标的形式书写表达式。例如，a_1+a_2 应写成：a1+a2；2^3 应写成 2^3。

（3）乘号（*）不能省略。例如，5x 应写成：5 * x；a(x+y)应写成：a*(x+y)。

（4）可以使用括号改变运算顺序，但只能用圆括号，不允许使用方括号和花括号。例如，(a+b)/((x+y)*(x-y))不能写成：(a+b)/[(x+y)*(x-y)]。

当一个表达式含有多种运算符时，系统会按照 Visual Basic.NET 规定的顺序进行计算，这个顺序就是运算符的优先级。优先级高的运算符先运算，优先级低的运算符则后运算。各种运算符的优先级以及同一级运算符的运算次序如表 2-8 所示。

表 2-8 运算符的优先级

运算符	优先级	运算次序
()	1	由内向外
^	2	由内向外
-（取负）	3	由内向外
* /	4	从左至右

续表

运算符	优先级	运算次序
\	5	从左至右
Mod	6	从左至右
+ -	7	从左至右
&	8	从左至右
= > < >= <= <> Like Is	9	从左至右
Not	10	从左至右
And AndAlso	11	从左至右
Or OrElse	12	从左至右
Xor	13	从右至左
= += -= *= /= \= ^= &=	14	从右至左

提示：用户可以使用 Visual Basic.NET 集成开发环境中的"命令窗口"测试表达式的值。在"命令窗口"中，输入"？"后跟一个表达式，输入完后按回车键，Visual Basic.NET 会给出表达式的结果或错误提示信息，如图 2-2 所示。

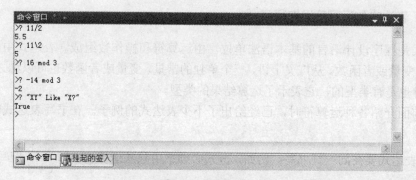

图 2-2　命令窗口

提示：打开"命令窗口"的方法是，选择"视图"→"其他窗口"→"命令窗口"。

2.4　常用内部函数

在编程时用户可以直接使用 Visual Basic.NET 的函数库或.NET 框架基础类库中各个类中的函数来完成相应的计算，这些由系统本身提供的、用户可直接使用的函数称为内部函数（或库函数、标准函数）。函数是一种特定的运算，在程序中要使用一个函数时，只要给出函数名和相应的参数，就能得到它的函数值。函数的使用格式为：

函数名[(参数表)]

说明：

（1）参数表中的参数可以有一个或者多个（函数本身的要求），多个参数之间以逗号进行分隔。

（2）方括号表示可选部分。对于没有参数的函数，只需书写函数名，括号可以省略。

（3）函数调用时，参数可以是常量、变量、表达式，也可以是函数。

Visual Basic.NET 包括两类函数：内部函数和用户定义函数。

内部函数也称标准函数，可大体分为数学函数、字符串函数、转换函数、判断函数、日期函数等几大类。用户自定义函数是程序员根据需要自行开发和定义的函数，将在本书 6.2 节中详细介绍。

利用函数可以大大增强程序的表达能力和开发能力。

2.4.1 算术函数

Visual Basic.NET 中的数学函数在 System 命名空间下的 Math 类中，常用的函数和功能如表 2-9 所示。函数的调用形式如下：

System.Math.函数名(参数表)

如果在程序的开头加上了 Imports 语句：Imports System.Math，在程序中使用数学函数时也可以直接写函数名。

表 2-9 常用数学函数

函数名	功能	示例
Sin(x)	求 x 的正弦值，x 为弧度	Sin(30*3.141593/180) 结果为 0.50000005000000569
Cos(x)	求 x 的余弦值，x 为弧度	Cos(3.141593/4) 结果为 0.70710671994929331
Tan(x)	求 x 的正切值，x 为弧度	Tan(0) 结果为 0
Atn(x)	求 x 的反正切值，x 为弧度	Atn(0) 结果为 0
Sqrt(x)	求 x 的平方根	Sqrt(25) 结果为 5
Abs(x)	求 x 的绝对值	Abs(-3.3) 结果为 3.3
Sign(x)	判断 x 的符号，若 x>0，返回值为 1；若 x<0，返回值为-1；若 x=0，返回值为 0	Sgn(6) 结果为 1
Exp(x)	求以 e 为底的指数（e^x）	Exp(1) 结果为 2.7182818284590451
Log(x)	求 x 的自然对数（ln x）	Log(1) 结果为 0
Log10(x)	求以 10 为底的 x 的常用对数	Log10(10) 结果为 1
Pow(x,y)	求 x^y	Pow(5,2) 结果为 25
Round(x)	对 x 进行四舍五入取整	Round(6.5) 结果为 6
Floor(x)	取整，返回小于或等于 x 的最大整数	Floor(-5.2) 结果为-6，Floor(5.5) 结果为 5
Ceiling(x)	取整，返回大于或等于 x 的最小整数	Ceiling(-5.2) 结果为-5，Ceiling(5.5) 结果为 6
Max(x,y)	返回 x 和 y 中的较大者	Max(5,8) 结果为 8
Min(x,y)	返回 x 和 y 中的较小者	Min(5,8) 结果为 5

命名空间（NameSpace）是.NET 中的各种语言使用的一种代码组织形式。命名空间是用来组织和重用代码的编译单元。Visual Basic.NET 是完全面向对象的语言，应用程序的所有代码均封装在各个类中。不同的人编写的程序不可能所有的类都没有重名现象，并且对于类库来说，这个问题尤其严重，为了解决这个问题，引入了命名空间这个概念。通过命名空间把类库划分为不同的组，将功能相近的类划分到相同的命名空间。通过使用命名空间，你所使用的库函数或类就是在该命名空间中定义的，这样一来就不会引起不必要的冲突了。实际上一个应用程序的所有代码都被包含在某些命名空间中。

在对命名空间中类的方法（函数）使用时可以采用完全限定名形式：

命名空间.类.方法（函数）名

例如 System.Math.Sqrt(25)求 25 的平方根。

由于采用完全限定名形式过于繁琐，可以在程序开始使用 Imports 语句导入程序需要的命名空间甚至命名空间下的类，这样程序中就可以采用不完全限定名形式，直接写方法（函数）名。

2.4.2 字符串函数

Visual Basic.NET 中的字符串处理函数在 Microsoft.VisualBasic 命名空间下的 Strings 类中，常用的函数和功能如表 2-10 所示。

表 2-10 常用字符串函数

函数名	功能	示例
LTrim(s)	删除字符串 s 左端的空格	LTrim(" ABC")结果为"ABC"
RTrim(s)	删除字符串 s 右端的空格	RTrim("ABC ")结果为"ABC"
Trim(s)	删除字符串 s 两端的空格	Trim(" 123 ")结果为"123"
Left(s, n)	截取字符串 s 左端的 n 个字符，生成子串	Left("ABC123",4) 结果为"ABC1"
Right(s, n)	截取字符串 s 右端的 n 个字符，生成子串	Right("ABC123",4) 结果为"C123"
Mid(s, m, n)	从字符串 s 的第 m 个字符位置开始，取出 n 个字符	Mid("ABC123",2,3) 结果为"BC1"
InStr([start],s1,s2 [,比较方式])	从 s1 的 start 位置开始查找 s2,若找到则返回 s2 在 s1 中出现的位置，否则返回 0 值。	InStr(2,"asdfasdf","asdf")结果为 5
Len(s)	求字符串 s 的长度（字符数）	Len("人数 1234")结果为 6
Space(n)	返回由 n 个空格组成的字符串	"A" + Space(3) + "B"结果为"A B"
StrDup(n, 字符串)	返回由 n 个字符串首字母组成的字符串	StrDup(3, "About")结果为"AAA"
UCase(s)	将 s 中的小写字母转换为大写，其余不变	UCase("About")结果为"ABOUT"
LCase(s)	将 s 中的大写字母转换为小写，其余不变	LCase("About")结果为"about"
Chr(n)	将 ASCII 码值 n 转换成字符	Chr(65)结果为"A"
Asc(s)	将字符串 s 中的第一个字符转换为 ASCII 码值	Asc("BCD")结果为 66
StrComp(字符串 1，字符串 2[,比较方式])	比较字符串 1 和字符串 2	StrComp("ABCD","BDC")结果为-1
StrReverse(字符串)	将字符串反序	StrReverse("ABCD")结果为"DCBA"
Replace(字符串 1，字符串 2，字符串 3)	将字符串 1 中与字符串 2 相同的部分替换为字符串 3	Replace("ABCD","BC","XXX")结果为"AXXXD"

说明：

（1）InStr 函数用来确定 s2 在 s1 中第一次出现的位置，找不到时返回值为 0。Start 用来指定起始位置，省略时默认为 1。"比较方式"用来指定字符串的比较方式，即是否区分字母的大小写。0 表示区分大小写，1 表示不区分大小写，省略时按 Option Compare 语句指定的方式进行比较。

（2）StrComp 函数用来求两个字符串的比较结果。若字符串 1 大于字符串 2，结果为 1；

若字符串 1 小于字符串 2，结果为-1；两个字符串相等，则结果为 0。"比较方式"可以取 0 或 1，0 表示区分大小写，1 表示不区分大小写。

2.4.3 日期与时间函数

Visual Basic.NET 中的日期与时间函数在 Microsoft.VisualBasic 命名空间下的 DateAndTime 类中，常用的函数和功能如表 2-11 所示。

表 2-11 常用日期时间函数

函数名	功能	示例
Now 或 Now()	返回系统当前的日期和时间	Now 结果为#6/15/2012 15:18:16#
Hour(D)	返回时间中的钟点数	Hour(Now())结果为 15
Minute(D)	返回时间中的分钟数	Minute (Now())结果为 18
Second(D)	返回时间中的秒数	Second (Now())结果为 16
Today 或 Today()	返回系统当前的日期	Today()结果为#6/15/2012#
Year(D)	返回日期中的年份数	Year(Today())结果为 2012
Month(D)	返回日期中的月份数	Month(Today())结果为 6
Day(D)	返回日期中的日期数	Day(Today())结果为 15
WeekDay(D)	返回指定日期对应的星期数，1 代表星期日，2 代表星期一，依次类推	WeekDay(#6/15/2012#)结果为 6
TimeOfDay()	返回系统当前的时间	TimeOfDay()结果为#11:50:31 AM#
Timer 或 Timer()	从零时起到现在经历过的秒数	Timer()结果为 42669.765625

2.4.4 转换函数

Visual Basic.NET 中的转换函数在 Microsoft.VisualBasic 命名空间下的 Conversion 类中，常用的函数和功能如表 2-12 所示。

表 2-12 常用转换函数

函数名	功能	示例
Val(x)	将字符串 x 转换成对应的数值	Val("-123.45")结果为-123.45
Str(x)	将数值转换成对应的字符串	Str(123.45)结果为"123.45"
Fix(x)	对数值 x 取整，截去小数部分	Fix(5.6)结果为 5，Fix(-5.6)结果为-5
Int(x)	返回不大于 x 的最大整数	Int(5.6)结果为 5，Int(-5.6)结果为-6
Hex(x)	将十进制数 x 转换为对应的十六进制数的字符串形式	Hex(126)结果为"7E"
Oct(x)	将十进制数 x 转换为对应的八进制数的字符串形式	Oct(126)结果为"176"

说明：

（1）Val 函数可将数字字符串转换为数值，当遇到非数字字符时，结束转换。例如，Val("a1") 返回 0，Val("1a1")返回 1。但有以下两种特殊情况：

- 转换时忽略数字之间的空格。例如，Val("12 34")返回数值 1234。

- 能识别指数形式的数字字符串,例如 Val("1.234e2")或者 Val("1.234d2")都可得到数值 123.4。其中的字母也可以是大写的 E 或者 D。

(2) Str 函数将数值转换成对应的字符串,数值为负数时,结果为直接在数值两端加上双引号,如:Str (-123.45)结果为"-123.45";数值为正数时,结果为在数值前面空一格(正号的符号位)两端再加上双引号,如 Str (123.45)结果为" 123.45"。

2.4.5 数据类型转换函数

在一个表达式中,如果参加运算的数据类型不同,要先将不同的数据类型转换成同一类型,然后进行运算。类型转换可隐式或显式地进行,隐式转换不需要在源程序代码中使用任何特殊语法。例如:
```
Dim x As Byte
Dim y As Integer
y=15
x=y
```
此时系统自动将 Integer 类型的变量 y 的值隐式转换为 Byte 类型,然后赋值给变量 x。

显示转换需要用 Visual Basic.NET 提供的数据类型转换函数来实现,但需要注意的是被转换的数值的大小必须在转换以后的数据类型的表示范围以内。常用的数据类型转换函数和功能如表 2-13 所示。

表 2-13 常用数据类型转换函数

函数名	功能	示例
CBool(x)	将 x 的值强制转换为 Boolean 类型	CBool(12) 结果为 True CBool(0) 结果为 False
CByte(x)	将 x 的值强制转换为 Byte 类型,当个位数为奇数时,小数部分的第 1 位进行四舍五入	CByte(2.5) 结果为 2 CByte(3.5) 结果为 4
CShort(x)	将 x 的值强制转换为 Short 类型,当个位数为奇数时,小数部分的第 1 位进行四舍五入	CShort(2.5) 结果为 2 CShort(3.5) 结果为 4
CInt(x)	将 x 的值强制转换为 Integer 类型,当个位数为奇数时,小数部分的第 1 位进行四舍五入	CInt(2.5) 结果为 2 CInt(3.5) 结果为 4
CLng(x)	将 x 的值强制转换为 Long 类型,当个位数为奇数时,小数部分的第 1 位进行四舍五入	CLng(2.5) 结果为 2 CLng(3.5) 结果为 4
CSng(x)	将 x 的值强制转换为 Single 类型	CSng(3) 结果为 3.0
CDbl(x)	将 x 的值强制转换为 Double 类型	CDbl(3) 结果为 3.0
CDec(x)	将 x 的值强制转换为 Decimal 类型	CDec(3.65) 结果为 3.65D
CStr(x)	将 x 的值强制转换为 String 类型	CStr(12.345) 结果为"12.345"
CDate(x)	将 x 的值强制转换为 Date 类型	CDate("6-18-2012") 结果为#6/18/2012#
CType(变量名,数据类型)	对变量作数据类型转换	CType(x, Double)将变量 x 转换为 Double 类型

Visual Basic.NET 能用这些函数强制将表达式转换为目标数据类型。例如:
```
Dim a As Double
a=12.3
```

```
b=Cint(a)
c=Ctype(a,Integer)
```
以上两种方式都可以将变量 a 由 Double 类型转换为 Integer 类型，再赋值给 b 和 c。

2.4.6 随机函数

Visual Basic.NET 中的随机函数在 Microsoft.VisualBasic 命名空间下的 VBMath 类中，常用的函数有 Rnd 和 Randomize。

1. Rnd 函数

随机函数 Rnd 用来产生一个 0~1 之间的随机数（不包括 0 和 1），格式如下：
```
Rnd[(x)]
```
其中，x 是可选参数，x 的值将直接影响随机数的产生过程。当 x<0 时，每次产生相同的随机数。当 x>0（系统默认值）时，产生与上次不同的新随机数。当 x=0 时，本次产生的随机数与上次产生的随机数相同。

例如：
```
Debug.Print(Rnd(-1) & vbTab  & Rnd(-1))    'x < 0，每次产生相同的随机数
```
结果可能为：0.224007   0.224007
```
Debug.Print(Rnd(1) & vbTab  & Rnd(2))    'x > 0，每次产生不同的随机数
```
结果可能为：0.03584582   0.08635235
```
Debug.Print(Rnd(1) & vbTab  & Rnd(0))    'x = 0，第 2 个随机数与第 1 个相同
```
结果可能为：0.1642639   0.1642639

Debug 是 Visual Basic.NET 系统的内部的一个类，它的 Print 方法表示在 Visual Basic.NET 集成开发环境中的输出窗口中输出信息。

提示：单击"视图"菜单中"输出（O）"可打开输出窗口，也可单击"调试"菜单中"窗口"再选择"输出（O）"可打开输出窗口。

Rnd 函数产生的随机数为单精度数，若要产生随机整数，可利用取整函数来实现。例如：要产生 100~200 之间的随机整数，可用如下表达式来实现。
```
System.Math.Floor(Microsoft.VisualBasic.VBMath.Rnd() * 101 + 100)
```
用 Rnd 函数得到的"随机数"是通过一个"随机化公式"计算出来的。此公式中有一个参数 r 称为"随机化种子"，将 r 和公式中其他的常数进行四则运算，得到一个数，这就是第一个随机数，以上过程可以表示为：r → f(r)。

f(r)是一个以 r 为自变量的函数，r 即为"随机化种子"。给定一个初始的 r 就能计算出一个随机数 f(r)，然后将 f(r)赋给 r，再用这个新的 r 作为随机化种子，代入 f(r)，通过随机化公式计算出一个新的随机数，再将它赋给 r，再计算 f(r)，……，如此不断迭代，可得到一个随机数序列。

从上面的叙述可以看到，只要"随机化种子" r 的初值相同，则每次产生的随机数序列总是相同的，并不能真正做到随机化。为了解决这个问题，就需要在每次运行程序时指定不同的"随机化种子"。

2. Randomize 函数

Visual Basic.NET 提供了一个随机化语句，它的作用是产生新的随机化种子，格式为：
```
Randomize [(表达式)]
```
其中，"表达式"为可选参数。若指定参数，Visual Basic.NET 将产生一个与该表达式对应

的随机数序列,如:Randomize 5,表示指定随机化种子 r 的值为 5。若省略参数,Visual Basic.NET 取内部计时器的值作为新随机数的"种子数"。由于计算机内部的时钟是不断变化的,故每次的种子数不同,从而可产生出不同的随机数序列。

2.5 Visual Basic.NET 基本语句格式

Visual Basic.NET 程序中的一行代码称为一条语句。语句可以由 Visual Basic.NET 的关键字、属性、函数、运算符,以及能够生成 Visual Basic.NET 编辑器可识别指令的符号任意组合而成。一个完整的语句可以只有一个关键字,也可以是各元素的组合。在编写程序语句时要遵循一定的规则,也就是语法。在输入语句的过程中,Visual Basic.NET 自动对输入内容进行语法检查,如果发现错误,将作出标示,把鼠标移至标示处,会提示出错原因。Visual Basic.NET 还会对语句进行简单的格式化处理,例如将关键字、函数的第一个字母转换为大写。在编写程序语句时要遵循的规则有:

- 一个语句行以回车键结束,其长度最多不能超过 1023 个字符。
- 语句中的命令字母不分大小写。
- 一行上可以书写一至多条语句,当在一行上书写多条语句时,语句间要用半角英文冒号":"隔开,例如:
  t=a: a=b: b=t   '表示本行中书写了三条语句

为了提高程序的可读性,常在程序的适当位置上对程序代码进行必要的说明,这就是注释。

格式 1:Rem 注释内容
例如:
Rem 求圆面积
c = 3.14 * r* r
格式 2:'注释内容
c = 3.14 * r* r   '求圆面积

- 当一条语句很长时,也可以断成若干行来写,但这时要在每行的断开处末尾加上空格及下划线"_"作为续行标志,表示下一行与本行是同一条语句。例如:
c = 2 * 3.14 _
* r
- 为方便阅读程序,建议一行上只写一条语句。

关键字:关键字是 Visual Basic.NET 事先定义的,有特殊意义的标识符,有时又叫保留字。
例如:Const、Dim、As、Mod、And、Or、Not、If、Then、Else 等。

实验二 Visual Basic.NET 语言基础练习

一、实验目的

通过本次实验,能够了解并掌握常量和变量的声明方法及命名规则、命令窗口的使用方法、运算符的作用及表达式的组成,了解 Visual Basic.NET 中函数的概念,掌握函数的一般使用方法。

二、实验内容与步骤

1. 常量和变量的声明

设计步骤如下：

（1）建立应用程序用户界面。

新建一个项目，在窗体中增加一个命令按钮 Button1，将其 Text 属性设为"显示"，再增加 4 个标签 Label1～Label4。

（2）设计代码。

编写命令按钮 Button1 的 Click 事件代码：

```
Public Class Form1
    Private Sub Button1_Click(ByVal sender As System.Object, ByVal e As System.EventArgs) Handles Button1.Click
        Dim string1 As String              '声明字符串型变量
        Dim a%, b!                         '声明数值型变量
        Dim day1 As Date                   '声明日期型变量
        Const PI As Double = 3.1415        '声明常量
        string1 = "学习VB，要多读程序，多上机练习"
        Label1.Text = string1
        a = 2
        b = 3.45
        Label2.Text = "a+b=" & (a + b)
        day1 = Now()
        Label3.Text = day1
        Label4.Text = PI
    End Sub
End Class
```

（3）运行程序，单击命令按钮，查看运行结果。

2. 命令窗口的使用

选择"视图"菜单中的"其他窗口"再选择"命令窗口"，打开"命令窗口"。在"命令窗口"中，输入"？"后跟一个表达式，输入完后按回车键 Visual Basic.NET 会给出表达式的结果或错误提示信息。如图 2-2 所示。

请仿照图 2-2，在命令窗口中输入若干表达式，并查看输出结果。

3. 表达式的运算规则

打开命令窗口，键入如下代码：

? 8 Mod 3   '注意：运算符 Mod 两端要留空格

按回车键，将在命令窗口中看到 8 Mod 3 的结果为 2。用同样的方法分别输入如下代码，先估算一个结果，再与命令窗口中的实际输出进行比较。

? 6 / 8   结果为：_____
? 25 \ 7.8   结果为：_____
? "欢迎使用" + "Visual Basic"   结果为：_____
? "11" + "22"   结果为：_____
? 11 + "22"   结果为：_____
? "11" & "22"   结果为：_____
? "True" & "False"   结果为：_____

4. 常用函数的使用

打开"命令窗口",键入如下代码:

? System.Math.Sin(31 / 180 * 3.14)　　　　结果为:＿＿＿＿＿

? System.Math.Sqrt(12)　　　　　　　　　　结果为:＿＿＿＿＿

? System.Math.Abs(-3.5)　　　　　　　　　　结果为:＿＿＿＿＿

? Microsoft.VisualBasic.VBMath.Rnd(1)　　　结果为:＿＿＿＿＿

? Microsoft.VisualBasic.Conversion.Int(-3.6)　　结果为:＿＿＿＿＿

? Microsoft.VisualBasic.Conversion.Fix(-3.6)　　结果为:＿＿＿＿＿

? System.Math.Sign(-3.6)　　　　　　　　　结果为:＿＿＿＿＿

? Microsoft.VisualBasic.Strings. Asc("A")　　　结果为:＿＿＿＿＿

? Microsoft.VisualBasic.Strings. Len(Microsoft.VisualBasic.Strings. Chr(70))

　　　　　　　　　　　　　　　　　　　　　结果为:＿＿＿＿＿

习题二

假设以下各题中用到的函数已引入了相应的命名空间。

一、选择题

1. 设 x="Visual Basic.net",下面使 y="Basic"的语句是(　　)。

　　A.y=Left(x,8,5)　　　　　　　　B.y=Mid(x,8,5)

　　C.y=Right(x,5,5)　　　　　　　　D.y=Left(a,8,5)

2. 设有声明语句 Dim x As Integer,如果 Sign(x)的值为 1,则 x 的值是(　　)。

　　A.正整数　　　B.负整数　　　C.0　　　D.任意整数

3. 以下关系表达式中,其值为 False 的是(　　)。

　　A."ABC">"AbC"　　　　　　　　B."the"<>"they"

　　C."VISUAL"=UCase("Visual")　　　D."Integer">"Int"

4. 产生[1,100]区间的整数的随机函数表达式正确的为(　　)。

　　A.Rnd() * 99 + 1　　　　　　　　B.Int(Rnd() * 99+ 1)

　　C.(Rnd() * 90) + 10　　　　　　　D.Int(Rnd() * 100) + 1

5. 下列选项中,合法的变量名是(　　)。

　　A.Byval　　　B.123book　　　C.String　　　D.Sum_2

6. 下列声明语句中错误的是(　　)。

　　A.Const var1=123　　　　　　　B.dim a:b as integer

　　C.dim a,b as string　　　　　　　D.dim var3 as integer

7. 设 x=4,y=8,z=7,则表达式 x<y And (Not y>z) Or z<x 的值是(　　)。

　　A.True　　　B.False　　　C.1　　　D.-1

8. 以下表达式的结果(　　)不是字符串类型。

　　A."45" + "123"　　　　　　　　B."45" & "123"

　　C.45 + "123"　　　　　　　　　D.全部

二、填空题

1. 算术表达式 3-5*7 MOD 2^3 的运算结果是_____。
2. 算术表达式 4+2*3^2\2*4 的运算结果是_____。
3. 假设变量 a=1,b=2,c=3，则逻辑表达式 a+b>c And b=c 的值是_____。
4. 表达式 "a2a" Like "a#a" 的值为_____，表达式 16\5 的值为_____。
5. 数学表达式 a<=x<=b 在 VB.NET 中应写成_____。
6. 在 Visual Basic.NET 中，字符型常量应使用_____将其括起来，日期型常量应使用_____符号将其括起来。
7. 可获得系统当前日期和时间的函数分别为_____和_____。
8. 定义符号常量应使用_____关键字。
9. VB.NET 变量的命名规则要求，变量名必须以_____开头。
10. 表达式 Fix(-100.45)+Int(-100.45)-Sign(-100.45)+Val("-100") 的值是_____。
11. 要引入 System 命名空间下的 Math 类，则应在程序代码中书写的语句是_____。
12. 如果 Option Compare 选项设置为 Binary，则 A, a, W 3 个字母从小至大的排序顺序为_____。

三、把下列数学表达式转换成等价的 Visual Basic.NET 表达式：

(1) $\dfrac{-b+\sqrt{b^2-4ac}}{2a}$

(2) $\cos^2(31^0)+5e^3$

(3) $\dfrac{x+y+z}{\sqrt{x^3+y^3+z^3}}$

(4) $8e^x \ln 10$

(5) $2\sin(\dfrac{x+y}{2})\cos(\dfrac{x-y}{2})$

(6) $\dfrac{x^2+y^2}{2a^2}$

(7) $\sqrt[3]{x\sqrt[4]{y}}$

(8) $\dfrac{(3+a)^2}{2c+4d}$

四、计算下列表达式的值（可在上机时验证）

（1）3 * 4 * 5 \ 2

（2）7 / 6 * 3 * (-4.3 + Abs(4.3)) \ 2.6

（3）14 / 4 * 2 ^ 3 \ 1.6

（4）58 \ 3 Mod 2 * Int(3.7)+ 25 \ 7.7 + 27.9 \ 5.4

（5）Exp(0) + Len("我爱祖国")

（6）Cos(0) + Int(-3.6) + Abs(Fix(-3.6)) + Sign(Rnd(-3.6))

（7）Asc("A") & UCase(Mid("voice", 1, 1)) & Chr(66)

第 3 章　Visual Basic.NET 可视化程序设计初步

本章介绍了 Visual Basic.NET 可视化程序设计的基础，包括窗体、按钮、标签和文本框的常用属性、事件、方法，以及与输入、输出相关的函数。

了解 Visual Basic.NET 可视化程序设计的基本方法和步骤，掌握程序中的各种对象的创建、编辑方法，以及基本控件的常用属性、事件、方法，初步具备编写简单可视化应用程序能力。

3.1　窗体的结构、常用属性、事件和方法

3.1.1　窗体的结构

窗体是 Visual Basic.NET 中的对象，是用户界面的载体，是所有控件对象的容器。它就像一块"画布"，用户可以根据程序设计需要，利用工具箱中的控件在窗体上画出直观界面。当程序运行时，每个窗体对应一个窗口，窗体的结构与 Windows 环境下的窗口结构一致，如图 3-1 所示。

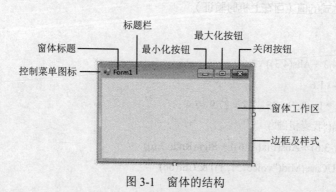

图 3-1　窗体的结构

（1）标题栏：位于窗体的上部，可以实现窗体的基本控制。

（2）窗体工作区：是窗体界面设计阶段的主要工作区域，程序员利用 Visual Basic.NET 集成开发环境的工具箱中的控件，可以在该区域画出所需对象，比如：标签、文本框、命令按钮等。

（3）边框：窗体的四周边界，不同类型的边框决定窗体标题栏的外观和窗体的可缩放性。

3.1.2 窗体的常用属性

在 Visual Basic.NET 中,各种对象包含很多属性,需要注意的是,不同的对象有许多相同的属性。同时,有些对象具有自己的专属属性。改变一个对象的属性的值后,其行为和外观会发生相应的变化。属性值的设置可以在设计阶段通过"属性"窗口设置,也可以在编程时通过代码设置,而有些属性在运行时是只读的。

1. Name 属性

所有对象都具有 Name 属性,它代表对象的名称。在 Visual Basic.NET 中每创建一个对象,系统都会自动为其提供一个默认的名称,可以将该属性改为能表达对象实际意义的名称。该属性只能通过"属性"窗口中的"Name"栏进行修改,运行时只读。在程序的代码中,对象名称作为该对象的标识被代码引用。

2. 外观(Appearance)类属性

窗体或控件的某些属性决定了它们的外观和行为。

(1) Text 属性:用于返回或设置窗体的标题栏上显示的文字。其他许多控件也具有该属性,通常用来设置控件表面显示的文字。该属性的默认值和对象的默认名称一致。当向项目中添加窗体时,新添加的窗体标题默认为 Form1,Form2,…,用户可以利用该属性重新设置窗体标题栏显示的窗体标题。

例如:在程序代码中,可以使用语句 Me.Text="登录窗体",将窗体的标题信息设置为"登录窗体"。其中,Me 指的是当前窗体对象。

(2) 颜色属性:包括以下两种。

- BackColor:返回或设置窗体的背景颜色。
- ForeColor:返回或设置窗体上显示文字或图形的颜色。

大部分控件也具有这两个属性。每种颜色使用一个 Long 型的数值来表示。用户可以在"属性"窗口中直接选择颜色,系统自动将选择转换为 Long 型数值。在程序代码中,可以通过以下两种方式之一来指定颜色值。

方法一:在 Visual Basic.NET 中,为了方便用户的使用和记忆,一些常用的颜色色值采用符号常量来表示,在 System.Drawing 命名空间内的 Color 结构中定义了用于表示一些常用颜色的常数,表 3-1 中列出的是常用的颜色值成员。

表 3-1 System.Drawing 命名空间 Color 结构的部分颜色值成员

颜色成员	表示的颜色	颜色成员	表示的颜色
Red	红色	White	白色
Green	绿色	Cyan	青色
Blue	蓝色	Magenta	品红
Black	黑色	Yellow	黄色

代码中要使用 Color 结构中的某种颜色时的完全限定名为:

`System.Drawing.Color.成员名`

例如将窗体背景色设置为红色的语句:

`Me.BackColor=System.Drawing.Color.Red`

由于 Visual Basic.NET 系统默认会自动导入 System.Drawing，Microsoft.VisualBasic，System.Data，System.Collections 等命名空间，所以可以不用完全限定名而写成：
`Me.BackColor=Color.Red`

方法二：调用 System.Drawing 命名空间的 ColorTranslator 类的 FromOle 方法，将 QBcolor 函数、RGB 函数或 Long 类型数值转换成 GDI+Color 结构，并从该结构得到颜色。该方法的语法格式如下：
`System.Drawing.ColorTranslator.FromOle(参数)`

其中：FromOle 方法的参数可以是 QBColor 函数、RGB 函数或 Long 类型数值。
- QBColor 函数，格式是 QBColor(参数)。该函数的参数值取 0～15，可以返回 0～15 颜色号所对应的颜色值，如表 3-2 所示。

表 3-2 QBColor 函数的参数值和对应颜色

参数值	颜色	参数值	颜色
0	黑色	8	灰色
1	蓝色	9	浅蓝色
2	绿色	10	淡绿色
3	青色	11	淡青色
4	红色	12	浅红色
5	洋红色	13	浅洋红色
6	黄色	14	淡黄色
7	白色	15	亮白色

例如：要将当前窗体的背景色设置为浅蓝色，代码可以写为：
`Me.BackColor=System.Drawing.ColorTranslator.FromOle(QBColor(9))`
- RGB 函数：格式是 RGB(r,g,b)。3 个参数 r、g、b 分别表示红、绿、蓝三原色的分量值，范围都是 0～255。RGB 函数根据三原色的分量值计算出对应的某种颜色的颜色值。

例如：要将当前窗体的背景色设置为绿色，程序代码可以写为：
`Me.BackColor=System.Drawing.ColorTranslator.FromOle(RGB(0,255,0))`
- Long 类型数值：该值是某种颜色的颜色值。

例如：红色的颜色值为&HFF&，如果要将当前窗体的背景色设置为红色的代码为：
`Me.BackColor=System.Drawing.ColorTranslator.FromOle(&HFF&)`

Forecolor 属性：用于返回或设置窗体上显示文字或图形的颜色，其设置方法和 BackColor 属性相同。

（3）BackGroundImage 属性：用于返回或设置窗体工作区中显示的背景图像。在属性窗口中，单击 BackGroundImage 设置框右侧的省略号按钮，打开"选择资源"对话框，如图 3-2 所示，可以将图片文件设置为窗体背景图。

另外，Visual Basic.NET 中，在 System.Drawing 命名空间内的 Image 类提供了 FromFile 方法，在代码中可以使用该方法设置窗体或对象的背景图像。格式是：
`对象名.BackGroundImage=Image.FromFile（图像文件的路径和名称）`

例如：要将 E 盘根目录下的"图片 1.jpg"文件设置为当前窗体的背景图，程序代码可以写为：
`Me.BackGroundImage=Image.FromFile("E:\图片1.jpg")`

（4）FormBorderStyle 属性：用于返回或设置窗体边框的样式。该属性值的类型为 System.Windows.Forms 命名空间中的 FormBorderStyle 枚举类型，其中包括表 3-3 中所示的 7 个成员，分别表示 7 种不同的边框样式。

在属性窗口中，单击 FormBorderStyle 设置框右侧的箭头按钮，即可展开该属性值的枚举成员列表，用户可以从中选择需要的边框样式。

图 3-2 "选择资源"对话框

表 3-3　System.Windows.Forms 命名空间的 FormBorderStyle 枚举成员

枚举成员	含义
None	窗体无边框，无标题栏，窗体大小固定
FixedSingle	窗体有边框，边框类型单线，窗体大小固定，不能通过拖动边框改变
Fixed3D	窗体有边框，边框类型立体，窗体大小固定，不能通过拖动边框改变
Sizable	默认值，窗体有边框，边框类型双线，窗体大小能通过拖动边框改变
FixedDialog	窗体有边框，边框类型双线，窗体大小不能通过拖动边框改变
FixedToolWindow	固定工具窗口，标题栏仅有关闭按钮，窗体大小不能通过拖动边框改变
SizableToolWindow	可变大小工具窗口，标题栏仅有关闭按钮，窗体大小能通过拖动边框改变

在代码中要使用 FormBorderStyle 属性值中的某种边框样式时的完全限定名为：
`System.Windows.Forms.FormBorderStyle.成员名`
例如使窗体边框类型设置为固定单边框相应的语句为：
`Me.FormBorderStyle = System.Windows.Forms.FormBorderStyle.FixedSingle`

（5）Font 属性：用于返回或设置输出字符的字体样式、大小等字体格式，适用于窗体以及大部分控件。该属性的值为 Sytem.Drawing 命名空间的 Font 类。

该属性是一个组合属性，包含 Name、Size、Unit、Bold、Italic、Strikeout、Underline 等子属性，分别表示字体的字体名称、大小、字体大小的单位、是否加粗、是否斜体、是否加删除线、是否加下划线等。在属性窗口中，单击 Font 设置框右侧的省略号按钮，打开"字体"对话框，可以直接进行多个子属性的设置。在代码中可以利用 Font 类设置对象的字体和样式，语法格式是：
对象名.Font=New [System.Drawing.]Font(字体名,字体大小[,字体样式,字体单位])
其中：
New 是必须的，表示声明一个 Font 类的对象实例。
参数"字体名"是必须的，表示字体的名称，如宋体、隶书等。
参数"字体大小"是必须的，表示字体的大小，如 10、20 等。
参数"字体样式"是可选的，表示字体的样式，如加粗、倾斜、下划线等。该参数用 System.Drawing 命名空间中的 FontStyle 枚举来表示，如表 3-4 所示。

表 3-4 System.Drawing 命名空间的 FontStyle 枚举成员及其功能

FontStyle 枚举成员	功能
Bold	文本加粗显示
Italic	文本倾斜显示
Regular	普通文本显示
Strikeout	带删除线的文本
Underline	带下划线的文本

参数"字体单位"是可选的，表示字体大小的单位。该参数用 System.Drawing 命名空间中的 GraphicsUnit 枚举来表示，如表 3-5 所示。

表 3-5 System.Drawing 命名空间的 GraphicsUnit 枚举成员及其功能

GraphicsUnit 枚举成员	功能
Display	指定显示设备的度量单位。通常，视频显示使用的单位是像素；打印机使用的单位是 1/100 英寸
Document	将文档单位（1/300 英寸）指定为度量单位
Inch	将英寸指定为度量单位
Millimeter	将毫米指定为度量单位
Pixel	将像素指定为度量单位
Point	将打印机点（1/72 英寸）指定为度量单位
World	将世界坐标系单位指定为度量单位

例如，要将窗体的字体设置为宋体、18 像素大小、加粗、斜体、带有下划线，相应的语句为：
```
Me.Font=New Font("宋体",18,FontStyle.Bold,FontStyle.Italic, _
FontStyle.Underline,GraphicsUnit.Pixel)
```
说明：代码中的 New 表示声明一个 Font 类的对象实例。

3．窗体布局类（Layout）属性

几乎所有的可视控件都具有位置和大小属性。

（1）Location 属性：用于返回或设置窗体左上角相对于屏幕左上角的坐标，其初始默认值在坐标（0，0）处。注意，屏幕坐标的坐标原点在左上角，向右为 X 轴，向下为 Y 轴。

此属性是一个组合属性，包括 X 和 Y 两个子属性，两者表示某一坐标位置（X，Y）。该属性的值是 System.Drawing 命名空间中的 Point 类型结构。

例如，要将窗体的左上角位置设置在（100，200）处，相应的语句为：
```
Me.Location=New System.Drawing.Point(100,200)
```
（2）StartPosition 属性：用于设置运行时窗体的起始位置。该属性的类型为 System.Windows.Form 命名空间中的 FormStartPosition 枚举类型，其中包括表 3-6 中所示的 5 个成员，分别表示 5 种不同的窗体起始位置。

在代码中要使用 FormStartPosition 枚举中的某个成员的完全限定名为：
```
System.Windows.Forms.FormStartPosition.成员名
```
例如，要使窗体运行时位于屏幕中央，相应的语句为：

```
Public Sub New()
  '此调用是 Windows 窗体设计器所必需的
  InitializeComponent()
  '在 InitializeComponent() 调用之后添加任何初始化
  Me.StartPosition = System.Windows.Forms.FormStartPosition.CenterScreen
End Sub
```

说明：此处修改窗体属性的语句应该放在窗体的初始化过程中，放在他处无效。

表 3-6　System.Windows.Form 命名空间的 FormStartPosition 枚举成员及其功能

FormStartPosition 枚举成员	功能
CenterParent	窗体在父窗体中，居中
CenterScreen	窗体在屏幕中，居中
Manual	窗体的位置由 Location 属性确定
WindowsDefaultBounds	窗体在 Windows 默认位置，边界也是默认形式
WindowsDefaultLocation	窗体在 Windows 默认位置

（3）WindowState 属性：用于设置运行时窗体的窗口状态。该属性的类型为 System.Windows.Form 命名空间中的 FormWindowState 枚举类型，其中包括表 3-7 中所示的 3 个成员，分别表示 3 种不同的窗口状态。

表 3-7　System.Windows.Form 命名空间的 FormWindowState 枚举成员及其功能

FormWindowState 枚举成员	功能
Normal	程序运行时，窗体正常状态，大小为设计时大小
Minimize	程序运行时，窗体最小化
Maximize	程序运行时，窗体最大化

（4）Size 属性：用于返回或设置窗体的大小，度量单位是像素。此属性是一个组合属性，包括 Width 和 Height 两个子属性，分别表示窗体的宽度和高度。该属性的值是 System.Drawing 命名空间中的 Size 类型的结构。例如，要将窗口的宽度设置为 300 像素，高度设置为 200 像素，相应的语句为：

```
Me.Size = New System.Drawing.size(300,200)
```

4. 窗体样式（WindowsStyle）类属性

（1）Icon 属性：用来设置窗体最小化时的图标，图标文件的扩展名为.ico。

（2）ControlBox 属性：用来获取或设置窗体的控制菜单框是否显示，属性值为 True 或 False。当 ControlBox 属性设置为 True 时，窗体标题栏中显示控制菜单框和其他按钮，否则不显示任何按钮。

（3）MaximizeBox 属性：用来设置窗体是否有"最大化"按钮。当 MaximizeBox 属性设置为 True 时，窗体有"最大化"按钮，否则没有"最大化"按钮。

（4）MinimizeBox 属性：用来设置窗体是否有"最小化"按钮。当 MinimizeBox 属性设置为 True 时，窗体有"最小化"按钮，否则没有"最小化"按钮。

（5）TopMost 属性：用来设置窗体在程序运行时是否始终在屏幕最上层显示。当 TopMost 属性设置为 True 时，窗体始终显示在屏幕最上层。

3.1.3 窗体的常用事件

窗体事件是程序运行时窗体能够识别的用户操作。每个事件有一个事件名对其进行标识。事件可以由用户发出的动作触发，也可以由系统触发。当事件被触发时，系统将执行该事件对应的事件过程。

1. 窗体加载和关闭事件

Load：当窗体被加载时触发的事件。当应用程序运行时，自动执行该事件，所以该事件通常用来在启动应用程序时对属性和变量进行初始化。

FormClosing：关闭窗体时触发的事件。

FormClosed：窗体关闭完毕，触发该事件。

2. Activated 和 DeActivated 事件

Activated：窗体激活事件，在窗体由非活动窗口变为活动窗口的瞬间发生。

DeActivated：与 Activated 相反，在窗体由活动窗口变为非活动窗口的瞬间发生。

3. 鼠标事件

Click：单击窗体的空白区域时发生。

DoubleClick：双击窗体的空白区域时发生。

MouseDown：当用户在窗体上按下鼠标触发该事件。

MouseUp：当用户在窗体上释放鼠标触发该事件。

MouseMove：当用户在窗体上移动鼠标指针触发该事件。

3.1.4 窗体的常用方法

窗体的方法可以使窗体能够执行很多复杂的操作，如控制窗体的加载、显示、隐藏和卸载等，这些方法实际上实现的是窗体状态的转换。窗体状态有三种：

（1）未载入：此时窗体没有载入计算机内存，即不占有计算机内存资源。这对大型应用程序非常重要，所以当窗体不再使用时应将其卸载转换为未载入状态。

（2）载入未显示：窗体已经从外存储器读入到内存中，但未显示出来。其界面无法看到，但可以对其执行某些操作。利用这种状态可以在显示窗体前对其进行某些设置，比如改变窗体的外观特征。另外，对于一些加载耗时较长的窗体，可以先加载窗体，然后在适当的时机将其显示出来。

（3）载入并显示：窗体被读入内存并已经显示出来，可以看到其界面并可以执行全部操作。

窗体的这三种状态通过窗体的三种方法进行转换：

（1）加载并显示窗体的 Show 方法。

该方法的语法格式：

[Me.] Show()

该方法兼有载入和显示窗体两种功能。也就是说，在执行 Show 方法时，如果窗体不在内存中，则该方法自动把窗体装入内存，然后将窗体显示出来；如果窗体已经在内存中，则直接将窗体显示出来。

（2）隐藏窗体的 Hide 方法。

该方法的语法格式：

[Me.] Hide()

该方法使窗体隐藏，不在屏幕上显示，但窗体仍在内存中，并没有被卸载。

(3) 关闭窗体的 Close 方法。

该方法的语法格式：

`[Me.] Close()`

该方法使窗体关闭，将窗体从内存中卸载。

三种方法中都用到 Me 关键字，它用于表示程序运行时所见到的窗体对象。例如当前运行的窗体是 Form1，在该窗体或其控件的事件过程中使用语句 Me.hide()，该语句被执行后 Form1 会被隐藏，进入载入未显示状态。

【例 3.1】设计一个 Windows 应用程序，要求如下：

（1）在窗体的设计阶段，设置窗体有关属性的属性值，使其满足下列条件：

1) 将窗体名称设置为"my_form1"。
2) 将窗体标题设置为"我的第一个测试窗体"。
3) 将窗体的"最大化"按钮和"最小化"按钮设置为无效。
4) 将窗体的背景色设置为浅蓝色。
5) 将窗体的边框设置为固定单边框。
6) 将窗体的起始位置设置为屏幕居中。
7) 使程序运行时窗体始终处于屏幕最上层。

（2）编写程序代码，在程序运行阶段，用户在窗体上单击时，完成以下功能：

1) 将窗体的标题修改为"Hello World!"。
2) 允许用户使用标题栏上的"最小化"按钮。
3) 将窗体的背景色修改为浅绿色。
4) 将窗体的边框样式修改为 Sizable，即可以通过鼠标拖拽完成窗体大小改变。
5) 将窗体的位置设置修改为从原位置向右平移 100 像素，向下平移 200 像素。
6) 将窗体的大小修改为宽 300 像素，高 100 像素。

设计步骤如下：

（1）进入 Visual Studio 2008 集成开发环境，新建一个 Visual Basic 类型的 Windows 应用程序项目，项目名称为"WindowsApplication1"，解决方案名称为"WindowsApplication1"，存放位置为"E:\test3-1\"。

（2）在设计阶段，利用属性窗口设置窗体有关属性的值，使其满足题目要求。具体方法是：在窗体设计器中单击窗体，在属性窗口中找到相关属性名，在属性名右侧的输入框内输入或选择需要的属性值，各属性名称和值的设置如表 3-8 所示。

表 3-8　窗体 Form1 的属性及其设置值

属性名	属性值	功能
Name	my_form1	将窗体名称设置为"my_form1"
Text	我的第一个测试窗体	将窗体标题设置为"我的第一个测试窗体"
MaximizeBox	False	将窗体的"最大化"按钮设置为无效
MinimizeBox	False	将窗体的"最小化"按钮设置为无效
BackColor	在自定义颜色中选择浅蓝色	将窗体的背景色设置为浅蓝色
FormBorderStyle	FixedSingle	将窗体的边框设置为固定单边框
StartPosition	CenterScreen	将窗体的起始位置设置为屏幕居中
TopMost	True	使程序运行时窗体始终处于屏幕最上层

（3）编写有关程序代码，需要打开代码编辑窗口。在窗体上双击，即打开代码窗口，打开的窗口如图 3-3 所示。可以通过选项卡切换代码窗口与窗体设计窗口。

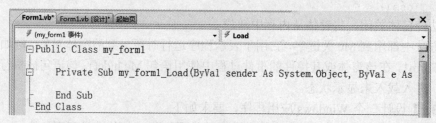

图 3-3　"代码编辑窗口"

在代码编辑窗口中光标闪烁的位置是当前窗体的 Load 事件过程，而需要编辑的是 Click 事件过程，切换的方法是，单击以上窗口上部右侧的下拉列表框，展开事件选择列表，该列表列出 Form 窗体能够响应的所有事件过程的名称，选择 Click，代码窗口会变成如图 3-4 所示。

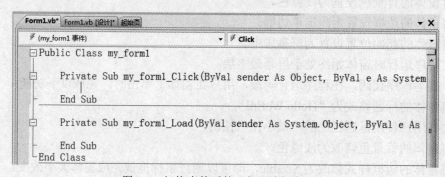

图 3-4　切换事件后的"代码编辑窗口"

在图 3-4 的第一个"End Sub"的上一行就可以编辑代码了。

注意：对象的事件过程代码一定要写在正确的位置，可以通过代码窗口上部的两个下拉列表框分别检查当前编辑代码的对象名称和事件过程名称，如果有错误，可以直接将下拉列表展开，重新选择。

编辑当前窗体的 Click 事件过程，代码为：

```
Private Sub my_form1_Click(ByVal sender As Object, ByVal e As System.EventArgs) Handles Me.Click
    Me.Text = "Hello World!"       '修改窗体的标题为"Hello World!"
    Me.MinimizeBox = True           '将窗体的"最小化"按钮启用
    '将窗体的背景色修改为浅绿色
    Me.BackColor = System.Drawing.ColorTranslator.FromOle(QBColor(10))
    '将窗体的边框样式修改为 Sizable
    Me.FormBorderStyle = System.Windows.Forms.FormBorderStyle.Sizable
    '将窗体的位置设置修改为从原位置向右平移 100 像素，向下平移 200 像素
    Dim x1 As Double, y1 As Double
    x1 = Me.Location.X
    y1 = Me.Location.Y
    Me.Location = New System.Drawing.Point(x1 + 100, y1 + 200)
    '将窗体的大小修改为宽 300 像素，高 100 像素
    Me.Size = New System.Drawing.Size(300, 100)
End sub
```

（4）运行程序。执行"调试"菜单中的"启动调试"菜单命令，或按键盘上的 F5 键，

或单击系统工具栏上的 ▶ 按钮，窗体就会进入运行状态，在原有界面的基础上会在屏幕中央弹出浅蓝色大小不能改变的单边框窗体，窗体标题栏显示"我的第一个测试窗体"，"最大、最小化"按钮都不可用。此时，窗体的 Click 事件过程并未执行。这时单击运行窗体的任意位置，用户的操作被识别，窗体的 Click 事件被触发，以上编写的代码会被逐条执行，窗体的标题会变成"Hello World!"，背景色会变成浅绿色，"最小化"按钮可以使用，窗体的大小和位置发生变化，将鼠标移至窗体边框，发现可以通过鼠标拖动修改窗体的大小。

注意：不是编辑的所有代码都会在窗体运行期内执行，只有当用户在程序运行时操作了某一对象，该操作能被对象识别，并且事先已经编写了该对象的该操作的事件过程代码，这时，相关代码才会被执行，这就是事件驱动的编程机制。

3.2 命令按钮控件 Button

在 Visual Basic.NET 应用程序中，命令按钮是最常用的控件之一。通常在其 Click 事件中编写一段代码，当单击这个按钮时，就会启动这段程序并执行某一特定的功能。

3.2.1 命令按钮 Button 的常用属性

从本节开始，将根据应用程序设计的需要，陆续介绍一些控件。对于已经介绍过的属性（如 Name、Text、颜色属性、位置和大小属性等），后续章节将不再重复。

1. TextAlign 属性

设置命令按钮上的文字对齐方式，共有 9 种对齐方式。其值是 System.Drawing 命名空间内的 ContentAlignment 枚举类型，参见表 3-9。

表 3-9 System.Drawing 命名空间的 ContentAlignment 枚举成员及其功能

ContentAlignment 枚举成员	功能
BottonLeft	内容在垂直方向底部对齐，水平方向左对齐
BottonCenter	内容在垂直方向底部对齐，水平方向居中对齐
BottonRight	内容在垂直方向底部对齐，水平方向右对齐
MiddleLeft	内容在垂直方向居中对齐，水平方向左对齐
MiddleCenter	内容在垂直方向居中对齐，水平方向居中对齐
MiddleRight	内容在垂直方向居中对齐，水平方向右对齐
TopLeft	内容在垂直方向顶部对齐，水平方向左对齐
TopCenter	内容在垂直方向顶部对齐，水平方向居中对齐
TopRight	内容在垂直方向顶部对齐，水平方向右对齐

该属性也可以通过属性窗口更直观地设置，用户的选择会被自动地转换为 ContentAlignment 枚举成员。设计窗口中属性值的选择列表如图 3-5 所示。

2. FlatStyle 属性

设置命令按钮的外观，共有 4 种外观方式。其值是 System.Windows.Forms 命名空间内的 FlatStyle 枚举类型，参见表 3-10。

图 3-5　按钮的 TextAlign 属性值在属性窗口中的修改方式

表 3-10　System.Windows.Forms 命名空间的 FlatStyle 枚举成员及其功能

FlatStyle 枚举成员	功能
Flat	命令按钮以平面显示
Popup	命令按钮初始以平面显示，当鼠标移至按钮上时，按钮变成立体 3D 显示
Standard	默认值，命令按钮以立体 3D 显示
System	命令按钮的外观由用户的操作系统决定，使用该成员时，按钮的 Image 和 BackGroundImage 属性设置无效

3. Image、BackGroundImage 和 ImageAlign 属性
- Image 属性：设置命令按钮上显示的图形文件。
- BackGroundImage 属性：设置命令按钮的背景图形文件。
- ImageAlign 属性：设置图形文件在命令按钮上的对齐方式。

注意：即使在 Image 属性或 BackGroundImage 属性中设置了要显示的图形文件，如果命令按钮的 FlatStyle 属性为 System，图形也不会显示。

4. Enabled 属性

该属性决定命令按钮是否可用，其值为逻辑型。若值为 False，则命令按钮以灰色显示，单击按钮没有反应。在程序中可以通过代码修改该属性的值来设置用户的操作权限。

5. 快捷访问键

快捷访问键是指按 Alt 键+字母键可以执行命令按钮的功能，作用与单击命令按钮相同，该字母键就称为快捷访问键。其设置方法是在原有按钮 Text 属性值后面附加 "&" 和相关字母。例如，添加一个按钮，将其 Text 属性修改为 "取消（&C）"，则字母 C 就是该按钮的快捷访问键。命令按钮显示为 ，字母 C 带有下划线。

3.2.2　命令按钮的常用事件

命令按钮最常用的事件是 Click 事件，可以在该事件中编写代码来处理相应的任务。
在程序运行时，常用以下办法触发该事件：
- 用鼠标单击。

- 按 Tab 键将焦点移至相应按钮，再按 Enter 键。
- 使用快捷访问键（按钮上带有下划线的字母）。

3.2.3 命令按钮的常用方法

命令按钮的常用方法是 Focus 方法，使用该方法可以将焦点定位在指定的命令按钮上。所谓焦点是指对象接收鼠标操作或键盘输入的能力。命令按钮获得焦点后，呈高亮显示，此时按 Enter 键就会执行命令按钮的 Click 事件过程。

该方法的语法格式：

对象名.Focus()

窗体和大多数可视控件也具有 Focus 方法。

【例 3.2】利用命令按钮做一个简单的算术游戏。单击"开始"按钮，由计算机自动生成一道加法题，显示在标签中（标签显示文本由标签的 Text 属性获得），并且让"时间到"按钮获取焦点。单击"时间到"按钮或按 Enter 键，游戏结束，标签内容显示为"Time out! Game over!"。其运行结果如图 3-6 和图 3-7 所示。

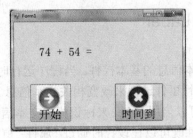

图 3-6 单击"开始"按钮后界面

图 3-7 单击"时间到"按钮后界面

设计步骤如下：

（1）进入 Visual Studio 2008 集成开发环境，新建一个 Visual Basic 类型的 Windows 应用程序项目，项目名称为"WindowsApplication2"，存放位置为"E:\test3-2\"。

（2）在设计阶段，添加一个标签，两个命令按钮。利用属性窗口设置窗体有关属性的值，使其接近示例图片显示要求。各属性名称和值的设置如表 3-11 所示。

表 3-11 窗体 Form1 的属性及其设置值

对象	属性名	属性值	功能
Form1	Font.size	21.75 像素（二号）	Form1 中控件对象字体大小设置为二号
	Size	450,300	窗体大小宽 450 像素，高 300 像素
Label1	Location	60,60	将标签位置放置在距窗体左上角（60,60）处
	Text	空	清空标签内容
Button1	Text	开始	按钮上显示文字"开始"
Button2	Text	时间到	按钮上显示文字"时间到"
	Enabled	False	程序运行初，"时间到"按钮不可用
Button1 和 Button2	TextAlign	BottomCenter	按钮文字垂直底端对齐，水平居中对齐
	Image	（自行选择图片）	按钮显示图片
	ImageAlign	TopCenter	按钮图片垂直顶部对齐，水平居中对齐

（3）编写有关程序代码，打开代码编辑窗口。"开始"按钮 Click 事件过程代码如下：

```
Imports Microsoft.VisualBasic.VBMath        '导入数学函数的命名空间
Private Sub Button1_Click(ByVal sender As System.Object, ByVal e As System.
EventArgs) Handles Button1.Click
    Dim a As Integer, b As Integer
    Randomize()
    a = Int(Rnd() * 90) + 10
    b = Int(Rnd() * 90) + 10
    Label1.Text = a & " + " & b & " ="
    Button2.Enabled = True
    Button2.Focus()
End Sub
' "时间到"按钮的 Click 事件过程代码
Private Sub Button2_Click(ByVal sender As System.Object, ByVal e As System.
EventArgs) Handles Button2.Click
    Label1.Text = "Time out! Game over!"
End Sub
```

3.3 标签控件 Label

标签（Label）是 Visual Basic.NET 中用来显示文本信息的基本控件。当程序运行时，Label 控件上显示的文本用户不能直接修改，但可以通过执行事件过程来改变相关文本信息。对于一些没有自己标题（Text）属性的控件（如文本框），可以借用 Label 来标识相关文本信息。

Label 中显示的文本是由 Text 属性控制的，该属性既可以在设计时通过"属性"窗口修改，也可以在程序运行时通过代码修改。

3.3.1 标签 Label 的常用属性

由于标签主要用于显示文本信息，所以其常用属性多用于外观设计。

1. TextAlign 属性

设置标签中文字的对齐方式。该属性值的设置和命令按钮的 TextAlign 属性设置相同。

2. AutoSize 属性

设置标签控件的大小是否随内容的大小自动调整，其值是逻辑型。默认值是 True，即标签大小根据内容自动调整，标签周围没有对象大小控制点（此时 Size 属性不能修改），仅有位置调整控制点，用户拖动鼠标可以修改标签的位置，但不能修改大小。

当标签的 AutoSize 属性值为 False 时，标签保持设计时大小，内容超出部分不能显示。此时激活标签对象，其周围才会有对象大小控制点，用户可以通过鼠标拖动自行控制标签的大小，也可以通过设置 Size 属性值来修改标签对象的大小。

3. BorderStyle 属性

设置标签控件的边框样式，共有三种。其值是 System.Windows.Forms 命名空间内的 BorderStyle 枚举类型，参见表 3-12。

4. Image 属性

这是 Visual Basic.NET 为标签新增的属性，可以设置标签的背景图片。当标签的 FlatStyle 属性设置为 System 时，该属性无效。

表 3-12 System.Windows.Forms 命名空间的 BorderStyle 枚举成员及其功能

BorderStyle 枚举成员	功能
Fixed3D	设置立体边框
FixedSingle	设置单边框
None	设置为无边框

5. Visible 属性

决定控件对象是否可见，其值是逻辑型。设置为 False 时，该对象不可见。该属性既可以在属性窗口中设置，也可以在代码中修改。

3.3.2 标签 Label 的事件和方法

Label 可以响应的事件有单击（Click）、双击（DoubleClick）等，但通常不编写相应的事件过程。Label 的常用方法有 Refresh()，可以进行标签的重绘，即刷新。

【例 3.3】利用标签做一个带有动画效果的贴春联（五湖四海皆春色 万水千山尽得辉 横批：万象更新）游戏。单击"上联"按钮，与该按钮左对齐，出现春联的上联；单击"下联"按钮，与该按钮右对齐，出现春联的下联；单击"横批"按钮，出现春联的横批。其运行结果如图 3-8 和图 3-9 所示。

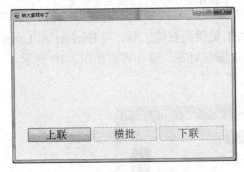
图 3-8 窗体运行时界面

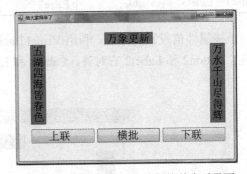
图 3-9 窗体运行时三个按钮均单击后界面

设计步骤如下：

（1）进入 Visual Studio 2008 集成开发环境，新建一个 Visual Basic 类型的 Windows 应用程序项目，项目名称为"WindowsApplication3"，存放位置为"E:\test3-3\"。

（2）在设计阶段，添加如图 3-10 所示的 3 个标签，3 个命令按钮。利用属性窗口设置窗体有关属性的值，使其接近示例图片显示要求。各属性名称和值的设置如表 3-13 所示。

表 3-13 窗体 Form1 的属性及其设置值

对象	属性名	属性值	功能
Form1	Text	给大家拜年了	Form1 标题栏显示的文本
	Font.size	21.75 像素（二号）	Form1 中控件对象字体大小设置为二号
	Size	600,400	窗体大小宽 600 像素，高 400 像素
	BackColor	黄色	设置窗体背景色为黄色
	StartPosition	CenterScreen	窗体运行时屏幕居中

续表

对象	属性名	属性值	功能
Button1	Text	上联	设置按钮显示文本
Button2	Text	下联	
Button3	Text	横批	
Button2～Button3	Enabled	False	窗体运行时"下联"和"横批"按钮不可用
Label1	Text	五湖四海皆春色	上联标签显示的文本
	AutoSize	False	取消该标签自适大小
	Size	41,209	手动修改标签大小
	BorderStyle	FixedSingle	标签边框为单线边框
	BackColor	红色	标签背景色设置为红色
Label2	Text	万水千山尽得辉	下联标签显示的文本
	AutoSize、Size、BorderStyle、BackColor 属性同 label1 设置		
Label3	Text	万象更新	横批标签显示的文本
	AutoSize	True（默认）	标签自适内容大小
	BorderStyle、BackColor 属性同 label1 设置		
Label1～Label3	Visible	False	窗体运行时使三个标签不可见

上述属性值设置完毕后，利用 Visual Basic.NET 提供的智能工具，将 Button1 和 Label1 左对齐，Button2 和 Label2 右对齐，Label1 和 Label2 顶端对齐，设计界面如图 3-10 所示。

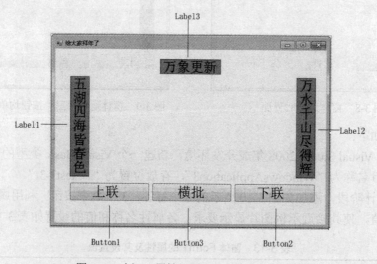

图 3-10 例 3.3 属性设置完成后窗体设计界面

（3）编写有关程序代码，打开代码编辑窗口。程序的设计要求是：使"横批"标签（Label3）位于窗口水平居中，该标签的底边与 Label1 的顶边位于一条直线上，该设置需要在窗体加载时完成；通过单击相关按钮逐一显示"上联"、"下联"和"横批"。

该窗体的加载事件过程完成将"横批"标签移至指定位置，代码如下：

```
Private Sub Form1_Load(ByVal sender As System.Object, ByVal e As System.EventArgs) Handles MyBase.Load
```

```
        Dim x As Double, y As Double
        x = (Me.Size.Width - Label3.Size.Width) / 2
        y = Label1.Location.Y - Label3.Size.Height
        Label3.Location = New System.Drawing.Point(x, y)
    End Sub
```
"上联"按钮完成显示"上联"标签,同时使"下联"按钮可用,代码如下:
```
    Private Sub Button1_Click(ByVal sender As System.Object, ByVal e As System.
EventArgs) Handles Button1.Click
        Label1.Visible = True
        Button2.Enabled = True
    End Sub
```
"下联"按钮完成显示"下联"标签,同时使"横批"按钮可用,代码如下:
```
    Private Sub Button2_Click(ByVal sender As System.Object, ByVal e As System.
EventArgs) Handles Button2.Click
        Label2.Visible = True
        Button3.Enabled = True
    End Sub
```
"横批"按钮完成显示"横批"标签,代码如下:
```
    Private Sub Button3_Click(ByVal sender As System.Object, ByVal e As System.
EventArgs) Handles Button3.Click
        Label3.Visible = True
    End Sub
```

3.4 文本框控件 TextBox

一个程序如果没有输入操作,则必然缺乏灵活性,与用户的交互性被削弱。使用文本框允许用户在程序运行时输入不同的文本及数据,当然也可以使用文本框进行信息的输出。熟练运用文本框是开发出高质量应用程序的基础。

3.4.1 文本框的输入/输出

文本框中显示的文本是受 Text 属性控制的。此属性是文本框最重要的属性,可以使用 3 种方式设置:

- 设计时通过"属性"窗口设置。
- 运行时通过代码设置。
- 运行时通过用户输入。

通过 Text 属性,可以实现人机之间的交互操作。程序运行时,从键盘向文本框输入字符,字符内容由该文本框的 Text 属性获得,将这些内容赋值给变量,从而实现输入操作。也可以将变量的值赋给文本框,从而实现数据的输出。

【例 3.4】已知雇员姓名、工作时数、单位小时酬金及计算方法,求雇员应发工资。设工作 40 小时以内,每小时 50.58 元,超过时间按单位酬金的 1.5 倍计算。利用文本框做一个有计算工资功能的小程序,单击"计算"按钮,根据输入的工作时间计算出应发工资,显示在文本框中;单击"下一个"按钮,清空当前文本框内容。其运行界面如图 3-12 所示。

设计步骤如下:

(1)进入 Visual Studio 2008 集成开发环境,新建一个 Visual Basic 类型的 Windows 应用

程序项目，项目名称为"WindowsApplication4"，存放位置为"E:\test3-4\"。

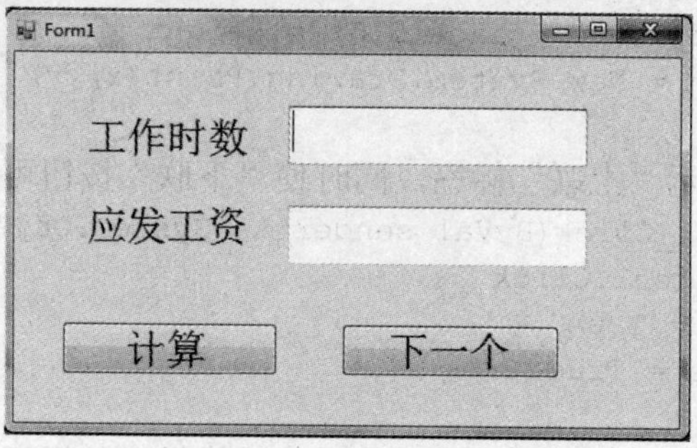

图 3-11 例 3.4 窗体运行界面

（2）在设计阶段，如图 3-11 所示添加 2 个按钮、2 个标签、2 个文本框。利用属性窗口设置窗体有关属性的值。各属性名称和值的设置如表 3-14 所示。

表 3-14 窗体 Form1 的属性及其设置值

对象	属性名	属性值	功能
Form1	Font.size	21.75 像素（二号）	Form1 中控件对象字体大小设置为二号
Button1	Text	计算	设置按钮显示文本
Button2	Text	下一个	
Label1	Text	工作时数	设置标签显示的文本
Label2	Text	应发工资	

（3）编写有关程序代码，打开代码编辑窗口。程序的设计要求是：程序运行时，输入焦点在 TextBox1 中，便于用户输入"工作时数"；单击按钮完成计算功能和清空功能。为了让程序运行开始输入焦点在 TextBox1 中，要为窗体的 Shown 事件（每当窗体第一次显示时发生的事件）编写代码如下：

```
Private Sub Form1_Shown(ByVal sender As Object, ByVal e As System.EventArgs) Handles Me.Shown
    TextBox1.Focus()
End Sub
```

为了实现"应发工资"的计算功能，要为"计算"按钮的 Click 事件编写代码如下：

```
Private Sub Button1_Click(ByVal sender As System.Object, ByVal e As System.EventArgs) Handles Button1.Click
    Dim x As Double, y As Double
    Const d As Double = 50.58
    x = TextBox1.Text
    y = 40 * d + (x - 40) * d * 1.5
    TextBox2.Text = y
End Sub
```

为了实现"清空内容"的功能，要为"下一个"按钮的 Click 事件编写代码如下：

```
Private Sub Button2_Click(ByVal sender As System.Object, ByVal e As System.EventArgs) Handles Button2.Click
    TextBox1.Text = ""
    TextBox2.Text = ""
    TextBox1.Focus()
```

```
End Sub
```
说明：

（1）利用文本框，用户可以输入任意数据，从而提高了程序的灵活性。

（2）使用文本框的 Focus()方法，使文本框在需要接收用户输入数据时获取焦点，方便了用户的操作。

【例 3.5】参照例 3.2 制作一个简单的出题测试程序，要求单击"出题"按钮，窗体输出题目，结果文本框内容清空；然后用户能通过文本框输入计算结果，单击"判断"按钮，窗体可以判断出用户输入结果正确与否，并将判断结果显示在窗体中；单击"退出"按钮，程序结束运行，窗体关闭。其设计、运行界面如图 3-12 所示。

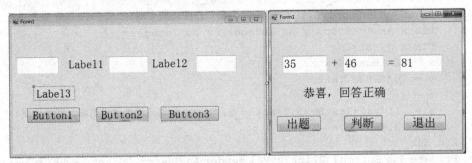

图 3-12　例 3.5 窗体设计、运行界面

设计步骤如下：

（1）进入 Visual Studio 2008 集成开发环境，新建一个 Visual Basic 类型的 Windows 应用程序项目，项目名称为"WindowsApplication5"，解决方案名称为"WindowsApplication5"，存放位置为"E:\test3-5\"。

（2）在设计阶段，如图 3-13 所示添加 3 个标签、3 个按钮、3 个文本框。利用属性窗口设置窗体有关属性的值，使其接近示例图片显示要求。各属性名称和值的设置如表 3-15 所示。

表 3-15　窗体 Form1 的属性及其设置值

对象	属性名	属性值	功能
Form1	Font.size	21.75 像素（二号）	Form1 中控件对象字体大小设置为二号
Button1	Text	出题	设置按钮显示文本
Button2	Text	判断	
Button3	Text	退出	
Label1	Text	+	设置标签显示的文本
Label2	Text	=	
Label3	Text	空串	

（3）编写有关程序代码，打开代码编辑窗口。程序的设计要求是：程序运行时，即输出题目，输入焦点在 TextBox3 中，便于用户输入计算结果；单击"判断"按钮完成判断用户输入是否正确功能；单击"出题"按钮，输出题目，TextBox3 清空并获取焦点；单击"退出"按钮，程序结束运行。代码如下：

```
Public Class Form1
```

```vb
        Private Sub Button1_Click(ByVal sender As System.Object, ByVal e As System.
EventArgs) Handles Button1.Click     '"出题"按钮功能实现
            Dim a As Integer, b As Integer
            Randomize()
            a = Int(Rnd() * 90) + 10
            b = Int(Rnd() * 90) + 10
            TextBox1.Text = a
            TextBox2.Text = b
            TextBox3.Text = ""
            TextBox3.Focus()
        End Sub
        Private Sub Button2_Click(ByVal sender As System.Object, ByVal e As System.
EventArgs) Handles Button2.Click     '"判断"按钮功能实现
            Dim x As Integer, y As Integer, z As Integer
            Dim s As String
            x = TextBox1.Text
            y = TextBox2.Text
            z = x + y
            s = IIf(Val(TextBox3.Text) = z, "恭喜,回答正确", "很遗憾,回答错误!")
            Label3.Text = s
        End Sub
        Private Sub Button3_Click(ByVal sender As System.Object, ByVal e As System.
EventArgs) Handles Button3.Click     '"退出"按钮功能实现
            End
        End Sub
        Private Sub Form1_Load(ByVal sender As Object, ByVal e As System.EventArgs)
Handles Me.Load              '实现输出题目清空结果文本框功能
            Dim a As Integer, b As Integer
            Randomize()
            a = Int(Rnd() * 90) + 10
            b = Int(Rnd() * 90) + 10
            TextBox1.Text = a
            TextBox2.Text = b
            TextBox3.Text = ""
        End Sub
        Private Sub Form1_Shown(ByVal sender As Object, ByVal e As System.EventArgs)
Handles Me.Shown
            TextBox3.Focus()          '文本框获取焦点
        End Sub
    End Class
```

3.4.2 多行文本框

文本框的设置在默认情况下只显示单行文本,且不显示滚动条,不支持回车换行。如果文本的长度超出可用空间,则只能显示部分文本。要想使文本框能够显示和输入多行文本,必须对 Multiline 属性和 ScrollBars 属性进行设置(只能在设计状态下设置)。

1. MultiLine 属性和 WordWrap 属性

将 MultiLine 属性值设置为 True,可以使文本框在运行时接收或显示多行文本。

文本框的 WordWrap 属性指示文本框是否自动换行,其值是逻辑值。当 WordWrap 属性值为 True(默认值)时,文本框支持自动换行;反之,文本框不支持自动换行。

2. ScrollBars 属性

设置文本框是否具有垂直或水平滚动条，共有四种取值。其值是 System.Windows.Forms 命名空间内的 ScrollBars 枚举类型，参见表 3-16。

表 3-16　System.Windows.Forms 命名空间的 ScrollBars 枚举成员及其功能

ScrollBars 枚举成员	功能说明
Both	同时显示水平滚动条和垂直滚动条
Horizontal	只显示水平滚动条
Vertical	只显示垂直滚动条
None	默认值，不显示任何滚动条

图 3-13 展示了单行、多行及有无滚动条的文本框的情况。

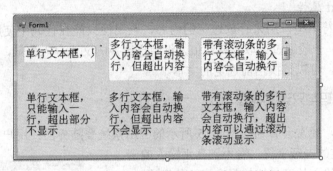

图 3-13　单行、多行及有无滚动条的文本框

3. 多行文本框的 Text 属性设置

将文本框的 MultiLine 属性设置为 True，在属性窗口设置 Text 属性值时，需要单击 Text 属性值右侧的下拉按钮，弹出如图 3-14 所示的下拉列表框，再输入属性值。如果需要换行，直接按 Enter 键，如果按 Ctrl+Enter 组合键，则结束输入。

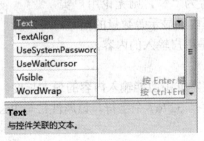

图 3-14　设置多行文本框的 Text 属性

如果要在代码中设置多行文本框的 Text 属性，可以按以下形式输入：
TextBox1.Text="计算机"&vbCrLf&"高级语言程序设计"

其中，vbCrLf 是 Visual Basic.NET 的系统常量，表示回车换行。

3.4.3　在文本框中实现文本的选定

文本框控件实际上是一个简单的文本编辑器，利用文本框的一些特殊属性，基本上可以模仿人们日常使用的各种文本编辑工具，即可以选择编辑器内容的全部或只选择一部分内容进行复制、剪切和粘贴等。被选定的内容通常以黑（或蓝）底白字显示，称为反相（突出、高亮）显示。

文本框控件提供了 SelectionStart、SelectionLength 和 SelectedText 3 个特殊属性，可控制文本框中的插入点和文本选定操作。这些属性只能在运行时使用。

1. SelectionStart 属性

该属性值为数值型，用于指定待选定部分文本块在文本框中的起始位置。起始位置从 0 计数，该属性只能在代码中使用。

2. SelectionLength 属性

该属性用来指定选定文本的长度，即字符的个数，该属性只能在代码中使用。例如：想通过按钮单击实现选定文本框 TextBox1 的前三个字符，相应的按钮的事件过程的代码是：

```
TextBox1.SelectionStart=0
TextBox1.SelectionLength=3
```

3. SelectedText 属性

该属性值为字符串型，用来存放选定的内容，该属性只能在代码中使用。如果没有字符被选中，值为空串。一般通过读取该属性值，将用户选择的文本存入变量，进行处理。另外还可以对该属性赋值，可以替换当前选定的文本。

3.4.4 创建密码与只读文本框

在实际应用中，经常会看到如图 3-15 所示的应用系统登陆界面：用户密码框内输入密码时显示为"*"之类的屏蔽字符，看不到真正输入的密码；该框限定密码输入长度（比如只允许 6 位密码），当用户输错口令 3 次后，用户名和密码输入框不再允许用户输入。

图 3-15 应用系统登陆界面

1. PasswordChar 属性

该属性为字符串类型，指定文本框中显示的字符。如果在属性窗口中将该值设置为"*"，则无论用户实际输入的是什么字符，文本框内都显示等数量的星号，但文本框的 Text 属性值仍然是用户输入的内容。

2. MaxLength 属性

该属性为数值型，指定文本框中所能输入内容的最大长度。默认值是 32767，说明该文本框能够输入的内容的最大长度是 32767 个字符。该属性常与 PasswordChar 属性配合使用，用来制作密码输入文本框。

3. Enabled 和 ReadOnly 属性

Enabled 属性指定文本框运行时是否可编辑，默认值是 True，表示可用。当被设置为 False 时，程序运行时文本框呈灰色，可以浏览文本框中的内容，但不能做任何编辑（选择、复制、剪切等）。该属性只影响程序运行时用户的操作，在编程时仍可通过代码修改文本框中的内容。

ReadOnly 属性指定文本框是否只读，默认值是 False，表示可被读写。当被设置为 True 时，设计器中的文本框即呈灰色，运行时可以滚动、显示、选择、复制文本框的内容，但不能修改。同 Enabled 属性，该属性只影响程序运行时用户的操作，在编程时仍可通过代码修改文本框中的内容。

3.4.5 文本框的常用事件

1. TextChanged 事件

当用户修改文本框内容，或程序将 Text 属性重新赋值时，触发该事件。

2. KeyPress 事件

当文本框拥有焦点，如果用户按下并释放键盘上的某个按键时触发该事件。可利用该事件过程的 e.KeyChar 参数获取用户输入的字符。e.KeyChar 参数是一个 Char 类型的值，如果用户按下的是 Enter 键，则表达式 e.KeyChar = Chr(13)的返回值为 True，其中数字 13 是 Enter 键对应的 ASCII 码值。

3. LostFocus 事件

此事件在一个对象失去焦点时发生，按 Tab 键或单击另一个对象都会发生该事件。LostFocus 事件过程主要用来对数据更新进行验证和确认。常用于检验文本框 Text 属性中的内容。

4. GotFocus 事件

该事件与 LostFocus 事件相反，当控件对象获得焦点时发生。

【例 3.6】编写文本框的相关事件过程代码，制作一个学生成绩录入程序，要求用户界面友好，使用方便。其设计、运行界面如图 3-16 所示。

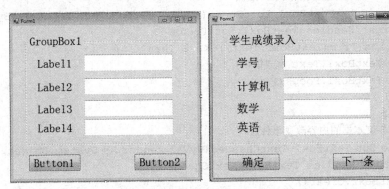

图 3-16　例 3.6 文本框事件程序设计、运行界面

设计步骤如下：

（1）进入 Visual Studio 2008 集成开发环境，新建一个 Visual Basic 类型的 Windows 应用程序项目，项目名称为"WindowsApplication6"，解决方案名称为"WindowsApplication6"，存放位置为"E:\test3-6\"。

（2）在设计阶段，如图 3-16 所示添加 1 个 GroupBox 控件、4 个标签、4 个文本框、2 个按钮。利用属性窗口设置窗体有关属性的值。各属性名称和值的设置如表 3-17 所示。

表 3-17　窗体 Form1 的属性及其设置值

对象	属性名	属性值	功能
Form1	Font.size	21.75 像素（二号）	Form1 中控件对象字体大小设置为四号
GroupBox1	Text	学生成绩录入	标题内容
Label1～Label 4	Text	如图 3-17 所示	标题内容

(3) 编写有关程序代码,打开代码编辑窗口。程序的设计要求是:

1) 当"学号"文本框获取输入焦点时,GroupBox1 的标题变成提示"请输入 8 位学号";

2) 如果"学号"文本框内容被修改,其余成绩文本框内容则被清空;

3) 当用户在前一文本框输入完内容,并单击回车,下一文本框自动获取焦点;

4) 当"学号"文本框失去焦点后,检验用户输入的文本长度是否满足 8 位,否则文本框显示"错误",重获焦点,等待修改。代码如下:

```
Public Class Form1
    ' "学号"文本框的获取焦点事件过程
    Private Sub TextBox1_GotFocus(ByVal sender As Object, ByVal e As System.EventArgs) Handles TextBox1.GotFocus
        GroupBox1.Text = "请输入8位学号!"
        TextBox1.SelectAll()
    End Sub
    ' "学号"文本框的 KeyPress 事件过程,判断用户是否单击键盘的 Enter 键,如果是,则将焦点定位到下一个文本框
    Private Sub TextBox1_KeyPress(ByVal sender As Object, ByVal e As System.Windows.Forms.KeyPressEventArgs) Handles TextBox1.KeyPress
        If e.KeyChar = Chr(13) Then TextBox2.Focus()
    End Sub
    ' "学号"文本框的失去焦点事件过程
    Private Sub TextBox1_LostFocus(ByVal sender As Object, ByVal e As System.EventArgs) Handles TextBox1.LostFocus
        If Len(Trim(TextBox1.Text)) <> 8 Then
            TextBox1.Text = "错误!"
            TextBox1.Focus()
        End If
    End Sub
    ' "学号"文本框的内容改变事件过程
    Private Sub TextBox1_TextChanged(ByVal sender As System.Object, ByVal e As System.EventArgs) Handles TextBox1.TextChanged
        TextBox2.Clear()
        TextBox3.Clear()
        TextBox4.Clear()
    End Sub
    ' "成绩"文本框的 KeyPress 事件过程,判断是否重新定位焦点
    Private Sub TextBox2_KeyPress(ByVal sender As Object, ByVal e As System.Windows.Forms.KeyPressEventArgs) Handles TextBox2.KeyPress
        If e.KeyChar = Chr(13) Then TextBox3.Focus()
    End Sub
    Private Sub TextBox3_KeyPress(ByVal sender As Object, ByVal e As System.Windows.Forms.KeyPressEventArgs) Handles TextBox3.KeyPress
        If e.KeyChar = Chr(13) Then TextBox4.Focus()
    End Sub
End Class
```

讨论:

(1) 该例中灵活地运用了文本框的常用事件:TextChange、KeyPress、GotFocus、LostFocus,帮助用户建立严谨、方便的操作流程。用户先从"学号"文本框录入学号信息,

录入完成点击 Enter 键，触发 TextBox1_KeyPress 事件过程，转移焦点代码又触发了 TextBox1_LostFocus 事件过程，过程内进行了输入内容是否满足 8 位长度的判断，如果不满 8 位，TextBox1 重获焦点，而 TextBox1 获得焦点会触发其 GotFocus 事件，事件代码会让 TextBox1 处于全选状态，等待用户修改，而用户一旦改变文本框内容，则触发 TextBox1 的 TextChanged 事件，执行成绩文本框清空程序。如果用户输入全部符合要求，则通过单击 Enter 键就可以灵活切换至下一文本框进行输入，提高了成绩录入速度。因此，该程序用户界面友好，使用方便。

（2）窗体底部的两个按钮实现的是信息保存和内容清空功能。其中要实现内容清空功能，调用文本框的 Clear()方法即可，不再赘述。信息保存功能需要后续知识，在第 11 章数据文件解决。

3.4.6 文本框的常用方法

1. Focus 方法

使某一文本框具有输入焦点。在代码中调用该方法的语句格式是：对象名.Focus()。

注意：如果需要在窗体开始运行时将焦点移至文本框，需要在窗体的 Shown 事件过程中调用文本框的 Focus 方法。

2. Clear 方法

清空文本框中的文本。

3. Copy、Cut 和 Paste 方法

Copy 或 Cut 方法用于将文本框中选择的文本复制或剪切到 Windows 剪贴板。Paste 方法用于将 Windows 剪贴板中的文本粘贴到对象中。

4. Select

该方法用于激活控件。

5. SelectAll 方法

该方法用于选择对象中所有文本。

【例 3.7】使用文本框的相关方法，制作一个简单的文本编辑器。其设计、运行界面如图 3-17 所示。

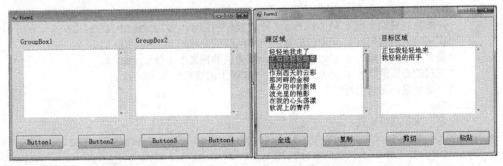

图 3-17 例 3.7 窗体设计运行界面

设计步骤如下：

（1）进入 Visual Studio 2008 集成开发环境，新建一个 Visual Basic 类型的 Windows 应用程序项目，项目名称为"WindowsApplication7"，解决方案名称为"WindowsApplication7"，存放位置为"E:\test3-7\"。

（2）在设计阶段，如图 3-18 所示添加 2 个 GroupBox 控件，每个内部添加一个文本框，GroupBox 外部添加 4 个按钮。利用属性窗口设置窗体有关属性的值。各属性名称和值的设置如表 3-18 所示。

表 3-18 例 3.7 窗体 Form1 的属性及其设置值

对象	属性名	属性值	功能
Form1	Font.size	14.25 像素（四号）	Form1 中控件对象字体大小设置为四号
GroupBox1	Text	源区域	标题内容
GroupBox1	Text	目标区域	
TextBox1 和 TextBox2	Text	空串	清空文本框内容
	MultiLine	True	文本框允许多行
	ScrollBar	Both	多行文本框具有水平、垂直双向滚动条
	HideSelection	False	文本框失去焦点后，选定文本依然高亮显示
Button1	Name	BtnSelectAll	改变名称
	Text	全选	改变标题
Button2	Name	BtnCopy	改变名称
	Text	复制	改变标题
Button3	Name	BtnCut	改变名称
	Text	剪切	改变标题
Button4	Name	BtnPaste	改变名称
	Text	粘贴	改变标题

（3）编写有关程序代码，打开代码编辑窗口。代码如下：

```
Public Class Form1
    '将内容导入源区域文本框
    Private Sub Form1_Load(ByVal sender As System.Object, ByVal e As System.EventArgs) Handles MyBase.Load
        TextBox1.Text = "轻轻地我走了" & vbCrLf & _
        "正如我轻轻地来" & vbCrLf &   "我轻轻的招手" & vbCrLf & _
        "作别西天的云彩" & vbCrLf &   "那河畔的金柳" & vbCrLf & _
        "是夕阳中的新娘" & vbCrLf &   "波光里的艳影" & vbCrLf & _
        "在我的心头荡漾" & vbCrLf &   "软泥上的青荇" & vbCrLf & _
        "不是清泉，是天上虹"
    End Sub
    '"全选"按钮功能实现
    Private Sub BtnSelectAll_Click(ByVal sender As System.Object, ByVal e As System.EventArgs) Handles BtnSelectAll.Click
        TextBox1.SelectAll()
    End Sub
    '"复制"按钮功能实现
    Private Sub BtnCopy_Click(ByVal sender As System.Object, ByVal e As System.EventArgs) Handles BtnCopy.Click
        TextBox1.Copy()
    End Sub
```

'"剪切"按钮功能实现
```
    Private Sub BtnCut_Click(ByVal sender As System.Object, ByVal e As System.
EventArgs) Handles BtnCut.Click
        TextBox1.Cut()
    End Sub
'"粘贴"按钮功能实现
    Private Sub BtnPaste_Click(ByVal sender As System.Object, ByVal e As System.
EventArgs) Handles BtnPaste.Click
        TextBox2.Paste()
    End Sub
End Class
```
注意：该窗体运行时首先执行窗体的 Load 事件过程，进行文本框内容写入，完成后文本框 TextBox1 处于全选状态，而这种状态并不是设计需要的。可以在 Load 事件中文本框内容载入完成后，重新设置 TextBox1 的选择状态，使用的是文本框与选择相关的属性。具体代码如下：

```
'设置为 TextBox1 的 Text 属性后
TextBox1.SelectionStart=0
TextBox1.SelectionLength=0
```

3.5 数据的输入与输出

程序的三大模块是输入、处理、输出，友好的输入输出界面能够极大地提升用户体验满意度。可以使用文本框作为用户输入接口，输出结果显示在标签上或文本框内；也可以使用 InputBox 函数和 MsgBox 函数，使程序通过对话框实现输入、输出功能，这样就不用增加相应的控件对象了。

3.5.1 InputBox 函数

该函数的作用是在一个对话框中显示提示，等待用户输入文字或单击按钮，然后返回包含文本框内容的字符串。该函数语法格式如下：

变量=InputBox(Prompt[,Title] [,Default] [,Xpos] [,Ypos])

说明：

（1）**Prompt**：必填参数，指定对话框显示的信息，形式为字符串表达式。如果 Prompt 包含多个行，则可在各行之间用回车符 (Chr(13))、换行符 (Chr(10)) 或回车换行符的组合 (Chr(13) & Chr(10)) 来分隔。

（2）**Title**：可选参数，指定对话框标题栏中的信息，形式为字符串表达式。如果省略 Title，系统会把应用程序名放入标题栏中。

（3）**Default**：可选参数，指定显示在对话框中文本框内的内容，形式为字符串表达式，其作用是在没有其他输入时作为函数返回值的缺省值。如果省略 default，则文本框为空。

（4）**Xpos 和 Ypos**：都是可选参数，指定对话框的左边与屏幕左边的水平距离和对话框的上边与屏幕上边的距离，形式是数值表达式。如果省略 Xpos，则对话框会在水平方向居中。如果省略 Ypos，则对话框被放置在屏幕垂直方向距下边大约三分之一的位置。

如果用户单击 "OK" 按钮或按下 Enter 键，则 InputBox 函数返回文本框中的内容。如果用户单击 "Cancel" 按钮，则此函数返回一个长度为零的字符串 ("")。

注意：如果要省略某些位置参数，则必须加入相应的逗号分界符。

【例 3.8】使用输入对话框，解决鸡兔同笼问题。其设计、运行界面如图 3-18 所示。

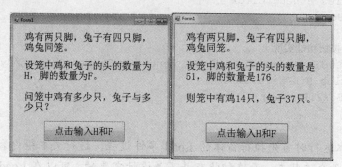

图 3-18 例 3.8 窗体设计运行界面

分析：设笼中有鸡 x 只，兔子 y 只，则由条件可得方程组：

$$\begin{cases} x + y = H \\ 2x + 4y = F \end{cases}$$

解方程组得：

$$\begin{cases} x = \dfrac{4H - F}{2} \\ y = \dfrac{F - 2H}{2} \end{cases}$$

设计步骤如下：

（1）进入 Visual Studio 2008 集成开发环境，新建一个 Visual Basic 类型的 Windows 应用程序项目，项目名称为"WindowsApplication8"，存放位置为"E:\test3-8\"。

（2）在设计阶段，添加三个标签控件，一个按钮控件，修改标题属性如图 3-19 左侧图片所示。

（3）编写程序代码：

```
Private Sub Button1_Click(ByVal sender As System.Object, ByVal e As System.EventArgs) Handles Button1.Click
    Dim H, F As Integer, x%, y%
    H = InputBox("请输入头的数量：")
    F = InputBox("请输入脚的数量：")
    x = (4 * H - F) / 2
    y = (F - 2 * H) / 2
    Label2.Text = "设笼中鸡和兔子的头的数量是" & H & "，脚的数量是" & F
    Label3.Text = "则笼中有鸡" & x & "只，兔子" & y & "只。"
End Sub
```

运行程序，单击按钮，依次弹出两个输入框接收输入的数据，完成后程序进行处理，然后在标签中输出结果。

3.5.2 MsgBox 函数

该函数用于在对话框中显示消息，等待用户单击按钮，然后返回一个整数，指示用户单击了哪个按钮。该函数语法格式如下：

变量=MsgBox(Prompt[,Buttons] [,Title])

说明：

（1）Prompt：必填参数，指定对话框显示的信息，形式为字符串表达式。

（2）Buttons：可选参数，指定对话框显示的按钮数目及按钮类型，使用的图标样式，默认按钮的标识以及消息框的样式等，形式是数值表达式，它是值的总和。如果省略 Buttons，则默认值为零。该参数使用如表 3-19～表 3-22 所示的 MsgBoxStyle 枚举值。

表 3-19 Microsoft.VisualBasic 命名空间的 MsgBoxStyle 枚举成员及其功能-按钮类型

枚举成员	值	功能说明
OKOnly	0	只显示"确定"按钮
OKCancel	1	显示"确定"和"取消"按钮
AbortRetryIgnore	2	显示"中止"、"重试"和"忽略"按钮
YesNoCancel	3	显示"是"、"否"和"取消"按钮
YesNo	4	显示"是"和"否"按钮
RetryCancel	5	显示"重试"和"取消"按钮

表 3-20 Microsoft.VisualBasic 命名空间的 MsgBoxStyle 枚举成员及其功能-图标类型

枚举成员	值	功能说明
Critical	16	显示"关键消息"图标
Question	32	显示"警告查询"图标
Exclamation	48	显示"警告消息"图标
Information	64	显示"信息消息"图标

表 3-21 Microsoft.VisualBasic 命名空间的 MsgBoxStyle 枚举成员及其功能-默认按钮

枚举成员	值	功能说明
DefaultButton1	0	指定默认按钮是第一个按钮
DefaultButton2	256	指定默认按钮是第二个按钮
DefaultButton3	512	指定默认按钮是第三个按钮

表 3-22 Microsoft.VisualBasic 命名空间的 MsgBoxStyle 枚举成员及其功能-消息框样式

枚举成员	值	功能说明
ApplicationModal	0	应用模式。用户响应对话框之前，当前应用程序处于暂停状态
SystemModal	4096	系统模式。用户响应对话框之前，所有应用程序处于暂停状态

上面四类参数相加的原则是，根据需要，从每类中选择一个值，将这几个值相加的表达式（最终，每组值仅取用表达式的结果数字）写在 Buttons 参数的位置上。若省略某类参数，则默认该参数值为 0。不同的组合将会得到不同的显示效果。如果省略该参数，则信息框上只会显示"确定"按钮且无任何图标。

（3）Title：可选参数，指定对话框标题栏中的信息，形式为字符串表达式。如果省略 Title，则将应用程序名放在标题栏中。

下列代码将显示如图 3-19 所示的对话框。
```
msg1 = MsgBox("请确认输入的数据是否正确", 3 + 32 + 0, "数据检查")
```

图 3-19　自定义样式的消息框

注意：代码中的值可以是数值，也可以是数值常量。如果省略了中间某些可选项，必须加入相应的逗号分隔符。

（4）通过 MsgBox 函数返回的值可以判断用户在对话框中选择了哪一个按钮，对应情况如表 3-23 所示。该返回值用作程序如何继续执行的依据，通常会利用选择结构来判断返回值以决定后面的操作。

表 3-23　Microsoft.VisualBasic 命名空间 MsgBoxResult 枚举成员及其说明

枚举成员	常量	返回值	按钮	枚举成员	常量	返回值	按钮
OK	vbOk	1	确定	Ignore	vbIgnore	5	忽略
Cancel	vbCancel	2	取消	Yes	vbYes	6	是
Abort	vbAbort	3	终止	No	vbNo	7	否
Retry	vb Retry	4	重试				

（5）如果不需要返回值，则可以仅使用函数，不使用变量去存储返回值。

在程序运行的过程中，有时需要显示一些信息如警告或错误等，此时可以利用"信息对话框"来显示这些内容。当用户收到消息后，可以单击按钮来关闭对话框。

【例 3.9】改写例 3.5，使用消息框输出判断结果。其运行界面如图 3-20 所示。

图 3-20　例 3.9 窗体设计运行界面

设计步骤：删除例 3.5 多余的标签 Label3，改写"判断"按钮的 Click 事件过程，代码如下：
```
Dim x As Integer, y As Integer, z As Integer
Dim s As String
Dim m As Integer
x = Val(TextBox1.Text)
y = Val(TextBox2.Text)
z = x + y
```

```
s = IIf(Val(TextBox3.Text) = z, "恭喜，回答正确", "很遗憾，回答错误！")
m = MsgBox(s, 1 + 64 + 0, "判断结果")
```

3.6 对象的输入焦点与 Tab 键次序

3.6.1 输入焦点

输入焦点是接收用户鼠标或键盘输入的能力。当对象具有焦点时，才可以接收用户的输入。大多数控件的得到或失去焦点时的外观是不同的，例如命令按钮得到焦点后周围会出现一个虚线框，而文本框得到焦点后会出现闪烁的光标。

并不是所有的对象都有接收焦点的能力，例如框架（GroupBox）、标签（Label）、菜单（Menu）、计时器（Timer）等控件都不能接收输入焦点。

对于能够接收焦点的对象来说，也只有当该对象的 Enabled 和 Visible 属性的值为 True 时，它才能接收焦点。Enabled 属性决定对象是否被启用，即用户是否可以通过鼠标或键盘操作该对象，而 Visible 属性决定对象是否可见。

当对象得到或失去焦点时，会产生 GotFocus 或 LostFocus 事件。窗体和多数控件支持这些事件。

对于能够接收输入焦点的对象来说，可以用以下方法使其获得焦点：

方法 1：在窗体中鼠标单击该对象。

方法 2：按下 Tab 键，焦点会从一个对象移到另一个对象，移动次序的依据是 Tab 键次序。

方法 3：在代码中利用对象的 Focus() 方法，在代码被执行的时候，相应对象会获取焦点。

3.6.2 Tab 键次序和 TabIndex 属性

Tab 键次序是指在程序运行过程中，当用户按下 Tab 键时，输入焦点在控件间移动的顺序。

每个窗体都有各自的 Tab 键次序，它和窗体内每个控件对象的 TabIndex 属性值的大小一致。窗体内各对象的 TabIndex 属性值从 0 开始编号。

可以通过两种方法改变 Tab 键次序。

一种是在属性窗口内直接修改各控件对象的 TabIndex 属性值。

另一种比较直观的方法是启动 Tab 键次序编辑模式，具体步骤是：

第 1 步：执行"视图"菜单中的"Tab 键顺序"菜单命令，进入 Tab 键次序编辑模式，这时窗体中每个对象的左上角会出现一个数字（表示 TabIndex 属性值），如图 3-21 所示。

第 2 步：鼠标依照设计好的 Tab 键次序依次单击各对象，每个对象左上角的数字会记录下点击次序。

第 3 步：Tab 键次序设置完毕，执行"视图"菜单中的"Tab 键顺序"菜单命令，退出 Tab 键次序编辑模式。

说明：不能获得输入焦点的控件（如 Label）和无效（Enabled 属性设置为 False）、不可见控件，其 TabIndex 属性无效。按下 Tab 键后，这些控件对象会被跳过。如果将某一控件对象的 TabStop 属性值设置为 False（默认值为 True），程序

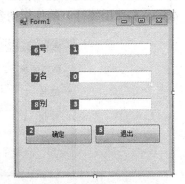

图 3-21 窗体的 Tab 键次序编辑模式示例图

运行时,按下 Tab 键,该对象会被跳过,不能获取焦点。

实验三 可视化程序设计

一、实验目的

通过本次实验,初步掌握窗体及命令按钮、文本框、标签等控件的属性设置和使用方法,结合基本语句和对话框函数,掌握简单的输入/输出方法。在此基础上,培养学生的编程素养与意识,提高学习面向对象的可视化程序设计的兴趣。

二、实验内容与步骤

1. 属性设置

新建项目,如图 3-22 所示,在窗体 form1 中添加 1 个标签和两个命令按钮。

(1) 在"属性"窗口中设置窗体以及控件对象的属性。

(2) 程序运行中使用代码改变属性值。

1) 在窗体上添加一个标签,在属性窗口中将其 Visible 属性设置为 False。

2) 双击"退出"按钮,打开代码窗口,编写如下代码:
```
Label1.Size = New System.Drawing.Size(0, 0)
Label2.Text = "欢迎下次使用!"
Label2.Visible = True
Me.Text = "再见"
Button1.Enabled = False
```

图 3-22 新生注册窗体

3) 按 F5 键运行程序,单击"退出按钮",观察并分析程序运行结果。

2. 控件的事件编程机制

设计一个能实现新生信息输入及统计费用的窗体模块。

(1) 在上题的项目中,选择菜单命令"项目"→"添加 Windows 窗体",添加一个新的窗体 Form2,如图 3-23 所示,在窗体中添加控件,在属性窗口中修改属性值。框架控件(基本信息和费用统计)的使用请参考 7.3.1 节,也可以省去。

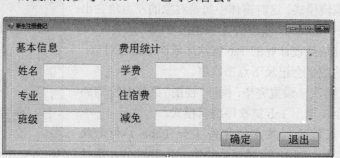

图 3-23 新生注册登记窗体

(2) 在窗体 Form1 中,单击"录入"按钮,显示 Form2,隐藏 Form1。代码如下:

```
Private Sub Button1_Click(ByVal sender As System.Object, ByVal e As System.
EventArgs) Handles Button1.Click
    Me.Hide()
    Form2.Show()
End Sub
```

(3) 运行 Form2 时，使 TextBox1 获得焦点。双击 Form2，在代码窗口中输入如下代码：

```
Private Sub Form2_Shown(ByVal sender As Object, ByVal e As System.EventArgs) Handles Me.Shown
    TextBox1.Focus()
End Sub
```

还可以使用第二种方法：设置 Tab 键次序。具体操作方法参见 3.6 节，不再复述。

(4) 单击 Form2 的"确定"按钮，可将基本信息和应缴费用显示在 TextBox7 中，代码如下：

```
Private Sub Button1_Click(ByVal sender As System.Object, ByVal e As System.
EventArgs) Handles Button1.Click
    Dim f As Double
    f = Val(TextBox4.Text) + Val(TextBox5.Text) - Val(TextBox6.Text)
    TextBox7.Text = TextBox1.Text & vbCrLf & TextBox2.Text & vbCrLf _
        & TextBox3.Text & vbCrLf _
        & "应缴费用为：" & vbCrLf & Str(f)
End Sub
```

(5) 若要实现在 TextBox1 中输入完毕后按 Enter 键，TextBox2 自动获得焦点，代码如下：

```
Private Sub TextBox1_KeyPress(ByVal sender As Object, ByVal e As System.
Windows.Forms.KeyPressEventArgs) Handles TextBox1.KeyPress
    If e.KeyChar = Chr(13) Then TextBox2.Focus()
End Sub
```

请仿照上述代码完成其他文本框之间焦点的自动切换。

(6) 如果要在 TextBox1 获得光标后自动选中其中的全部文本，代码如下：

```
Private Sub TextBox1_GotFocus(ByVal sender As Object, ByVal e As System.EventArgs) Handles TextBox1.GotFocus
    TextBox1.SelectAll()
End Sub
```

(7) 当 TextBox1 中的内容发生改变时，应清空其余文本框中的信息，代码如下：

```
Private Sub TextBox1_TextChanged(ByVal sender As System.Object, ByVal e As System.EventArgs) Handles TextBox1.TextChanged
    TextBox2.Clear() : TextBox3.Clear()
    TextBox4.Clear() : TextBox5.Clear()
    TextBox6.Clear() : TextBox7.Clear()
End Sub
```

(8) 按 F5 键运行程序，单击"退出"按钮，观察并分析程序运行结果。

运行时发现，如果通过鼠标单击使 TextBox1 获得焦点，全部文本并不会被自动选中，而在第(6)步确实编写过 TextBox1 获得焦点即全部文本被选中的代码。这是为什么呢？仔细观察会发现：利用鼠标通过拖动的方式在文本框中选择文本后，再在文本框中单击，被选择文本的反相显示状态会消失。而获取焦点事件发生在单击事件之前。所以上述问题的原因找到了：鼠标在文本框中单击，首先触发 GotFocus 事件，文本会被选中，反相状态显示，但间隔很短的时间（几乎同时），Click 事件被触发，反相状态就消失了。如果使用 Tab 键使对象获取焦点，则不会出现上述问题。

3. 输入对话框和信息框的使用

（1）修改上题，单击"确定"按钮时，利用输入对话框输入年龄，并将年龄也显示在 TextBox7 中，代码如下：

```
Private Sub Button1_Click(ByVal sender As System.Object, ByVal e As System.
EventArgs) Handles Button1.Click
    Dim age As Integer
    age = Val(InputBox("请输入该学生年龄："))
    Dim f As Double
    f = Val(TextBox4.Text) + Val(TextBox5.Text) - Val(TextBox6.Text)
    TextBox7.Text = TextBox1.Text & vbCrLf & TextBox2.Text & vbCrLf _
        & TextBox3.Text & vbCrLf & "年龄：" & age & vbCrLf _
        & "应缴费用为：" & vbCrLf & Str(f)
End Sub
```

（2）单击"退出"按钮时，弹出信息框，代码如下：

```
Private Sub Button2_Click(ByVal sender As System.Object, ByVal e As System.
EventArgs) Handles Button2.Click
    MsgBox("新生信息登记完毕，谢谢使用！")
    Me.Close()
    Form1.Close()
End Sub
```

可参照以上实验内容，自行设计一个登记图书信息的 Visual Basic.NET 项目。

习题三

一、选择题

1. 当运行程序时，系统自动执行窗体的（　　）事件过程。
   A. Load　　　　　　B. Click　　　　　　C. GotFocus　　　　　　D. Unload
2. 以下关于窗体的描述中，错误的是（　　）。
   A. 执行 me.unload() 语句后，窗体消失，但仍存在内存中
   B. 窗体的 Load 事件在加载窗体时发生
   C. 当窗体的 Enabled 属性设置为 False 时，鼠标和键盘对窗体的操作都被禁止
   D. 窗体的 Size 属性可以设置窗体的宽和高
3. 不论何种控件，共同具有的属性是（　　）。
   A. Text　　　　　　B. Name　　　　　　C. ForeColor　　　　　　D. Font
4. 程序运行后，在窗体上单击鼠标，此时窗体不会接收到的事件是（　　）。
   A. MouseDown　　　B. MouseUp　　　　C. Load　　　　　　D. Click
5. 在按 Enter 键时执行某个按钮的 Click 事件过程，需要将一个对象的属性值设为 True，该设置的是（　　）。
   A. 该按钮的 Default 属性　　　　　　B. 该按钮的 Cancel 属性
   C. form1 对象的 CancelButton 属性　　D. form1 对象的 AcceptButton 属性
6. 要使某个控件在运行时不显示，应对其（　　）属性进行设置。

A. Locked B. Enabled
C. Visible D. ForeColor

7. 为了使标签的位置向左平移 100，应使用的语句是（　　）。

   A. Label1.Location.x=Label1.Location.X-100

   B. Label1.Location=System.Drawing.Point(Label1.Location.X-100, Label1.Location.Y)

   C. Label1.Location=New System.Drawing.Point(Label1.Location.X-100, Label1.Location.Y)

   D. Label1.Location=Label1.Location.X-100, Label1.Location.Y

8. 在按钮控件中，可以更改文字对齐方式的属性值是（　　）。

   A. TextAlign   B. Alignment   C. Justify   D. Font

9. 在窗体上有一个文本框，名称为 TextBox1，程序运行后，要求该文本框不能接收键盘输入，但能输出信息，以下设置正确的是（　　）。

   A. TextBox1.MaxLength=0   B. TextBox1.Enabled=False
   C. TextBox1.Visible=False D. TextBox1.Size.Width=0

10. 为了把焦点移到某个指定控件，所使用的方法是（　　）。

    A. SctFocus()   B. Focus()   C. Getfocus()   D. Refresh()

11. 以下关于 MsgBox()函数的叙述中，错误的是（　　）。

    A. MsgBox()函数返回一个整数

    B. 通过 MsgBox()函数可以设置消息框中图标和按钮的类型

    C. MsgBox()函数的第 3 个参数指定消息框的标题栏信息

    D. MsgBox()函数的第 2 个参数是一个整数，该参数仅能确定消息框中显示的按钮数量

12. 能在文本框 TextBox1 中显示"ABCD"的程序代码是（　　）。

    A. TextBox1.Caption="ABCD"   B. TextBox1.Text="ABCD"
    C. TextBox1.Value="ABCD"   D. Text ="ABCD"

13. 程序运行过程中，如果要使文本框 TextBox1 能通过鼠标单击获取焦点，但不能通过按下 Tab 键方式获取焦点，则属性设置应为（　　）。

    A. TextBox1.Enabled=False, TextBox1.TabStop=False

    B. TextBox1.Enabled=True, TextBox1.TabStop=False

    C. TextBox1.Enabled=False, TextBox1.TabStop=True

    D. TextBox1.Enabled=True, TextBox1.TabStop=True

14. 程序中存在文本框 TextBox1，代码"TextBox1.Text="VB.net""执行后，会触发下列哪个文本框事件（　　）。

    A. TextChanged   B. Click   C. Change   D. ChangeValue

15. 要清除文本框 TextBox1 的内容，则相应的代码是（　　）。

    A. TextBox1.clear()   B. TextBox1=Null
    C. TextBox1.cls   D. TextBox1.Text=" "

16. 以下说法正确的是（　　）。

    A. 窗体的 Name 属性指定窗体的名称，用来标识一个窗体

    B. 窗体的 Name 属性值显示在窗体的标题栏中

    C. 可以在运行期间通过代码改变对象的 Name 属性值

    D. 对象的 Name 属性值可以为空

二、填空题

1. 要使一个文本框具有水平滚动条，需要将文本框的_____属性设置为 True，_____属性设置为_____。

2. 在程序运行、用户未操作时，使文本框 TextBox1 获取焦点的代码是_____，该代码应写在窗体的_____事件过程中。

3. 在程序中将焦点从文本框 TextBox1 移至 TextBox2，会触发 TextBox1 的_____事件，TextBox2 的_____事件。

4. 能决定窗体中各对象的 Tab 键次序的属性名称是_____。

5. 假定 x、y、z 的值是 1、2、3，问执行语句 x=y:y=z:z=x 后，x、y、z 的值是_____，如果改变语句次序 y=z:z=x:x=y，x、y、z 的值是_____。

6. 如果用文本框显示不希望用户更改的文本，可以把文本框的_____属性设置为 True，或_____属性设置为 False。

7. 文本框的_____属性设置（或返回）所选择文本的起始点，_____属性设置（或返回）所选择文本的长度（字符数）。

三、编程题

1. 通过文本框 TextBox1 输入一个实数，单击"计算"按钮，在 TextBox2~6 中分别输出该数的相反数、平方、绝对值的平方根、立方以及绝对值的立方根。需要在文本框前添加标签注释文本框内的数据。

2. 使用文本框 TextBox1 和 TextBox2 分别输入两个数，给变量 x 和 y 赋值，单击"交换"按钮，交换 TextBox1 和 TextBox2 中的内容。

3. 输入一元二次方程 $ax^2+bx+c=0$ 的系数 a、b、c，计算并输出方程的两个根 x1 和 x2，窗体界面如图 3-24 所示。

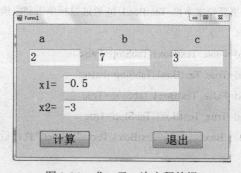

图 3-24　求一元二次方程的根

4. 使用输入对话框输入球的半径，计算，然后在两个文本框中分别输出球的体积和表面积。

提示：设球的半径是 r，球体积的计算公式是 $v=4/3\pi r^3$，球表面积的计算公式是 $f=4\pi r^2$。

第 4 章　程序的控制结构

虽然 Visual Basic.NET 程序设计采用了事件驱动的编程机制，将一个 Visual Basic.NET 程序分成几个较小的事件过程，但就某一个事件过程内的程序流程来看，还继续采用了结构化的程序设计方法，由顺序结构、选择结构和循环结构三种基本结构组成。由这三种基本结构构成的算法称为结构化算法。

本章主要介绍实现三种基本结构的流程控制语句，目的是要掌握 Visual Basic.NET 的分支与循环的程序设计。掌握了这些语句，就可以编写功能复杂的程序了。

4.1　顺序结构

顺序结构是指程序的执行总是按照语句出现的先后次序，自顶向下地顺序执行的一种线性流程结构，它是程序设计过程中最基本、最简单的程序结构。在该结构中，各操作块（简称块，对应于程序中的"程序段"）按照出现的先后顺序依次执行。它是任何程序的主体基本结构，即使在选择结构或循环结构中，也常以顺序结构作为其子结构。

本书采用 N-S 流程图表示算法，它是 1973 年由美国学者 I.Nassi 和 B.Shneiderman 提出的。N-S 流程图将全部算法写在一个矩形框内，该框中还可以包含一些小矩形框。这些矩形框只由三种基本元素框组成，这三种基本元素框对应了算法的三种基本结构。

顺序结构的 N-S 流程图如图 4-1 所示。

需要说明的是，基本结构之间是可以互相嵌套的，在一个基本结构中又可以包含一个或者多个基本结构，所以，图 4-1 中的"语句 A"和"语句 B"可以是一种简单的操作，也可以是三种基本结构之一。

【例 4.1】计算圆面积，圆的半径要求从键盘输入到文本框中，计算结果显示在标签中，计算由命令按钮控制，程序界面如图 4-2 所示。

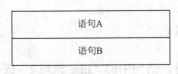

图 4-1　顺序结构

图 4-2　计算圆面积

设计：新建 Windows 项目，在窗体上添加 2 个命令按钮、3 个标签控件和 1 个文本框，按照界面要求设置控件的属性。

添加命令按钮"计算"的 Click 事件代码：

```
Private Sub Button1_Click(ByVal sender As System.Object, ByVal e As System.
EventArgs) Handles Button1.Click
    Const PI = 3.14                '设置圆周率常量
    Dim r, s As Single
    r = CSng(TextBox1.Text)        '将从文本框输入的数据转换为 Single 数据
    s = PI * r * r                 '计算圆面积
    Label3.Text = s                '将计算结果输出到标签中
End Sub
```

添加命令按钮"重新输入"的 Click 事件代码：

```
Private Sub Button2_Click(ByVal sender As System.Object, ByVal e As System.
EventArgs) Handles Button2.Click
    Label3.Visible = False         '将标签隐藏
    TextBox1.Clear()               '清空文本框中数据
    TextBox1.Focus()               '将光标移到文本框上
End Sub
```

4.2 选择结构

在信息处理、数值计算以及日常生活中，经常会碰到需要根据特定情况选择某种解决方案的问题。选择结构是在计算机语言中用来实现上述分支现象的重要手段，它能根据给定条件，从事先编写好的各个不同分支中执行并且仅执行某一分支的相应操作。

选择结构又称为分支结构，其流程图如图 4-3 所示。该结构能根据表达式（条件 P）成立与否（真或假），选择执行语句 1 操作或语句 2 操作。

在 Visual Basic.NET 中，能够实现选择结构的语句有以下 3 种：

图 4-3　选择结构

（1）单行结构 If 语句。
（2）多行结构 If 语句。
（3）多分支控制结构 Select Case 语句。

4.2.1　单行结构 If 语句

单行结构条件语句是指简单的单行 If 语句。单行结构 If 语句的格式：
If 条件 Then 语句1 [Else 语句2]
说明：

（1）"条件"是一个逻辑表达式，或表达式的数据类型是某种可隐式转换为 Boolean 数据类型。程序根据这个表达式的值（True 或 False）执行相应的操作。若"条件"为真，则执行语句 1。否则，若存在 Else 子句，则执行语句 2。

例如：实现从 x 和 y 中选择较大的一个赋值给变量 c。
If x>y Then c=x Else c=y

（2）方括号在本书的所有语句格式中表示可选部分。语句中的"Else 语句 2"部分可以省略，此时将语句2看作一个空操作，即不做任何处理。省略Else部分后，If语句的格式变为：
If 条件 Then 语句1

（3）语句1和语句2可以是一个语句，也可以是用冒号分隔的多个语句。

例如：实现从x和y中选择较大的一个加1后赋值给变量c。
If x>y Then x=x+1: c=x Else y=y+1: c=y

（4）单行结构If语句一般不提倡编写得太复杂。

4.2.2 块结构If语句

块结构If语句是将单行结构If语句分成多行来书写，其语法结构如下：
If 条件 Then
　　语句块1
[Else
　　语句块2]
End If

说明：

（1）块结构If语句的各组成部分说明同单行结构If语句，If和End If必须配对出现。

（2）当语句块1和语句块2中包含多个语句时，可以将多个语句写在一行，用冒号分隔；也可以分成多行书写，一个语句占一行。

【例4.2】计算分段函数。

$$y = \begin{cases} x^2 - 1 & (x \geq 0) \\ 2x^3 - x + 1 & (x < 0) \end{cases}$$

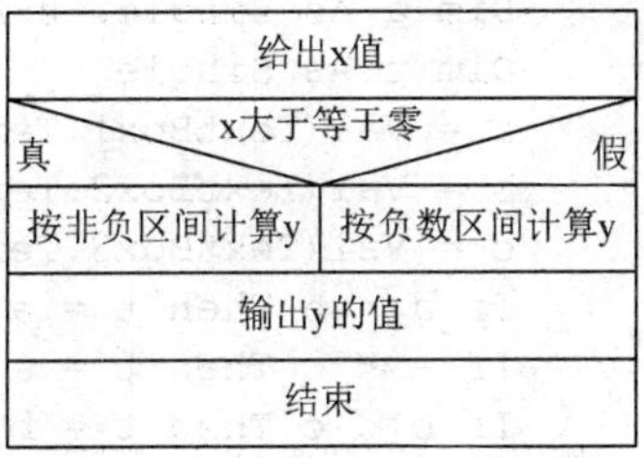

分析：该题虽然列出了两个条件 x≥0 和 x<0，但在实际运算中 x 只会满足其中的一个条件，执行该条件下相应的操作，画出流程图如图4-4所示。

图4-4　计算y值的流程图

设计：新建Windows项目，在窗体上添加1个命令按钮，并在命令按钮的Click事件过程中，分别采用单行结构If语句和块结构If语句两种形式计算分段函数。

（1）用单行结构If语句实现。
```
Private Sub Button1_Click(ByVal sender As System.Object, ByVal e As System.EventArgs) Handles Button1.Click
    Dim x As Single, y As Single
    x = InputBox("请输入x的值")
    If x >= 0 Then y = x ^ 2 - 1 Else y = 2 * x ^ 3 - x + 1
    Debug.Print(y)
End Sub
```

（2）用块结构If语句实现。
```
Private Sub Button1_Click(ByVal sender As System.Object, ByVal e As System.EventArgs) Handles Button1.Click
    Dim x As Single, y As Single
    x = InputBox("请输入x的值")
    If x >= 0 Then
        y = x ^ 2 - 1
    Else
        y = 2 * x ^ 3 - x + 1
    End If
```

```
        Debug.Print(y)
    End Sub
```
运行程序：单击"计算"命令按钮，在打开的输入框中输入 x 的值，单击"确定"按钮后，在"输出窗口"中出现计算分段函数的结果。

【例 4.3】输入 3 个数，按从大到小的顺序输出。

分析：

（1）先将 a 与 b 比较，把较大者放入 a 中，小者放 b 中。

（2）再将 a 与 c 比较，把较大者放入 a 中，小者放 c 中，此时 a 为三者中的最大者。

（3）最后将 b 与 c 比较，把较大者放入 b 中，小者放 c 中，此时 a、b、c 已由大到小顺序排列。其 N-S 图如图 4-5 所示。

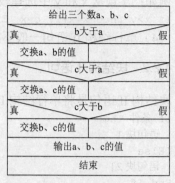

图 4-5 对 3 个数从大到小排序

设计：新建 Windows 项目，在窗体上添加 6 个文本框、2 个标签和 1 个命令按钮。在命令按钮的 Click 事件过程中添加代码如下：

```
Private Sub Button1_Click(ByVal sender As System.Object, ByVal e As System.EventArgs) Handles Button1.Click
    Dim a As Single, b As Single, c As Single
    Dim t As Single
    a = Val(TextBox1.Text)
    b = Val(TextBox2.Text)
    c = Val(TextBox3.Text)
    If a < b Then t = a : a = b : b = t
    If a < c Then t = a : a = c : c = t
    If b < c Then t = b : b = c : c = t
    TextBox4.Text = a
    TextBox5.Text = b
    TextBox6.Text = c
End Sub
```

运行程序：在文本框中输入 3 个数，单击"排序"按钮，结果如图 4-6 所示。

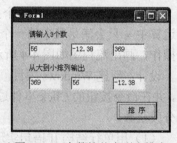

图 4-6 3 个数按从大到小排序

4.2.3 多分支选择结构 If…Then…ElseIf

当要处理的问题有多个条件时，必然存在多个分支。例如，将学生成绩进行等级划分，每十分为一个等级；超市根据消费者购物金额的不同进行打折活动等，都需要用到多分支选择结构。Visual Basic.NET 提供的多分支选择结构的语法格式为：

```
If 条件 1 Then
    语句块 1
[ElseIf 条件 2 Then
    语句块 2
……]
[Else
    其他语句块]
End If
```

说明：

（1）Else 和 ElseIf 子句都是可选部分，且可以有任意多个 ElseIf 子句。因此，上一节介绍的 If...Then...Else 语句实际上是本语句的一个特例。

（2）程序运行时，先测试"条件1"的值，如果值为 True，则执行 Then 后面的语句块1，如果值为 False，则按顺序测试每个 ElseIf 后面的条件表达式（如果有的话）。当某个 ElseIf 后的条件取值 True 时，就执行该条件 Then 后面的语句块。如果所有条件都为 False，才会执行 Else 部分的"其他语句块"。

（3）当某个条件为真并执行完与之相关的语句块后，程序将不再判断其后的条件，而直接执行 End If 后面的语句，因此该结构真正做到了多选一。

【例 4.4】编写一个求成绩等级的程序。要求输入一个学生的成绩（百分制，0～100），输出其对应的等级。共分为五个等级，90～100 分为"优秀"，80～89 分为"良好"，70～79 分为"中"，60～69 分为"及格"，60 分以下为"不及格"。

分析：根据题意，应设两个变量 score 和 grade，score 中存放输入的成绩，grade 中存放根据成绩计算得到的等级。编程过程中要注意两个变量的数据类型有何不同，score 应是 Single 型的变量，而 grade 应是 String 型的变量。当书写条件表达式时，要满足一定的规则。如条件 80<=score<90，转换为 Visual Basic.NET 的表达式应该是 score>=80 and score<90，而在整个多分支选择结构中，可以先判断 score 是否在 90 分以上，不满足的情况下再判断是否在 80 分以上，因此该表达式只需变成 score>=80 即可。

对应的 N-S 流程图如图 4-7 所示。

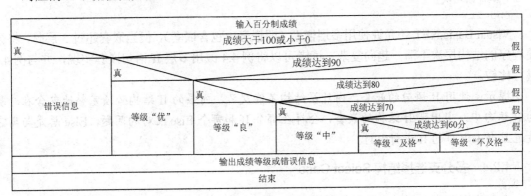

图 4-7 判断成绩等级的流程图

设计：新建 Windows 项目，在窗体上添加 2 个标签、2 个文本框和 1 个命令按钮。在命令按钮的 Click 事件过程中添加代码：

```
Private Sub Button1_Click(ByVal sender As System.Object, ByVal e As System.EventArgs) Handles Button1.Click
    Dim score As Single
    Dim grade As String
    score = Val(TextBox1.Text)
    If score > 100 Or score < 0 Then
        grade = "输入不正确，请重新输入"
    ElseIf score >= 90 Then
        grade = "优秀"
    ElseIf score >= 80 Then
        grade = "良好"
    ElseIf score >= 70 Then
```

```
        grade = "中"
    ElseIf score >= 60 Then
        grade = "及格"
    Else
        grade = "不及格"
    End If
    TextBox2.Text = grade
End Sub
```

运行程序：在文本框 1 中输入成绩，单击"等级判断"按钮，在文本框 2 中显示成绩等级，如图 4-8 所示。

解决多个条件的选择问题还可以采用嵌套的 If 语句，就是指在 If 语句中 Then 或者 Else 后面的某个语句块中又包含了另一个 If 结构。例如，在 Then 部分包含一个 If 结构：

```
If 条件 1 Then
  If 条件 2 Then
    语句块 1
  [Else
    语句块 2]
  End If
[Else
    其他语句块]
End If
```

图 4-8 判断成绩等级的界面

Visual Basic.NET 还允许使用多层嵌套（即嵌套中包含嵌套），但当嵌套超过 3 层时，将会使程序的结构层次不清，趋向复杂。读者可以将例 4.4 改用多层 If 语句嵌套实现，并与例 4.4 进行比较。

提示：使用 If 语句的嵌套，内外层结构不能交叉，内层的 If 结构必须完整地包含在外层的 If 语句中。当出现 If 结构的嵌套，会存在哪个 If 和哪个 Else 配对的问题，Else 总是与离它最近且尚未配对的 If 进行配对。

4.2.4 多分支选择结构 Select Case

在实现多分支选择时，除了使用带有 ElseIf 子句的块 If 语句和 If 语句的嵌套结构外，还可以采用 Visual Basic.NET 提供的 Select Case 语句。Select Case 语句的语法格式为：

```
Select Case 测试表达式
  Case 表达式表 1
    语句块 1
  [Case 表达式表 2
    语句块 2
  ……]
  [Case Else
    其他语句块]
End Select
```

说明：

（1）测试条件为必要参数，一般为数值表达式或字符串表达式。

（2）Case 子句中表达式的类型必须与测试条件的类型相同，可以是以下三种情形之一：

● 表达式

例如，Case 10、Case a+b、Case "China"。

- 表达式1 To 表达式2

该形式指定某个数值范围（包括两个边界值），要求表达式1的值必须小于或等于表达式2的值，例如，Case 1 To 10、Case "A" To "Z"。

- Is 关系运算表达式

指定对测试表达式的限制条件，可以使用关系运算符=、<>、<、<=、>、>=。例如，Case Is >=100、Case Is <>"Right"。

（3）可以将上述形式结合起来使用，表达式之间须用逗号分隔，例如：

Case 25, 50 To 100, Is>=200
Case "A" To "Z", "a" To "z"

注意：用逗号分隔的表达式之间为"或"的关系，故上述第二个表达式表示大写字母或小写字母。

（4）程序首先计算测试表达式的值，然后依次与每个 Case 后的表达式进行比较，如果匹配，就执行其后的语句块，接着直接执行 End Select 后面的语句。如果测试表达式的值和所有的 Case 后的表达式都不匹配，就执行 Case Else 部分的语句块（如果有的话）。

提示：由 Select Case 语句的执行过程可以看出，当测试表达式的值和多个 Case 后的表达式的值都匹配时，只执行第一个相匹配的 Case 子句后的语句块，执行完后就跳出 Select Case 结构执行其后的语句。

【例 4.5】将例 4.4 改用 Select Case 语句实现。

分析：用 Select Case 结构完成多分支选择程序设计，关键是要设计其后的测试表达式。选择合适的测试表达式，会对 Case 后面的表达式的设计提供方便。在本题中，由于每个等级包含的成绩范围都有一个明显的特点，即该范围内的成绩十位数是相同的。因此，Select Case 后的表达式可以设计为 Int(score/10)。

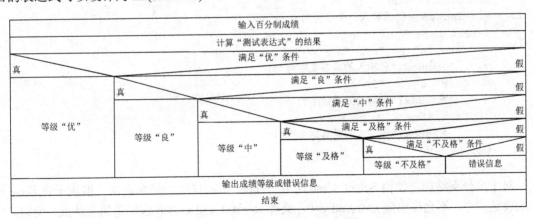

图 4-9 用 Select Case 结构实现判断成绩等级

用 Select Case 语句实现该程序的 N-S 流程图如图 4-9 所示，代码如下：

```
Private Sub Button1_Click(ByVal sender As System.Object, ByVal e As System.
EventArgs) Handles Button1.Click
    Dim score As Single
    Dim grade As String
    score = Val(TextBox1.Text)
    If score > 100 Or score < 0 Then
        grade="输入不正确，请重新输入"
```

```
        Else
            Select Case Int(score / 10)
                Case 9, 10
                    grade = "优秀"
                Case 8
                    grade = "良好"
                Case 7
                    grade = "中"
                Case 6
                    grade = "及格"
                Case 0 To 5
                    grade = "不及格"
            End Select
            TextBox2.Text = grade
    End Sub
```

请读者考虑，Select Case 后的测试表达式可以是 score 吗？如果可以，Case 后的表达式应该如何设计？如果不可以，为什么？

【例 4.6】 从键盘输入一个字符，判断该字符是英文字母、数字还是其他字符。

分析：判断字符可以利用其 ASCII 码，但直接进行字符的比较更加简单直观。例如，设输入字符为变量 s，s 为数字，需满足条件 s>="0" And s<="9"。在使用 Select Case 结构时，当准确地知道变量在某一个范围的闭区间内，可以用"表达式 1 To 表达式 2"这种形式，如"0" To "9"。

设计：新建 Windows 项目，在窗体上添加 1 个命令按钮，代码如下：

```
Private Sub Button1_Click(ByVal sender As System.Object, ByVal e As System.EventArgs) Handles Button1.Click
    Dim s As String
    s = InputBox("请输入一个字符")
    Select Case s
        Case "A" To "Z", "a" To "z"
            MsgBox("你输入的是英文字母")
        Case "0" To "9"
            MsgBox("你输入的是数字")
        Case Else
            MsgBox("你输入的是其他字符")
    End Select
End Sub
```

对于多分支结构，使用 Select Case 比 If…Then…ElseIf 更为简单直观，但由于在 Case 子句的表达式中，不允许出现 x>0 And y>0，或者 x>=100 And x<200 这类逻辑表达式，所以，当必须进行此类条件判断时，只能用 If…Then…ElseIf 来实现。

4.2.5 使用单行结构 If 语句与块结构 If 语句的注意事项

（1）块结构 If 语句与单行结构 If 语句的主要区别，就是看 Then 后面的语句是否和 Then 在同一行上，如果在同一行上，则为单行结构，否则为块结构 If 语句。对于块结构 If 语句，必须以 End If 结束，单行结构没有 End If。

（2）在单行结构 If 语句以及块结构 If 语句中，语句中的"条件"都可以是关系表达式、逻辑表达式，也可以是算术表达式、字符表达式等，只要"条件"的值为非 0 则当作 True，为 0 则当作 False。

4.2.6 IIf 函数

在 Visual Basic.NET 中，要实现分支选择，除了可以用以上提供的各种选择结构外，还可以使用 IIf 函数。函数的格式为：

IIf（条件，表达式 1，表达式 2）

例如将变量 a，b 中最大值赋给变量 c 的代码：

c=IIf(a>b, a, b)

说明：

（1）该函数在运算时，首先计算"条件"的值，如果"条件"的值为 True，则该函数的返回值（函数值）就是"表达式 1"的值；否则，函数的返回值（函数值）就是"表达式 2"的值。

（2）函数中的三个参数都不能省略，并且"表达式 1"和"表达式 2"的值的类型应保持一致。

（3）可以将 IIf 函数看作是一种简单的 If...Then...Else 结构。

4.3 循环结构

在程序中，经常遇到对某一程序段需要重复执行，这种被重复执行的程序结构叫循环结构，被重复执行的程序段称为循环体。使用循环可以简化程序，提高工作效率。

当然，重复执行一般是有条件的，即在满足一定条件下才执行循环体（有条件地进入循环），或者满足一定条件就不再循环（有条件地退出循环）。循环控制结构的功能就是决定在什么条件下进入或退出循环。

Visual Basic.NET 提供了三种不同风格的循环结构，包括：

（1）当循环（While...End While 循环）。

（2）计数循环（For...Next 循环）。

（3）Do 循环（Do...Loop 循环）。

4.3.1 While...End While 语句

当循环结构是通过当循环语句（While 语句）实现的，其语句格式为：

```
While 条件
    [循环体]
    [Exit While]
End While
```

说明：

（1）While 后面的"条件"可以是关系表达式、逻辑表达式。若为其他类型的表达式，只要是"条件"的值为非 0 值，则为 True，否则为 False。While 和 End While 必须配对出现。

（2）While 循环语句先对"条件"进行测试，然后再决定是否执行循环体。如果"条件"从一开始就为 False，则循环体一次也不被执行。因此，称这种循环为当型循环。

（3）如果 While 后面的"条件"值始终为 True，则 While 循环一直在循环，无法跳出，这种循环为"死循环"。

（4）在实际设计程序中，一般应避免出现死循环的情况，因为它使程序无法正常终止。为了避免出现死循环，在循环体中应该有一些语句，这些语句的作用可直接或间接地对 While 后面的"条件"产生影响，使其在循环到某一时刻时，"条件"变为 False，从而跳出循环。

（5）在循环体中可以含有 Exit While 语句，该语句的作用是强制跳出循环体，结束循环的继续执行。

（6）While 循环语句 N-S 图如图 4-10 所示。

【例 4.7】求 1+2+3+…+100。

分析：计算累加和需要两个变量，用变量 sum 存放累加和，变量 i 存放加数，重复将加数 i 累加到 sum 中。根据分析可画出 N-S 图，如图 4-11 所示。

图 4-10 while 循环 N-S 图

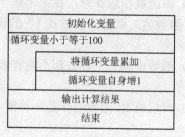

图 4-11 累加的 N-S 图

根据流程图写出程序：

```
Private Sub Button1_Click(ByVal sender As System.Object, ByVal e As System.
EventArgs) Handles Button1.Click
    Dim i As Integer, sum As Integer
    sum = 0
    While i <= 100
        sum = sum + i
        i += 1
    End While
    MsgBox("1+2+3+…+100=" & Str(sum), , "累加")
End Sub
```

运行结果如图 4-12 所示。

【例 4.8】求 sum = 1! + 2! + 3! + … + n!，当 sum ≥ 1000 时 n 的最小值。

分析：计算阶乘累加和需要用变量 sum 存放累加和，变量 t 存放阶乘。重复将 t 加到 sum 中且变量 t 变成下一个数的阶乘。根据分析可画出 N-S 图，如图 4-13 所示。

图 4-12 累加的运行结果

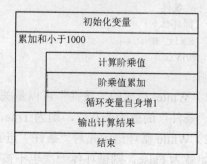

图 4-13 阶乘累加 N-S 图

程序代码如下：

```
Private Sub Button1_Click(ByVal sender As System.Object, ByVal e As System.
EventArgs) Handles Button1.Click
    Dim i, t, sum As Integer
    i = 0
    t = 1
    sum = 0
    While sum < 1000
        i += 1
        t = t * i
        sum = sum + t
    End While
    MsgBox("i=" & Str(i) & " sum=" & Str(sum))
End Sub
```

从运行结果可知当 i=7 时，阶乘的和 sum=5913，超过 1000。

【例 4.9】输入一个非负的整数，将其反向后输出。例如输入 24789，变成 98742 输出。

分析：将整数 n 的各个数位从低位到高位逐个取出，再重新组合成需要的新数 s。将整数各位数字从低位到高位分开的方法是，通过对 10 求余得到个位上的数 t，然后去掉整数 n 的个位上的数，再对 10 求余得到十位上的数 t，重复上述过程，可分别得到百位、千位、……上的数 t，直到整数 n 的值变成 0 为止。在组合成新数 s 时，按"每取出一个数 t，则 s 先扩 10 倍再加此数"的方法计算。

设计：新建 Windows 项目，在窗体上添加 2 个标签、2 个文本框和 1 个命令按钮，如图 4-14 所示。

图 4-14 反向输出界面

在命令按钮的 Click 事件过程中添加如下代码：

```
Private Sub Button1_Click(ByVal sender As System.Object, ByVal e As System.
EventArgs) Handles Button1.Click
    Dim n, t, s As Integer
    n = CInt(TextBox1.Text)
    While n > 0
        t = n Mod 10
        s = s * 10 + t
        n = n \ 10     '注意是整除
    End While
    TextBox2.Text = CStr(s)
End Sub
```

4.3.2 For...Next 语句

当循环次数已知时，常常使用计数循环语句 For...Next 来实现循环。For...Next 语法结构如下：

```
For 循环变量 = 初值 To 终值 [Step 步长]
    语句块 1
    [Exit For]
    语句块 2
Next [循环变量]
```

说明：

（1）循环变量为必要参数，数值型变量，是用来控制循环语句执行次数的循环计数器。

(2) 步长是每次循环后循环变量的增量,可以是正数或负数,缺省值为 1。步长如果为正,循环变量将逐渐增加,初值应小于等于终值;步长如果为负,循环变量将逐渐减小,初值应大于等于终值,否则,循环语句将无法执行。注意,步长为零将出现死循环。

(3) 每次循环后都要根据步长自动改变循环变量的值,循环终止的条件是循环变量的值"超过"终值,而不是等于。这里"超过"的含义随着步长的正负取值不同而有所不同,步长为正时,"超过"代表循环变量要大于终值;步长为负时,代表循环变量要小于终值。

(4) 在 For 和 Next 之间可以存在一个或多个 Exit For 语句,遇到该语句表示无条件退出循环,并执行 Next 之后的语句。Exit For 语句一般用在选择结构语句(如 If...Then)中,即当满足给定条件时退出循环。

(5) For 循环的次数可由初值、终值和步长三者来确定,计算公式是:
循环次数=Int((终值-初值)/步长+1)

【例 4.10】以下是按钮 Button1 的 Click 事件过程,当程序运行过程中,单击命令按钮 Button1 后,分析"输出窗口"中的输出结果。

```
Private Sub Button1_Click(ByVal sender As System.Object, ByVal e As System.EventArgs) Handles Button1.Click
    Dim i, s As Integer
    s = 10
    For i = -1 To -10
        s = s + i
    Next i
    Debug.Print(s)      '在输出窗口中输出 s 的值
    Debug.Print(i)      '在输出窗口中输出 i 的值
End Sub
```

在输出窗口中的输出结果为 10 和-1。

分析:在程序运行过程中,单击 Button1 按钮后,将执行其事件过程 Button1_Click。变量 s 的初值为 10,然后是一个 For 循环,根据 For 循环的执行过程可知,先将循环变量 i 赋成初值-1,然后看是否"超过"终值-10,由于在该循环的 For 语句中,步长省略,说明步长为 1(正值),循环变量的变化方向是递增,因此,"超过"终值的含义是"大于",而循环变量 i 的初值(为-1)已经"超过"终值-10,因此,该循环一次也不执行,而直接跳至 Next i 语句后面执行 Debug.Print(s)和 Debug.Print(i)语句,因此,在输出窗口("视图"菜单中"输出"可打开输出窗口)中的输出结果为 10 和-1。

【例 4.11】将例 4.7(求 1+2+3+…+100)用 For...Next 语句实现。

分析:当已知循环执行的次数时,可以用 For...Next 来实现循环。本题中将变量 i 累加到变量 sum 中,i 的初值为 1,终值为 100,并且循环过程中 i 都要执行加 1 的操作,因此可以将 i 用作循环变量。根据分析可画出流程图,如图 4-15 所示。

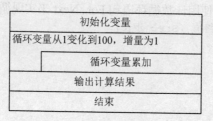

图 4-15 累加流程图

程序代码如下：
```
Private Sub Button1_Click(ByVal sender As System.Object, ByVal e As System.
EventArgs) Handles Button1.Click
    Dim i As Integer, sum As Integer
    sum = 0
    For i = 1 To 100                '也可以改为For i = 100 To 1 Step -1
        sum = sum + i
    Next i
    MsgBox("1+2+3+…+100=" & Str(sum), , "累加")
End Sub
```
讨论：

（1）计算 100 以内的奇数之和，程序该如何修改？

（2）计算 100 以内的偶数之和，程序该如何修改？

（3）计算 1+2+3+…+n（n 为任意正整数），程序该如何修改？

【例 4.12】求两个数的最小公倍数。

分析：求两个数的最小公倍数，可以从较大的数开始判断至两数乘积为止。即求能整除这两个数的第 1 个数。

设计：新建 Windows 项目，在窗体上添加 3 个标签、3 个文本框和 1 个命令按钮。如图 4-16 所示。

图 4-16　求最小公倍数

在命令按钮的 Click 事件过程中添加如下代码：
```
Private Sub Button1_Click(ByVal sender As System.Object, ByVal e As System.
EventArgs) Handles Button1.Click
        Dim i, j, m, n As Integer
        i = CInt(TextBox1.Text)
        j = CInt(TextBox2.Text)
        If i > j Then                          '判断两个数的大小
            m = j
            j = i                              'j中存储大数
            i = m                              'i中存储小数
        End If
        For n = j To i * j                     '从大数循环开始，至两数乘积为止
            If n Mod i = 0 And n Mod j = 0 Then  '判断i和j是否都能被整除
                Exit For                       '如果都能被整除则退出循环
            End If
        Next
        TextBox3.Text = n                      '输出最小公倍数
End Sub
```

【例 4.13】编写程序，要求输出所有的"水仙花数"。所谓"水仙花数"是指一个三位数的个位、十位和百位的立方和等于该数本身。例如，$153=1^3+5^3+3^3$，则 153 是一个水仙花数。

分析：根据题意，要寻找的水仙花数 n 的范围在 100 到 999 之间，将整数 n 的个位、十位和百位分解开来，判断它们的立方和是否等于 n 本身，如果是，输出该水仙花数即可。

设计：新建 Windows 项目，在窗体上添加 1 个文本框和 1 个命令按钮，如图 4-17 所示。设置文本框的 Multiline 属性为

图 4-17　求水仙花数

True，ScrollBars 属性为 Vertical（垂直滚动条），使文本框可以多行显示并自动添加垂直滚动条。

编写命令按钮的 Click 事件过程代码如下：
```
Private Sub Button1_Click(ByVal sender As System.Object, ByVal e As System.EventArgs) Handles Button1.Click
    Dim n As Integer
    Dim a As Integer, b As Integer, c As Integer
    For n = 100 To 999
        a = n \ 100                            'a 表示百位数
        b = (n \ 10) Mod 10                    'b 表示十位数
        c = n Mod 10                           'c 表示个位数
        If n = a ^ 3 + b ^ 3 + c ^ 3 Then
            TextBox1.Text = TextBox1.Text & n & vbCrLf
        End If
    Next
End Sub
```

4.3.3 Do...Loop 语句

Do...Loop 语句根据给定条件成立与否决定是否执行循环体内的语句，有两种语法形式。

前测型循环结构：
```
Do [ While | Until 条件]
    语句块 1
    [Exit Do]
    语句块 2
Loop
```

后测型循环结构：
```
Do
    语句块 1
    [Exit Do]
    语句块 2
Loop [ While | Until 条件]
```

说明：

（1）前测型循环结构先测试条件，如果条件一开始就不成立，有可能一次也不执行循环体。而后测型循环结构至少会执行一次循环体，然后根据条件决定循环继续与否。

（2）While | Until 取其中之一。While 表示当型循环，即当指定条件为 True（真）时执行循环体。Until 表示直到型循环，执行循环体直到指定的条件成立为止，换句话说，就是当指定的条件为 False（假）时执行循环体。这里的"条件"可以是关系表达式、逻辑表达式或者其他类型的表达式，若值为非 0，则认为是 True，否则认为是 False。

（3）在循环体内可以存在一个或多个 Exit Do 语句。Exit Do 语句表示不管条件成立与否或者本次循环是否执行完成，都要强制退出循环。如果在循环结构的 Do 和 Loop 处都没有给出条件，则必须要有 Exit Do 语句，否则将形成死循环。该语句一般用在选择结构语句（如 If...Then）中，当满足给定条件时可退出循环。

（4）根据循环结构中使用 While 或者 Until，以及条件放置的位置不同，可组合成四种不同的循环结构，其流程图如图 4-18 所示。

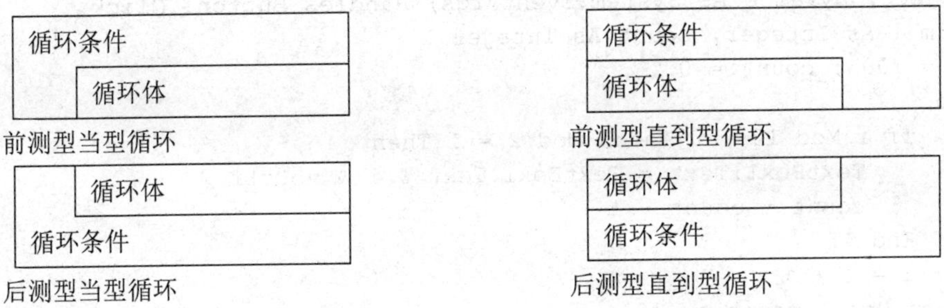

```
        循环条件
            循环体
前测型当型循环

        循环体
    循环条件
后测型当型循环
```

```
        循环条件
            循环体
前测型直到型循环

        循环体
    循环条件
后测型直到型循环
```

图 4-18 Do…Loop 结构的 4 种形式流程图

【例 4.14】将例 4.7（求 1+2+3+…+100）改用 Do…Loop 语句实现。

分析：本题中当变量 i≤100 时，将 i 累加到变量 sum 中，因此可以采用图 4-18 中的任何一种条件循环结构来实现，以下给出两种形式的代码。

前测型当型循环：

```
Private Sub Button1_Click(ByVal sender As System.Object, ByVal e As System.
EventArgs) Handles Button1.Click
    Dim i As Integer, sum As Integer
    sum = 0 : i = 1
    Do While i <= 100
        sum = sum + i
        i = i + 1
    Loop
    MsgBox("1+2+3+…+100=" & Str(sum), , "累加")
End Sub
```

后测型直到型循环：

```
Private Sub Button1_Click(ByVal sender As System.Object, ByVal e As System.
EventArgs) Handles Button1.Click
    Dim i As Integer, sum As Integer
    sum = 0 : i = 1
    Do
        sum = sum + i
        i = i + 1
    Loop Until i > 100
    MsgBox("1+2+3+…+100=" & Str(sum), , "累加")
End Sub
```

【例 4.15】输出三位正整数中能被 13 整除的前 10 个奇数。

分析：在循环次数未知的情况下，通常使用 Do…Loop 结构。正整数 i 的初值为 100，当满足条件 i Mod 13=0 And i Mod 2=1 时，输出 i 同时用变量 count 计数，直到 count≥10 退出循环。下面给出后测型直到型循环的代码，读者可以自行编写其他三种形式的程序。

设计：新建 Windows 项目，在窗体上添加 1 个多行文本框和 1 个命令按钮，并设置相关的属性，界面如图 4-19 所示。

图 4-19 输出 3 位数中能被 13 整除的前 10 个奇数

```
Private Sub Button1_Click(ByVal sender As
```

```
System.Object, ByVal e As System.EventArgs) Handles Button1.Click
    Dim i As Integer, count As Integer
    i = 100 : count = 0
    Do
        If i Mod 13 = 0 And i Mod 2 = 1 Then
            TextBox1.Text = TextBox1.Text & i & vbCrLf
            count = count + 1
        End If
        i = i + 1
    Loop Until count >= 10
End Sub
```

请读者考虑，该题若用 For...Next 结构，如何实现循环？

【例 4.16】输入两个正整数，求它们的最大公约数。

分析：求最大公约数可以用"辗转相除法"，方法如下。

（1）比较两数，使 m 大于 n。

（2）将 m 作被除数，n 作除数，相除后余数为 r。

（3）将 m←n，n←r。

（4）若 r≠0，返回步骤（2）和（3）；若 r=0，则结束循环，最大公约数为 m。

根据分析画出流程图，如图 4-20 所示。程序如下所示：

```
Private Sub Button1_Click(ByVal sender As System.Object, ByVal e As System.EventArgs) Handles Button1.Click
    Dim m As Integer, n As Integer
    Dim m1 As Integer, n1 As Integer
    Dim r As Integer, t As Integer
    m = InputBox("请输入第一个数")
    n = InputBox("请输入第二个数")
    m1 = m : n1 = n        '保存原始数据供输出使用
    If m < n Then
        t = m : m = n : n = t
    End If
    Do
        r = m Mod n
        m = n : n = r
    Loop Until (r = 0)
    MsgBox(Str(m1) + "和" + Str(n1) + "的最大公约数是" + Str(m))
End Sub
```

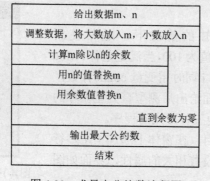

图 4-20　求最大公约数流程图

讨论：
（1）为什么最大公约数是 m 而不是 n？
（2）由于在求解过程中，m、n 已经发生了变化，因此最后输出时如果需要输出变量的原始数据，必须在 m 和 n 变化之前用另外两个变量 m1 和 n1 加以保存。
（3）求两个数的最小公倍数，只需将两数相乘除以最大公约数，即 m1*n1/m。

4.3.4 循环结构语句的比较

循环结构语句比较多，它们之间基本上都可以进行等价转换。

通常，当知道循环变量的初值和终值时，即已知循环执行次数的情况下，使用 For...Next 循环语句。例如求从 1 到 10000 的所有整数和，最好使用 For...Next 循环语句。

当不清楚循环的执行次数，只知道循环的条件时，使用 While 循环语句和 Do...Loop 循环语句。但需要注意的是，While 循环语句和 Do While...Loop 前测型循环语句是先判断条件是否为真再循环，Do...Loop While 后测型循环语句是先循环再判断条件是否为真，Do...Loop Until 是先循环再判断条件是否为假。

4.3.5 循环结构嵌套

如果在循环结构语句中又出现一个循环结构语句，则称为循环结构嵌套。各种循环结构语句都可以嵌套，也可以在不同的循环结构语句之间互相嵌套。而且选择结构与循环结构也可以互相嵌套。

注意：
（1）循环嵌套时，外层循环和内层循环间是包含关系，即内层循环必须被完全包含在外层循环中，不得交叉。
（2）当程序中出现循环嵌套时，程序每执行一次外层循环，则其内层循环必须循环所有的次数（即内层循环结束）后，才能进入到外层循环的下一次循环。

【例 4.17】输出九九乘法表，如图 4-21 所示。

分析：输出 9 行 9 列乘法表是一个典型的双循环问题。由于乘法表有多行，所以可以选择将结果输出到标签中。输出时按行进行，九九乘法表每行乘积数据是一组有规律的数，每个乘积数据的值是其所在行与列的乘积。

设计：新建 Windows 应用程序项目，在窗体上添加 1 个标签 Label1。

打开代码窗口，在"类名"下拉列表中选择对象 Form1，"方法名称"下拉列表中选择加载事件 Load，编写 Form1 的加载事件代码。

```
Private Sub Form1_Load(ByVal sender As System.Object, ByVal e As System.EventArgs)Handles MyBase.Load
    Dim i, j As Integer
    Dim mystring As String = ""         '初始化乘法表字符串
    For i = 1 To 9                      '控制输出行数
        For j = 1 To i                  '控制每行输出表达式个数
            '每个表达式的输出形式
            mystring=mystring & Str(i)&"*"& Str(j)& "=" &Str(i * j) &Space(1)
        Next
        mystring=mystring & Chr(13)     '每行输出末尾，以回车换行符结束
    Next
```

```
        Label1.Text = mystring              '输出乘法表字符串
    End Sub
```

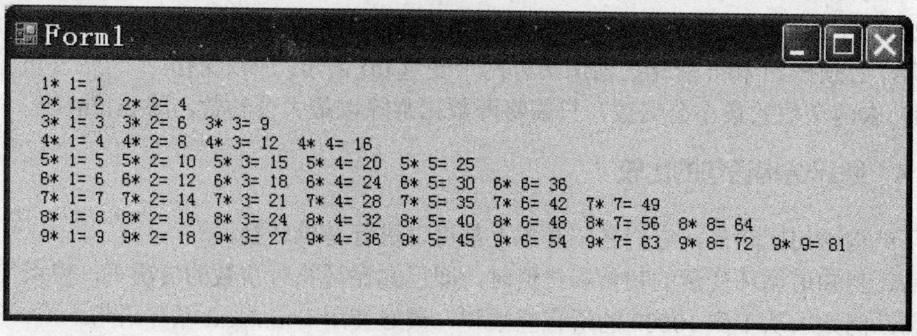

图 4-21 九九乘法表

【例 4.18】 编写程序,输出图形如图 4-22 所示。

分析:该题中图形有 5 行,因此外循环执行 5 次。每次执行外循环要确定每行输出的内容,包括有效字符前的空格数、有效字符的个数,以及有效字符的内容。字符前的空格数随着行的增加而减少,满足一定的规律。内循环可以控制有效字符的内容与个数,每行都是以 "A" 开始,按照字母顺序依次排列,第 i 行有 2*i-1 个字符。在每次执行外循环的最后,将得到的每行字符内容连接到字符串 str1 中。

图 4-22 输出图形

编写 Form1 的加载事件代码如下:
```
Private Sub Form1_Load(ByVal sender As System.Object, ByVal e As System.EventArgs) Handles MyBase.Load
    Dim i, j As Integer, m As Integer
    Dim str1 As String
    Str1 = ""
    For i = 1 To 5
        m = 65                              'm 中存放"A"的 ASCII 码
        str1 = str1 & Space(10 - 2 * i)     '每行前的空格
        For j = 1 To 2 * i - 1
            str1 = str1 & Chr(m) & " "      '将 ASCII 码为 m 的转化为字母连接到 str1 中
            m = m + 1                       '得到下一个字母的 ASCII 码
        Next
        Str1 = str1 & vbCrLf
    Next
    MsgBox(str1, , "输出图形")
End Sub
```

4.4 常用算法及应用实例

算法是解决一个实际问题而采取的方法和步骤。人们在日常生活中每做一件事情,都是按照一定的方法和规则一步一步完成的,即先做什么,后做什么。使用计算机来解决问题的方法和步骤,就是计算机算法。

用计算机来解决问题,通常包括设计算法和实现算法两个方面。首先要根据提出的问题,找到解决的办法,设计出合适的算法;然后根据算法提供的步骤,选择相应的程序设计语言编写程序，在计算机上进行编辑、调试和运行，最终得出正确的结果，实现算法。这两个方面，设计算法尤其重要，它是程序设计的灵魂，而程序设计语言是表示算法的形式，同一个算法可以用不同的编程语言来实现。

通常在解决一个问题时，会有很多方法，因此选择合适的算法很重要，不仅要保证算法的正确，还要考虑算法的质量和效率。例如，要计算 S=1+2+3+…+100，可以先加 1，再加 2，再加 3，……，一直加到 100；也可以用表达式 S=(100+1)+(99+2)+(98+3)+…+(51+50)，结果相同，但显然在口算时第二种方法比第一种方法简单。

根据所处理的对象和用途不同，计算机算法可以分为两大类：数值算法和非数值算法。本节介绍的是与循环结构有关的一些常用数值算法，有关例题中极少涉及界面设计问题，请读者自行完善。

4.4.1 累加与累乘

累加与累乘是最常见的一类算法，这类算法就是在原有的基础上不断地加上或乘以一个新的数。如求 1+2+3+…+n，求 n 的阶乘，计算某个数列前 n 项的和，以及计算一个级数的近似值等。

【例 4.19】求数列 3/2，-5/4，7/6，-9/8，…前 n 项的和（n 是从键盘输入的数值）。

分析：该数列的通式为 $(-1)^{(i+1)}\times(2\times i+1)/(2\times i)$，i=1, 2, 3,…, n。

程序代码如下：
```
Private Sub Button1_Click(ByVal sender As System.Object, ByVal e As System.EventArgs) Handles Button1.Click
    Dim i As Integer, n As Integer
    Dim s As Single
    n = InputBox("请输入n")
    s = 0
    For i = 1 To n
       s = s + (-1) ^ (i + 1) * (2 * i + 1) / (2 * i)
    Next
    Debug.Print(s)
End Sub
```

【例 4.20】求自然对数 e 的近似值，近似公式为：

$$e = 1 + \frac{1}{1!} + \frac{1}{2!} + \frac{1}{3!} + \cdots + \frac{1}{n!} + \cdots$$

分析：这是一个收敛级数，可以通过求其前 n 项和来实现近似计算。通常，该类问题会给出一个计算误差，例如，可设定当某项的值小于 10^{-5} 时停止计算。

此题既涉及到累加，也包含了累乘，程序如下：
```
Private Sub Button1_Click(ByVal sender As System.Object, ByVal e As System.EventArgs) Handles Button1.Click
    Dim i As Integer, p As Double
    Dim t As Double, sum_e As Double
    i = 1 : p = 1 : sum_e = 1
    Do
       p = p * i          '计算i的阶乘
       t = 1 / p
       sum_e = sum_e + t
       i = i + 1          '为计算下一项作准备
```

```
        Loop Until t <= 0.00001
        Debug.Print(sum_e)
End Sub
```

讨论：

（1）在求累加和与累乘问题时注意初值的设置。一般情况下，阶乘（本题为变量 p）的初值为 1，而累加和的初值为 0。本题中 sum_e（累加和）的初值为 1（级数的第 1 项），第 1 次进入循环后求级数中第 2 项的值并累加到 sum_e 中。

（2）注意定义合适的变量类型。本题中要保证阶乘的值在定义的变量类型取值范围内。

4.4.2 求最大数、最小数与平均值

求数据中的最大数和最小数的算法是类似的，可以采用"打擂"的算法求解。以求最大数为例，可先用数列中的第一个数作为最大数，将后面的每个数逐个和最大数比较，将两个数中较大的一个替换为最大数。

【例 4.21】求区间[1, 200]内 10 个随机整数中的最大数、最小数和平均值。

分析：随机函数 Rnd 返回区间（0, 1）之间的一个随机小数，为了生成区间[m, n]之间的随机整数，可使用公式 Int((n-m + 1) * Rnd() + m)。因此要产生 [1, 200]区间内的随机整数，计算公式为：Int((200-1 + 1) * Rnd() + 1)，即 Int(200 * Rnd() + 1)。

设计：新建 Windows 项目，在窗体上添加 4 个标签、3 个文本框和 1 个命令按钮，界面如图 4-23 所示。

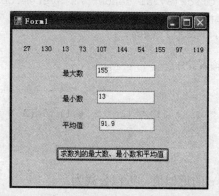

图 4-23　求随机数列的最大数、最小数和平均值

命令按钮的 Click 事件过程如下：

```
Private Sub Button1_Click(ByVal sender As System.Object, ByVal e As System.EventArgs) Handles Button1.Click
    Dim x As Integer, max As Integer, min As Integer, sum As Integer
    Dim i As Integer
    Dim str1 As String = ""
    Randomize()                         '产生不同的随机数序列
    x = Int(200 * Rnd() + 1)            '产生一个[1, 200]之间的随机数 x
    str1 = str1 & Str(x) & Space(2)
    max = x : min = x : sum = x
    For i = 1 To 9
        x = Int(200 * Rnd() + 1)        '产生一个[1, 200]之间的随机数 x
        str1 = str1 & Str(x) & Space(2)
        If x > max Then max = x         '若新产生的随机数大于最大数，则进行替换
```

```
            If x < min Then min = x        '若新产生的随机数小于最小数,则进行替换
            sum = sum + x
        Next
        Label1.Text = str1
        textbox1.text = max
        textbox2.text = min
        textbox3.text = sum / 10
    End Sub
```

讨论：如果已知数列的取值范围，也可以将最大数的初值设为范围中的最小值，而最小数的初值设为范围中的最大值。本题中可以设定 max 的初值为 1，而 min 的初值为 200，则上述代码如何改写，请读者考虑。

4.4.3 求素数

素数是一个大于 2 的自然数，除了 1 和该数本身外，不能被其他任何整数整除的数。判断一个数 m 是否为素数，只要依次用 2, 3, 4, …, m-1 作除数去除 m，只要有一个能被整除，m 就不是素数。

【例 4.22】 从键盘上输入一个大于 2 的自然数，判断其是否为素数。

分析：设置一个逻辑类型的变量 flag 来表示 m 是否为素数。flag 的初值为 True，即认为 m 是素数，接着用 m 分别除以 2、3、4、……、m-1，只要发现有一个能整除，就可以判定 m 不是素数，这时修改 flag 为 False，同时强制退出循环。最后根据 flag 的最终结果即可输出 m 是否为素数。

```
Private Sub Button1_Click(ByVal sender As System.Object, ByVal e As System.EventArgs) Handles Button1.Click
    Dim m As Integer, i As Integer, flag As Boolean
    m = InputBox("请输入一个大于 2 的整数")
    flag = True                 '假设 m 是素数
    For i = 2 To m - 1
        If m Mod i = 0 Then
            flag = False        '能被[2, m-1]之间的某个数整除,则 m 不是素数
            Exit For            '终止判别,退出循环
        End If
    Next
    If flag Then                '或 flag = True,根据 flag 输出判断结果
        MsgBox(m & "是素数", , "判断素数")
    Else
        MsgBox(m & "不是素数", , "判断素数")
    End If
End Sub
```

该例中如果对于一个非素数，只要找到第一个能被 m 整除的数，就可以很快结束循环过程。例如，30009 能被 3 整除，所以只需判断 i = 2, 3 两种情况。而对于一个素数，尤其是当该数较大时，例如 30011 是素数，根据程序 i 的范围在[2,30010]，即对区间内的每一个 i 的值都要和 m 相除，才能得出其为素数的结论。实际上，为了提高程序执行的效率，i 的范围只需从 2 到 $\sqrt{m}$，若 m 不能被其中任何一个数 i 整除，则 m 即为素数，故语句 For i = 2 To m - 1 可改为 For i = 2 To Int(Sqrt(m))。

提示：由于数学函数 Sqrt()在命名空间 System.Math 中定义，因此不能直接使用。要使用

数学函数，必须在代码窗口的首行加上 Imports System.Math 语句；或者在使用函数时采用"Math.函数名"的格式。

4.4.4 枚举法

枚举法又称为穷举法，此算法将所有可能出现的情况一一进行测试，从中找出符合条件的所有结果。如计算"百钱买百鸡"问题，又如列出满足 x*y=100 的所有组合等。

【例 4.23】公鸡每只 5 元，母鸡每只 3 元，小鸡 3 只 1 元，现要求用 100 元钱买 100 只鸡，问公鸡、母鸡和小鸡各买几只？

分析：设公鸡 x 只，母鸡 y 只，小鸡 z 只。根据题意可列出以下方程组：

$$\begin{cases} x+y+z=100 \\ 5x+3y+z/3=100 \end{cases}$$

3 个未知数，2 个方程，因此这是一个不定方程问题，故可采用"枚举法"进行试根，即在 x、y、z 的所有取值中逐一测试各种可能的组合，并输出符合条件者。

```
Private Sub Button1_Click(ByVal sender As System.Object, ByVal e As System.EventArgs) Handles Button1.Click
    Dim x As Integer, y As Integer, z As Integer
    Dim str1 As String
    str1 = ""
    For x = 0 To 100          '可优化为 For x = 0 To 19
        For y = 0 To 100      '可优化为 For y = 0 To 33
            z = 100 - x - y
            If 5 * x + 3 * y + z / 3 = 100 Then
                str1 = str1 & "公鸡：" & x & "母鸡：" & y & "小鸡：" & z & vbCrLf
            End If
        Next y
    Next x
    Label1.Text = str1
End Sub
```

讨论：这是一个嵌套的 For 循环，循环体将执行 101*101 次。可以进一步优化程序，公鸡最多只能买 19 只，母鸡最多买 33 只，因此可将两个 For 语句优化为 For x = 0 To 19 和 For y = 0 To 33。优化后的循环次数为 20*34 次，即从 10201 次减少到 680 次，从而大大提高了运行效率。

4.4.5 递推与迭代

利用递推算法或迭代算法，把一个复杂问题的求解，分解为若干步重复的简单运算。这两种算法的共同特点是，在规定的初始条件下，找出后项对前项依赖关系的操作。不同的是，递推算法不存在变量的自我更迭，而迭代算法则在每次循环中用变量的新值取代其原值。

1. 递推

要解决递推问题，必须具备两个条件，即初始条件和递推公式。从初始条件出发，根据前后项的递推关系，由前一项的计算结果推出后一项的值。

【例 4.24】输出斐波那契（Fibonaccii）数列的前 20 项。该数列的第 1 项和第 2 项为 1，从第 3 项开始，每一项均为其前面 2 项之和，即 1，1，2，3，5，8，……。

分析：设数列中相邻的 3 项分别为变量 f1、f2 和 f3，则有如下递推算法：

（1）f1 和 f2 的初值为 1。

（2）每次执行循环，用 f1 和 f2 产生后项，即 f3 = f1 + f2。

（3）通过递推产生新的 f1 和 f2，即 f1 = f2，f2 = f3。

（4）如果未达到规定的循环次数，返回步骤（2）；否则停止计算。

设计：新建 Windows 项目，在窗体上添加 1 个标签、1 个文本框和 1 个命令按钮。界面设计如图 4-24 所示。编写命令按钮的 Click 事件过程代码如下：

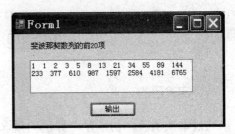

图 4-24　输出 Fibonaccii 数列

```
Private Sub Button1_Click(ByVal sender As System.Object, ByVal e As System.EventArgs) Handles Button1.Click
    Dim f1 As Integer, f2 As Integer, f3 As Integer
    Dim i As Integer
    f1 = 1 : f2 = 1          '初始条件
    TextBox1.Text = f1 & " " & f2
    For i = 3 To 20
        f3 = f1 + f2         '递推公式1
        TextBox1.Text = TextBox1.Text & " " & f3
        f1 = f2 : f2 = f3    '递推公式2
    Next i
End Sub
```

讨论：

（1）本题的初始条件为 f1=1 和 f2=1，递推公式为：f3=f1+f2，f1=f2，f2=f3。

（2）本题的递推公式中引入了 3 个变量，如果只用两个递推变量 f1 和 f2，则递推公式如何变化？程序代码如何修改？

2. 迭代

迭代法也称辗转法，是计算机程序设计的一种基本算法。计算机可以对一组指令或者步骤重复操作，在每次执行过程中不断用变量的旧值推出它的一个新值，有效地利用了计算机运算速度快并且适合重复操作的特点。

【例 4.25】猴子吃桃问题。猴子第一天摘了若干个桃子，当天吃了一半，还不过瘾，又多吃了一个；第 2 天将剩下的桃子吃掉一半多一个；以后每天都吃前一天剩下桃子的一半再加一个；到了第 8 天发现只剩下了一个桃子了。问第 1 天摘了多少个桃子？

分析：该题可以采用迭代算法来解决。由于第 8 天剩下最后一个桃子，是一个确定的值，因此可以从后往前进行迭代，而每天吃的桃子数规律相同，都是前一天剩下桃子数的一半多一个，因此可以列出相应的迭代公式。

程序代码如下：

```
Private Sub Button1_Click(ByVal sender As System.Object, ByVal e As System.EventArgs) Handles Button1.Click
    Dim m As Integer, n As Integer
    Dim i As Integer
    n = 1
    For i = 7 To 1 Step -1        'i是循环变量，代表第i天
```

```
            m = (n + 1) * 2            '迭代公式
            n = m
        Next
        Debug.Print(m)
    End Sub
```

实验四　程序控制结构

一、实验目的

通过本次实验，初步建立算法的概念，掌握解决一个实际问题的方法和步骤，并能用流程图表示出来。理解一个完整的结构化程序由顺序、选择和循环三种基本结构组成。熟练掌握并能于实际问题中应用选择结构和循环结构的相关语句，如 If 语句、Select 语句、While 语句、For…Next 语句和 Do…Loop 语句等。

二、实验内容与步骤

1. 选择结构程序设计

（1）编写程序。输入三角形的三条边 a，b，c 的值，根据其数值，判断能否构成三角形。若能则要求判断该三角形是否为等腰三角形、等边三角形，或者是一般三角形。界面如图 4-25 所示。

分析：根据几何学中有关三角形的知识，当满足条件 a + b > c And a + c > b And b + c > a，即可构成三角形，否则输出不能构成三角形。在满足构成三角形条件的情况下，根据题意，又可分为三种情况：等腰三角形（a = b Or a = c Or b = c）、等边三角形（a = b And b = c）、一般三角形。由上述条件分析，可构建相应的选择结构。

设计：新建 Windows 项目，在窗体上添加 2 个标签、3 个文本框和 1 个命令按钮。

图 4-25　判断三角形性质

命令按钮的 Click 事件过程代码如下：

```
Private Sub Button1_Click(ByVal sender As System.Object, ByVal e As System.EventArgs) Handles Button1.Click
    Dim a As Single, b As Single, c As Single
    a = Val(TextBox1.Text)
    b = Val(TextBox2.Text)
    c = Val(TextBox3.Text)
    If a + b > c And a + c > b And b + c > a Then
        If a = b And b = c Then
            Label2.Text = "这是等边三角形"
        ElseIf a = b Or a = c Or b = c Then
            Label2.Text = "这是等腰三角形"
        Else
            Label2.Text = "这是一般三角形"
        End If
    Else
        Label2.Text = "这三条边不能构成一个三角形"
```

            End If
        End Sub

(2) 编写一个求解一元二次方程 $ax^2+bx+c=0$ 根的程序。

分析：输入方程的三个系数 a、b 和 c。若 a=0，则输出无法构成一元二次方程；否则，计算 $b^2-4*a*c$ 的值，根据该表达式的值（大于 0、等于 0 和小于 0 三种情况）判断根的个数以及是实根还是虚根。

由上述分析，自行构建 If 选择结构并编写完整的程序代码，上机调试运行。

(3) 某航空公司规定在旅游旺季（7～9月份），如果订票数超过 20 张，票价按八五折优惠；20 张以下，按九五折优惠。在旅游淡季（1～5月份、10月份、11月份），如果订票数超过 20 张，票价按七折优惠；20 张以下，按八折优惠。其他情况一律按九折优惠。用 Select 结构编写程序，输入订票时间和订票张数，输出打折优惠情况。

分析：本题可以按照月份来进行条件分类，分为三种情况：淡季、旺季和其他，可以用 Select 结构实现该分类。而在每个时间段，又根据订票数量确定打折情况，因此可以嵌套 If 结构来实现。

2. 循环结构程序设计

(1) 编写程序，根据公式计算 π 的近似值，直到最后一项的绝对值小于 10^{-5} 为止。

$$\pi = 4*(1-1/3+1/5-1/7+1/9+\cdots\cdots)$$

分析：本题的关键是求括号中的累加和问题。和式中的每一个加数的绝对值具有通式 $1/(2*n-1)$，并且加数的符号是正负相间，符号可以由前一项取反（即乘以-1 得到）。最后求近似值设定了循环终止的条件，因此可以使用 Do…Loop 循环结构。

程序代码如下：

```
Private Sub Button1_Click(ByVal sender As System.Object, ByVal e As System.EventArgs) Handles Button1.Click
    Dim pi As Single, f As Single      'pi 表示累加和，f 表示加数
    Dim n As Integer, k As Integer     'n 表示第 n 项，k 表示每一项的符号
    pi = 0 : n = 0 : k = -1
    Do
        k = -k
        n = n + 1
        f = k / (2 * n - 1)            '用通式求每一项加数
        pi = pi + f
    Loop Until (Math.Abs(f) < 0.00001)
    pi = pi * 4
    MsgBox("pi 的近似值为：" & pi)
End Sub
```

在上机实验过程中，很难一次编写调试程序成功，会发生各种各样的错误。有些错误系统会给出提示信息，很容易发现和改正，如语法错误；而有些错误系统不会给出任何提示，只是运行结果不正确，这很大程度上是算法错误造成的。要掌握 Visual Basic.NET 提供的各种调试工具和手段，并充分利用它们，如设置断点、单步运行等，去发现程序中可能存在的语法错误和算法错误。

单步调试（逐语句）是调试程序的主要方法之一。以本题为例，按 F8 键，出现运行窗体，单击命令按钮后，会打开代码窗口。这时有一个黄色的箭头和光带指向将要执行的语句，每按一次 F8 键，箭头会按照程序的执行顺序指向下一个要执行的语句。在执行过程中，可以打开

"即时"窗口、"局部变量"窗口或者"监视"窗口来观察在运行过程中变量的当前值,如果变量的值出现错误,可以及时发现。有关调试程序的详细方法和步骤,请参阅本书附录 B。

(2) 编写程序,计算 s=2/1+3/2+5/3+8/5+13/8+21/13+…,当 s>100 时停止累加,求 s 和 n(累加的项数)的值。

分析:该题的关键是分析加数前后项之间的关系,即后一项的分母为前一项的分子,后一项的分子为前一项分子与分母之和,从而列出相应的递推公式。

请读者自己编写程序代码。

(3) 编写程序,要求在信息框中输出如图 4-26 和图 4-27 所示的图形。

图 4-26 输出数字图形

图 4-27 输出字母图形

分析:该题要求输出图形,通常根据行数和列数采用嵌套的 For…Next 循环结构,具体的实现过程可以参考例 4.18,请读者自行编程实现。

 习题四

一、选择题

1. 结构化程序由 3 种基本结构组成,下面不属于 3 种基本结构的是(   )。
   A. 顺序结构   B. 选择结构   C. 递归结构   D. 循环结构
2. x 是小于 100 的非负数,用 Visual Basic.NET 表达式表示正确的是(   )。
   A. 0≤x<100
   B. 0<=x<100
   C. x>=0 Or x<100
   D. x>=0 And x<100
3. 设 a=3,则执行 x=IIf(a>5,-1,0)后,x 的值为(   )。
   A. 1   B. 0   C. -1   D. 5
4. 假设 x、y、z 的值是 3、2、1,当执行语句 x=y:y=z:z=x 后,x、y、z 的值分别是(   )。
   A. 2、3、1   B. 2、1、2   C. 1、3、2   D. 3、1、2
5. 执行下列程序段后,x 的值为(   )。
   ```
   x=5
   For i=1 to 20 Step 2
      x=x+i\5
   Next i
   ```
   A. 21   B. 22   C. 23   D. 24
6. 以下代码运行后的显示结果是(   )。
   ```
   Dim x
   If x Then Debug.Print(x) Else Debug.Print(x + 1)
   ```

A. 1　　　　　B. 0　　　　　C. -1　　　　　D. 显示出错信息

7. 设有下面的循环：
```
i=1
Do
    i=i+3
    Debug.print(i)
Loop Until i>_____
```
程序运行后要执行 3 次循环体，则条件中的最小值为（　　）。

A. 6　　　　　B. 7　　　　　C. 8　　　　　D. 9

8. 语句 If x=1 Then y=1，下列说法正确的是（　　）。

A. x=1 和 y=1 均为赋值语句

B. x=1 和 y=1 均为关系表达式

C. x=1 为关系表达式，y=1 为赋值语句

D. x=1 为赋值语句，y=1 为关系表达式

9. 若要退出 While…End While 循环，可使用的语句为（　　）。

A. Exit　　　　　　　　　　　B. Exit For

C. Exit Do　　　　　　　　　 D. Exit While

10. 由 For i=1 To 16 Step 3 决定的循环结构被执行（　　）次。

A. 4　　　　　B. 5　　　　　C. 6　　　　　D. 7

二、阅读以下代码，写出运行结果并上机验证

1.
```
x = InputBox("enter x")
Select Case Math.Sign(x) + 2
    Case 1
        y = x ^ 2 + 1
    Case 2
        y = x - 4
    Case 3
        y = x ^ 3 + 100
End Select
Debug.Print(y)
```
（设 x 的输入值为 5，-5，0）

程序的运行结果为：_____

2.
```
a = 1 : b = 1
Do
    a = a * b
    b = b + 1
Loop Until b > 6
Debug.Print(b ^ 2 + a / 5)
```
程序的运行结果为：_____

3.
```
m = 5 : n = 20
While m + n <= 100
    m = m * 2
    n = n + 1
    Debug.Print("m= " & Str(m) & "n= " & Str(n))
```

```
    End While
程序的运行结果为：_____

4. m = 1 : n = 1
   Do While m < 15
       x = m * n
       y = Str(m) & "*" & Str(n) & "=" & Str(x)
       Debug.Print(y)
       m = m + n
       n = n + m
   Loop
程序的运行结果为：_____

5. For i = 1 To 10
       a = a + 1
       b = 0
       For j = 10 To 1 Step -2
           a = a + 1
           b = b + 2
       Next j
   Next i
   Debug.Print("a=" & Str(a))
   Debug.Print("b=" & Str(b))
程序的运行结果为：_____
```

三、根据题意，将下列程序补充完整

1. 求 1! +3! +5! +7! +9!，用文本框输出结果。

```
Private Sub Button1_Click(ByVal sender As System.Object, ByVal e As System.EventArgs) Handles Button1.Click
    Dim f As Double, s As Double
    Dim i As Integer
    s = 0
    _____
    For i = 1 To 9
        _____
        If _____ Then s = s + f
    Next i
    TextBox1.Text = s
End Sub
```

2. 在窗体上添加标签控件，要求在标签中输出如图 4-28 所示图形。

```
Private Sub Form1_Click(ByVal sender As Object, ByVal e As System.EventArgs) Handles Me.Click
    Dim i As Integer, j As Integer
    Dim str1 As String
    str1 = ""
    For i = _____
        str1 = str1 & Space(8 - i)
        For j = 1 To _____
            _____
        Next j
        str1 = str1 & vbCrLf
```

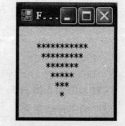

图 4-28 输出图形

```
            Next i
            Label1.Text = str1
    End Sub
```

3. 从键盘输入若干个正整数，当输入负数时结束输入，求输入正整数的平均值。
```
Private Sub Button1_Click_1(ByVal sender As System.Object, ByVal e As System.
EventArgs) Handles Button1.Click
        Dim x As Integer, n As Integer
        Dim s As Integer, aver As Single
        s = 0
        n = 0
        Do
            x = Val(InputBox("x="))
            _____
            s = s + x
            _____
        Loop
        aver = _____
        Debug.Print("aver=" & aver)
End Sub
```

四、编程题

1. 用输入对话框 InputBox 输入一个正整数，判断其能否同时被 3 和 17 整除，如能则用标签输出"xxx 能同时被 3 和 17 整除"，否则输出"xxx 不能同时被 3 和 17 整除"。其中，标签中的"xxx"应显示为实际输入的数据。

2. 某超市进行促销活动，采用购物打折的办法。购物在 200 元以上者（含 200 元，下同），按九五折优惠；购物在 300 元以上者，按九折优惠。购物在 500 元以上者，按八五折优惠。购物在 800 元以上者，按八折优惠。编写程序，输入购物金额，计算并输出优惠以后的价格。

3. 编写程序，计算下列公式中 s 的值（n 是运行程序时输入的一个正整数）。

$$s = 1 - \frac{1}{3} + \frac{1}{5} - \frac{1}{7} + \cdots + (-1)^{n+1}\frac{1}{2n-1}$$

$$s = 1^2 + 2^2 + 3^2 + \cdots + (10 \times n + 2)$$

$$s = 1 \times 2 - 2 \times 3 + 3 \times 4 - 4 \times 5 + \cdots + (-1)^{(n-1)} \times n \times (n+1)$$

$$s = 1 + \frac{1}{1+2} + \frac{1}{1+2+3} + \cdots + \frac{1}{1+2+3+\cdots+n}$$

4. 编写程序，在文本框中输出三位数中的所有素数。

5. 求从 2000~2100 年之间的所有闰年，使用文本框输出闰年，并统计共有多少个闰年。

6. 编写程序，计算并输出数列 1*2,2*4,3*6,…,n*2n,… 前 n 项中偶数项的和。（设 n=30）

7. 找出并输出所有三位数中，能同时被 5 和 7 整除，且个位、十位和百位上的数码之和等于 13 的数据。

8. 随机产生 10 个区间位于[10, 90]之间的整数，计算其平均值，并输出大于平均值的整数，统计其个数。

9. "百马百瓦问题"：有 100 匹马驮 100 块瓦，大马驮 3 块，小马驮 2 块，两个马驹驮 1 块。问大马、小马、马驹各有多少？

10. 通过文本框输入一串字符，以问号（?）作为结束标志。单击命令按钮，要求分别统计字符串中所含字母和数字的个数。

11. 有一个数列，其前三项分别为 1、2、3，从第四项开始，每项均为其相邻的前三项之和的 1/2，问：

该数列从第几项开始,其数值超过 1200。

12. 找出 1~100 之间的"同构数"。"同构数"满足的特点是它出现在其平方数的右边。例如,5 是同构数,5 出现在 25 的右边;25 是同构数,25 出现在 625 的右边。

13. 一个球从 100 米高度自由落下,每次落地后再反弹,跳回原高度的一半,再落下。求它在第 10 次落地时,共经过多少米?第 10 次反弹多高?

14. 编写程序,用牛顿迭代法求方程 $f(x)=\ln x+x^3-8x=0$ 的近似实根。

第 5 章 复合数据类型

前面各章所用的变量，无论是何种数据类型，例如，整型、单精度浮点型、字符串型、布尔型等，都属于简单变量。当处理问题所涉及的变量个数较少时，使用简单变量完全可以胜任。但当遇到一些较为复杂的问题时，所采用的数据往往是由若干相关数据构成的，这些数据无法用简单的数据类型来存储，而要使用复合数据类型来存储。本章介绍 Visual Basic.NET 提供的几种复合数据类型，主要包括枚举、结构、数组和集合。

了解枚举、结构类型的声明和使用方法；重点掌握数组、集合的概念及使用方法；掌握比较法、冒泡法、选择法等常见的几种数据排序方法；掌握 For Each…Next 语句的使用方法。

5.1 枚举

在程序设计中，往往会用到有限数据元素组成的集合，例如一周的 7 天，一年的 12 个月，几种颜色组成的颜色集等，形如这样的集合可以用 Visual Basic.NET 提供的枚举类型来描述。枚举提供一种使用成组的相关常数以及将常数值与名称相关联的方便途径，其实质就是值的一种特殊形式，用更有意义的名称来代表一个值。例如，可以为一组与一周中的七天相对应的整数常数声明一个枚举，然后在代码中使用这七天的名称而不是它们的整数值。

5.1.1 枚举类型的定义

枚举类型使用关键字 Enum 语句来声明，其语法格式如下：
[访问权限] Enum 枚举类型名称
    成员名 [=常数表达式]
    成员名 [=常数表达式]
    ……
End Enum
说明：
（1）访问权限为可选项，可以为 public 和 private，默认情况下，访问权限为 public。
（2）使用 Enum 关键字声明枚举类型。
（3）成员名是必选项，是定义枚举中的常数。默认情况下，枚举中的第一个常数初始值为 0，后面的常数依次递增 1。
（4）常数表达式是可选项，可以显式为成员名指定一个常数，类型可以是 Byte、Integer、Long、Short 类型，默认为 Long 类型。

例如，定义一个枚举类型 ColorVal：
```
Public Enum ColorVal
    Red
    Green
    Blue
End Enum
```
表示定义一个枚举类型 ColorVal，含有三种颜色：Red 值为 0、Green 值为 1、Blue 值为 2。当然也可以显式为枚举成员名指定一个值，例如：
```
Public Enum ColorVal
    Red
    Green=2
    Blue
End Enum
```
则表示枚举 ColorVal 名中，成员 Red 值为 0，Green 值为 2，Blue 值依次递增 1，值为 3。

5.1.2　枚举的使用

枚举类型声明后，就可以定义该枚举类型的变量，然后使用该变量存储枚举成员的值。若要引用枚举类型中的成员，可以使用下列格式：

<枚举类型名>.<成员名>

例如要引用 ColorVal 枚举类中的 Green 颜色值，可以使用下列方法：
```
Dim color As ColorVal
color=ColorVal.Green
```
枚举类型其实就是值的一种特殊形式，用更有意义的名称来代表一个值，在实际编程中多应用于多分支语句中。

【例 5.1】编写一个程序，用来实现简单的菜单选择操作，菜单包含有 Add，Modify，Delete 和 Save。

分析：这四种操作可以组成一个枚举，然后通过文本框输入不同操作所对应的编号，单击命令按钮提示所选择的操作。

代码如下：
```
Public Class Form1
    Public Enum OPERATE
        Add = 1
        Modify
        Delete
        Save
    End Enum
    Private Sub Button1_Click(ByVal sender As System.Object, ByVal e As System.EventArgs) Handles Button1.Click
        Dim commandName As OPERATE
        commandName = CInt(TextBox1.Text)
        Select Case commandName
            Case OPERATE.Add
                Label2.Text = "您选择了""Add""操作"
            Case OPERATE.Modify
                Label2.Text = "您选择了""Modify""操作"
            Case OPERATE.Delete
                Label2.Text = "您选择了""Delete""操作"
```

```
            Case OPERATE.Save
                Label2.Text = "您选择了""Save""操作"
        End Select
    End Sub
End Class
```
运行结果如图 5-1 所示。

提示：枚举变量本身就是值类型，所以文本框中输入 3，转化为整型赋值给枚举变量 commandName，没有任何问题。但在文本框中直接输入"Add"、"Modify"、"Delete"、"Save"等字符串时，将发生类型转化错误。这种情况要用到 System.Enum.Parse()类型转换函数，可以将代码修改为：

图 5-1 运行结果

```
commandName = System.Enum.Parse(GetType(OPERATE), TextBox1.Text)
```
进一步讨论，如果执行代码：
```
Label2.Text=OPERATE.Add
```
和
```
Label2.Text=OPERATE.Add.toString()
```
查看输出结果有什么不同。

5.2 数组

第二章介绍了变量的概念，了解到变量是用来存储数据的，但一个基本数据类型的变量在同一时刻只能存储一个数据，并且这些变量之间是没有顺序关系的。但在实际应用中，往往需要存储一系列相关数据，例如，一个班 60 人，需要存储某一门课的成绩，我们不可能定义 60 个变量，一个一个去存储学生的成绩，这时需要用到数组。数组是程序设计语言中一个非常重要的概念，Visual Basic.NET 也提供了数组这种复合类型，但在声明和使用数组的基本语法和 V6.0 相比发生了很大的变化，数组的下界变成了零，不能声明一个下界为 1 的数组。

5.2.1 数组的几个基本概念

1. 数组与数组元素

数组是用同一个名称表示的顺序排列的一组数据。与简单变量不同，简单变量是无序的，各变量之间没有先后顺序的关系，而数组中的变量是顺序排列的。

同一个数组中的变量具有相同的名称，因此，还需要用一组数字进行区分，例如 A(2)、A(5)、A(36)等。通常将数组中的变量称为数组元素，括号中的数字称为下标。

用数组名及下标可以唯一识别一个数组元素。下标的最大值和最小值分别称为数组的上界和下界，下标是上、下界范围内的一组连续整数。引用数组元素时，不可超出数组声明时的上、下界范围。例如，A(2)表示 A 数组中下标为 2 的那个数组元素。需要注意的是，Visual Basic.NET 中下标下界永远从 0 开始，所以下标为 2 代表数组中的第 3 个元素。

2. 数组的类型

数组是一种数据存储结构，而并非一种新的数据类型。数组也有自己的数据类型，Visual Basic.NET 中的所有数据类型包括 Char、String、Byte、Short、Integer、Long、Decimal、Single、

Double、Boolean、Date、Object 和用户自定义类型等，都可以用来声明数组。

一个数组中的所有元素通常具有相同的数据类型。但当数据类型为 Object 时，数组中可以包含不同类型的数据，但其本质上仍然是一个单一数据类型（Object）的数组。

3. 数组的维数

下标的个数决定了数组的维数。一维数组仅有一个下标，二维数组则有两个下标，……，依此类推。一维数组元素形如 Students(2)，可视为一维坐标轴（如 X 轴）上的点。二维数组有两个下标，形如 Score(2,4)，可视为二维坐标系中的点。三维数组须用 3 个下标来引用数组，形如 Word(3,2,14)，则可视为三维坐标系中的点。超过三维的数组可以用现实生活中的其他事物来类比，维数越高则越抽象。

如果要表示 n 个学生某一门课程的成绩，只需使用有 n 个元素组成的一维数组，而要表示 n 个学生 m 门课程的成绩，通常应采用一个 n 行 m 列的二维数组（当然可以使用 n 个一维数组）。例如，如果有 30 个学生，每个学生有 5 门课程，其成绩表如表 5-1 所示。

表 5-1 学生成绩表

姓名	语文	数学	外语	物理	化学
学生 0	85	60	55	78	88
学生 1	69	74	80	76	79
学生 2	77	86	72	80	95
…	…	…	…	…	…
学生 29	88	90	75	88	82

可以将表 5-1 中的成绩（加灰色底纹的数据）用一个二维数组来表示，若数组名为 S，则第 i 个学生第 j 门课程的成绩可表示为 S(i, j)。其中，i = 0, 2, …, 29 表示学生的序号，在二维数组中称为行下标；j = 0, 1, 2, 3, 4 表示课程，称为列下标。

一维数组和二维数组最为常用，根据需要也可使用三维及以上的数组，但随着维数的增加，数组元素的个数将呈几何级数增长，因此在实际应用中很少使用。

5.2.2 数组的声明

数组须先声明后使用，声明数组的语法格式如下：
访问修饰符 数组名(下标1上界 [,下标2上界…]) [As 数据类型]
说明：

（1）"访问修饰符"可以是 Dim、Private、Static、Public，通常使用 Dim 关键字。

（2）省略"数据类型"，默认数组为 Object 类型。

（3）"数组名"与简单变量的命名规则相同。但在同一个过程中，数组与简单变量不能同名，即不能在某个过程中同时声明数组 a 和变量 a。

（4）下标上界的个数代表数组的维数。例如：
```
Dim a(30) As String         '声明一维字符串型数组 a
Dim b(30,5) As Integer      '声明二维整型数组 b
Dim c(10,5,5) As Single     '声明三维单精度浮点型数组 c
```

（5）声明数组时的下界为 0，不能改变。与 VB6.0 不同，Visual Basic.NET 上界不一定非要是常量或者常量表达式，也可以是变量，但在使用时，上界最好使用常量或者常量表达式。

例如，以下声明数组的语句都是合法的：
```
Dim m As Integer
m = 100
Dim a(m) As Integer              '这里的 m 是变量，不提倡使用
```
建议使用常量作为下标上界：
```
Const m As Integer = 100
Dim a(m) As Integer              '这里的 m 是常数
```
（6）下标必须是整数，否则系统将按四舍五入自动取整。例如：
```
Dim a(3.5) As Integer            '这里下标上界为 4
```

5.2.3 数组的初始化

定义数组时，系统在内存中为其分配了一个连续的存储区域，并为每个元素设置有默认值，数值型数组所有元素的值设置为 0，字符串型数组所有元素的值设置为空串等。但在实际应用数组时，往往需要数组有特定的值，即在定义数组的时候为数组提供初始值，这就是数组初始化。

1. 一维数组初始化

语法格式为：
```
Dim 数组名() [As 数据类型]={初始值序列}
```
说明：

（1）格式中"初始值序列"要用花括号括起来，并且各数据必须为常数，各数据间用逗号隔开。

（2）当对数组进行初始化时，不能在数组名后的圆括号内指定下标上界，数组元素个数由初始值个数决定。

例如：
```
Dim a() As Integer={1,2,3,4,5}
```
表示声明了整型数组 a，共有 5 个元素，并进行了初始化，其中 a(0)=1，a(1)=2，a(2)=3，a(3)=4，a(4)=5。

下面数组初始化是错误的：
```
Dim a(4) As Integer={1,2,3,4,5}                '指明了下标的上界
```

2. 二维数组初始化

语法格式为：
```
Dim 数组名（,）[AS 数据类型]={{第 1 行初始值}，{第 2 行初始值}，…，{第 n 行初始值}}
```
说明：

（1）数组名后的圆括号内必须有一个"，"，以指明是个二维数组。

（2）数组第一维个数由内层花括号个数确定，第二维个数由每行元素个数确定。

例如：
```
Dim a(,) As Integer={{1,2,3},{4,5,6}}
```
声明了一个二维数组 a，含有 2 行 3 列，并进行初始化，其中：
```
a(0,0)=1  a(0,1)=2  a(0,2)=3
a(1,0)=4  a(1,1)=5  a(1,2)=6
```

5.2.4 数组的基本操作

数组的基本操作包括对其元素的赋值和引用、输入和输出。对数组元素的大部分操作如同简单变量，例如，对数组元素进行赋值：

```
a(1) = 1 : a(2) = 1
a(3) = (a(1)+a(2))/2
```

其中，第 2 条语句对 a(3)赋值，也包含了对 a(1)和 a(2)这两个数组元素的引用。不管是哪种情况，在使用数组元素时都要注意以下几点：

（1）使用数组元素时，数组名、数组类型和维数必须与数组声明时一致。

（2）使用数组元素时，下标值应在数组声明时所指定的范围之内。

（3）使用数组时其元素下标可以用常量，也可以用变量、函数及表达式等。

（4）要特别注意区分下面两条语句中数字 10 的含义：

```
Dim a(10) As Integer    '声明数组 a 的下标上界等于 10
a(10) = 85              '给数组 a 中的下标为 10 的元素赋值
```

数组的输入、输出本质上与简单变量没有区别，但由于数组本身所具备的特点，其输入、输出往往是利用循环结构实现的。

【例 5.2】给一维数组 a 赋初值，要求每个元素的值等于其下标的平方，并输出其下标和元素的值。

分析：利用循环结构可以实现数组的输入和输出，只要将循环变量作为数组元素的下标，并在每次循环中依次改变循环变量的值，即可访问数组中的所有元素。

界面设计：建立一个窗体，增加一个文本框，将 MultiLine 设置为 True，添加一个命令按钮，将 Text 属性设置为"计算"。

程序代码如下：

```
Private Sub Button1_Click(ByVal sender As System.Object, ByVal e As System.EventArgs) Handles Button1.Click
    Dim a(9) As Integer, i As Integer
    For i = 0 To 9
        a(i) = i ^ 2
    Next i
    TextBox1.Text = "下标" & Space(4) & "元素的值" & vbCrLf
    For i = 0 To 9
        TextBox1.Text = TextBox1.Text & i & Space(7) & a(i) & vbCrLf
    Next i
End Sub
```

运行结果如图 5-2 所示。

5.2.5 For Each...Next 语句

与 For...Next 语句一样，两者都可以执行循环操作，但是当需要为集合或数组的每个元素重复执行一组语句时，使用 For Each...Next 循环更方便。其一般格式为：

```
For Each 成员变量 [ As 数据类型 ] In 数组或者集合
    [ 语句 ]
    [ Exit For ]
Next [ 成员变量 ]
```

图 5-2　程序运行结构

说明：

（1）成员变量：用于循环访问集合的元素。在 For Each 语句中是必选项，在 Next 语句中是可选项。

（2）数据类型：成员变量的数据类型。如果尚未声明成员变量，则是必选项。

(3) 数组或者集合：必选项，需要遍历的数组或者集合。
(4) 语句：要执行的循环体，一条或者多条语句。
(5) Exit For：可选。将控制转移到 For Each 循环外。

【例 5.3】定义一个 5 行 5 列的矩阵，并利用随机函数给矩阵赋 1~100 之间的数，求所有偶数的和。

分析：矩阵是一个二维数组，如果使用 For…Next 语句，则要使用嵌套循环。For Each …Next 语句可以遍历数组中的每个元素，而不管数组的维数，这对于多维数组的遍历操作是非常方便的。

代码如下：

```
Private Sub Form1_Load(ByVal sender As System.Object, ByVal e As System.EventArgs) Handles MyBase.Load
    Dim A(4, 4), i, j, k, s As Integer
    s = 0
    For i = 0 To 4
        For j = 0 To 4
            A(i, j) = Int(Rnd() * 100) + 1
        Next
    Next
    For Each k In A
        If k Mod 2 = 0 Then
            s = s + k
        End If
    Next
    Console.Write("结果为:" & s)
End Sub
```

5.2.6 数组的使用

数组是程序设计中最为常用的一种数据结构，离开了数组，许多问题会变得较为复杂，或者难以解决。本节从几个最常用的方面介绍数组的实际应用。

1. 数据统计和处理

利用数组中存储的信息，可以对数据进行各种统计和处理，例如，求最大值、最小值和平均值，对数据和信息进行分类统计等。

【例 5.4】从键盘输入 10 个数据，找出其中的最大数、最小数和平均值，并输出高于平均值的数据及其个数。

分析：求最大数、最小数和平均值，可以不使用数组，但要查找其中高于平均值的数据，如果不使用数组，就必须在求得平均值之后再次输入所有数据才能进行比较。因此，使用数组可以简化问题的解决。

设计：界面设计如图 5-3 所示，窗口从上到下文本框分别为 TextBox1~TextBox6，其中 TextBox1 用来显示原始数据，TextBox2 显示高于平均值的数据。

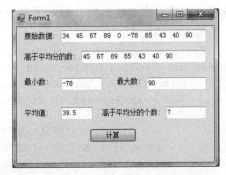

图 5-3 求最大数、最小数和平均值

编写代码如下：
```
Private Sub Button1_Click(ByVal sender As System.Object, ByVal e As System.
EventArgs) Handles Button1.Click
    Dim i As Integer, A(10) As Single
    Dim max As Single, min As Single
    Dim sum As Single, average As Single, count As Integer
    A(1) = InputBox("请输入第 1 个数")
    TextBox1.Text = A(1)               '将第 1 个数据输出到文本框 TextBox1
    sum = A(1)                         '将第 1 个数存入累加和
    max = A(1) : min = A(1)            '将第 1 个数作为当前的最大数和最小数
    For i = 2 To 10                    '将第 2～10 个数据输出到文本框 TextBox1
        A(i) = InputBox("请输入第" & Str(i) & "个数")
        TextBox1.Text = TextBox1.Text & " " & A(i)
        sum = sum + A(i)               '数据累加
        If A(i) > max Then max = A(i)  '查找最大数
        If A(i) < min Then min = A(i)  '查找最小数
    Next i
    average = sum / 10
    TextBox3.Text = min                '输出最小数
    TextBox4.Text = max                '输出最大数
    TextBox5.Text = average            '输出平均值
    For i = 1 To 10
            '将高于平均值的数据输出到文本框 TextBox2
        If A(i) > average Then
            TextBox2.Text = TextBox2.Text & A(i) & " "
            count = count + 1          '对高于平均值的数据进行计数
        End If
    Next i
    TextBox6.Text = count              '输出高于平均值的数据个数
End Sub
```
讨论：本例题所涉及的算法虽然简单，但在程序设计中却具有一定的代表性。可以将本例分解为几个相互独立的问题，例如，求累加和问题、求均值问题、求最大数和最小数问题、计数问题等。也不必拘泥于其中所涉及的输入输出方法。另外在定义数组 a 的时候，最大上界为 10，共 11 个元素，元素 a(0) 没有使用。

【例 5.5】统计选票。设有 10 名候选人，试统计每个人的选票。

分析：设置候选人的代号分别为 1，2，…，10，并规定输入 i 表示第 i 个人得一张选票。这样，就将问题转化为统计输入了多少个 1，多少个 2，……，多少个 10。

编写代码如下：
```
Private Sub Form2_Load(ByVal sender As System.Object, ByVal e As System.
EventArgs) Handles MyBase.Load
    Dim a(10) As Integer
    Dim x As Integer, i As Integer
    Do                                 '键入-1 表示全部数据输入完毕
        x = InputBox("请输入选票")
        If x >= 1 And x <= 10 Then
            a(x) = a(x) + 1            '统计选票
        End If
    Loop While x <> -1
    Console.Write("候选人" & vbTab)
```

```
        Console.WriteLine("得票数")
        For i = 1 To 10                             '输出选票
            Console.Write(i & vbTab & vbTab)        'vbTab 跳格键,为了输出对齐
            Console.WriteLine(a(i))
        Next i
    End Sub
```

运行程序,输出结果如图 5-4 所示。

讨论:

(1)本例是一个典型的选择结构问题,若改用 Select Case 语句,则将产生 10 个分支,如果有更多候选人呢?程序将变得十分冗长。

(2)利用下标和下标变量之间的对应关系,用一条语句 a(x) = a(x)+1 就替代了原来需要使用分支结构才能实现的功能。例如,若 x = 1,相当于 a(1) = a(1)+1;x = 2,相当于 a(2) = a(2)+1;……。

图 5-4 统计选票

(3)当 x=-1 时,表示输入选票结束,这在数据处理中也是一种常用的方法。

(4)程序中用到语句 Console.Write()作用是在输出窗口输出一行数据,Console.WriteLine()作用也是在输出窗口输出一行数据,只不过输出完毕,光标回到下一行开头,等待下一次输出。

【例 5.6】从键盘输入一个字符串,判断每一个字母(不区分大小写)出现的次数。

分析:这是一个分类统计问题,可以借鉴上一道例题的设计思想,用一个内含 26 个元素的一维数组存放 26 个字母出现的次数。(提示:大写字母"A"的 ASCII 码为 65,大写字母"Z"的 ASCII 码为 90)

程序代码如下:

```
Private Sub Form3_Load(ByVal sender As System.Object, ByVal e As System.EventArgs) Handles MyBase.Load
    Dim A(26) As Integer
    Dim s As String, letter As String
    Dim l As Integer, i As Integer, index As Integer
    s = InputBox("请输入一个字符串")
    l = Len(s)                                      '获取字符串的长度
    For i = 1 To l
        letter = UCase(Mid(s, i, 1))                '取出一个字符,并将小写字母转换为大写字母
        If letter >= "A" And letter <= "Z" Then     '挑选字母进行统计
            index = Asc(letter) - 64                '将字母 A~Z 转换为数字 1~26
            A(index) = A(index) + 1                 '统计每个字母出现的次数
        End If
    Next i
    Console.Write("字母" & vbTab)
    Console.WriteLine("出现次数")
    For i = 1 To 26                                 '输出统计结果
        Console.WriteLine(Chr(64 + i) & vbTab & A(i))
    Next i
End Sub
```

讨论:

(1)本例在计数方面与例 5.5 有异曲同工之处,关键是如何将 26 字母转换为从 1 开始的 26 个数字。程序中是用语句 index = Asc(letter)-64 实现的。

（2）如果将声明语句改为 Dim A(90) As Integer，程序的其他地方又该如何修改呢？

2. 矩阵操作

可以将二维数组看作一个 m 行 n 列的矩阵，以进行有关行列式的操作，例如，针对各行、各列、对角线上的元素或者上、下三角形中的元素进行操作，又如求两个矩阵的和、差或者乘积等。本节仅讨论一些简单的矩阵操作及其应用。

【例 5.7】设有一个 5×5 的方阵，分别计算两条对角线上的元素之和。

分析：主对角线上元素的行号与列号相等。对于一个 m×m 的方阵，其次对角线上元素的行号与列号之和等于 m-1。为简单起见，数组元素可由程序自动产生。

设计：Form 窗体上增加三个文本框，TextBox1 显示矩阵，MutiLine 设置为 True，TextBox2 和 TextBox3 输出两个对角线的和。

程序代码如下：
```
Private Sub Button1_Click(ByVal sender As System.Object, ByVal e As System.EventArgs) Handles Button1.Click
    Dim a(4, 4) As Integer
    Dim i, j, t As Integer
    Dim s1 As Integer, s2 As Integer
    Dim strtemp As String = ""
    t = 10                                          '第一个元素为10
    For i = 0 To 4
        For j = 0 To 4
            a(i, j) = t                             '对数组按行进行赋值
            t = t + 1
            strtemp = strtemp & a(i, j)             '控制输出格式
            If j = 4 Then
                strtemp = strtemp & vbCrLf          'vbCrLf 换行符
            Else
                strtemp = strtemp & vbTab           'vbTab 制表符
            End If
            If i = j Then s1 = s1 + a(i, j)         '计算主对角线上元素之和
            If i + j = 4 Then s2 = s2 + a(i, j)     '计算次对角线上元素之和
        Next j
    Next i
    TextBox1.Text = strtemp
    TextBox2.Text = s1
    TextBox3.Text = s2
End Sub
```

程序运行结果如图 5-5 所示。

可将 m 个学生 n 门课程的成绩视为一个 m 行 n 列的二维数组（见表 5-1）。在实际应用中，有时需要统计每个学生的总成绩，或者统计各门课程的平均成绩，相当于统计一个二维数组各行元素的和，或者各列元素的平均值。下面给出与统计相关的部分代码。

图 5-5　计算对角线元素之和

统计二维数组（m 行 n 列）各行元素的和，代码如下：
```
For i = 0 To m-1              '按行进行统计
    sum = 0                   '累加和清零
    For j = 0 To n-1
```

```
        sum = sum+a(i, j)
    Next j
    Console.Write(sum)           '输出各行元素的和
Next i
```

上述代码中，sum = 0 必须放在内外循环之间，否则从第 2 行元素开始，都将把前面的统计结果累加进去，其结果必然是错误的。

统计二维数组（m 行 n 列）各列元素的平均值，程序代码如下：
```
For j = 0 To n -1            '按列进行统计
    sum = 0
    For i = 1 To m-1
        sum = sum+a(i, j)
    Next i
    Console.Write(sum/m)
Next j
```

按列统计与按行统计的方法是类似的，都必须通过一个双重循环，但按列统计时必须将外循环设置为列标，而将内循环设置为行标。这一点请读者注意。

3．递推问题

递推算法可以用循环结构来实现，这在 4.4.5 节已有介绍。该算法的核心是通过前项计算后项，从而将一个复杂的问题转换为一个简单过程的重复执行。由于一个数组本身就包含了一系列变量，因此利用数组可以简化递推算法。

【例 5.8】改写例 4.24，输出斐波那契（Fibonacci）数列的前 20 项。

分析：可以用一个数组 f 来存放斐波那契数列，则初始条件为 f(0) = 1 和 f(1) = 1，递推公式为 f(i) = f(i-1) + f(i-2)。

程序代码如下：
```
Private Sub Form4_Load(ByVal sender As System.Object, ByVal e As System.
EventArgs) Handles MyBase.Load
    Dim f(19) As Integer, i As Integer
    f(0) = 1 : f(1) = 1                  '初始条件
    For i = 2 To 19
        f(i) = f(i - 1) + f(i - 2)       '递推关系
    Next
    For i = 0 To 19
        Textbox1.text = Textbox1.text & f(i) & vbTab
    Next i
End Sub
```

讨论：用数组解决递推问题，不仅简化了代码设计，更重要的是大大地提高了程序的可读性。读者可将本例与例 4.24 作一比较。

4．排序问题

排序是数组应用中最重要的内容之一。排序的方法很多，例如，比较法、选择法、冒泡法、插入法及 Shell 排序等。

下面介绍最常用的 3 种排序方法：比较法、选择法和冒泡法。

（1）比较法排序。

设有 10 个数，存放在数组 a 中，比较法排序的思路如下（以降序排列为例）。

第 1 轮：将 a(0)与 a(1)~a(9)逐个比较。先比较 a(0)与 a(1)，若 a(0)<a(1)，则交换 a(0)和 a(1)中的数据，再比较 a(0)与 a(2)，a(0)与 a(3)，……，并将每次比较的较大数交换到 a(0)中。

这样，第 1 轮结束后，a(0)中存放的必然是 10 个数中的最大数。

第 2 轮：将 a(1)与 a(2)~a(9)逐个进行比较，方法同上，故第 2 轮结束后，a(1)中存放的是 a(1)~a(9)这 9 个数中的最大者。

继续进行第 3 轮、第 4 轮、……，直到第 9 轮。其中，第 9 轮只需要比较 a(8)与 a(9)两个数据。至此，10 个数已按从大到小的顺序存放在数组 a 中。

比较法排序（n 个数按降序排列）的流程图如图 5-6 所示。

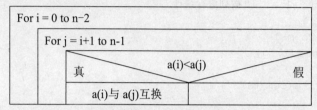

图 5-6　比较法排序流程图

【例 5.9】产生 10 个随机整数，用"比较法排序"按从大到小的顺序输出数据。

设计：按照比较法排序的算法及其流程图（见图 5-7）进行设计。

程序代码如下：

```
Private Sub Form5_Load(ByVal sender As System.Object, ByVal e As System.
EventArgs) Handles MyBase.Load
    Dim a(9) As Integer
    Dim i As Integer, j As Integer, t As Integer
    Randomize()
    Console.WriteLine("原始数据如下：")
    For i = 0 To 9
        a(i) = Int(200 * Rnd()) + 100      '产生10个随机整数，区间[100, 299]
        Console.Write(a(i) & vbTab)
    Next i
    For i = 0 To 8
        For j = i + 1 To 9
            If a(i) < a(j) Then
                t = a(i) : a(i) = a(j) : a(j) = t     '交换a(i)与a(j)
            End If
        Next
    Next
    Console.WriteLine()
    Console.WriteLine("按从大到小的顺序排列输出：")
    For i = 0 To 9
        Console.Write(a(i) & vbTab)
    Next
    Console.WriteLine()
End Sub
```

讨论：

如果要改为从小到大排序，只要将语句 If a(i) < a(j) Then 中的小于号改为大于号，即修改为：If a(i) > a(j) Then。

（2）选择法排序。

比较法排序比较容易理解，但在排序时可能产生较多的交换次数。选择法排序针对此不足进行了改进，其算法如下（以 10 个数的降序排列为例）。

第 1 轮：引入一个指针变量 k，k 指向 0（先假定第 1 个元素最大），将 a(0)与 a(1)比较，若 a(0)<a(1)，则将 k 指向 1，即将指针指向较大者。再将 a(k)与 a(2)～a(9)逐个比较，并在比较的过程中将 k 指向其中的较大数。完成比较后，k 指向 10 个数中的最大者。如果 k<>0（与假定不符），交换 a(k)和 a(0)；如果 k=0，表示 a(0)就是这 10 个数中的最大数，不需要进行交换。

第 2 轮：将指针 k 指向 1（再假定第 2 个元素为余下的最大数），将 a(1)与 a(2)～a(9)逐个比较，方法同上。

继续进行第 3 轮、第 4 轮、……，直到第 9 轮。

选择法排序每轮最多进行一次交换，以 n 个数按降序排列为例，其流程图如图 5-7 所示。其中，k<>i 表示在第 i 轮比较的过程中，指针 k 曾经移动过，需要互换 a(i)与 a(k)，否则不进行任何操作。

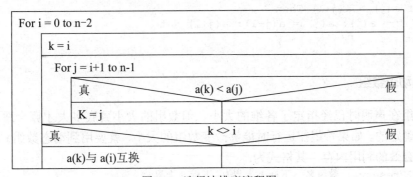

图 5-7　选择法排序流程图

【例 5.10】改写例 5.9，用"选择法排序"实现 10 个随机整数的降序排列。

设计：按照选择法排序的算法及其流程图（见图 5-8）进行设计。

改写排序部分的代码如下：

```
  For i = 0 To 8
    k = i
    For j = i + 1 To 9
      If a(k) < a(j) Then k = j      '指针 k 指向大数
    Next
    If k <> i Then t = a(k): a(k) = a(i): a(i) = t
  Next
```

（3）冒泡法排序。

冒泡法排序的基本思想是：将待排序的数看作是竖着排列的"气泡"，每次比较相邻的两个数，小数上浮，大数下沉（这只是一种形象的说法，根据排序要求，亦可改为大数上浮，小数下沉）。冒泡法排序的具体算法如下（以 10 个数的升序排列为例）。

第 1 轮：先将 a(0)与 a(1)比较，如果 a(0)>a(1)，交换 a(0)和 a(1)，使得 a(1)存放较大数。再将 a(1)与 a(2)比较，并将较大的数放入 a(2)中，……，依次比较相邻两数，直到 a(8)与 a(9)。最后将 10 个数中的最大者放入 a(9)中。

第 2 轮：依次将 a(0)与 a(1)、a(1)与 a(2)、……，直到 a(7)与 a(8)，最后将此轮 9 个数中的最大者放入 a(8)中。

继续进行第 3 轮、第 4 轮、……，直到第 9 轮。

冒泡法排序（n 个数按升序排列）的算法流程图如图 5-8 所示。

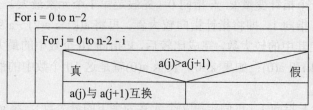

图 5-8　冒泡法排序流程图

【例 5.11】产生 10 个随机整数，用"冒泡法排序"按从小到大的顺序输出数据。

设计：按照冒泡法排序的算法及其流程图（见图 5-9）进行设计。

改写排序部分的代码如下：

```
For i = 0 To 8
  For j = 0 To 8-i
    If a(j) > a(j+1) Then
      t = a(j): a(j) = a(j+1): a(j+1) = t
  Next
Next
```

5.2.7　动态数组

静态数组在声明时已经指定了各维的大小。但数组的大小到底多大才算合适，有时可能是无法事先确定的。如果希望在运行时能够改变数组的大小，就要用到动态数组。使用动态数组可以更加有效的利用内存。其格式为：

ReDim [Preserve] 数组名 (下标 1 上界[, 下标 2 上界]...)

例如：

```
Dim a() As Integer          '声明数组a,无指定大小
ReDim a(10)                 '重新改变数组a的大小
Dim b(5) As Integer         '声明数组b,有5个元素
ReDim b(10)                 '重新改变数组b的大小,有10个元素
Dim c(10, 10) As Integer
ReDim c(15, 15)             '重新定义二维数组,有15×15个元素
```

说明：

（1）与 Dim 语句不同，ReDim 语句是一个可执行语句，故只能在过程中使用。

（2）可以用 ReDim 语句改变数组的各维数的大小，但不能够改变数组的维数及数组的数据类型。

（3）用 ReDim 语句重新定义一个数组的大小，数组中各元素原有的值将丢失，重新将数组元素的值初始化。如果想保留数组中原有数组元素的值，加上关键字 Preserve，但这时只能改变数组最后一维的大小。

例如：

```
Dim a(10,10,10) As Integer
Redim Preserve a(10,10,15)   '保留数组a中原有元素的值,并将第三维增加5个元素
Redim Preserve a(15,10,10)   '错误,带有Preserve关键字,只能改变最后一维
```

（4）要想得到数组某一维的上下界，可以用 UBound 和 LBound 函数，格式为：

UBound(数组名 [,维号])
LBound(数组名 [,维号])

如果省略维号，默认求第一维的上下界。

例如：
```
Dim a(10,15,20) As Integer
c1 = UBound(a)            '第一维的上界为 10
c2 = UBound(a, 2)         '第二维的上界为 15
c3 = LBound(a, 3)         '第三维的下界为 0
```

【例 5.12】从键盘任意输入 n 个数，按从小到大的顺序排列输出。

设计：原始数据和排序后的数据可以用 TextBox 控件显示。输入数据的个数通过 InputBox 对话框接收，然后利用 ReDim 语句重新定义数组。数据采用比较法进行排序。

程序代码如下：
```
Private Sub Button1_Click(ByVal sender As System.Object, ByVal e As System.
EventArgs) Handles Button1.Click
    Dim a() As Single, t As Single
    Dim n As Integer, i As Integer, j As Integer
    n = InputBox("请输入数据的个数")
    ReDim a(n - 1)                              '根据 n 动态改变数组大小
    For i = 0 To n - 1
        a(i) = InputBox("请输入第" + Str(i + 1) + "个数")
        TextBox1.Text = TextBox1.Text & a(i) & vbTab
    Next i
    For i = 0 To n - 2
        For j = i + 1 To n - 1
            If a(i) > a(j) Then
                t = a(i) : a(i) = a(j) : a(j) = t
            End If
        Next
    Next
    For i = 0 To n - 1
        TextBox2.Text = TextBox2.Text & a(i) & vbTab
    Next i
End Sub
```

运行程序，单击"计算"按钮，根据对话框提示输入 n=5，并依次输入数组 a 的 5 个元素，运行结果如图 5-9 所示。

【例 5.13】输出杨辉三角形（Pascal 三角形）。

分析：一个 8 行杨辉三角形如图 5-10 所示。杨辉三角形中的各行是二项式 $(a+b)^n$ 展开式中各项的系数。由图 5-10 可以看出，杨辉三角形第 1 列元素及对角线上的元素均为 1，其余各项的值都是其上一行中前一列元素与同列元素之和。若上一行的同列中没有元素则认为是 0。由此可得如下递推关系：

$$A(i, j) = A(i-1, j-1) + A(i-1, j).$$

设计：采用信息对话框（MsgBox）输出杨辉三角形，行数在运行时由键盘输入。

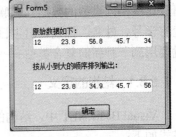

图 5-9 图像作为填充的样式

程序代码如下：
```
Private Sub Form1_Load(ByVal sender As System.Object, ByVal e As System.
EventArgs) Handles MyBase.Load
    Dim a(,) As Integer, n As Integer
```

```
        Dim i As Integer, j As Integer, p As String = ""
        n = InputBox("请输入杨辉三角形的行数")
        ReDim a(n - 1, n - 1)         '根据实际需求,重新定义数组
        For i = 0 To n - 1
            For j = 0 To i
                If j = 0 Or i = j Then
                    a(i, j) = 1
                Else
                    a(i, j) = a(i - 1, j) + a(i - 1, j - 1)
                End If
                p = p & a(i, j) & vbTab
            Next
            p = p & vbCrLf
        Next
        MsgBox(p, vbOKOnly, "杨辉三角形")
End Sub
```

运行程序,输入 8 行,则运行结果如图 5-10 所示。

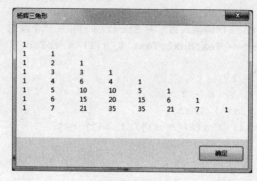

图 5-10 输出杨辉三角

5.3 结构

实际的信息处理过程中,有许多信息是由多个不同类型的数据组合在一起进行描述的,而且这些不同类型的数据互相联系组成了一个有机的整体。例如,要表示一个学生的信息,学生有学号、姓名、性别、出生日期、成绩,含有 5 个数据项,并且数据类型也不一样。此时,就要用到一种新的复合类型——结构。

5.3.1 结构的定义

Visual Basic.NET 中,结构的定义用 Structure 语句开始,以 End Structure 语句结束,语法格式如下:

```
[访问限定符] Structure 结构名
    变量声明
    [过程声明]
End Structure
```

例如:
```
Public Structure STUDENT
    Dim xh As String    '学号
```

```
        Dim xm As String          '姓名
        Dim xb As Boolean         '性别
        Dim cj As Integer         '成绩
    End Structure
```
定义一个结构 STUDENT，含有学号、姓名、性别、成绩四个基本信息。

说明：

（1）访问限定符可以是 Public、Friend、Private，省略不写，默认为 Public。

（2）结构名为有效的 Visual Basic.NET 标识符。

（3）变量声明，必选项。变量声明的方法和普通变量的声明方法一样，可以用 Dim、Private、Public 语句声明。结构中的变量经常也称为结构的数据成员，一个结构中至少要有一个成员变量或事件。

（4）过程声明，可选项。和 VB6.0 不同，Visual Basic.NET 的结构体中可以包含 Function、Property 或者 Sub 过程的声明，一般不常使用。

（5）Structure 语句在模块级使用，即 Visual Basic.NET 不允许在过程内部声明结构，只能在源文件、模块、接口或者类内部声明结构。

（6）结构中可以包含其他结构，即一个结构内部的数据成员可以是一个结构类型的变量。

例如，学生有联系方式，联系方式有很多渠道，可以声明一个结构，
```
Public Structure LXInfo
    Dim Tel As String             '电话
    Dim E_mail As String          '邮箱
    Dim QQ As String              'QQ 号码
End Structure
```
上面定义的 STUDENT 类型可以修改为：
```
Public Structure STUDENT
    Dim xh As String              '学号
    Dim xm As String              '姓名
    Dim xb As Boolean             '性别
    Dim cj As Integer             '成绩
    Dim lxfs As LXInfo            '联系方式
End Structure
```

5.3.2 定义结构类型变量

结构只是用户定义的一种数据类型，因此要通过定义结构类型的变量来使用这种类型。结构类型变量的定义与普通变量的定义类似，语法格式为：
```
[Dim | Public | Private] 变量1,变量2 … 变量n As 结构类型名
```
例如：
```
Dim stu1,stu2 As STUDENT
```
定义两个 STUDENT 结构类型的变量 stu1 和 stu2。

5.3.3 结构类型变量成员的引用

定义完结构类型变量，该变量就拥有该种结构类型的所有成员，引用成员的格式：
```
结构类型变量名.成员名
```
例如，要引用前面定义的结构变量 stu1 中的学号、姓名，则表示为：stu1.xh,stu1.xm。

5.3.4 结构类型变量的赋值

结构体变量的赋值，就是对其内部数据成员的赋值，内部数据成员可以像普通变量一样被赋值，参加各种运算，例如对变量 stu1 中的所有成员赋值：

```
stu1.xh = 2012101
stu1.xm = "张三平"
stu1.xb = True
stu1.cj = 85
```

逐个为成员变量赋值，书写非常麻烦，可以使用 With...End With 语句，格式为：

```
With 结构类型变量名
    语句块
End With
```

例如上述对 stu1 的赋值，可以简化为：

```
With stu1
    .xh = 2012101
    .xm = "张三平"
    .xb = True
    .cj = 85
End With
```

另外，结构类型变量支持整体赋值，比如将结构变量 stu1 的信息赋值给 stu2，则可执行：stu2=stu1。

【例 5.14】编写一个简单的程序，输入 5 个学生的基本信息，并将其输出。

分析：每个学生信息可以定义为一个结构类型，5 个学生，可以定义成一个数组，只不过数组类型为结构类型。

设计：利用 InputBox 函数输入 5 个学生的基本信息，在一个文本框中输出该学生的信息，建立一个 windows 窗体，窗体上增加一个文本框，文本框 MultiLine 属性设置为 True。

程序代码如下：

```
Public Class Form1
    '注意结构体在模块中进行定义
    Public Structure STUDENT
        Dim xh As String     '学号
        Dim xm As String     '姓名
        Dim xb As Boolean    '性别
        Dim cj As Integer    '成绩
    End Structure
    Private Sub Button1_Click(ByVal sender As System.Object, ByVal e As System.EventArgs) Handles Button1.Click
        Dim stu(4) As STUDENT
        Dim i As Integer
        Dim strtitle As String
        Dim strinfo As String = ""
        For i = 0 To 4
          With stu(i)
            .xh = InputBox("请输入第" & Str(i + 1) & "个学生的学号：")
            .xm = InputBox("请输入第" & Str(i + 1) & "个学生的姓名：")
            .xb = InputBox("请输入第" & Str(i + 1) & "个学生的性别：")
            .cj = InputBox("请输入第" & Str(i + 1) & "个学生的成绩：")
            strinfo = strinfo & .xh & vbTab & .xm & vbTab & .xb & vbTab & .cj
```

```
                & vbCrLf                      '格式化学生信息
                    End With
                Next
                '格式化表头
                strtitle = "学号" & vbTab & "姓名" & vbTab & "性别" & vbTab & "成绩"
                TextBox1.Text = strtitle & vbCrLf & strinfo
        End Sub
End Class
```

运行程序，分别输入5个学生的信息，结果如图5-11所示。

图 5-11　程序运行结果

5.4　集合

Visual Basic.NET 提供了一个预定义对象集合（Collection），可以存放多个数据项，其功能类似于前面所讲的数组，也是由元素组成的，而且也可以通过索引值来引用数据元素，但使用起来比数组更灵活、更方便。

与数组相比，集合可以随意添加删除元素，而不需要重新定义集合的大小；集合可以存储不同类型的数据，而数组只能存储统一类型的数据；数组要声明元素的类型，集合类的元素类型是 Object。

5.4.1　创建集合对象

集合是一个预定义对象，建立一个集合对象，要用 New 关键字建立一个 Collection 类的实例。其语法格式如下：

```
Dim 集合对象名 As New Collection()
```

例如建立一个 Student 集合对象：

```
Dim Student As New Collection()
```

5.4.2　集合的使用

集合的使用主要有三种操作，即在集合中添加、删除、查找数据项，下面介绍 Collection 类中封装的几个方法和属性。

1．Add 方法

格式：集合对象名.Add(Item [,Key] [,Before] [,After])

功能：向集合中添加数据项。

说明：

（1）Item，必需。指定要添加到集合的数据项。

（2）Key，可选。指定键值，是一个唯一的字符串表达式，可作为索引值使用，用来标示集合中的一个数据成员。

（3）Before，可选。指定集合中的相对位置的表达式。将要添加的元素放在集合中由 Before 参数标识的元素前面。

（4）After，可选。指定集合中的相对位置的表达式。将要添加的元素放在集合中由 After 参数标识的元素后面。

例如：
```
Student.Add("夏敏捷")              '添加一个数据项
Student.Add("潘惠勇", "phy")       '添加一个数据项，并制定对应的键值为"phy"
```

2. Remove 方法

格式：集合对象名.Remove(Key|Index)

功能：从集合对象移除元素。

说明：

（1）Key，唯一的字符串表达式，Key 必须对应于将元素添加到集合时指定的 Key 参数。

（2）Index，指定集合元素所在位置的数值表达式。Index 必须为从 1 到此集合长度之间的一个数值。

例如：
```
Student.Remove(1)              '删除第一项元素
Student.Remove("phy")          '删除指定键值为"phy"的元素
```

3. Item 属性

格式：集合对象名.Item(Key|Index)

功能：从集合返回特定元素。

说明：参数同 Remove 方法的参数。

例如：
```
Dim s As String
s=Student.Item(2)              '将第二项数据元素赋值给 s
s=Student.Item("phy")          '将键值为"phy"数据元素赋值给 s
```

4. Count 属性

格式：集合对象名.Count()

功能：返回集合包含多少元素。

5. Contains 方法

格式：集合对象名.Contains(Key)

功能：返回一个 Boolean 值，该值指示集合对象是否包含一个带有特定键的元素。

说明：参数 Key 意义同上面所讲。

例如：
```
Dim a As Boolean
a=Student.Contains("phy")      '查看 Student 集合是否包含键值为"phy"的数据项,返回的是逻辑值
```

6. Clear 方法

格式：集合对象名.Clear（）

功能：删除集合对象的所有元素，Clear 方法清空集合并重置其 Count 属性为 0。

【例 5.15】使用集合存储课程号和课程名，能够实现基本的添加、删除、统计功能，并能够按照课程号检索相应的课程名。

分析：可以将课程号作为课程名的键值，利用集合存储，便可按照课程号检索；添加、删除、统计功能，直接调用相应的方法或者属性。

程序代码如下：

```
Public Class Form2
    Dim kc As New Collection                    'kc 为模块级变量，整个模块都可以访问
    Private Sub BtnDel_Click(ByVal sender As System.Object, ByVal e As System.EventArgs) Handles Button2.Click       '删除按钮
        Dim strDel As String
        strDel = InputBox("请输入要删除的课程号：")
        If kc.Contains(strDel) Then
            kc.Remove(strDel)
            MsgBox("删除成功！")
        Else
            MsgBox("不存在该课程号！")
        End If
        Dim x As Object
        Dim strtemp As String = ""
        For Each x In kc
            strtemp = strtemp & x & vbTab
        Next
        TextBox3.Text = strtemp
    End Sub
    Private Sub BtnAdd_Click(ByVal sender As System.Object, ByVal e As System.EventArgs) Handles Button1.Click       '添加按钮
        kc.Add(TextBox2.Text, TextBox1.Text)
        Dim x As Object
        Dim strtemp As String = ""
        For Each x In kc
            strtemp = strtemp & x & vbTab
        Next
        TextBox3.Text = strtemp
        TextBox1.Text = ""
        TextBox2.Text = ""
    End Sub
    Private Sub BtnSrch_Click(ByVal sender As System.Object, ByVal e As System.EventArgs) Handles Button4.Click       '查找按钮
        Dim strSrch As String
        strSrch = InputBox("请输入要查找的课程号：")
        If kc.Contains(strSrch) Then
            TextBox1.Text = strSrch
            TextBox1.Text = kc.Item(strSrch)
        Else
            MsgBox("不存在该课程！")
        End If
    End Sub
    Private Sub BtnCalcu_Click(ByVal sender As System.Object, ByVal e As System.EventArgs) Handles Button3.Click       '统计按钮
        Label3.Text = "共有:" & kc.Count & "门课程"
```

        End Sub
End Class

运行程序，效果如图 5-12 所示。

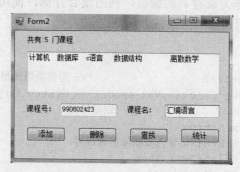

图 5-12 集合例题运行结果

通过本例题可以看出，集合使用起来非常方便，在实际编程中应用非常广泛，本例题代码相对比较完整，请读者认真阅读代码，学习集合对象相关方法和属性的使用方法。

5.5 综合应用

假若每个学生基本信息有学号、姓名、性别、年龄、班级和成绩，编写程序，输入若干个学生信息，分别输出所有学生的信息、最高成绩和最低成绩学生的信息，以及平均成绩。

分析：要求输入若干个学生，人数不确定，可以用动态数组来实现，但形如这样的题目，用集合来实现更方便。学生信息可以用结构来表示，将每个学生的信息整体作为数据元素存放在集合中，利用学号作为相应学生的键值。

设计：建立一个 Windows 窗体，添加 5 个文本框，TextBox1～Textbox6 分别用于输入学生的学号、姓名、性别、年龄、班级和成绩，TextBox7 用于输出学生的信息，MultiLine 设置为 True；再添加四个命令按钮 Button1～Button5，Text 属性设置为数据录入、数据输出、最高成绩、最低成绩、平均成绩。

代码如下：

```
Public Class Form5
    '下面变量在窗体级声明,整个模块所有过程都可以访问
    Public Structure STUDENT
        Dim xh As String
        Dim xm As String
        Dim xb As String
        Dim nl As Integer
        Dim bj As String
        Dim cj As Single
    End Structure
    Dim stu As STUDENT
    Dim stucol As New Collection
    Dim strtitle As String = "学号" & vbTab & "姓名" & vbTab & "性别" & vbTab & "年龄" & vbTab & "班级" & vbTab & "成绩" & vbCrLf
    '输入数据命令代码
    Private Sub Button1_Click(ByVal sender As System.Object, ByVal e As System.EventArgs) Handles Button1.Click
```

```vb
        With stu
            .xh = TextBox1.Text
            .xm = TextBox2.Text
            .xb = TextBox3.Text
            .nl = TextBox4.Text
            .bj = TextBox5.Text
            .cj = TextBox6.Text
        End With
        stucol.Add(stu, stu.xh)
        Dim x As Object
        For Each x In Controls         'Controls 是一个窗体控件集合，每个窗体都有一个
Controls 集合对象，存储窗台上所有控件
            If UCase(TypeName(x)) = "TEXTBOX" Then
                x.text = ""
            End If
        Next
    End Sub
    '输出数据命令代码
    Private Sub Button2_Click(ByVal sender As System.Object, ByVal e As System.EventArgs) Handles Button2.Click
        Dim strtemp As String = ""
        Dim x As STUDENT
        For Each x In stucol
            strtemp = strtemp & x.xh & vbTab & x.xm & vbTab & x.xb & vbTab & x.nl & vbTab & x.bj & vbTab & x.cj & vbCrLf
        Next
        TextBox7.Text = strtitle & strtemp
    End Sub
    '最高成绩命令代码
    Private Sub Button3_Click(ByVal sender As System.Object, ByVal e As System.EventArgs) Handles Button3.Click
        Dim i, maxindex As Integer
        Dim strtemp As String = ""
        If stucol.Count = 0 Then
            MsgBox("集合中没有学生信息")
            Exit Sub
        End If
        maxindex = 1
        For i = 2 To stucol.Count
            If stucol.Item(maxindex).cj < stucol.Item(i).cj Then
                maxindex = i
            End If
        Next
        strtemp = strtemp & stucol.Item(maxindex).xh & vbTab & stucol.Item(maxindex).xm & vbTab & stucol.Item(maxindex).xb & vbTab & stucol.Item(maxindex).nl & vbTab & stucol.Item(maxindex).bj & vbTab & stucol.Item(maxindex).cj & vbCrLf
        TextBox7.Text = ""
        TextBox7.Text = strtitle & strtemp
    End Sub
    '最低成绩命令代码
    Private Sub Button4_Click(ByVal sender As System.Object, ByVal e As System.EventArgs) Handles Button4.Click
```

```
'可参考最高成绩命令代码的书写,这里省略不写
    End Sub
    '平均成绩命令代码
    Private Sub Button5_Click(ByVal sender As System.Object, ByVal e As System.EventArgs) Handles Button5.Click
        Dim sum As Single
        Dim x As Object
        If stucol.Count = 0 Then
            MsgBox("集合中没有学生信息")
            Exit Sub
        End If
        For Each x In stucol
            sum = sum + x.cj
        Next
        TextBox7.Text = ""
        TextBox7.Text ="平均成绩为: " & sum / stucol.Count
    End Sub
End Class
```

运行程序,效果如图 5-13 所示。

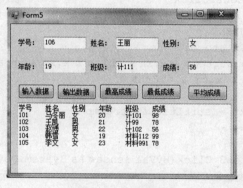

图 5-13　运行结果

讨论:

(1) 这里学生的信息用结构来表示,在后面第八章学习类的知识,可以用类来描述。集合经常用来存储类对象,大家注意结构和类的异同。

(2) 自己动手用数组实现该程序。

实验五　数组的基本操作与应用

一、实验目的

通过本次实验,重点能够掌握数组的声明,数组元素的赋值及输入/输出,了解静态数组与动态数组差别,掌握与数组有关的一些典型算法。

二、实验内容与步骤

1. 数组的基本操作

(1) 从键盘输入 10 个任意大小的数据,计算平均值并输出大于平均值的数据。

分析：利用数组存储数据，可以方便地随时调用其中的数据进行各类统计运算。

编写代码如下：

```
Private Sub Button1_Click(ByVal sender As System.Object, ByVal e As System.EventArgs) Handles Button1.Click
        Dim a(9), x, s, aver As Single
        Dim i As Integer
        For i = 0 To 9
            x = InputBox("请输入第" & Str(i + 1) & " 个数:")
            a(i) = x : s = s + a(i)
            TextBox1.Text = TextBox1.Text & x & " "
        Next i
        aver = s / 10
        For i = 0 To 9
            If a(i) > aver Then
                TextBox2.Text = TextBox2.Text & a(i) & " "
            End If
        Next i
    End Sub
```

运行程序，单击窗体后依次输入 10 个数据，结果如图 5-14 所示。

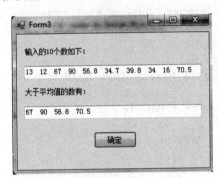

图 5-14 输出超过平均值的数据

（2）建立一个 4×6 的二维数组，其中的元素为区间[15, 95]内的随机整数。要求将数组显示在一个文本框中，并输出各行、各列最大元素之和。

界面设计：如图 5-15 所示，在窗体上添加 3 个命令按钮、3 个文本框和 2 个标签。其中，显示数组的文本框应设置其 MultiLine 属性为 True。

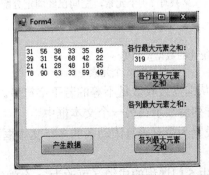

图 5-15 求二维数组各行、各列最大元素之和

编写代码：考虑到要在不同的事件过程中使用数组，所以必须在窗体的通用段中声明数组。

```
Public Class Form1
    Dim a(3,5) as Integer        '窗体的声明段中声明,该模块所有过程都可以访问
    '"产生数据"按钮的Click事件代码
    Private Sub Button1_Click(ByVal sender As System.Object, ByVal e As System.EventArgs) Handles Button1.Click
        Dim p As String = "", i As Integer, j As Integer
        Randomize()
        For i = 0 To 3
            For j = 0 To 5
                a(i, j) = Int(Rnd() * 81) + 15
                p = p & a(i, j) & " "
            Next j
            p = p & vbCrLf
        Next i
        TextBox1.Text = p
    End Sub
    '"各行最大元素之和"的命令按钮Click事件代码
    Private Sub Button2_Click(ByVal sender As System.Object, ByVal e As System.EventArgs) Handles Button2.Click
        Dim i As Integer, j As Integer
        Dim MaxRow As Integer, SumRow As Integer
        For i = 0 To 3
            MaxRow = a(i, 0)
            For j = 1 To 5
                If a(i, j) > MaxRow Then MaxRow = a(i, j)
            Next j
            SumRow = SumRow + MaxRow
        Next i
        TextBox2.Text = SumRow
    End Sub
End Class
```

求各列最大元素之和程序代码与求各行最大元素之和类似,请自行完成。

2. 动态数组的操作

(1) 从键盘输入 n 个任意大小的数据,求这些数据的最大值、最小值和平均值。

分析:如果要处理任意个数的数据,需采用动态数组。动态数组与静态数组主要是在声明时有所不同。例如:

```
Dim a(9) As Single        '共有10个元素,空间已经固定分配
```

可改为以下3条语句:

```
Dim a() As Single
n=InputBox("请输入需要统计的数据个数")
ReDim a(n-1)              '动态分配 n 个元素空间
```

(2) 编写程序,运行时从键盘接收数量不等的若干字符串。要求将字符串按原始顺序显示在一个文本框中,按降序排列后显示在另一个文本框中。

提示:两个文本框均需设置为带有垂直滚动条的多行文本框。自己上机设计程序。

3. 数组的应用

编写程序,输入 10 个学生 5 门课程的成绩(可改为 m 个学生 n 门课程),要求:

(1) 找出单科成绩最高的学生的序号和课程成绩。

(2) 找出某科成绩不及格的学生的序号及其各门课程的成绩。

(3) 求所有学生各门课程的总成绩和平均成绩。
(4) 求每门课程的平均成绩。

习题五

一、选择题

1. 有下列语句：
```
Public Enum AA
    Pig
    Dog=3
    Horse
End Enum
Dim anim As AA
```
则下列语句正确的是（　　）。

    A．anim=Dog　　　　　　　　　　B．anim=AA.Dog

    C．anim=2　　　　　　　　　　　　D．anim.Pig=1

2. 下列叙述中正确的是（　　）。

    A．数组是用户自定义的数据类型

    B．数组元素在内存中的存放形式是连续的

    C．数组在使用时可以采用隐式声明

    D．数组的下界可以任意

3. 语句 Dim(5,6)声明的数组中所包含的元素个数为（　　）。

    A．11　　　　　B．30　　　　　C．42　　　　　D．35

4. 下面数组声明语句中，正确的是（　　）。

    A．Dim a[3,4] As Integer　　　　　B．Dim a(3 4) As Integer

    C．Dim a(3,4) As Integer　　　　　D．Dim a(n,n) As Integer

5. 下面数组初始化语句正确的是（　　）。

    A．Dim A(9) As Single={1,2,3,4,5,6,7,8,9,10}

    B．Dim A( ) As Single={1,2,3,4,5,6,7,8,9}

    C．Dim A(9) As Single={1,"A","BC",2,3,4,5,6,7,8}

    D．Dim A(9) As Single={1,2,3,4,5,6,7,8,9,10}

6. 以下程序输出结果是（　　）。
```
Dim i As Integer
Dim a() As Ingeger={1,2,3,4,5}
For i=LBound(a) to UBound(a)
   a(i)= a(i)* a(i)
Next i
Console.WriteLine(a(i))
```
    A．16　　　　　B．25　　　　　C．不确定　　　　　D．程序出错

7. 语句：
```
Structure MyStruct
    Dim No As Integer
```

```
    Dim Sex As Char
  End Structure
  Dim s(100) As MyStruct
```
以下叙述不正确的是（　　）。

 A. MyStruct 是结构变量   B. Mystruct 是结构类型

 C. s 是结构数组   D. s(0).No=1234 是正确的赋值语句

8. 下面关于集合的叙述，正确的是（　　）。

 A. 集合可以修改数据元素

 B. 集合不能够存储对象类型

 C. 集合在添加数据元素时，Count 属性会自动改变

 D. 集合在添加数据元素时，需要重新定义集合的长度

二、阅读以下程序，写出运行结果并上机验证

1.
```
Dim a(9) As Integer
For i = 0 To 9
  a(i) = i*10+i
Next i
Console.WriteLine(a(i-1))
Console.WriteLine(a(3)/a(4))
```

2.
```
Dim a(9) As Integer
For i = 0 To 9 Step 2
  a(i) = 12-i
Next i
x = 3
Console.WriteLine(a(i-1))
Console.WriteLine("a(a(x)-2)=" & a(a(x)-2))
```

3.
```
Dim a(9), p(2) As Integer
k = 5
For i = 0 To 9
  a(i) = i
Next i
For i = 0 To 2
  p(i) = a(i*i)
  Console.WriteLine(p(i))
  k = k+p(i)*2
Next i
Console.WriteLine(k)
```

4.
```
Dim a(5, 5) As Integer
For i = 1 To 5
  For j = 1 To 5
    a(i, j) = (i-1)*3+j
  Next j
Next i
For i = 3 To 5
For j = 3 To 5
Console.Write(a(j, i))
Next j
Console.WriteLine()
```

```
    Next i
5. Dim a As Ingeger{1, 2, 3, 4}
   s = 0
   j = 1
   For i = 3 To 0 Step -1
     s = s+a(i)*j
     j = j*10
   Next i
   Console.Write(s)
6. Dim a(4, 4) As Integer
   For i = 0 To 4
     For j = 0 To 4
       a(i, j) = i+j
     Next j
   Next i
   For i = 0 To 4
     For j = 0 To 4
       Console.Write(a(j, i) & VbTab)
     Next j
     Console.WriteLine()
   Next i
```

三、编程题

1. 利用随机函数产生一个由 15 个[10,90]之间的奇数组成的数列，并显示在标签 1 中。单击命令按钮，将该数列中的数据按从大到小的顺序排列，并显示在标签 2 中。

2. 利用随机函数产生 20 个[1,100]之间的随机整数，并存入一个数组中。单击命令按钮将数组的前 10 个元素与后 10 个元素对换。即第 1 个元素与第 20 个元素互换，第 2 个元素与第 19 个元素互换，……，第 10 个元素与第 11 个元素互换。要求将交换前后的数组元素分别显示到两个（多行）文本框中。

3. 编写程序，建立一个有 10 个元素组成的一维数组（数据自定），然后从键盘输入一个数据，如果数组中有与输入数据相同的元素，则删除该元素，并使后面的元素依次前移。

4. 用随机函数产生一个 5×5 的矩阵，数据的范围是[22,99]之间的整数，输出该矩阵并求该矩阵周边元素之和。

5. 编写程序，实现矩阵转置。矩阵转置就是将一个 m×n 矩阵的行与列互换，结果为 n×m 的矩阵。

6. 建立一个枚举类型，用来描述常用的 3～5 种颜色，利用枚举来改变窗体上不同标签的颜色。

7. 定义一个结构，描述教师的工号、姓名、性别、工龄等基本信息。

8. 建立一个集合，用来存储教师的基本信息，教师基本信息如第 7 题所描述。能够实现教师的录入、输出、删除功能，并能够按照教师工号查找教师基本信息。

第 6 章 过程

结构化程序设计最基本的思想是将一个较大的、较复杂的问题，分解成若干个较小的、更为容易解决的子问题。使用过程是实现结构化程序设计思想的重要方法。把一个程序划分为若干个模块，每个模块只完成一种任务，这样设计出来的程序层次分明、容易读懂，便于维护，还可被其他程序调用。在大型程序开发过程中，通过划分模块，可由多人同时承担一项开发任务，从而有效地缩短软件开发的周期。

- Sub 过程和 Function 过程的创建和调用
- 形参和实参的概念，参数的传址调用和传值调用
- 模块的概念，窗体模块和标准模块的创建和使用
- 变量的作用域和生存期，过程的作用域

6.1 Sub 过程

使用 Visual Basic.NET 可以编写两种类型的过程：Sub 过程和 Function 过程。Sub 过程被称为子程序，通过调用可以完成一项指定的任务，不能通过过程名返回值。Function 过程被称为函数，可以通过过程名返回值。其中，Sub 过程又分为事件过程和通用过程两类。

事件过程是针对特定操作作出响应的程序段，是 Visual Basic.NET 应用程序的主体，如前面章节介绍的 Click（鼠标单击）事件过程。事件过程可由用户操作或系统消息引发。

通用过程是专为某种特定任务编写的程序段，作为公共模块使用。通用过程独立于事件过程之外，不能自动引发执行，只能由其他事件过程或通用过程调用执行。

6.1.1 事件过程与通用过程

1. 事件过程

事件过程由 Visual Basic.NET 根据对象名及事件类型自行声明，用户不能任意修改其声明格式。当与某个事件相关的操作或消息发生时，Visual Basic.NET 则自动调用与该操作或消息相关的事件过程。事件过程与窗体或对象直接相关，其本身不能独立存在。

事件过程的语法格式如下：

（1）普通对象事件过程的语法。

```
Private Sub 过程名([形参表]) Handles 对象名.事件名
    [语句组]
```

End Sub

（2）窗体对象事件过程的语法。

Private Sub 过程名([形参表]) Handles Me.事件名
　　[语句组]
End Sub

事件的过程名可以任意修改，但对象名必须与实际对象的名字保持一致，否则对象与事件过程的关联关系会被破坏，使程序出现问题。

2．通用过程

通用过程仅完成特定的功能，不依附于任何对象，也不与任何特定的事件相关联，只能由其他过程来调用，它可以存储在窗体或标准模块中。本节主要介绍通用过程。

6.1.2 通用过程的创建

不同于 Visual Basic 6.0 以前的版本，Visual Basic.NET 是完全面向对象的编程语言，其通用 Sub 过程统称为方法。添加通用 Sub 过程有以下两种方法：

1．在代码窗口直接输入

打开代码窗口，把光标定位在已有过程的外面，按如下格式输入：

[Private | Public] Sub 过程名([形参表])
　　语句序列
　　[Exit Sub | Return]
　　语句序列
End Sub

说明：

（1）可以将通用过程放入标准模块和类中。

（2）Private | Public，如果用 Public，表示过程在标准模块和类之外可以访问；如果用 Private，则过程仅能在标准模块和类的内部访问。

（3）"过程名"遵循与变量相同的命名规则。

（4）"语句序列"是 Visual Basic.NET 程序段。代码中可用 Exit Sub 或 Return 语句退出过程。

（5）"形参表"描述过程的需求，形式类似于声明变量。它指明了从主调过程传递给被调过程变量的个数和类型，各变量名之间用逗号分隔。形参表中的语法为：

[ByVal | ByRef] 变量名[( )] [As 类型]

其中：ByVal 表示该参数按值传递。ByRef（默认值）表示该参数按地址传递。"变量名"代表参数变量的名称，后面带有一对圆括号表示形参为数组。"As 类型"表示参数变量或数组的数据类型。

（6）在过程内部，不能再定义过程，但可以调用其他 Sub 过程或 Function 过程。

2．使用"类关系图"添加过程

使用"类关系图"添加 Sub 过程的步骤如下：

（1）在"设计器"窗口或"代码窗口"打开的情况下，单击"解决方案资源管理器"窗口中的"查看类关系图"按钮，打开"类关系图"窗口。

（2）在"类关系图"窗口下方的"类详细信息"窗口中，单击"添加方法"，输入方法名并敲回车确认。

（3）在"类详细信息"窗口中，保持过程的"类型"为空白，则表示为 Sub 过程；选择

"修饰符"可改变过程的作用范围,如 Public 或 Private 分别表示"公有的"或"私有的"。

图 6-1 中所示的是已经添加的一个名为 Star 的公有 Sub 过程。

图 6-1 用"类关系图"添加 Sub 过程

【例 6.1】编写一个 Sub 过程,每次调用可输出一个由字母"A"构成的七层"金字塔"。

分析:"金字塔"形状有其自身的特点,而塔的层数也是明确的,所以不需要向过程提供任何的附加信息(即:这是一个没有参数的过程)。

```
Public Sub Star()
    Dim I As Integer
    TextBox1.Text = ""
    For I = 1 To 7
        TextBox1.Text = TextBox1.Text & Space(8 - I - 1) _
            & StrDup(2 * I - 1, "A") & vbCrLf
    Next
End Sub
```

程序中用到了字符重复函数 StrDup(n,字符串),其替代的是 Visual Basic 6.0 中 String 函数的功能。

6.1.3 通用过程的调用

通用 Sub 过程的调用是通过一条语句实现的,有以下两种形式。

- 使用 Call 语句:

```
Call 过程名([实参表])
```

- 直接使用过程名:

```
过程名([实参表])
```

对例 6.1 中定义的 Sub 过程,通过命令按钮(btnShow)调用的代码如下,调用的结果如图 6-2 所示。

```
Private Sub btnShow_Click() Handles btnShow.Click
    Star()          '也可写为:Call Star()
End Sub
```

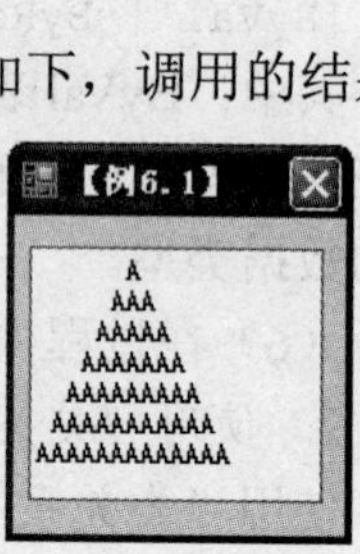

【例 6.2】编写一个 Sub 过程,用来输出"九九乘法表"。

分析:纯功能性的 Sub 过程,无需参数。

```
Public Sub Table9()
    Dim I, J As Integer, S As String
    For I = 1 To 9
        S = ""
        For J = 1 To I
            S = S & I & " * " & J & " = " & I * J
```

图 6-2 调用结果

```
            S = S & CStr(IIf(I * J > 9, " ", "  "))
        Next
        TextBox1.Text = TextBox1.Text & S & vbCrLf
    Next
End Sub
```
调用例 6.2 中定义的 Sub 过程，调用的结果如图 6-3 所示。

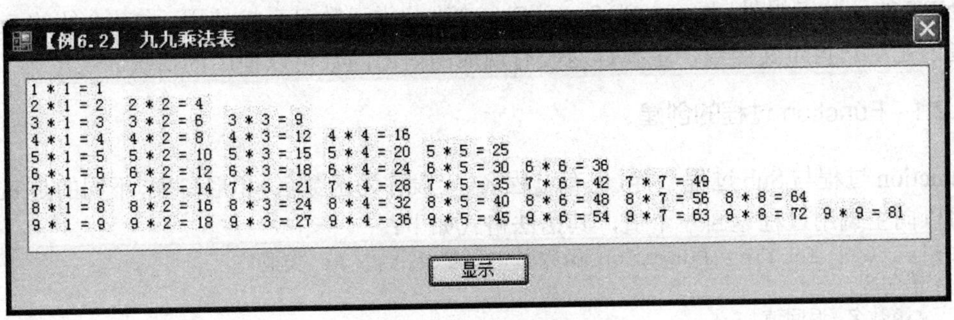

图 6-3 九九乘法表

【例 6.3】编写一个通用 Sub 过程，输出"斐波那契数列"的前 20 项。

说明："斐波那契数列"的特点是，数列的前两项均为 1，从第三项开始，其值等于其相邻前两项之和。

```
Public Sub Fibonacci()
    Dim A1, A2, An, I As Integer
    A1 = 1 : TextBox1.Text = A1
    A2 = 1
    TextBox1.Text = TextBox1.Text & vbCrLf & A2
    For I = 3 To 20
        An = A1 + A2
        TextBox1.Text = TextBox1.Text & vbCrLf & An
        A1 = A2 : A2 = An
    Next
End Sub
```

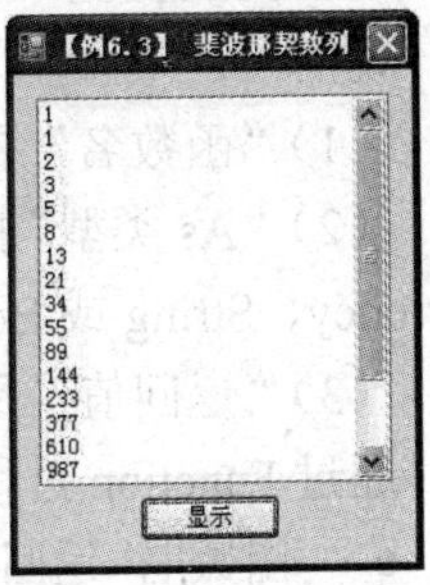

图 6-4 斐波那契数列

调用例 6.3 中定义的 Sub 过程，调用的结果如图 6-4 所示。

【例 6.4】编写一个通用 Sub 过程，输出全部"水仙花数"。

说明："水仙花数"是个三位数，其个、十、百位上数字的立方和与该三位数相等。

```
Public Sub Narcissus()
    Dim G, S, B, Num As Integer
    TextBox1.Text = ""
    For Num = 100 To 999
        G = Num Mod 10
        S = Num \ 10 Mod 10
        B = Num \ 100
        If G ^ 3 + S ^ 3 + B ^ 3 = Num Then
            TextBox1.Text = TextBox1.Text & Num & vbCrLf
        End If
    Next
End Sub
```

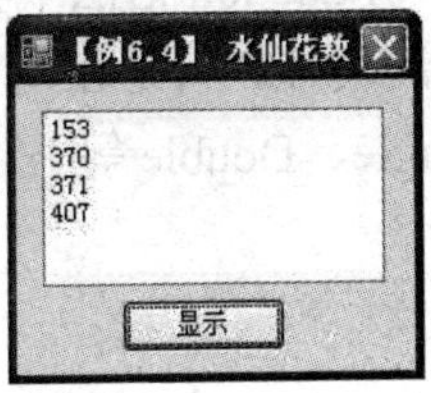

图 6-5 水仙花数

调用例 6.4 中定义的 Sub 过程，调用的结果如图 6-5 所示。

6.2 Function 过程

当过程在执行后需要返回一个值时,则该过程应首选设计为 Function 过程,此类过程又称为函数。Visual Basic.NET 包含两类函数:内部函数和用户自定义函数。内部函数由 Visual Basic.NET 的函数库提供,如 Sqrt()、Sin()、Chr()等,此类函数可直接使用。本节介绍的 Function 过程指的是用户自定义函数,主要针对没有现成的内部函数可以使用的情况。

6.2.1 Function 过程的创建

Function 过程与 Sub 过程一样,也有过程名(一般称为函数名)和形参表,不同的是 Function 过程可以向主调用过程返回一个值,其语法格式如下:

```
[Private | Public] Function 函数名([形参表]) [ As 类型]
    语句列
    [函数名=返回值]
    [Exit Function ]
    语句列
    [Return 返回值]
End Function
```

说明:

(1)"函数名"是 Function 过程的名称。

(2)"As 类型"指定 Function 过程返回值的类型,可以是 Integer、Long、Single、Double、Currency、String 或 Boolean 等。

(3)"返回值"是一个与"As 类型"指定类型一致的表达式,其值即为函数的返回值。通过 Function 过程返回值的方法有两种:

- 函数名=返回值,通过给函数名赋值的方法返回值。
- Return 返回值,通过使用 Return 语句返回值。

(4)"语句列"是 Visual Basic.NET 程序段,其中可用一个或多个 Exit Function 语句退出函数。

Function 语法中其他未说明部分的含义与 Sub 相同,创建 Function 过程也与创建 Sub 过程方法类似,只是在用"类关系图"添加方法时,必需明确方法的"类型"(如:Integer、Long、Single、Double 等),图 6-6 中的 Fact 方法即为此类。

图 6-6 添加 Function 过程

【例 6.5】编写一个 Function 过程,用来计算前 100 个自然数中所有奇数的和。

```
Public Function Sum100() As Long
    Dim I As Integer
    Sum100 = 0
    For I = 1 To 100 Step 2
        Sum100 = Sum100 + I
    Next
End Function
```

6.2.2 Function 过程的调用

调用 Function 过程有两种方式，一般情况下，可以像使用 Visual Basic.NET 的内部函数一样来调用 Function 过程，即将函数使用在表达式中。也可以像调用 Sub 过程那样来调用 Function 过程，当用这种方法调用函数时，Visual Basic.NET 将丢弃函数的返回值。

```
Private Sub btnShow_Click() Handles btnShow.Click
    Dim S1 As Long
    Sum100()                '调用并丢弃结果
    S1 = Sum100()           '调用并赋值
    TextBox1.Text = CStr(S1) & vbCrLf       '利用赋值输出
    TextBox1.Text = TextBox1.Text & (CStr(Sum100()))    '调用并输出
End Sub
```

图 6-7　调用 Function 过程

调用例 6.5 中定义的 Function 过程，调用的结果如图 6-7 所示。

【例 6.6】编写一个 Function 过程，用梯形法计算 $f(x)=Sin2x + x^2 - 1.5$ 在区间 $[0, \pi/2]$ 上的近似值。

```
Public Function Fx() As Double
    Dim X, F1, F2, SP As Double
    Const PI As Double = 3.1415926535898
    Const N As Long = 30000
    SP = PI / (2 * N)
    Fx = 0
    For X = 0 To PI / 2 Step SP
        F1 = Math.Sin(2 * X) + X * X - 1.5
        F2 = Math.Sin(2 * (X + SP)) + (X + SP) * (X + SP) - 1.5
        Fx = Fx + (Math.Abs(F1) + Math.Abs(F2)) * SP / 2
    Next
End Function
```

图 6-8　计算积分

调用例 6.6 中定义的 Function 过程，调用的结果如图 6-8 所示。

6.3　向过程传递参数

过程要完成预设的功能，常需要一些额外的信息才能实现；过程完成后常会产生特定的结果，这个结果又常是需要交还给主调用程序的重要数据。因此就需要某种特定的机制，能够帮助实现这样的要求。在大多的编程语言中都支持这种要求，其手段就是为过程添加必要的参数。参数是过程与外部调用程序之间的数据交换通道。

其实，过程与外部调用程序的数据交换还可以通过"非局部变量"（多个过程都能访问）来实现。这虽然可以直接处理外部的数据，但却会影响过程的独立性，造成过程对外部的依赖，而影响过程的普适性。

在调用过程时,应先把过程必需要的数据传递过去,在过程结束时,再将计算和处理的结果(数据)交还主调用过程。因此,编写过程要考虑清楚过程需要接收和返回哪些数据,正确设计和使用过程参数是编写和调用过程的关键所在。

6.3.1 形参与实参

1. 形参

形参又称为虚参,是指在定义 Sub 或 Function 过程时出现在"形参表"中的单元。形参不代表一个实际存在的变量或数组,而是对外说明过程的需求,这些需求必须在调用该过程时得到满足。过程的形参在过程被调用时得到落实,才具有实际的存储位置及数据。定义过程时,形参表中的各个变量间用逗号分隔,例如:

```
Public Sub StarN(N As Integer)
Private Sub Swap(X As Integer, Y As Integer)
Public Function Prime(Num As Integer) As Boolean
```

2. 实参

实参是指在调用 Sub 过程或 Function 过程时,传递给过程的实际数据。实参表可由常量、表达式、变量名和数组名组成,实参表中各参数之间用逗号分隔。

形参与实参是按位置关系依次对应,即第 1 个形参接收第 1 个实参的值,第 2 个形参接收第 2 个实参的值,依此类推。

形参与实参的一个调用实例如图 6-9 所示。

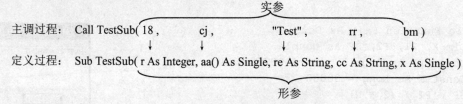

图 6-9 形参与实参的调用实例

"实参表"和"形参表"中对应的变量名不必相同,但其数据类型及数量必须相符。

【例 6.7】改写例 6.1 的 Sub 过程,使每次调用所输出的"金字塔"的层数可以控制。

```
Public Sub StarN(ByVal N As Integer)
    Dim I As Integer
    TextBox1.Text = ""
    For I = 1 To N
        TextBox1.Text = TextBox1.Text & Space(N - I) _
            & StrDup(2 * I - 1, "A") & vbCrLf
    Next
End Sub
```

调用例 6.7 中定义的 Sub 过程。

```
Private Sub btnShow_Click() Handles btnShow.Click
    Call StarN(10)
End Sub
```

调用的结果如图 6-10 所示。

【例 6.8】编写一个判断素数的 Function 过程,并调用该过程显示 100~150 之间的所有素数,并统计素数的个数。

图 6-10 十层金字塔

分析：过程要判断一个数是否为素数，需要知道该数的值才能进行判断，判断结果只有两种："真"（是素数）或者"假"（非素数），故函数返回值的类型应为逻辑型。

根据题目分析，设计 Function 过程 Prime 如下：
```
Private Function Prime(ByVal Num As Long) As Boolean
    Dim I As Long
    Prime = True        '假定 Num 是素数
    For I = 2 To Int(Math.Sqrt(Num))
        If Num Mod I = 0 Then
            Prime = False
            Exit Function
        End If
    Next I
End Function
```
主调过程的代码如下：
```
Private Sub btnShow_Click() Handles btnShow.Click
    Dim I As Long
    TextBox1.Text = ""
    For I = 100 To 150
        If Prime(I) Then
            TextBox1.Text = TextBox1.Text & I & vbCrLf
        End If
    Next
End Sub
```
调用的结果如图 6-11 所示。

图 6-11　输出素数

【例 6.9】编写一个计算阶乘的 Function 过程，然后调用该过程计算 1! + 3! + 5! + 7!。

分析：计算 n! 只需知道 n 即可，计算出的阶乘值需要返回给主调用程序。需要注意的是阶乘值是一个非常大的数。

根据题目分析，设计计算阶乘值的 Function 过程 Fact 如下：
```
Public Function Fact(ByVal N As Integer) As Long
    Dim I As Integer
    Fact = 1
    For I = 1 To N
        Fact = Fact * I
    Next
End Function
```
调用该过程计算 1! + 3! + 5! + 7! 的事件过程代码如下：
```
Private Sub btnShow_Click() Handles btnShow.Click
    Dim Sum As Long, I As Integer
    TextBox1.Text = ""
    For I = 1 To 7 Step 2
        Sum = Sum + Fact(I)
    Next I
    TextBox1.Text = Sum
End Sub
```

6.3.2　传址与传值

传递参数有传址（ByRef）与传值（ByVal）两种方式，与 Visual Basic 6.0 不同，传值（ByVal）为参数传递的默认方式。

1. 传址（ByRef）

传址就是在调用过程时，将实参的地址传递给形参，即形参与实参使用相同的内存地址单元。因此，在被调用过程中对形参的任何操作就等同于对相应实参的操作。

传址时的实参如果是变量或数组，则数据的传递是双向的；如果是常量或表达式，则只能将数据传递给被调用过程，而无法将结果返回给主调程序。

【例 6.10】编写一个 Sub 过程，用来交换两个变量的数据内容。

设计 Sub 过程 Swap 如下：
```
Public Sub Swap(ByRef X As Integer, ByRef Y As Integer)
    Dim T As Integer
    T = X : X = Y : Y = T
End Sub
```
调用该 Sub 过程测试输出，结果如图 6-12 所示。
```
Private Sub btnShow_Click() Handles btnShow.Click
    Dim A, B As Integer
    A = 100 : B = 50
    TextBox1.Text = "A=" & A & ", B=" & B & vbCrLf      '交换前
    Call Swap(A, B)
    TextBox1.Text = TextBox1.Text & "A=" & A & ", B=" & B     '交换后
End Sub
```

图 6-12　交换变量数据值

如果将 Sub 过程 Swap 的代码改为：
```
Public Sub Swap(ByVal X As Integer, ByVal Y As Integer)
    Dim T As Integer
    T = X : X = Y : Y = T
End Sub
```

仍然使用前面的方式调用该过程，则结果将如图 6-13 所示，分析过程如图 6-14 所示。

图 6-13　参数按值传递

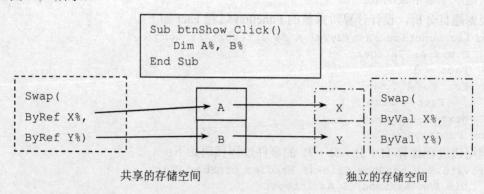

图 6-14　形参与实参的结合方式

地址传递会使过程与主调用过程使用相同的存储位置，使过程与主调用过程间参数的变化同步。值传递的过程被调用时会为形参分配独立的存储空间，形参得到的是实参的副本，因此过程中的变化不会影响实参的值。

注意：当要求变量按值传送时，可以先把变量变成一个表达式。把变量转换成表达式的最简单的方法就是把它放在括号内，例如，(a)表示表达式 a 而非变量 a。

即对于前述按地址（ByRef）传递的 Swap 过程，若采用下述的调用方式，则主程序中的 A、B 不受影响。

```
Call Swap((A), (B))
```

2. 传值

传值（ByVal）方式在调用过程时，将实参的值复制给形参。在被调过程中，形参拥有自己的内存地址，即使被调过程与主调过程中使用了相同的变量名，在内存中也对应于不同的地址单元。因此，对形参的任何操作不会影响到实参，其数据传递必然是单向的。具体分析如图 6-14 所示。

【例 6.11】编写一个 Function 过程，用来求任意两个整数的最大公约数。调用该过程求两个数的最大公约数及最小公倍数。

分析：求两个整数的最小公倍数的公式为：将两数相乘除以它们的最大公约数。

求最大公约数的 Function 过程如下：

```
Public Function HCF(ByVal X As Long, ByVal Y As Long) As Long
    Dim R As Long
    Do
        R = X Mod Y
        If R = 0 Then
            HCF = Y : Exit Do
        Else
            X = Y : Y = R
        End If
    Loop
End Function
```

求最大公约数和最小公倍数的主调过程如下：

```
Private Sub btnShow_Click() Handles btnShow.Click
    Dim A, B, C As Long
    A = 96 : B = 36
    C = HCF(A, B)
    TextBox1.Text = "最大公约数：" & CStr(C) & vbCrLf
    TextBox1.Text = TextBox1.Text & "最小公倍数：" & CStr(A * B / C)
End Sub
```

调用结果如图 6-15 所示。

讨论：如果将形参 X 和 Y 定义为传址方式（ByRef），调用结果又当如何？

传值只能从外部向过程传入数据，传址则既能传入，又能传出。正是由于传值不能向外部传出数据，值参数的改变不会影响到外部的任何变量，因而从一定意义上说，过程调用时采用值传递比较安全。

图 6-15 公约数与公倍数

传址和传值各有特点，采用哪一种更合适，则需在实际应用中根据具体情况确定。一般来说，传址方式仅用于需要通过参数返回值的情况，否则采用传值为佳。例如，本章例 6.10 交换两个变量的 Sub 过程，必须采用传址方式，以返回交换后的结果。又例如，例 6.9 用来计算阶乘的 Function 过程，由于在过程中形参 N 没有发生变化，故使用传址还是传值都没有关系。而例 6.11 求最大公约数的 Function 过程，计算结果是通过函数名 Hcf 返回的，而形参 X 和 Y 的值在过程中又发生了变化，故应该采用传值方式。

6.3.3 传递数组

可以将整个数组作为参数传递给过程。在定义过程时，形参所声明的数组的名称后必须写上一对空圆括号，即形参数组要略去数组的维度信息描述。在调用过程时，对应实参数组名后无圆括号，且数组参数的传递方式只能是传址（ByRef）方式。

若要将数组元素作为实参，则数组名后必须有括号及数字，例如：
```
Call Test(5, x(3))
```
其中，实参 x(3)是一个数组元素，其对应的形参是一个变量。

【例 6.12】编写一个通用 Sub 过程，实现一维数组的排序。调用该过程，排序一个实际的数组。

```
Public Enum SortSequence
    '排序的顺序
    Small2Larg = 0      '升序
    Larg2Small = 1      '降序
End Enum
Public Sub SortArray(ByRef Arr() As Long, ByVal D As SortSequence)
    Dim I, J, P, T As Long
    For I = LBound(Arr) To UBound(Arr) - 1
        P = I
        For J = I + 1 To UBound(Arr)
            Select Case D
                Case SortSequence.Small2Larg      '从小到大排序
                    If Arr(J) < Arr(P) Then P = J
                Case SortSequence.Larg2Small      '从大到小排序
                    If Arr(J) > Arr(P) Then P = J
            End Select
        Next
        If P <> I Then
            T = Arr(I) : Arr(I) = Arr(P) : Arr(P) = T
        End If
    Next
End Sub
```

调用排序过程为数组排序，前后对照情况如图 6-16 所示。

```
Private Sub btnShow_Click() Handles btnShow.Click
    '主调用程序
    Dim A(10), I As Long
    TextBox1.Text = ""
    For I = 0 To 10
        A(I) = Int(100 + 900 * Rnd())
        TextBox1.Text = TextBox1.Text & CStr(A(I)) & vbCrLf
    Next
    Call SortArray(A, SortSequence.Larg2Small)
    TextBox2.Text = ""
    For I = 0 To 10
        TextBox2.Text = TextBox2.Text & CStr(A(I)) & vbCrLf
    Next
End Sub
```

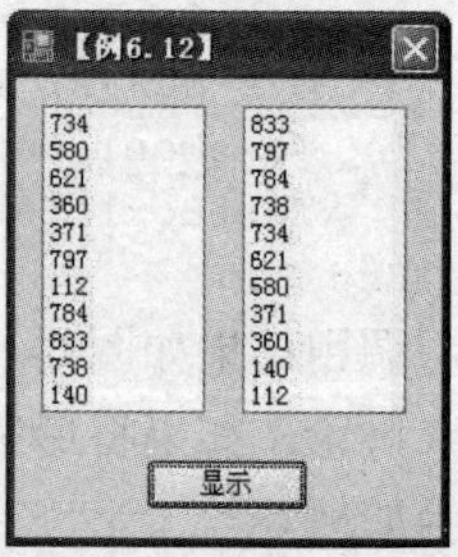

图 6-16 排序前后对照

说明：

（1）枚举类型 SortSequence 定义了两个常量 Small2Larg 和 Larg2Small，分别表示升序、降序两种排序规则。

（2）数组传递是"地址传递"，实际传递的是数组首元素的地址。将数组名作为参数调用过程，可实现将数组首地址传递给过程。
```
Call SortArray(A, SortSequence.Larg2Small)
```
（3）数组下标的边界可用 LBound 函数和 UBound 函数检测。其中，LBound(x)返回数组 x 的下标下界，UBound(x)返回数组 x 的下标上界。

6.4　变量与过程的作用域

一个 Visual Basic.NET 应用程序往往是由多个过程组成的，这些过程可以包含在类模块或标准模块中，窗体也是一种类模块。声明变量或者数组，既可以在过程内部，也可以在过程外部（模块级）。不同位置上的变量、数组和过程，其可被访问的范围也有所不同，这就是变量（包括数组）和过程的作用域。

6.4.1　模块的概念

Visual Basic.NET 将代码存储在 2 种不同的模块中：类模块（窗体类，普通类）和标准模块（Module）。这 2 种模块都可以包含声明（常数、变量、动态链接库 DLL 的声明）和过程（Sub、Function、Property 过程），它们形成了 Visual Basic.NET 应用程序的一种模块层次结构，如图 6-17 所示。

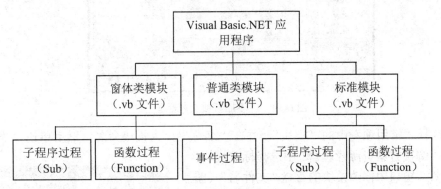

图 6-17　Visual Basic.NET 应用程序的结构

1．窗体类模块

Visual Basic.NET 中的每个窗体对应一个窗体类模块，保存在扩展名为.vb 的文件中。窗体设计器（Designer）模块包含窗体及其控件的属性设置，窗体类模块中包含变量的声明，事件过程和通用过程，外部过程如 API 函数的窗体级声明等。

默认情况下项目中只有一个窗体，可以根据需要通过"项目"菜单为应用程序添加多个窗体。窗体设计器和窗体类文件为文本文件，可以用文本编辑器（如记事本）打开、编辑，如图 6-18（a）、（b）所示。

2．标准模块

简单的项目通常只有一个窗体，这时所有的代码都存放在该窗体类模块中。而当项目较为复杂时，就需要使用多个窗体。在多窗体结构的应用程序中，可以将那些需要供不同窗体调用的通用过程存放在标准模块中，以避免通用过程的重复建立和保存。

标准模块保存在扩展名为.vb 的文件中，模块中可以包含公有的或模块级的变量、常量和类型，外部过程和全局过程的全局声明或模块级声明。在默认情况下，标准模块中的代码是公有的，任何窗体或模块中的事件过程或通用过程都可以调用其中的过程。写入标准模块的代码不必绑定在特定的应用程序上，可以在不同的项目中重用标准模块。

(a)

(b)

图 6-18　查看窗体模块文件内容

新建的项目不包含标准模块，在项目中添加标准模块的步骤如下：

（1）选择"项目"→"添加模块"命令，弹出"添加新项"对话框，如图 6-19 所示。

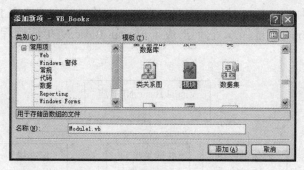

图 6-19　"添加新项"对话框

（2）选择"常用项"中的"模块"，并在"名称"处为模块命名，然后单击"添加"按钮即可。在"解决方案资源管理器"中选择标准模块，可以在"属性"窗口中修改模块的存盘"文件名"（图 6-20）。

（3）双击标准模块可打开其代码窗口，在标准模块的代码窗口中添加通用过程（添加方法与窗体模块相同）。

如果将例 6.12 中枚举和排序过程的相关代码写在标准模块中，其主调用程序仍可正常工作。

3．类模块

在 Visual Basic.NET 中，类模块（文件扩展名为.vb）是面向对象编程的基础。程序员可在类模块中编写代码描述类的成员变量、方法和接口等内容，利用类可以创建新的类对象，并可以在项目的过程中使用。

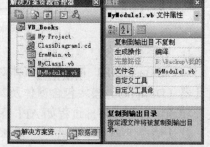

图 6-20　标准模块属性

6.4.2　变量的作用域

当一个应用程序中出现多个过程或函数时，它们各自都可以定义自己的符号常量，声明变量或者数组。这些常量、变量或数组在程序中不是随处可用的，他们都有各自的作用域。

在 Visual Basic.NET 中,根据声明变量的位置和所使用的修饰语的不同,可将变量分为 3 类:局部变量(Local)、模块级变量(Module)和全局变量(Global)。各类变量的声明分别位于不同的层次,而且声明的变量具有如下三个特性:
- 变量的"生存期"
  - 指变量可供使用的时间段。通常,变量存在的时间与声明它的元素(如过程或类)持续存在的时间相同。在某些情况下可以延长变量的生存期。
- 变量的"范围"
  - 指不必限定变量名便可以引用变量的所有代码的集合。变量的范围由声明变量的位置决定。位于给定区域中的代码不必限定在该区域中定义的变量的名称便可以使用它。
- 变量的"访问级别"
  - 指对变量具有访问权限的代码的范围。它由 Dim 语句前面使用的访问修饰符(如 Public 或 Private)决定。

1. 局部变量

在过程(事件过程或通用过程)内部声明的变量叫做局部变量(过程级变量),其作用范围是它所在的过程。局部变量仅当声明该变量的过程执行时存在,不同过程中可以定义相同名字的局部变量,这些同名变量互相没有任何联系与影响。

局部变量在过程内使用 Dim 或 Static 语句声明。例如:

```
Public Sub SomeSub()
    Dim A , B As Single
    Static S As String
    ...
End Sub
```

局部变量的"生存"期与其所在的过程相同,但可以用 Static 关键字使其"生存"期延长,相关内容将在本节稍后部分详细介绍。局部变量的作用"范围"仅限于其所在的过程内。局部变量的"访问级别"不能使用 Public 修饰词改变。

【例 6.13】局部变量示例。

```
Private Sub btnOK() Handles btnStart.Click
    Dim A%, B%
    A = 100 : B = 200
    TextBox1.Text = "主程序1: A=" & A & ", B=" & B & vbCrLf
    Call F()
    TextBox1.Text = TextBox1.Text & "主程序2: A=" & A & ", B=" & B
End Sub
Public Sub F()
    Dim A, B As Integer
    A = 10 : B = 20
    TextBox1.Text = TextBox1.Text & "过程F中: A=" & A & ", B=" & B & vbCrLf
End Sub
```

上述两个过程各自定义了自己的局部变量 A 和 B,在过程调用和返回时,局部变量是相互独立的。程序的运行结果如图 6-21 所示。

在编写较复杂的程序时,常常存在多个过程或函数。在编写过程或函数时,应该把注意力集中在这一相对独立的过程内部。在过程中使用局部变量,无论怎样处理都不会影响到过程外部。而使用非局部

图 6-21 局部变量

变量时，一旦其发生改变就会影响到过程外部，考虑不周时容易发生错误。因此，除非必要，在过程和函数内部应尽可能使用局部变量。

2. 模块级变量

模块级变量在窗体、类或标准模块内部的所有过程之外声明。模块级变量可用于窗体、类或标准模块中的所有过程（方法），且模块级变量必须先声明后使用。

声明模块级变量用 Private 或 Dim 语句，下面代码在窗体中声明了 bgColor、ftColor 和 Rows 三个模块级变量。

```
Public Class frmMain
    Dim bgColor , ftColor As Color
    Private Rows As Integer
    ...
End Class
```

在类模块和标准模块中声明模块级变量的方法与上述窗体模块级变量相同。

模块级变量的"生存"期与声明该变量的模块的生存期相同。在类或结构中声明的非共享变量（实例变量）作为声明该变量的类或结构的每个实例的单独副本存在。每个这样的变量的生存期都与它的实例的生存期相同。但是，Shared 变量（共享变量）仅有一个生存期，即应用程序运行所持续的全部时间。下面是共享变量与实例变量对比的例子。

【例 6.14】共享变量与实例变量示例。

```
Public Structure Sa
    Private Va As Integer       '实例变量
    Private Shared Vb As Integer  '共享变量
    Public Sub SetA(ByVal NewA As Integer) '实例过程
        Va = NewA
    End Sub
    Public Function GetA() As Integer '实例过程
        GetA = Va
    End Function
    Public Shared Sub SetB(ByVal NewB As Integer) '共享过程
        Vb = NewB
    End Sub
    Public Shared Function GetB() '共享过程
        GetB = Vb
    End Function
End Structure
Public Class frmMain
    Private Sub btnOK() Handles btnStart.Click
        Dim A As Sa = New Sa
        Dim B As Sa = New Sa
        A.SetA(100) : B.SetA(150) : Sa.SetB(200)
        TextBox1.Text = A.GetA() & ", " & _
                    B.GetA() & ", " & Sa.GetB()
    End Sub
End Class
```

程序运行结果如图 6-22 所示。实例都有各自的实例变量，通过实例名或实例过程使用其实例变量。共享变量为类、结构的所有实例共有，只能通过类、结构名来使用。

图 6-22　共享变量与实例变量

模块级变量的作用"范围"和"访问级别"一般限制在其声明所在的模块内，但可以使用 Public 修饰词扩大其"范围"和提升其"访问级别"。

3. 全局变量

全局变量也称为公用变量,可在项目的所有模块的所有过程中使用,其作用域是整个应用程序。全局变量必须在窗体模块或者标准模块中使用 Public 关键字声明,在窗体模块中的声明方式如下:

```
Public Class frmMain
    Public Fa , Fb As Integer
    ...
End Class
```

在标准模块中的声明方式如下:

```
Module Module1
    Public MA%, MB%
    ...
End Module
```

在窗体中声明的 Public 类型的变量,也能被其他窗体或模块访问,但必须在变量名前面附加声明该变量的窗体名。例如上述代码中的 Fa 变量,在其他窗体或模块中的引用格式为:

```
frmMain.Fa    'frmMain 为声明 Fa 的窗体的名字
```

【例 6.15】全局变量示例。

```
Module Module1        '标准模块
    Public Ma, Mb As Integer    '全局变量
    Public Sub SetVar(ByVal A As Integer, ByVal B As Integer)
        frmMain.Fa = A     '使用窗体中的全局变量
        frmMain.Fb = B
    End Sub
End Module
Public Class frmMain      '窗体模块
    Public Fa, Fb As Integer    '全局变量
    Private Sub btnOK() Handles btnStart.Click
        Call SetVar(123, 456)
        ListBox1.Items.Add("Fa=" & Fa & ",Fb=" & Fb)
        Ma = 100 : Mb = 200    '使用模块中的全局变量
        ListBox1.Items.Add("Ma=" & Ma & ",Mb=" & Mb)
    End Sub
End Class
```

程序运行结果如图 6-23 所示。

图 6-23 全局变量

把变量声明为全局变量虽然很方便,但会增加变量在程序中被误修改的机会,因此应尽量避免使用全局变量。但是,使用全局符号常量倒是一种常见的做法,既不担心数据被误修改(系统不允许修改符号常量),又可方便反复引用及程序维护。

在标准模块中,可以使用 Const 语句定义全局符号常量,例如:

```
Public Const PI As Single = 3.141593
```

三种声明变量的方法与作用范围如表 6-1 所示。

表 6-1 变量的声明及作用域

变量类型	作用域	声明位置	使用语句
局部变量	本过程	过程内部	Dim 和 Static
模块级变量	本模块中的所有过程	模块的所有过程外	Dim 和 Private
全局变量	整个应用程序	模块的所有过程外	Public

4. 变量的生存期

从变量的作用空间来说，变量有其作用域；从变量的作用时间来说，变量有其生存期。

在应用程序运行期间（存活期内），始终保持着模块级变量和全局变量的值。对于过程内部的局部变量，当程序运行进入过程，这些变量就可以使用；当程序退出过程后，局部变量不再能够使用。

局部变量不可以使用时，并不表示其已经从内存中消失，其占有的内存单元是释放还是保留，体现了局部变量的生存期的概念。根据变量在程序运行期间的生存期，可把局部变量分为静态变量（Static）和动态变量（Dynamic）两种类型。

（1）动态变量。

动态变量在程序运行进入其所在的过程时，才为该变量分配内存单元，退出过程时，该变量占用的内存单元自动释放，其值不被保留。

使用 Dim 关键字在过程中声明的局部变量属于动态变量，每一次执行过程时，动态变量被 Dim 语句重新声明。

（2）静态变量。

静态变量在应用程序中只被初始化一次。程序运行进入过程后，局部变量参与过程内部的各种操作，退出过程后，其中静态变量的值被保留，当再次进入该过程时，变量在原来值的基础上继续参与运算。

使用 Static 关键字在过程中声明的局部变量属于静态变量。静态变量的作用域是局部的（只能在其所在的过程中使用），但生命周期是全局的（其所在的过程结束后，其存储空间仍保留）。

【例 6.16】静态变量与动态变量的区别。

```
Private Sub btnShow_Click() Handles btnShow.Click
    Dim C As Integer
    TextBox1.Text = "A        B" & vbCrLf
    TextBox1.Text = TextBox1.Text & "=========="
    For C = 1 To 8
        Call Test()
    Next C
End Sub
Private Sub Test()
    Dim A As Integer
    Static B As Integer
    A = A + 1 : B = B + 1
    TextBox1.Text = TextBox1.Text & vbCrLf & A & "        " & B
End Sub
```

程序运行结果如图 6-24 所示。在 Test 过程中，A 是一个动态变量，每次进入过程都被重新初始化为零。B 是一个静态变量，在程序启动时出现并初始化，且每次调用 Test 过程时被改变，Test 过程结束后其值保持。

【例 6.17】利用静态变量使一个标签交替显示日期和时间。

分析：可在按钮的 Click 事件过程中，声明一个静态变量 C，每次单击按钮，C 的值加 1。然后，根据变量 C 的值是奇数还是偶数，决定显示日期或是时间。

图 6-24 动态变量与静态变量

```
Private Sub btnShow_Click() Handles btnShow.Click
    Static C As Integer          'C 为静态变量
    C = C + 1
    If C Mod 2 = 0 Then
        Label1.Text = TimeOfDay()  '显示时间
    Else
        Label1.Text = Today()      '显示日期
    End If
End Sub
```

若要将过程中的所有局部变量都设置为静态变量，可以将 Static 关键字作为修饰词放在过程名之前。例如：

`Static Function Display (形参表)`

这就使过程 Display 中的所有局部变量都变为静态变量，无论它们是用 Static 还是用 Dim 声明。可以将 Static 放在任何 Sub 过程或 Function 过程头的前面，也包括事件过程。

6.4.3 过程的作用域

与变量类似，过程也有其作用范围（作用域），在 Visual Basic.NET 中，根据过程的作用范围不同，可将其分为模块级过程和全局级过程。

1. 模块级过程

模块级过程在窗体或标准模块内定义，声明时须在 Sub 或 Function 前添加 Private 关键字，其作用域为定义该过程的窗体或者标准模块，即只能被本窗体或本标准模块中的过程调用。

2. 全局级过程

全局级过程在定义时，可在 Sub 或 Function 前加 Public 关键字，这是 Visual Basic.NET 过程的默认访问方式。全局级过程可被整个应用程序中的所有窗体和标准模块中的过程调用，其作用域为整个应用程序。根据过程所处的位置不同，其调用方式有所区别：

（1）调用窗体中的过程。

所有窗体过程的外部调用，必须指出包含此过程的窗体名。如果在窗体 Form1 中包含 SomeSub 过程，则在其他模块中可使用下面的语句调用：

`Call Form1.SomeSub(parameters)`

（2）调用标准模块中的过程。

如果过程名在工程中是唯一的，则调用时不必加模块名。无论是在模块内还是在模块外调用，结果总会引用该唯一的过程。如果两个以上的模块都包含同名的过程，则必须要用模块名来明确限定调用的空间。

当存在同名的全局过程，例如，Module1 和 Module2 中都定义了名为 ListOne 的过程，则在 Module1 或 Module2 中调用过程 ListOne 时，会优先调用本模块内定义的 ListOne 过程。如果要在 Module1 中调用 Module2 中的 ListOne 过程，必须使用下面的语句：

`Module2.ListOne(parameters)`

6.5 过程的嵌套调用与递归调用

在一个过程（Sub 过程或 Function 过程）中调用另外一个过程，称为过程的嵌套调用，而过程中直接或间接地调用其自身，则称为过程的递归调用。

6.5.1 过程的嵌套调用

Visual Basic.NET 的过程定义都是互相平行和独立的，也就是说不能在一个过程内部定义另一个过程。过程虽然不能嵌套定义，但却可以嵌套调用，即在一个过程中调用另一个过程，而在被调过程中还可以再调用其他的过程，这种程序结构称为过程的嵌套，如图 6-25 所示。

图 6-25 清楚地表明，当主调过程遇到调用语句 Call Sprg1，就转去执行过程 Sprg1。而在 Sprg1 中又嵌套调用了另一个过程 Sprg2。

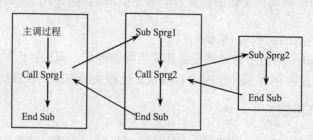

图 6-25 过程的嵌套调用

【例 6.18】求组合数 $C_n^m = \dfrac{n!}{m!(n-m)!}$ 的值。

分析：把求阶乘与求组合数分别定义为两个 Function 过程：Fact 和 Comb。在调用 Comb 函数计算组合数时，需要多次调用 Fact 函数，这就是过程的嵌套调用。

窗体界面设计如图 6-26 所示，其中符号 C 和 "=" 是标签控件，3 个文本框分别用来输入 m 和 n，以及输出运算结果。

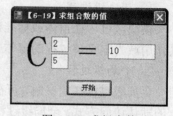

图 6-26 求组合数

求阶乘的 Function 过程 Fact：
```
Private Function Fact(ByVal N As Integer) As Double
    Dim I As Integer
    Fact = 1
    For I = 1 To N
        Fact = Fact * I
    Next I
End Function
```

求组合数的 Function 过程 Comb：
```
Private Function Comb(ByVal N as Integer, ByVal M as Integer)
    '嵌套调用 Fact 函数计算 3 个阶乘值
    Comb = Fact(N) / (Fact(M) * Fact(N - M))
End Function
```

主调过程：
```
Private Sub btnOK() Handles btnStart.Click
    Dim M As Integer, N As Integer
    N = CInt(TextBox1.Text)
    M = CInt(TextBox2.Text)
    '调用 Comb 函数计算组合数
    TextBox3.Text = CStr(Comb(N, M))
End Sub
```

6.5.2 过程的递归调用

递归函数论是现代数学的一个重要分支,数学上常常采用递归的办法来定义一些概念,例如,自然数 n 的阶乘可以递归定义为:

$$n! = \begin{cases} 1 & (n = 0) \\ n \times (n-1)! & (n > 0) \end{cases}$$

递归算法是指一个过程直接或间接调用自己。递归在算法描述中有着不可替代的作用,很多看似十分复杂的问题,使用递归算法来描述显得非常简洁与清晰。

Visual Basic.NET 的过程具有递归调用功能,递归调用在处理阶乘运算、级数运算、幂指数运算等方面特别有效。

【例 6.19】利用递归调用计算 n!。

利用递归求阶乘的 Function 过程 Fact:

```
Private Function Fact(ByVal N As Integer) As Double
    If N > 0 Then
        Fact = N * Fact(N - 1)    '递归调用
    Else
        Fact = 1
    End If
End Function
```

说明:当 N>0 时,在过程 Fact 中调用 Fact 过程自身,参数变为 N-1,…,这种操作一直持续到 N=0 为止。以 N=5 为例,递归调用的过程描述如图 6-27 所示。

讨论:

(1) 虽然利用递归算法能简单有效地解决一些特殊问题,但解决同样的一个问题,与非递归算法相比,将增加近一倍的运算步骤。所以,对于能够使用非递归算法解决的问题,尽量不要使用递归算法。

(2) 使用递归算法必须具备终止条件。如求阶乘时,当 N=0 时递归结束。

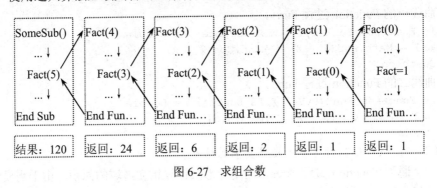

图 6-27 求组合数

实验六 过程的基本操作与应用

一、实验目的

通过本实验,进一步理解事件过程和通用过程的概念及区别,掌握 Sub 过程和 Function

过程的声明及调用方法，掌握形参和实参的概念、参数传递方式及参数的设计原则与技巧。

二、实验内容与步骤

1. 综合练习内容

编写一个 Windows 窗体应用程序项目，计算在 $x \in [x_0, x_1]$ 区间内，两条二维曲线之间（或相交）区域的面积。面积区域可参考图 6-28。

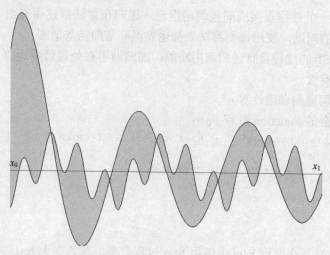

图 6-28　面积区域参考

曲线一：$y_1 = e^{\frac{2}{x}} \cos 2x$

曲线二：$y_2 = \cos 3x \sin 5x$

2. 步骤一，根据曲线描述设计两个通用过程

新建一个"Windows 窗体应用程序"项目，为两条曲线添加两个通用过程。由于需要返回计算结果，故选择 Function 过程实现。

描述曲线一的 Function 过程 Fun1。

```
Public Function Fun1(ByVal X As Double) As Double
    Fun1 = Math.Exp(2 / X) * Math.Cos(2 * X)
End Function
```

描述曲线二的 Function 过程 Fun2。

```
Public Function Fun2(ByVal X As Double) As Double
    Fun2 = Math.Cos(3 * X) * Math.Sin(5 * X)
End Function
```

3. 步骤二，设计过程计算满足题目要求的结果

添加一个通用 Function 过程 Area，利用梯形法计算相交区域的面积。由于需要返回计算结果，故选择 Function 过程实现。

```
Public Function Area(ByVal X0 As Double, ByVal X1 As Double, ByVal Precision As Double) As Double
    'Precision: 为计算精度，步长。
    Dim x, H1, H2, A1 As Double
    Area = 0
    For x = X0 To X1 Step Precision
        H1 = Fun1(x) - Fun2(x)
```

```
            H2 = Fun1(x + Precision) - Fun2(x + Precision)
            A1 = (Math.Abs(H1) + Math.Abs(H2)) * Precision / 2
            Area = Area + A1
        Next
End Function
```

4. 步骤三，调用过程计算并输出结果（以 x∈[1,10]为测试区间）

编写一个事件过程（如：Me.Click），通过该过程调用 Area 过程计算面积，并显示计算结果。

```
Private Sub Button1_Click(ByVal sender As System.Object, ByVal e As System.EventArgs) Handles Button1.Click
    TextBox1.Text = Area(1, 10, 0.0001).ToString
End Sub
```

图 6-29 所示为程序的计算结果。

图 6-29 面积计算结果

习题六

一、选择题

1. 不能脱离对象而独立存在的过程是（　　）。

   A. 事件过程　　　B. 通用过程　　　C. Sub 过程　　　D. 函数过程

2. 以下关于函数过程的叙述中，正确的是（　　）。

   A. 函数过程形参的类型与函数返回值的类型没有关系

   B. 在函数过程中，过程的返回值可以有多个

   C. 数组作为函数过程的参数时，既能以传值方式传递，也能以传址方式传递

   D. 如果不指明函数过程参数的类型，则该参数没有数据类型

3. 以下关于变量作用域的叙述中，正确的是（　　）。

   A. 窗体中凡被声明为 Private 的变量只能在某个指定的过程中使用

   B. 全局变量必须在窗体或标准模块的通用段中声明

   C. 模块级变量只能用 Private 关键字声明

   D. Static 类型变量的作用域是它所在的窗体或模块文件

4. 若没有明确说明过程参数的传递方式，则参数的传递方式是（　　）。

   A. ByVal　　　　　　　　　　　　B. ByRef

   C. ByName　　　　　　　　　　　D. 前面的说法都有问题

5. Sub 过程与 Function 过程最根本的区别是（　　）。

　　A. Sub 过程可以用 Call 语句直接使用过程名调用，而 Function 过程不可以

　　B. Function 过程可以有形参，而 Sub 过程不可以

　　C. Sub 过程不能返回值，而 Function 过程能返回值

　　D. 两种过程参数的传递方式不同

6. 对于 VB.NET 语言的过程，下列叙述中正确的是（　　）。

　　A. 过程的定义不能嵌套，但过程调用可以嵌套

　　B. 过程的定义可以嵌套，但过程调用不能嵌套

　　C. 过程的定义和调用不能嵌套

　　D. 过程的定义和调用可以嵌套

7. 有过程定义如下：Private Sub fun(ByVal x As Integer, ByVal y As Integer, ByRef z As Integer) 则下列调用语句不正确的是（　　）。

　　A. Call Fun(a,b,c)　　　　　　　　B. Call Fun(3,b,c)

　　C. Fun(a,3,c)　　　　　　　　　　D. Fun(a,b,3)

8. 在过程内起始处定义的变量为（　　）。

　　A. 全局变量　　　B. 模块变量　　　C. 局部变量　　　D. 静态变量

9. 下面的过程定义语句中不合法的是（　　）。

　　A. Sub Para(n) As Integer　　　　　B. Sub Para(ByVal n As Integer)

　　C. Function Para(proc1#) As Integer　　D. Function Para(ByVal n As Integer) As Integer

10. 若希望在离开某过程后，还能保存该过程中局部变量的值，则应使用（　　）关键字在该过程中定义局部变量。

　　A. Dim　　　　　B. Private　　　　C. Public　　　　D. Static

二、阅读以下程序，写出运行结果并上机验证

1.
```
Private X As Integer
Private Sub proc(ByVal a%, ByVal b%)
    Dim Y%
    X = a * a
    Y = b + b
End Sub

Private Sub Button1_Click() Handles Button1.Click
    Dim Y As Integer
    X = 5 : Y = 3
    Call proc(X, Y)
    Label1.Text = "X=" & X & ", Y=" & Y
End Sub
```
程序运行结果为：_____

2.
```
Function Fun(ByVal S As String) As String
    Dim s1 As String
    For i = 1 To Len(S)
        s1 = UCase(Mid(S, i, 1)) + s1
    Next i
    Fun = s1
```

```
    End Function

    Private Sub Button1_Click() Handles Button1.Click
        Dim Str1 As String, Str2 As String
        Str1 = "abcdefg"
        Str2 = Fun(Str1)
        Label1.Text = Str2
    End Sub
```
程序运行结果为：_____

3.
```
    Private Function f(ByVal m As Integer)
        If m Mod 2 = 0 Then
            f = m
        Else
            f = 1
        End If
    End Function

    Private Sub Button1_Click() Handles Button1.Click
        Dim i As Integer, s As Integer
        s = 0
        For i = 1 To 5
            s = s + f(i)
        Next
        Label1.Text = s
    End Sub
```
程序运行结果为：_____

4.
```
    Private Sub Button1_Click() Handles Button1.Click
        Dim n As Integer, f As Integer
        n = 6
        If n \ 2 = n / 2 Then
            f = f1(n)
        Else
            f = f2(n)
        End If
        Label1.Text = "f=" & f & ", n=" & n
    End Sub

    Public Function f1(ByRef x) As Integer
        x = x * x
        f1 = x + x
    End Function

    Public Function f2(ByVal x) As Integer
        x = x * x
        f2 = x + x + x
    End Function
```
程序运行结果为：_____

三、编程题

1. 编写一个子程序过程，计算 $1+\dfrac{1}{2}+\dfrac{1}{3}+\cdots+\dfrac{1}{n}$ 的值。

2. 编写一个子程序过程，以一个整型数作为形参，当该数为奇数时，在过程中输出"该数为奇数"，当该数为偶数时输出"该数为偶数"。

3. 利用下面公式编写一个函数过程，计算 π 的近似值。

$$\frac{\pi}{4}=1-\frac{1}{3}+\frac{1}{5}-\frac{1}{7}+\cdots(-1)^{n-1}\frac{1}{2n-1}$$

在事件过程中调用该过程，分别输出当 n=10、100 和 1 000 时 π 的近似值。

4. 编写一个判断完数的函数过程。"完数"是指一个数恰好等于它的因子之和，例如 6=1+2+3，6 就是完数。调用该函数过程，统计 1~999 之间完数的个数。

5. 编写一个函数过程，判断一个正整数是否为回文数。"回文数"是指顺读与倒读该数相等，例如 12321、5665 等。当只有一位数时，也认为是回文数。

6. 编写一个将十进制数转换为二进制数的函数过程。

7. 已知数列 $\{a_n\}$ 满足，$a_1=1, a_2=2, a_{n+2}=\frac{a_n+a_{n+1}}{2}, n\in N^*$。编写递归函数求 $\{a_n\}$，并在命令按钮的 Click 事件中调用该函数 "输出数列的前 10 项"。

8. 编写一个能对一维数组进行升序排序的 Sub 过程。

提示：应将整个数组作为参数进行传递。

9. 编写 Sub 过程实现 "数组的循环移位"。

说明：把数组假设成一个头尾相连组成的环形，每个元素移动 1 位，移出的元素填补到末尾，这就是数组的循环移位。例如，将 (1, 2, 3, 4, 5) 左移一位，结果为(2, 3, 4, 5, 1)。

提示：应将整个数组作为参数进行传递。

第 7 章　Visual Basic.NET 控件及其应用

Visual Basic.NET 是一种可视化的程序设计语言，即对于图形界面的设计，不需要编写大量的代码，仅需要从工具箱中选出所需控件在窗体上画出，并为每个对象设置属性即可。控件在 Visual Basic.NET 程序设计中扮演着重要的角色。因为有了控件才使 Visual Basic.NET 不仅功能强大，而且易于使用。本章将介绍常用控件，同时向大家展示用 Windows 窗体来编写程序的特点以及技巧。

掌握 Visual Basic.NET 常用控件的使用，基本具备 Windows 应用程序界面设计能力。

7.1　控件共有的基本操作

7.1.1　控件常用属性和事件

本小节将统一介绍常用控件共有的一些属性和事件。

1．控件常用属性

Windows 应用程序中所有控件都会有共同常用的属性：Name 和 Text。Name 就是这个控件的名字，而 Text 就是控件上显示的信息。拖放好控件后做的第一件事就是设置该控件的 Name 和 Text。还有 Visible 属性（表示这个控件是显示还是隐藏）和 Enabled 属性（可用还是不可用）两个属性也是每个控件都有而且经常用到的。

当 Visible 属性为 True 表示这个控件在程序运行时显示出来，否则为 False 则表示程序运行时该控件不显示。

当 Enabled 属性为 True 表示控件可用，否则该控件为灰色，不能使用。

2．控件的事件

Windows 窗体控件事件通常与用户的操作相关。例如，在用户单击或按下按钮时，该按钮就会生成一个事件，说明发生了什么。表 7-1 描述了许多这类事件。本表仅列出了最常见的事件，如果需要查看完整的列表，请参阅.NET Framework SDK 文档说明。

表 7-1　控件常见事件

名称	描述
Click	在单击控件时引发。在某些情况下，这个事件也会在用户按下回车键时引发
DoubleClick	在双击控件时引发。处理某些控件上的 Click 事件，如 Button 控件，表示永远不会调用 DoubleClick 事件

续表

名称	描述
DragDrop	在完成拖放操作时引发。换言之,当一个对象被拖到控件上,然后用户释放鼠标按钮后,引发该事件
DragEnter	在被拖动的对象进入控件的边界时引发
DragLeave	在被拖动的对象移出控件的边界时引发
DragOver	在被拖动的对象放在控件上时引发
KeyDown	当控件有焦点时,按下一个键时引发该事件,这个事件总是在 KeyPress 和 KeyUp 之前引发
KeyPress	当控件有焦点时,按下一个键时发生该事件,这个事件总是在 KeyDown 之后、KeyUp 之前引发。KeyDown 和 KeyPress 的区别是 KeyDown 传送被按下的键的键盘码,而 KeyPress 传送被按下的键的 char 值
KeyUp	当控件有焦点时,释放一个键时发生该事件,这个事件总是在 KeyDown 和 KeyPress 之后引发
GotFocus	在控件接收焦点时引发。不要用这个事件执行控件的有效性验证,而应使用 Validating 和 Validated
LostFocus	在控件失去焦点时引发。不要用这个事件执行控件的有效性验证,而应使用 Validating 和 Validated
MouseDown	在鼠标指针指向一个控件,且鼠标按钮被按下时引发。这与 Click 事件不同,因为在按钮被按下之后,且未被释放之前引发 MouseDown
MouseMove	在鼠标滑动在控件内部时引发
MouseUp	在鼠标指针位于控件上,且鼠标按钮被释放时引发
Paint	绘制控件时引发
Validated	当控件的 CausesValidation 属性设置为 true,且该控件获得焦点时,引发该事件。它在 Validating 事件之后发生,表示有效性验证已经完成
Validating	当控件的 CausesValidation 属性设置为 true,且该控件获得焦点时,引发该事件。注意,被验证有效性的控件是失去焦点的控件,而不是获得焦点的控件

添加事件处理程序有 2 种基本方式:

第一种是双击控件,进入控件默认事件的处理程序。这个事件对于不同的控件来说是不同的。如果该事件就是我们需要的事件,就可以开始编写代码。如果需要的事件与默认事件不同,则用第二种方法来处理这种情况。

第二种方法是使用 Properties 窗口(属性窗口)中的 Events(事件)列表,单击 Properties 窗口的闪电图标按钮,就会显示 Events 列表。其中灰显的事件就是控件的默认事件。要给事件添加处理程序,只需在 Events 列表中双击该事件,就会生成该控件对应事件的代码框架。

7.1.2 控件的锚定和停靠

锚定用于指定控件与窗体边缘保持固定的距离。当窗体大小和方向更改时,控件调整它的位置以便与窗体的边缘保持相同距离。开发人员可以将控件锚定到一个或多个边缘。停靠控件可指定该控件直接针对该窗体的边缘确定自身的位置,并且该控件占据整个边缘。

控件的锚定和停靠是通过 Anchor 和 Dock 属性实现的。

1. Anchor 属性

Anchor 属性用于指定在用户重新设置窗体的大小时控件该如何重新定位。用于维护该控件与窗体的绝对位置保持不变。可以把 Anchor 锚看成是一艘小艇用一根绳子固定到湖边的一个浮动码头上。湖会随着水面的涨落而"改变大小",但小艇和浮动码头的距离也就是绳子的长度总是固定的。

例如,如果"Button"控件锚定到窗体的左、右和底边缘,那么当调整该窗体的大小时,Button 控件水平调整大小,维持到该窗体左边和右边的距离不变,另外控件垂直定位其自身,以便其到窗体底边的距离始终不变,如果控件未锚定而窗体的大小被调整,则该控件相对于窗体边缘的位置将发生变化。

下面介绍如何将控件锚定到窗体上。

首先,选择要锚定的控件。然后在属性窗口中单击 Anchor 属性右边的箭头,于是弹出一个编辑器,该编辑器显示一个十字线。若要设置定位点,单击该十字线的上、下、左或右部分。在默认情况下,控件锚定左边和上边,若要清除已锚定控件的边,请单击该十字线的相应部分。

2. Dock 属性

Dock 属性用于指定控件应停放在容器的边框上。即使用户重新设置了容器(窗体)的大小,该控件也仍将继续停放在窗口的边框上。例如,如果指定控件停放在容器的底部边界上,则无论容器的大小如何改变,该控件都将通过改变大小,或移动其位置,确保控件总是位于容器的底部。

7.2 单选按钮和复选框

在实际编程中,有时会遇到一些功能开关或功能选项要求用户作出选择,或要求用户在一个小范围内对某些参数作出选择等,为此,Visual Basic.NET 提供了单选按钮◉和复选框☑来实现上述功能。

7.2.1 单选按钮

单选按钮(RadioButton)控件常成组出现,用于实现多选一的情况。在一组单选按钮中,仅有一个单选按钮会被选中(出现黑点)。选中某项后,该组中的其他单选按钮均处于未选中状态,这是单选按钮与复选框的主要区别。

单选按钮是以它们所在的容器划分组的,直接在窗体 Form 上放置的单选按钮将自动成为一组,这时 Form 就是容器,当选中容器中的一个单选按钮时,其他的将自动撤销选中。如果要在一个 Form 上创建多个单选按钮组,则需要使用 GroupBox 或者 Panel 控件作为容器。

1. 常用属性

(1) Text 属性:单选按钮显示的文字内容。

(2) Checked 属性:指示单选按钮(RadioButton)是否选中。True 表示被选中,False 表示未选中。

(3) AutoCheck 属性:使单选按钮(RadioButton)在单击时自动更改状态。

(4) Appearance 属性:决定单选按钮的外观,其值为 Appearance 枚举类型。若为 Appearance.Normal,则单选按钮外观显示为小圆圈;若为 Appearance.Button,则单选按钮外观显示为按钮。

2. 常用事件

（1）CheckedChanged 事件：表示当 Checked 属性值更改时触发的操作。

（2）Click 事件：当单击单选按钮时，发生该事件。当 Click 事件发生时，单选按钮的状态会自动改变，Checked 属性发生变化，CheckedChanged 事件也随之触发。

3. 单选按钮应用

【例 7.1】利用单选按钮控制文本的对齐方式，程序运行界面如图 7-1 所示。

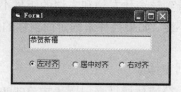

图 7-1 用单选按钮控制文本的对齐方式

设计步骤如下：

（1）设计应用程序界面。创建新工程，在窗体上添加 1 个文本框 Text1 和 3 个单选按钮控件 RadioButton1～RadioButton3。

（2）设置对象属性。设置 Text1 的 Text 属性为"恭贺新禧"，RadioButton1～RadioButton3 的 Text 属性分别为"左对齐"、"居中对齐"和"右对齐"，如图 7-1 所示。

（3）编写 3 个单选按钮的 CheckedChanged 事件代码：

```
Public Class Form1
    Private Sub RadioButton1_CheckedChanged(ByVal sender As System.Object,
ByVal e As System.EventArgs) Handles RadioButton1.CheckedChanged
        TextBox1.TextAlign = HorizontalAlignment.Left
    End Sub
    Private Sub RadioButton2_CheckedChanged(ByVal sender As System.Object,
ByVal e As System.EventArgs) Handles RadioButton2.CheckedChanged
        TextBox1.TextAlign = HorizontalAlignment.Center
    End Sub
    Private Sub RadioButton3_CheckedChanged(ByVal sender As System.Object,
ByVal e As System.EventArgs) Handles RadioButton3.CheckedChanged
        TextBox1.TextAlign = HorizontalAlignment.Right
    End Sub
End Class
```

这里采用的是 CheckedChanged 事件，实际上采用 Click 事件也是可以的，而且事件代码是相同的。

【例 7.2】单选按钮应用——模拟单项选择题测试的设计界面如图 7-2 所示。

图 7-2 用单选按钮模拟单项选择题测试

分析：为了简化问题，这里假设共有三道单选题。由于需要多道题，所以使用一个一维数组 ti_mu 来存放每道题的题目，一个二维数组 Item 存放每道题的四个选择项。使用一个通用方法 chu_ti()修改标签上的文字和单选按钮旁的文字，完成出题功能。此外，还需要使用一个数据成员变量 s 存放题号，当用户单击下一题时，令 s=s+1。

设计步骤如下：

（1）创建新 Windows 应用程序项目，在窗体上添加 1 个标签 Label1，2 个命令按钮 Button1、Button2 以及 4 个单选按钮 RadioButton 1～RadioButton 4。

标签（显示题目）和 4 个单选按钮（显示选项）的 Text 属性在程序运行中用代码控制，所以无需在设计时设置。

（2）编写程序代码。

考虑到要在不同的事件中使用数组，所以首先在 Form1 类变量声明区中，加入成员变量：

```
Dim ti_mu(3) As String            '存放题目
Dim Item(3, 4) As String          '存放 A、B、C、D 四个选择项
'存放题目答案，1、2、3、4 分别代表 A、B、C、D 四个选择项
Dim Answer(3) As Integer
Dim s As Integer                  '题号
```

出题部分由通用方法 chu_ti()完成：

```
Private Sub chu_ti(ByVal n As Integer)
    Label1.Text = ti_mu(s)
    RadioButton1.Text = Item(s, 1)
    RadioButton2.Text = Item(s, 2)
    RadioButton3.Text = Item(s, 3)
    RadioButton4.Text = Item(s, 4)
End Sub
```

编写窗体加载的 Load 事件代码：

```
Private Sub Form1_Load(ByVal sender As System.Object, ByVal e As System.EventArgs) Handles MyBase.Load
    ti_mu(1) = "计算机诞生于（  ）年"
    ti_mu(2) = "放置控件到窗体中的最迅速方法是（  ）"
    ti_mu(3) = "若窗体 Form1 的 Name 属性为 frm，则 Load 事件为（  ）"
    Item(1, 1) = "A.1944"
    Item(1, 2) = "B.1945"
    Item(1, 3) = "C.1946"
    Item(1, 4) = "D.1947"
    Item(2, 1) = "A.双击工具箱中的控件"
    Item(2, 2) = "B.单击工具箱中的控件"
    Item(2, 3) = "C.拖动鼠标"
    Item(2, 4) = "D.单击工具箱中的控件并拖动鼠标"
    Item(3, 1) = "A. Form_Load"
    Item(3, 2) = "B. Form1_Load"
    Item(3, 3) = "C. Frm_Load"
    Item(3, 4) = "D. Me_Load"
    Answer(1) = 2
    Answer(2) = 1
    Answer(3) = 1
    s = 1
    Call chu_ti(s)
End Sub
```

编写"判断对错"命令按钮 Button1 的 Click 事件代码:
```
If Answer(s) = 1 And RadioButton1.Checked Then
    MsgBox("恭喜,你选对了!")
ElseIf Answer(s) = 2 And RadioButton2.Checked Then
    MsgBox("恭喜,你选对了!")
ElseIf Answer(s) = 3 And RadioButton3.Checked Then
    MsgBox("恭喜,你选对了!")
ElseIf Answer(s) = 4 And RadioButton4.Checked Then
    MsgBox("恭喜,你选对了!")
Else
    MsgBox("选择错误!")
End If
```
编写"下一题"命令按钮把 Button2 的 Click 事件代码:
```
Private Sub Button2_Click(ByVal sender As System.Object, ByVal e As System.EventArgs) Handles Button2.Click
    s = s + 1
    If s > 3 Then
        MsgBox("恭喜你,题目已经作完!")
    Else
        Call chu_ti(s)
    End If
End Sub
```
说明:

（1）要使某个按钮成为单选按钮组中的缺省按钮（被选中状态），只要在设计时将其 Checked 属性设置成 True。

（2）程序运行时,一个单选按钮可以用以下方法选中:

- 用鼠标单击该单选按钮。
- 用代码将它的 Checked 属性设置为 True,如 RadioButton1.Checked = True。

（3）在许多情况下,可以不用命令按钮,而直接单击单选按钮来得到结果。这样,可以删本例中的"判断对错"按钮,但需要分别编写 4 个单选按钮的 CheckedChanged 事件代码:
```
Private Sub RadioButton1_CheckedChanged(ByVal sender As System.Object, ByVal e As System.EventArgs) Handles RadioButton1.CheckedChanged
    If Answer(s) = 1 Then
        MsgBox ("恭喜,你选对了!")
    Else
        MsgBox ("选择错误!")
    End If
End Sub
```
其余单选按钮的 CheckedChanged 事件代码与上面的类似,仅需改动判断条件中的 Answer[s]=1,例如,将 RadioButton2 的 CheckedChanged 事件代码中的相应处改为 Answer[s]=2 即可。

（4）为了避免程序运行后,用户未选择任何选项,而四个答案中已有一个被选中的情况,可以在界面中增加一个单选按钮 RadioButton5,设置其 Visible 属性为 false,Checked 属性为 True,并在 Button2_Click()事件中最后添加一行代码:

`RadioButton5.Checked=True` '单击"下一题"按钮后自动选中 RadioButton5 按钮

注意:Visual Basic.NET 中单选按钮 RadioButton 控件用 Checked 属性取代 VB6 中的 Value

属性。

7.2.2 复选框

复选框（CheckBox）控件相当于一个开关，用来表明选定（ON）或者未选定（OFF）两种状态。当复选框被选定时，复选框中出现一个"√"。单选按钮组只能在多项选择中选取其中的一项，若遇到需要同时选择多项的情况，可以采用复选框控件。

1. 常用属性

（1）Text 属性：表示与复选框控件关联的文本。

（2）Checked 属性：表示复选框是否处于选中状态。值为 True 时，表示复选框被选中；值为 False 时，表示复选框没被选中。当 ThreeState 属性值为 True 时，中间态也表示选中。

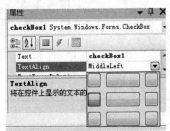

图 7-3 TextAlign 属性

（3）TextAlign 属性：用来设置控件中文字的对齐方式，有 9 种选择，如图 7-3 所示。

从上到下、从左至右分别是：ContentAlignment.TopLeft、ContentAlignment.TopCenter、ContentAlignment.TopRight、ContentAlignment.MiddleLeft、ContentAlignment.MiddleCenter、ContentAlignment.MiddleRight、ContentAlignment.BottomLeft、ContentAlignment.BottomCenter 和 ContentAlignment.BottomRight。该属性的默认值为 ContentAlignment.MiddleLeft，即文字左对齐、居控件垂直方向中央。

（4）CheckState 属性：表示复选框的状态，其值为 System.Windows.Forms 中的 CheckSate 枚举类型。

- 若为 CheckState.Unchecked 时表示未被选定（默认值）
- 若为 CheckState.Checked 时表示被选定
- 若为 CheckState.Indeterminate 表示灰色显示，并显示一个选中标记

2. 常用事件

（1）CheckedChanged 事件：表示当 Checked 属性值更改时触发的操作。

（2）Click 事件：当单击复选框时，发生该事件。当 Click 事件发生时，复选框的状态会自动改变，Checked 和 CheckState 属性发生变化，CheckedChanged 事件也随之触发。

3. 复选框应用

一般情况下，复选框总是成组出现，用户可以从中选择一个或多个选项。

【例 7.3】设计一个个人资料输入程序，使用单选按钮组选择性别，使用复选框选择个人爱好，用户单击"确定"后，在消息对话框中显示用户个人资料信息。程序运行界面如图 7-4 所示。

设计步骤如下：

（1）设计应用程序界面。

创建新工程，在窗体上添加 1 个命令按钮 Button1 以及 2 个提示用的标签、2 个单选按钮 RadioButton1～RadioButton2（选择男女）、4 个复选框按钮 CheckBox1～CheckBox4（选择爱好）。

（2）设置对象属性，如表 7-2 所示。

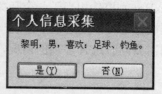

图 7-4 使用复选框控件选择多项爱好

表 7-2 对象属性设置

对象	属性	属性值
Label1	Text	姓名
Label2	Text	性别
Button1	Text	确定
RadioButton1	Text	男
	Checked	True
RadioButton2	Text	女
CheckBox1～CheckBox4	Text	分别为"足球"、"读书"、"下棋"和"钓鱼"

（3）编写程序代码。

编写"确定"命令按钮 Button1 的 Click 事件代码：

```
Private Sub Button1_Click(ByVal sender As System.Object, ByVal e As System.EventArgs) Handles Button1.Click
    Dim strInfo, a As String
    Dim p1, p2, p3 As String
    If TextBox1.Text = "" Then
        a = InputBox("您忘了输入姓名！", "注意")
        If a = "" Then Exit Sub
        TextBox1.Text = a
    End If
    p1 = TextBox1.Text + "，"
    p2 = IIf(RadioButton1.Checked, "男", "女")
    p3 = "，喜欢："
    If CheckBox1.Checked = True Then p3 = p3 + CheckBox1.Text + "、"
    If CheckBox2.Checked = True Then p3 = p3 + CheckBox2.Text + "、"
    If CheckBox3.Checked = True Then p3 = p3 + CheckBox3.Text + "、"
    If CheckBox4.Checked = True Then p3 = p3 + CheckBox4.Text + "、"
    If Strings.Right(p3, 1) = "、" Then
        p3 = Strings.Left(p3, Len(p3) - 1) + "。"
    End If
    strInfo = p1 + p2 + IIf(p3 = "，喜欢：", "无爱好。", p3)
    MsgBox(strInfo, vbYesNo, "个人信息采集")
End Sub
```

7.3 容器控件

7.3.1 分组框控件

分组框控件（GroupBox 控件）控件也称为框架，是一种容器控件，在其内部的控件（如单选按钮、复选框、命令按钮等）可以随分组框一起移动，并且受到分组框控件某些属性（Visible、Enabled）的控制。

分组框常与单选按钮配合使用，用于给单选按钮分组。当不使用分组框时，窗体上的所有单选按钮将被视为同一组，利用分组框可以创建新的按钮组。使用时应首先添加分组框，然后在该分组框上绘制单选按钮，即可形成新的按钮组。

1. 分组框的常用属性

分组框是一种辅助性控件，功能较单一，因此属性较少。常用属性主要有以下两种：

（1）Enabled 属性。

该属性决定分组框设置分组框及分组框内的控件是否可用，True 为可用，False 为不可用。

（2）Text 属性。

该属性用于设置分组框显示的标题。若将该属性设置为空，则分组框呈现为封闭形。

2. 分组框的应用

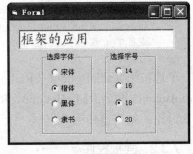

图 7-5 使用分组框产生两组单选按钮

【例 7.4】设计一个程序，用户界面上有两组单选按钮。一组用来改变文本框字体，一组用来改变文本框字体大小。用户界面设计如图 7-5 所示。

（1）设计应用程序界面。

创建新工程，在窗体上添加 1 个文本框 TextBox1，2 个分组框控件 GroupBox1、GroupBox2。依次激活分组框控件 GroupBox1 和 GroupBox2，在其中分别增加：

GroupBox1 中：单选按钮 RadioButton1～RadioButton4（用于选择字体）。

GroupBox2 中：单选按钮 RadioButton5～RadioButton8（用于选择字号）。

注意：使用 GroupBox 控件为其他控件分组时，应首先添加并选中 GroupBox，然后再绘制其中的控件。如果能使分组框与其上面的控件一起移动，表示分组框包含了这些控件。

（2）设置对象属性。

其中 2 个分组框的 Text 属性分别为"选择字体"和"选择字号"，8 个单选按钮的 Text 属性分别为"宋体"、"楷体"、"黑体"、"隶书"、"14"、"16"、"18"和"20"，如图 7-5 所示。

（3）编写程序代码。

由窗体的 Load 事件代码完成缺省按钮设置：

```
Private Sub Form1_Load(ByVal sender As System.Object, ByVal e As System.EventArgs) Handles MyBase.Load
    '设置初始字体、字号
    TextBox1.Font = New System.Drawing.Font("楷体_GB2312", 18)
    RadioButton2.Checked = True    '选中与楷体对应的选项按钮
    RadioButton7.Checked = True    '选中与字号18对应的选项按钮
```

```
        End Sub
```
编写单选按钮的单击（Click）事件代码：
```
Private Sub RadioButton1_Click(ByVal sender As System.Object, ByVal e As
System.EventArgs) Handles RadioButton1.Click
    TextBox1.Font = New System.Drawing.Font("宋体", TextBox1.Font.Size) '设置字体
End Sub
Private Sub RadioButton2_Click(ByVal sender As System.Object, ByVal e As
System.EventArgs) Handles RadioButton2.Click
    TextBox1.Font = New System.Drawing.Font("楷体_GB2312", TextBox1.Font.Size)
End Sub
Private Sub RadioButton3_Click(ByVal sender As System.Object, ByVal e As
System.EventArgs) Handles RadioButton3.Click
    TextBox1.Font = New System.Drawing.Font("黑体", TextBox1.Font.Size)
End Sub
Private Sub RadioButton4_Click(ByVal sender As System.Object, ByVal e As
System.EventArgs) Handles RadioButton4.Click
    TextBox1.Font = New System.Drawing.Font("隶书", TextBox1.Font.Size)
End Sub
Private Sub RadioButton5_Click(ByVal sender As System.Object, ByVal e As
System.EventArgs) Handles RadioButton5.Click
    '设置字号
    TextBox1.Font = New System.Drawing.Font(TextBox1.Font.Name, RadioButton5.Text)
    '或者 TextBox1.Font = New System.Drawing.Font(TextBox1.Font.Name, 14)
End Sub
```
单选按钮 RadioButton6～RadioButtonOption8 的代码与 RadioButton5 的类似，只需将其中 RadioButton5 改为 RadioButton6、RadioButton7、RadioButton8 即可。

讨论：如果不使用分组框，读者可以查看一下运行结果与本例有何不同。

7.3.2 面板控件

面板控件 Panel 和框架控件类似，它也是容器控件，用于放置其他控件并进行分组。面板控件没有 Text 属性（即没有标题），但面板控件有滚动条，面板控件常用的属性如下：

（1）AutoScroll 属性。该属性用来设定当放置在面板内的控件大小超过面板大小时，是否自动显示滚动条。若设置为 True，则根据面板内的大小自动显示滚动条；若设置为 False，则不显示滚动条。

（2）Enabled 属性。该属性设置面板内的控件是否可用，True 为可用，False 为不可用。

（3）BorderStyle 属性。用于设置面板控件的边框样式。若为 None，表示无边框；若为 FixedSingle，表示为固定单边框；若为 Fixed3D，表示固定立体边框。

7.4 列表类控件

列表框（ListBox）控件和组合框（ComboBox）控件是 Windows 应用程序常用的控件，主要用于提供一些可供选择的列表项目。在列表框中，任何时候都能看到多项，而在组合框中，通常只能看到一项，用鼠标单击其右侧的下拉按钮才能看到多项列表。

7.4.1 列表框控件 ListBox

列表框常用来显示一个项目的列表,用户可从中选择一项或多项。如果项目总数超过了列表框的可显示区域,列表框会自动出现滚动条(如图 7-6 所示),以方便用户以滚动的方式来选择列表项。

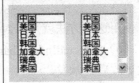

图 7-6 列表框示意图

1. 列表框常用属性

(1)Items 属性。该属性用于存放列表框中的列表项,是一个集合。在该集合中,每个列表项具有唯一的序号,该序号从 0 计数,即第 1 个列表项的序号为 0,依次类推,通过它可以获取列表框中的某一列表项,Items(i)就代表了序号为 i-1 的列表项的内容。

(2)Items.Count 属性。该属性用于获取列表框中的列表项的总项数。

(3)SelectedIndex 属性。该属性是一个整数,指定当前选定筛选器的索引号。如果选第 1 项就设为 1,选第 2 项就设为 2,依此类推。它从零开始的索引。如果未选中任何列表项,则该属性的值为-1。

(4)Sorted 属性。该值指示 ListBox 控件中的列表项是否按字母顺序排序。若为 True,表示列表项按字母升序排列;若为 False(默认),则列表项按加入的先后次序排列。

(5)Text 属性。只用于程序代码中,用于返回列表框中最后被选择的列表项的内容。

(6)SelectionMode 属性。该属性的值是 System.Windows.Forms 命名空间中的 SelectionMode 枚举类型,用来设定在列表框中一次可选择的项目数量,有以下四种取值:

- SelectionMode.None:表示无法在列表框中选择项目
- SelectionMode.One:列表框中一次只能选择一个项目
- SelectionMode.MultiSimple:可以用鼠标单击的方式在列表框中选择多个项目
- SelectionMode.MultiExtended:可以用 Shift、Ctrl 键加鼠标单击的方式一次在列表框中选择多个连续的项目

(7)SelectedItem 属性。只用于程序代码中,用来获取或设定当前被选中的项目内容。

2. 列表框常用方法和事件

(1)SetSelected 方法:该方法用来选中某一项或取消对某一项的选择,调用格式如下:
`ListBox 对象.SetSelected(ByVal index As Integer, ByVal value As Boolean)`
例如:
`ListBox1.SetSelected(1, True)` 选中第二项,注意索引号从零开始的。

(2)Items.Add 方法:该方法用来向列表框中增添一个列表项,调用格式如下:
`ListBox 对象.Items.Add(ByVal item As Object)`

(3)Items.Insert 方法:该方法用来在列表框中指定位置插入一个列表项,调用格式如下:
`ListBox 对象.Items.Insert(ByVal index As Integer, ByVal item As Object)`
例如:
`ListBox1.Items.Insert(0, "text")`   '在列表框最前面插入一个列表项"text"
`ListBox1.Items.Add("text")`   '在列表框最后插入一个列表项"text"

(4)Items.Remove 方法:该方法用来从列表框中删除一个列表项,调用格式如下:
`ListBox 对象.Items.Remove(ByVal value As Object)`
例如:
`ListBox1.Items.Remove("text")`   '从列表框中删除一个列表项"text"

（5）Items.RemoveAt 方法：该方法用来从列表框中删除一个某序号的列表项，调用格式如下：

```
ListBox 对象.Items.RemoveAt(ByVal index As Integer)
```

例如：

```
ListBox1.Items.RemoveAt(2)         '从列表框中删除索引号为 2 的列表项
```

使用这些方法就可以对列表框的内容进行添加、修改、删除操作了。

（6）SelectedIndexChanged 事件：当鼠标在列表框中单击任一条目时（即 SelectedIndex 属性更改后）触发。

3. 列表框的应用

【例 7.5】 列表框的应用——小学生做加减法的算术练习程序要求如下：

计算机连续地随机给出两位数的加减法算术题，要求学生回答，答对的打"√"，答错的打"×"。将做过的题目存放在列表框中备查，并随时给出答题的正确率,运行界面如图 7-7 所示。

分析：由于需要产生多道题目，所以使用一个通用过程 chu_ti()完成出题功能。每道题用 Int(10 + 90 * Rnd())产生范围在[10, 99]的两个随机整数作为操作数，同时加减运算也是随机的，用随机数方法 Int(2 * Rnd())返回一个[0，1]之间的整数，0 代表加法、1 代表减法。若为减法，应将大数作为被减数。

判断正误是在小学生输入答案并按回车后进行的，因此相关的代码应放在文本框的按键事件（KeyPress）中。

设计步骤：

（1）设计应用程序界面。进入窗体设计器，首先增加 1 个标签 label1（显示题目）、1 个文本框 TextBox1（输入答案）、1 个列表框 ListBox1（保存做过的题目），增加 1 个标签 label2 显示正确率。参见图 7-7 设置对象属性。

图 7-7 小学生做加减法的算术练习程序界面

（2）编写代码。考虑到要在不同的事件过程中使用变量 ti_shu（题数）、right_shu（答对题数）以及 result（正确答案），所以首先在类 Form1 中声明上述的数据成员变量：

```
Dim ti_shu As Integer, right_shu As Integer, result As Integer
```

出题部分由方法 chu_ti()完成：

```
Private Sub chu_ti()
    Dim t, p, b, a As Integer
    Randomize(TimeOfDay.ToOADate)
    a = Int(10 + 90 * Rnd())
    b = Int(10 + 90 * Rnd())         '产生范围为 10~99 的两个随机整数
    p = Int(2 * Rnd())               '返回一个[0, 1]之间的整数
    Select Case p
        Case 0           '出加法题
            Label1.Text = Str(a) & " + " & Str(b) & " = "
            result = a + b
        Case 1           '出减法题
            If a < b Then
                t = a
                a = b
                b = t
            End If
```

```
            Label1.Text = Str(a) & " - " & Str(b) & " = "
            result = a - b
    End Select
    ti_shu = ti_shu + 1            '出题数加 1
    Text1.Text = ""                '清空答题文本框
End Sub
```
变量的初始化和第一题的生成由窗体的 Load 事件代码完成：
```
Private Sub Form1_Load(ByVal sender As System.Object, ByVal e As System.EventArgs) Handles MyBase.Load
    ti_shu = 0                     '出题数清零
    right_shu = 0                  '答对题数清零
    Call chu_ti()                  '调用出题过程，出第一道题
End Sub
```
答题部分由文本框的按键（KeyPress）事件代码完成：
```
Private Sub TextBox1_KeyPress(ByVal eventSender As System.Object, ByVal eventArgs As System.Windows.Forms.KeyPressEventArgs) Handles TextBox1.KeyPress
    Dim KeyAscii As Short = Asc(eventArgs.KeyChar)   '获取按键 ASCII 码
    Dim Item As String
    If KeyAscii = 13 Then                    '表示按下的是回车键
        If TextBox1.Text = result Then
            Item = Label1.Text & TextBox1.Text & " √"
            right_shu = right_shu + 1
        Else
            Item = Label1.Text & TextBox1.Text & " ×"
        End If
        ListBox1.Items.Insert(0, Item)    '将题目和回答插入到列表框中的第一项
        Label2.Text = "共" & ti_shu & "题" & Chr(13) & "正确率为:" & Int(right_shu / ti_shu * 10000) / 100 & "%"
        Call chu_ti()                      '调用出题过程，出下一道题
    End If
End Sub
```

7.4.2 复选列表框控件 CheckedListBox

由于复选列表框控件 CheckedListBox 是由列表框控件 ListBox 继承来的，因此，两者的很多属性、方法是相同的。从控件的外观表现形式上看，差异之处在于 CheckedListBox 控件列表框内的每个列表项前面有一个复选框，用来标记该列表项是否已被用户选择。显示风格如图 7-8 所示。

1. 复选列表框常用属性

复选列表框控件除了列表框的属性外，新增的一些属性：

（1）CheckedItems 属性。只用于程序代码中，用于获取在复选列表框中被打"√"的所有列表项的集合。该属性有两个常用的子属性 Count、Item，Count 子属性用于获取复选列表框中被打"√"的所有列表项的总数，Item 子属性用于获取该集合中的某一列表项。

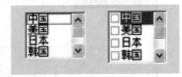

图 7-8 ListBox 和 CheckedListBox 列表框

（2）CheckedIndices 属性。只用于程序代码中，用于获取在复选列表框中被打"√"的

所有列表项的序号的集合，在该集合中，每个列表项具有唯一的序号，该序号从 0 计数，即第 1 个列表项的序号为 0，依次类推。该属性也有两个常用的子属性 Count、Item，其用法参见 CheckedItems。

（3）CheckOnClick 属性。用于设定在复选列表框中单击项目时是否马上打"√"。若为 True 时，表示在项目上单击时，马上打"√"，若再单击表示取消选择，"√"去掉；若为 False，必须在项目上单击两下才打"√"。

2. 复选列表框的事件和方法

与 CheckedListBox 控件列表框新增属性相关的新增事件是 ItemCheck 事件，该事件是在列表项的复选框被选中或取消时产生。

与 CheckedListBox 控件列表框新增属性相关的方法是 SetItemChecked 方法和 GetItemChecked 方法。

（1）SetItemChecked 方法。对复选列表框中序号为 i（从 0 计数）的项目是否"√"，用法：复选列表框控件名.SetItemChecked(i,True 或 False)，第二个参数为 True 时，表示将该项目打"√"；为 False 时，表示该项目不打"√"。

（2）GetItemChecked 方法。用于获取复选列表框中序号为 i（从 0 计数）的项目是否打"√"，用法：复选列表框控件名.GetItemChecked(i)。若返回 True，表示该项目打"√"；若返回 False，表示，该项没有打"√"。

下面用 ListBox 和 CheckedListBox 创建一个小示例。

【例 7.6】用户可以查看左侧 CheckedListBox 中的选项，然后单击"移动"按钮，把选中的选项移动到 ListBox 中，程序运行结果如图 7-9 所示。

设计步骤如下：

（1）创建一个新的 Windows 应用程序 Lists。

（2）在窗体上添加一个 CheckedListBox、一个 ListBox 和一个按钮 Button1，按钮的 Text 属性改为"移动"。把 CheckedListBox 的属性 CheckOnClick 改为 True。

下面设置左侧 CheckedListBox 中的选项内容。可以在设计模式下添加选项，方法是选择属性窗口中 CheckedListBox1 的 Items 属性，在其中添加选项，如图 7-10 所示。

图 7-9 程序运行结果

图 7-10 CheckedListBox 添加 Items 项

另外，还可以利用代码中添加选项。例如在窗体的加载 Load 事件中添加下面的代码：

```
Private Sub Form1_Load(ByVal sender As System.Object, ByVal e As System.EventArgs) Handles MyBase.Load
    CheckedListBox1.Items.Add("Five")
```

End Sub

这里通过加载事件给 CheckedListBox1 添加了第 5 个选项，因为已经在设计器中输入了 4 个选项。

当用户单击"移动"按钮时，要在左侧查找被选中的选项，再把它们复制到右边的列表框中。"移动"按钮单击事件代码如下：

```
Private Sub Button1_Click(ByVal sender As System.Object, ByVal e As System.
EventArgs) Handles Button1.Click
    If CheckedListBox1.CheckedItems.Count > 0 Then
        ListBox1.Items.Clear()
        For Each item As String In CheckedListBox1.CheckedItems
            ListBox1.Items.Add(item.ToString())
        Next
        For i As Integer = 0 To CheckedListBox1.Items.Count - 1
            CheckedListBox1.SetItemChecked(i, False)
        Next
    End If
End Sub
```

运行程序后选择 Two、Four 和 Five，单击"移动"按钮就得到如图 7-9 所示的结果。

说明：在单击"移动"按钮时，首先查看一下 CheckedListBox1 控件 CheckedItems 集合的 Count 属性。如果集合中有选中的选项，该属性就会大于 0。接着清除 ListBox1 列表框中的原来的所有选项，循环遍历 CheckedItems 集合，把每个选中选项添加到 ListBox1 列表框中。最后，删除 CheckedItems 中的所有选中标记。

7.4.3 组合框控件 ComboBox

组合框 ComboBox 控件由两部分组成，即一个文本框和一个列表框。文本框可以用来显示当前选中的条目，如果文本框可以编辑，则可以直接输入条目内容。单击文本框旁边带有向下箭头的按钮，则会弹出列表框，使用键盘或者鼠标可在列表框中选择条目。

1. 组合框常用属性

大部分属性与列表框相似，主要有：Text 属性、Items 属性、DropDownStyle 属性。

（1）DropDownStyle 属性：控制 ComboBox 的外观和功能，其值可以是：
- Simple：同时显示文本框和列表框，文本框可以被编辑。
- DropDown：只显示文本框，需要通过键盘或者鼠标打开列表框，文本框可以被编辑。
- DropDownList：只显示文本框，需要通过键盘或者鼠标打开列表框，文本框不可以被编辑。

（2）Items 属性：ComboBox 中的列表项，它是个字符串集合。

（3）Sorted 属性：控制是否对列表部分中的项进行排序。

（4）Text 属性：该属性用来获取 ComboBox 控件中当前选定项的文本。

2. 组合框常用事件和方法

组合框控件可以响应 Click 事件、SelectedIndexChanged 事件、Dropdown 事件等，但不能响应 DoubleClick 事件。其中最常用的是 SelectedIndexChanged 事件，当鼠标在组合框中单击任一条目时（即 SelectedIndex 属性更改后）触发此事件。

列表框控件的 Items 属性的 Add、Clear、Remove 及 RemoveAt 等方法也适用于组合框，使用方法也相同。

3. 组合框的应用

【例 7.7】设计一个程序，要求程序运行后如图 7-11 所示，在组合框中显示若干国家的名称。选中某个国家后，将其名称显示在对应于"选中的国家"的文本框中。在程序运行时，可以向组合框中添加新的国家，也可以删除选中的国家。

分析：把若干国家名称添加到组合框中可以在运行时通过窗体的 Load 事件添入，也可以在设计时单击 Items 属性右边的省略号按钮，在弹出的"字符串集合编辑器"对话框中直接输入若干国家名。

设计步骤：

（1）设计应用程序界面。

在窗体上添加 2 个标签 Label1～Label2、1 个文本框 Text1（显示选择的国家）、1 个组合框 ComboBox1（显示所有国家）和 3 个命令按钮。参见图 7-11 设置对象属性。

图 7-11 组合框的应用

（2）编写代码。

通过窗体的 Load 事件，把若干国家名称添加到组合框中，代码如下：
```
Private Sub Form1_Load(ByVal sender As Object, ByVal e As System.EventArgs) Handles MyBase.Load
    ComboBox1.Items.Add("中国")
    ComboBox1.Items.Add("美国")
    ComboBox1.Items.Add("日本")
    ComboBox1.Items.Add("韩国")
    ComboBox1.Items.Add("马来西亚")
    ComboBox1.Text = ""
End Sub
```

当选择某个国家时，将当前所选国家名称显示在文本框中，代码如下：
```
Private Sub ComboBox1_SelectedIndexChanged(ByVal sender As Object, ByVal e As System.EventArgs) Handles ComboBox1.SelectedIndexChanged
    TextBox1.Text = ComboBox1.Text
End Sub
```

在组合框中添加新的国家，须先在组合框中输入一个新国家名，再单击"添加"按钮，事件代码如下：
```
Private Sub Button1_Click(ByVal sender As Object, ByVal e As System.EventArgs) Handles Button1.Click
    Dim Flag As Boolean = False         '标志变量 Flag 表示需要添加
    If ComboBox1.Text <> "" Then
        For i As Integer = 0 To ComboBox1.Items.Count - 1
            If ComboBox1.Items(i).ToString() = ComboBox1.Text Then
                Flag = True             '该国家名称已经存在，无须添加
```

```
                Exit For
            End If
        Next
        If Flag = False Then
            ComboBox1.Items.Add(ComboBox1.Text)
        End If
    Else
        MessageBox.Show("请先输入国家名称","提示")
    End If
End Sub
```
将选中的项目从组合框中删除,由"删除"按钮的单击事件完成:
```
Private Sub Button2_Click(ByVal sender As Object, ByVal e As System.EventArgs) Handles Button2.Click
    If ComboBox1.SelectedIndex = -1 Then
        MessageBox.Show("请选择要删除的项目!","提示")
    Else
        ComboBox1.Items.RemoveAt(ComboBox1.SelectedIndex)
    End If
End Sub
```
"退出"按钮的 Click 事件代码:
```
Private Sub Button3_Click(ByVal sender As Object, ByVal e As System.EventArgs) Handles Button3.Click
    Application.Exit()
End Sub
```
说明:

(1)为了保证组合框中没有重复的国家名称,当向组合框添加一项时,应首先检查其中是否已有该项,如果有就不必添加了。

(2)获取组合框中被选定项目值的最简单方法是使用 Text 属性。在运行时,Text 属性可以是文本框部分正在输入的文本,也可以是当前选定的列表项。

7.5 日期时间选择控件

如果希望应用程序可以选择日期和时间,并以指定的格式显示该日期和时间,可使用日期时间选择控件 DataTimePicker 控件。DataTimePicker 控件用于选择日期和时间,DataTimePicker 控件只能够选择一个时间段。一个基本的 DataTimePicker 控件如图 7-12 所示。

1. DataTimePicker 控件的属性

DataTimePicker 控件主要的属性如表 7-3 所示。

表 7-3 DataTimePicker 控件的属性

属性	说明
showcheckbox	是否在控件中显示复选框,当复选框未被选中时,表示未选择任何值
checked	当 showcheckbox 为 true 时,确定是否选择复选框
showupdown	改为数字显示框,不再显示月历表
value	当前的日期(年月日时分秒)

2. DataTimePicker 控件的实际操作

【例 7.8】DataTimePicker 控件显示时间差。

设计步骤如下：

（1）从工具箱中拖曳 2 个 DataTimePicker 控件和 5 个 Label 标签，如图 7-12 所示进行的布局。2 个 DataTimePicker 控件的 value 均设置为系统当前日期。

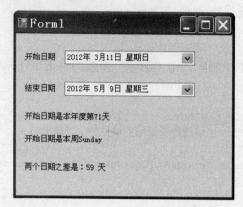

图 7-12 DataTimePicker 控件实验布局

（2）具体功能的实现代码。

```
Private Sub  TongJi()
    '从 dateTimePicker 控件内获取选择天为一年的第几天。
    Label3.Text = "开始日期是本年度第" & DateTimePicker1.Value.DayOfYear.ToString() & "天"
    '从 dateTimePicker 控件内获取选择天为一年的第几周。
    Label4.Text = "开始日期是本周" & _
        DateTimePicker1.Value.DayOfWeek.ToString()
    '求两个选择的日期之差
    Label5.Text ="两个日期之差是: " &(DateTimePicker2.Value.DayOfYear _
        - DateTimePicker1.Value.DayOfYear) & "天"
End Sub
```

当 dateTimePicker1 的时间发生变化时，执行下面代码。显示"开始日期"为一年的第几天、一周中星期几及与"结束日期"的时间差信息。

```
Private Sub DateTimePicker1_ValueChanged(ByVal sender As System.Object, ByVale As System.EventArgs) Handles DateTimePicker1.ValueChanged
    TongJi()
End Sub
```

当 dateTimePicker2 的时间发生变化时，执行下面代码。显示"结束日期"与"开始日期"的时间差信息。

```
Private Sub DateTimePicker2_ValueChanged(ByVal sender As System.Object, ByVale As System.EventArgs) Handles DateTimePicker2.ValueChanged
        Label5.Text ="两个日期之差是: " &(DateTimePicker2.Value.DayOfYear _
            DateTimePicker1.Value.DayOfYear) & " 天"
End Sub
```

如果选择的日期都是同一年的不同两天，则通过求某天是一年的第几天，然后求差的方式是可以计算出两个日期之差的。但是如果第一天日期为 2009 年 1 月 1 日，另一天为 2008 年 12 月 31 日的话，我们知道其日期差为 1 天，但是通过我们的程序计算就会得出 365 天的错误值。请大家自行设计修改此处代码的错误之处。

7.6 定时器控件

定时器控件 Timer 控件 Timer 是 Visual Basic.NET 提供的一个用于定时的特殊控件，当到达预定时间时，系统会自动触发其 Tick 事件，以便完成指定的操作。定时器会自动开始新一轮计时，因此，利用定时器可完成一些周期性的工作，如定时检测系统或控件的状态、控制控件的移动、设计时钟、倒计数器、秒表等。

Timer 控件和其他的 Windows 窗体控件的最大区别是：Timer 控件是不可见的，而其他大部分的控件都是可见的、可以设计的。Timer 控件主要作用是当 Timer 控件启动后，每隔一个固定时间段，触发相同的事件 Tick。

7.6.1 常用属性和事件

1. 定时器的常用属性

（1）Enabled 属性。该属性用来设置定时器是否正在工作。当设置为 True 时，定时器开始工作；当设置为 False 时，定时器暂停工作。

（2）Interval 属性。该属性用来设置定时器两次 Tick 事件发生的时间间隔，以毫秒（即千分之一秒）为单位。

2. 定时器的常用方法

（1）Start 方法。该方法用来启动定时器。调用的一般格式如下：
    Timer 控件名.Start();

（2）Stop 方法。该方法用来停止定时器。调用的一般格式如下：
    Timer 控件名.Stop();

3. 定时器的常用事件

定义器控件响应的事件只有 Tick，每隔 Interval 时间后将触发一次该事件。

7.6.2 定时器的应用

【例 7.9】在窗体中设计一个数字时钟，要求时钟的前景色为绿色，字体为宋体 28 点阵。运行界面如图 7-13 所示。

分析：将定时器 Interval 属性设置为 1 000，则其 Tick 事件每隔 1 秒钟触发一次。在 Tick 事件过程中，可利用 Time 函数获取系统的当前时间，并显示在一个标签中。标签上面的时间每隔 1 秒钟刷新一次，从而体现出时钟的连续性和动态感。

图 7-13 数字时钟运行结果

设计步骤如下：

（1）创建新 Windows 应用程序项目，在窗体绘制一个标签 Label1 和一个定时器 Timer1。

设置 Time1 的 Interval 属性值为 1 000，标签的 Font 属性为宋体小四，ForeColor 属性为"绿色"，AutoSize 属性为 True。

（2）编写定时器控件的 Tick 事件过程：

```
Private Sub Timer1_Tick(ByVal sender As System.Object, ByVal e As System.
EventArgs) Handles Timer1.Tick
    '通过内部函数 Now 获取系统的当前时间
    Label1.Text = Now.TimeOfDay.ToString()
End Sub
```

【例 7.10】使用定时器实现标签文字水平滚动的动画效果。要求使用一个标签显示文字，使用一个定时器 Timer1，每隔 0.1 秒左移标签产生动画效果。程序运行界面如图 7-14 所示。

分析：将标签在定时器的每个 Timer 事件中按一定方向和距离移动，即可实现简单的动画效果。

设计步骤如下：

（1）建立应用程序用户界面。

在窗体绘制一个标签和一个定时器，两个命令按钮。设置定时器 Timer1 的 Interval 属性值为 300，Enabled 属性值为 Fasle；设置标签的 Font 属性为宋体 24pt（磅），Text 属性为 "元旦快乐"，AutoSize 属性为 True。

图 7-14 文字水平滚动的动画效果

（2）编写程序代码：

```
Private Sub Button1_Click(ByVal sender As System.Object, ByVal e As System.
EventArgs) Handles Button1.Click
    '单击开始滚动按钮开始显示动画文字
    Timer1.Enabled = True
End Sub
Private Sub Button2_Click(ByVal sender As System.Object, ByVal e As System.
EventArgs) Handles Button2.Click
    '单击结束滚动按钮结束动画
    Timer1.Enabled = False
End Sub
Private Sub Timer1_Tick(ByVal sender As System.Object, ByVal e As System.
EventArgs) Handles Timer1.Tick
    If (Me.Width - Label1.Left) > 10 Then    '当超过窗体屏幕时
        Label1.Left = Label1.Left + 10       '移动标签
    Else
        Label1.Left = -Label1.Width          '移动标签
    End If
End Sub
```

7.7 图片框控件

图片框（PictureBox）功能较强，可显示静态图形，也可用于播放动态图形如 AVI 动画、Mov 动画等。

7.7.1 常用属性和事件

1. 常用属性

图片框常用属性有：

（1）Image 属性：该属性用来设置在 PictureBox 中显示的图像。

把文件中的图像加载到图片框通常采用以下三种方式：

- 设计时单击 Image 属性，在其后将出现"..."按钮，单击该按钮将出现一个"打开"对话框，在该对话框中找到相应的图形文件后按"确定"按钮。
- 产生一个 Bitmap 类的实例并赋值给 Image 属性。形式如下：
  ```
  Bitmap p=new Bitmap(图像文件名);
  PictureBox 对象名.Image=p;
  ```
- 通过 Image.FromFile 方法直接从文件中加载。形式如下：
  ```
  PictureBox 对象名.Image=Image.FromFile(图像文件名);
  ```

（2）SizeMode：图片在控件中的显示模式。其值有：
- Normal：图像被置于控件的左上角。如果图像控件大，则超出部分被剪裁掉。
- StretchImage：控件中的图像被拉伸或收缩，以适合控件的大小。
- AutoSize：调整控件 PictureBox 大小，使其等于所包含的图像大小。
- CenterImage：如果控件 PictureBox 比图像大，则图像将居中显示。如果图像比控件大，则图片将居于控件中心，而外边缘将被剪裁掉。

2. 常用事件

图片框控件响应的事件 Click、DoubleClick 等。

7.7.2 图片框的应用

【例 7.11】设计一个具有放大和缩小图片功能的程序，程序运行界面如图 7-15 所示。

分析：若图片框的 SizeMode 属性为 StretchImage，则控件将自动调整图形的大小，以适应控件自身的大小。在该种情况下，通过对控件大小的调整，就可实现放大或缩小图形。

设计步骤如下：

（1）建立应用程序用户界面。

在窗体上添加 1 个图片框（其 SizeMode 属性为 Autosize）、3 个单选按钮。参考图 7-15 设置对象属性。

（2）编写代码。

在 Form1 类变量声明区中，加入成员变量：
```
Private W As Integer, H As Integer    '定义成员变量，表示图片框宽度和高度
```
其余的事件代码：
```
Private Sub Form1_Load(ByVal sender As System.Object, ByVal e As System.EventArgs) Handles MyBase.Load
    W = PictureBox1.Width
    H = PictureBox1.Height
    PictureBox1.SizeMode = PictureBoxSizeMode.StretchImage
    RadioButton3.Checked = True
End Sub
Private Sub RadioButton1_CheckedChanged(ByVal sender As System.Object, ByVal e As System.EventArgs) Handles RadioButton1.CheckedChanged
    '缩小图片
    PictureBox1.Width = CInt((W * 0.5))
    PictureBox1.Height = CInt((H * 0.5))
End Sub
Private Sub RadioButton2_CheckedChanged(ByVal sender As System.Object, ByVal e As System.EventArgs) Handles RadioButton2.CheckedChanged
    '放大图片
    PictureBox1.Width = W * 2
```

```
            PictureBox1.Height = H * 2
        End Sub
        Private Sub RadioButton3_CheckedChanged(ByVal sender As System.Object, ByVal e As System.EventArgs) Handles RadioButton3.CheckedChanged
            '还原图片
            PictureBox1.Width = W
            PictureBox1.Height = H
        End Sub
```
程序运行界面如图 7-15 所示。

图 7-15 利用图片框放大和缩小图片

7.8 滚动条控件

滚动条（HScrollBar 控件和 VScrollBar 控件）是 Windows 应用程序中广泛应用的一种工具，通常附在窗口上帮助观察数据或确定位置，也常用作数量、速度的指示器，如在一些游戏中用来控制音量、音效、画面的滚动速度和游戏速度等。另外，在某些控件如列表框、组合框中，系统会根据需要自动添加滚动条。

滚动条分为两种，即水平滚动条（HScrollBar）和垂直滚动条（VScrollBar）。两者除滚动方向不同外，其功能和操作都是一样的。滚动条的两端各有一个带箭头的按钮，中间有一个滑块。当滑块位于最左端或顶端时，其值最小，反之则为最大，其取值范围为-32768～+32767。

7.8.1 滚动条的属性和事件

滚动条除了控件的基本属性外，还具有一些自身的特殊属性。

1. 滚动条控件的属性

（1）Minimum 和 Maximum 属性：该属性用来获取或设置表示的范围上限（最大值）和下限（最小值）。

（2）Value 属性：该属性用于设置或返回滑块在滚动条中所处的位置，其默认值为 0。

（3）SmallChange 和 LargeChange 属性：这两个属性主要用于调整滑块移动的距离。

2. 滚动条控件的事件

（1）Scroll 事件：该事件在用户通过鼠标或键盘移动滑块后发生。

（2）ValueChanged 事件：该事件在滚动条控件的 Value 属性改变时发生。

7.8.2 滚动条的应用

【例 7.12】设计一个程序通过滚动条设置文本框的背景色和字体颜色。程序运行界面如图 7-16 所示。

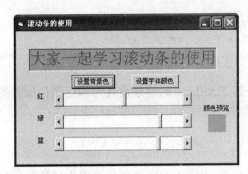

图 7-16　利用滚动条调配颜色

分析：利用 Visual Basic.NET 提供的 Color.FromArgb()可以设置 RGB 颜色。Color.FromArgb()的语法格式为 Color.FromArgb(红、绿、蓝)，3 个颜色参数的取值范围均为 0～255。通过控制 3 个参数，即可获得不同的颜色。程序中使用 3 个水平滚动条来控制这 3 个颜色的值，并将预设颜色显示在"颜色预览"标签中。单击"设置背景色"或"设置字体颜色"按钮，可将预设颜色设置为文本框的背景色或字体颜色。

设计步骤如下：

（1）建立应用程序用户界面。

创建新 Windows 应用程序项目，在窗体上添加 1 个文本框 TextBox1、2 个命令按钮 Button1 和 Button2，4 个标签控件 Label1～Label4（其 Text 属性分别为"红"、"黄"、"蓝"，"颜色预览"），1 个标签控件 Lblcolor（用来预显颜色效果）、3 个滚动条控件 HsbR、HsbG、HsbB。

（2）设置各个控件的属性如表 7-4 所示，其余属性设置可参考图 7-16。

表 7-4　属性设置

对象	属性	属性值
TextBox1	Text	大家一起学习滚动条的使用
Lblcolor	Text	空
HsbR HsbG HsbB	Minimum	0
	Maximum	255
	SmallChange	1
	LargeChange	5

（3）编写程序代码。

当任何一个滚动条的状态发生改变时，均应在其 ValueChange 事件中将所有滚动条的 Value 属性值作为 RGB 函数的参数，并改变预览颜色标签 Lblcolor 的 BackColor 属性值。

```
Private Sub HsbR_ValueChanged(ByVal sender As System.Object, ByVal e As System.EventArgs) Handles HsbR.ValueChanged
    Lblcolor.BackColor = Color.FromArgb(HsbR.Value, HsbG.Value, HsbB.Value)
    Me.Text = HsbR.Value
End Sub
Private Sub HsbG_ValueChanged(ByVal sender As System.Object, ByVal e As System.EventArgs) Handles HsbG.ValueChanged
    Lblcolor.BackColor = Color.FromArgb(HsbR.Value, HsbG.Value, HsbB.Value)
End Sub
```

```
Private Sub HsbB_ValueChanged(ByVal sender As System.Object, ByVal e As
System.EventArgs) Handles HsbB.ValueChanged
    Lblcolor.BackColor = Color.FromArgb(HsbR.Value, HsbG.Value, HsbB.Value)
End Sub
```

Button1 按钮单击事件将 TextBox1 的背景设置为预览颜色标签的颜色。

```
Private Sub Button1_Click(ByVal sender As Object, ByVal e As System.EventArgs)
Handles Button1.Click
    TextBox1.BackColor = Lblcolor.BackColor
End Sub
```

Button2 按钮单击事件将 TextBox1 的字体颜色设置为预览颜色标签的颜色。

```
Private Sub Button2_Click(ByVal sender As Object, ByVal e As System.EventArgs)
Handles Button2.Click
    TextBox1.ForeColor = Lblcolor.BackColor
End Sub
```

7.9 对话框控件

在一些应用程序中，常常需要进行诸如打开或保存文件、选择字体、设置颜色，以及设置打印选项等操作。Visual Basic.NET 为用户提供了与上述操作相关的一组标准的对话框。

7.9.1 文件对话框控件

文件对话框有两种类型："打开文件"对话框和"保存文件"对话框。"打开文件"对话框可以让用户指定一个文件供程序调用，而"另存为"对话框也可以指定一个文件，以作为保存文件时使用的名字。OpenFileDialog 控件与 SaveFileDialog 控件都属于非用户界面控件。

一个典型的"打开文件"对话框的外观如图 7-17 所示。

图 7-17 "打开文件"对话框

"打开文件"对话框可利用 OpenFileDialog 控件来实现。它可以让用户利用对话框指定一个欲操作的文件，供程序使用。"保存文件"对话框可利用 SaveFileDialog 控件来实现。

（1）文件对话框控件的常用属性文件对话框控件的常用属性见表 7-5。

第 7 章 Visual Basic.NET 控件及其应用

表 7-5 文件对话框控件的常用属性

属性	说明
InitialDirectory	获取或设置文件对话框显示的初始目录，默认值为空字符串("")
Filter	在对话框中显示的文件筛选器，例如，"文本文件(*.txt)|*.txt|所有文件(*.*)||*.*"
FilterIndex	该属性是一个整数，指定当前选定筛选器的索引号。如果选第 1 项就设为 1，选第 2 项就设为 2，依此类推
RestoreDirectory	该值指示对话框在关闭之前是否恢复当前目录
FileName	打开文件对话框中选定的文件名的字符串
Title	将显示在对话框标题栏中的字符
DefaultExt	默认扩展名
Multiselect	该属性用来获取或设置一个值，该值指示对话框是否允许选择多个文件
FileNames	用来获取对话框中所有选定文件的文件名，每个文件名都既包含文件路径又包含文件扩展名

注意：

（1）"打开文件"对话框并不能真正打开一个文件，而仅仅提供了一个选择文件的用户界面，供用户选择所要打开的文件，需要用户专门编程打开文件操作。

（2）"保存文件"对话框与"打开文件"对话框相似，它并不能提供真正的存储文件操作，存储文件的操作需要用户编程来完成。

（2）常用方法。

ShowDialog 方法的作用是显示文件对话框，其一般调用形式如下：

文件对话框对象名.ShowDialog();

在对话框中按下"打开"或"保存"按钮时，该方法的返回值为 DialogResult.OK。

【例 7.13】利用打开文件对话框控件和图片框制作一个图片自动浏览器。

功能：单击"选择图片"命令按扭，出现"打开"对话框，如图 7-18（左图）所示，选择要浏览的一组图片，并将选中的图片文件名显示在列表框中，单击"浏览"按扭，选择的图片将自动循环播放。程序运行结果如图 7-18（右图）所示。

图 7-18 图片自动浏览器

分析：

为了使图片循环播放，需添加一个定时器，使每个时间间隔显示不同的图片文件。为了表示选中的不同图片，定义数据成员变量 PicNo 表示当前显示的图片号。打开选择文件对话框由 OpenFileDialog 控件实现。

设计步骤如下：

（1）设计应用程序界面。创建新 Windows 应用程序项目，在窗体上添加 1 个文件对话框 OpenFileDialog 控件 OpenFileDialog1、1 个图片框控件 PictureBox1、2 个命令按扭 Button1 和 Button2、1 个定时器 Timer1 及 1 个列表框 ListBox1。

（2）设置对象属性，如表 7-6 所示。

表 7-6 属性设置

对象	属性	属性值
Button1	Text	选择图片
Button2	Text	浏览
Timer1	Interval	1 000（可按用户浏览的速度设置）
PictureBox1	SizeMode	StretchImage

（3）编写程序代码：

在 Form1 类变量声明区中，加入成员变量：

```
Private PicNo As Integer
'定义成员变量 PicNo，表示显示图片号
```

窗体的 Load 事件完成成员变量初始化及设置定时器不可用，对应的代码如下：

```
Private Sub Form1_Load(ByVal sender As Object, ByVal e As System.EventArgs) Handles MyBase.Load
    PicNo = 0
    Timer1.Enabled = False       '设置定时器不可用
End Sub
```

单击"选择图片"命令按扭，显示"打开"对话框，选择要浏览的一组图片，并将选中的图片文件名显示在列表框中，对应的代码如下：

```
Private Sub Button1_Click(ByVal sender As System.Object, ByVal e As System.EventArgs) Handles Button1.Click
    '设置过滤器，只显示图像文件
    OpenFileDialog1.Filter = "位图文件|*.bmp|GIF 文件|*.gif|JPEG 文件|*.jpg"
    '指定缺省过滤器（默认打开 JPEG 文件）
    OpenFileDialog1.FilterIndex = 3
    OpenFileDialog1.ShowDialog()   '显示"打开"对话框
    '将用户选定文件载入列表框
    ListBox1.Items.Add(OpenFileDialog1.FileName)
End Sub
```

单击"浏览"按扭，使定时器可用，循环显示图片：

```
Private Sub Button2_Click(ByVal sender As System.Object, ByVal e As System.EventArgs) Handles Button2.Click
    Timer1.Enabled = True       '设置定时器可用
End Sub
```

Timer1 控件 Tick 事件实现定时显示不同图片：

```
Private Sub Timer1_Tick(ByVal sender As System.Object, ByVal e As System.EventArgs) Handles Timer1.Tick
    ListBox1.SelectedIndex = PicNo
    Dim s As String
```

```
        s = ListBox1.SelectedItem.ToString()  '得到某一要显示图片的路径
        PictureBox1.Image = Image.FromFile(s)  '加载图片
        PicNo = PicNo + 1  '为得到下一张图片做准备
        If (PicNo >= ListBox1.Items.Count) Then
            '如果是最后一张，则转为第一张
            PicNo = 0
        End If
End Sub
```

说明：

（1）本例中利用过滤器，设定允许用户选择的文件类型为：位图文件、GIF 文件和 JPEG 文件，并指定 JPEG 文件为缺省打开的文件类型。

（2）对话框控件利用 FileName 属性返回用户选定的文件名。

（3）打开文件对话框控件仅仅提供了一个人机交互的图形界面，其本身并不具备打开或保存文件的功能，这些功能需要编写相应的代码才能实现。

7.9.2 颜色对话框控件

颜色对话框 ColorDialog 控件用以从调色板选择颜色或者选择自定义颜色。调用 ColorDialog 控件的 ShowDialog 方法可显示图 7-19 颜色对话框。

图 7-19 "颜色"对话框

用户可从中选择一种颜色，并单击"确定"按钮关闭对话框后，则选定的颜色信息（即颜色值）就放入了 Color 属性中，在后面的程序中可以用 Color 属性中的颜色值设置某个对象的颜色属性。例如：

```
TextBox1.BackColor = ColorDialog1.Color
```

1. ColorDialog 控件的常用属性

（1）AllowFullOpen 属性：该属性用来获取或设置一个值，该值指示用户是否可以使用该对话框定义自定义颜色。

（2）FullOpen 属性：该属性用来获取或设置一个值，该值指示用于创建自定义颜色的控件在对话框打开时是否可见。

（3）AnyColor 属性：该属性用来获取或设置一个值，该值指示对话框是否显示基本颜色集中可用的所有颜色。

（4）Color 属性：该属性用来获取或设置用户选定的颜色。

2. ColorDialog 控件的常用方法

（1）ShowDialog。显示"颜色"对话框。用法如下：

```
ColorDialog控件名.ShowDialog()
```
该方法的返回值为 System.Windows.Forms 命名空间中的 DialogResult 枚举类型，如：在对话框中按下"确定"按钮时，该方法的返回值为 DialogResult.OK。

（2）Reset。将 ColorDialog 控件的设定值设置重新恢复成默认值。用法如下：
```
ColorDialog控件名.Reset()
```
【例7.14】使用"颜色"对话框，设置窗体的背景颜色。

设计步骤如下：

（1）设计应用程序用户界面。在窗体上添加一个 ColorDialog 控件。

（2）编写窗体的 Click 事件代码：
```
Private Sub Form1_Click(ByVal sender As System.Object, ByVal e As System.
EventArgs) Handles MyBase.Click
    ColorDialog1.ShowDialog()              '显示"颜色"对话框
    Me.BackColor = ColorDialog1.Color       '设置窗体的背景颜色为选定的颜色
End Sub
```
运行程序，单击窗体出现颜色对话框，用户可以在颜色对话框中选择颜色，也可选择自定义的颜色，并将选择的颜色作为窗体的背景色，即 ColorDialog1.Color 属性赋值给窗体 Form1.BackColor。

7.9.3 字体对话框控件

字体对话框 FontDialog 控件用来选择字体，可获取用户所选字体的名称、样式、大小及效果。调用 FontDialog 控件的 ShowDialog 方法可显示如图 7-20 所示的"字体"对话框。在"字体"对话框中选中了一个字体、字号或其他的修饰项目（如：粗体、下划线、斜体等），单击"确定"按钮后，设置的结果值存放到 Font 属性中，可以利用 Font 属性值进行后续的处理和操作。

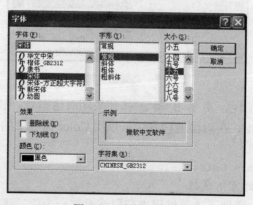

图 7-20 字体对话框

1. FontDialog 控件的常用属性

（1）Font 属性：该属性是字体对话框的最重要属性，通过它获取字体信息。

（2）Color 属性：该属性用来获取"字体"对话框中用户所选定的颜色。

（3）MaxSize 属性：该属性用来获取或设置用户可选择的最大磅值。

（4）MinSize 属性：该属性用来获取或设置用户可选择的最小磅值。

（5）ShowColor 属性：指示"字体"对话框是否显示颜色选择列表框。

（6）ShowEffects 属性：指示"字体"对话框是否包含允许用户指定删除线、下划线和文本颜色选项的控件。

2. FontDialog 控件的常用方法

FontDialog 控件的常用方法是 ShowDialog 和 Reset 方法。功能与在 ColorDialog 控件中相同。例如使用"字体"对话框设置文本框中的文字的字体的程序代码如下：

```
FontDialog1.ShowDialog()          '显示"字体"对话框
TextBox1.Font = FontDialog1.Font  '设置文本框的字体为选定的字体
```

7.10 综合应用

通过前面的学习，读者已经可以利用适当的控件组合，结合事件编程和一定算法，实现比较复杂的程序设计。

【例 7.15】设计一个小女孩跳舞的简单动画效果程序。程序运行界面如图 7-21 所示。

图 7-21 跳舞的小女孩

分析：将一个装有图片的图片框在定时器的每个 Tick 事件中按一定顺序换成其他图片（如图 7-22 所示），即可实现简单的动画效果。设计动画程序首先要选择一些合适的图像文件，本例选择的是 DG01.bmp, DG02.bmp,…,DG05.bmp 文件。

图 7-22 跳舞的小女孩中使用的图片

设计步骤如下：

（1）设计应用程序界面。

窗体设计器上首先增加 1 个图片框 PictureBox1（用来显示小女孩动作图片）、3 个单选按钮控制小女孩跳舞的速度，再放置 1 个定时器控件 Timer1 和 1 个复选框控件 CheckBox1 控制音乐播放。设置定时器 Timer1 的 Interval 属性值为 500。参考图 7-21 设置对象属性。

（2）编写程序代码。

添加窗体级变量：

```
Private PicNo As Integer          '图片编号
```

编写事件代码：

```
Private Sub Form1_Load(ByVal sender As System.Object, ByVal e As System.
EventArgs) Handles MyBase.Load
    Timer1.Interval = 500
    Timer1.Enabled = True
    Me.Text = "正常速度"
    PicNo = 1
End Sub
```

计时器控件 Tick 事件代码：
```
Private Sub Timer1_Tick(ByVal sender As System.Object, ByVal e As System.
EventArgs) Handles Timer1.Tick
    Dim file As String              '图像文件名
    file = Application.StartupPath & "\DG0" & PicNo & ".bmp"
    PictureBox1.Image = Image.FromFile(file)
    PicNo = PicNo + 1
    If PicNo = 6 Then
        PicNo = 1
    End If
End Sub
```

"正常速度"单选按钮事件代码：
```
Private Sub RadioButton1_CheckedChanged(ByVal sender As System.Object, ByVal
 e As System.EventArgs) Handles RadioButton1.CheckedChanged
    Me.Text = "正常速度"
    Timer1.Interval = 500
End Sub
```

"加速"单选按钮事件代码：
```
Private Sub RadioButton2_CheckedChanged(ByVal sender As System.Object, ByVal
 e As System.EventArgs) Handles RadioButton2.CheckedChanged
    Me.Text = "正在加速"
    Timer1.Interval = 200
End Sub
```

"减速"单选按钮事件代码：
```
Private Sub RadioButton3_CheckedChanged(ByVal sender As System.Object, ByVal
 e As System.EventArgs) Handles RadioButton3.CheckedChanged
    Me.Text = "正在减速"
    Timer1.Interval = 850
End Sub
```

"播放音乐"单选按钮事件代码：
```
Private Sub CheckBox1_CheckedChanged(ByVal sender As System.Object, ByVal e
As System.EventArgs) Handles CheckBox1.CheckedChanged
    If CheckBox1.Checked Then
    My.Computer.Audio.Play("c:\a.wav", AudioPlayMode.BackgroundLoop)
    End If
End Sub
```

实验七　常用控件的操作

一、实验目的

通过本次实验，能够掌握部分常用控件的使用方法，并在此基础上建立较为复杂的基于图形化用户界面的应用程序。

二、实验内容与步骤

1. 单选按钮、复选框、列表框和组合框的使用

（1）设计一个简单的某应用程序的用户注册窗口，单击"提交"命令按钮，将出现消息对话框显示填写的信息，如图 7-23 所示。

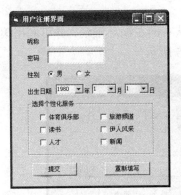

图 7-23　用户注册界面与确认信息提示

分析：从图 7-23 可以看到，窗体上除了标签、文本框、命令按钮外，还使用了单选按钮（选择性别）、复选框（选择个性化服务）和组合框（选择出生日期），此外，还使用了一个框架控件。可根据上述分析建立应用程序界面，并设置控件属性。

编写代码：

1）以在窗体的 Load 事件中初始化 3 个组合框 ComboBox1～ComboBox3：

```
Private Sub Form1_Load(ByVal sender As System.Object, ByVal e As System.EventArgs) Handles MyBase.Load
    Dim i As Integer
    RadioButton1.Checked = True
    For i = 1960 To 2012
        ComboBox1.Items.Add(Str(i))        '初始化年份列表框 Combo1
    Next i
End Sub
```

请模仿上面的代码，自行设计初始化月（ComboBox2）、日（ComboBox3）的列表框。

2）单击"提交"命令按钮，显示用户填写信息，请自行完成。

（2）设计一个学生选课应用程序，学生可以选课、查找课程，也可以对所选课程进行排序。运行界面如图 7-24 所示。其中，">"表示选择一门课程，">>"表示选择所有课程，"<"和"<<"则分别表示删除一门所选课程或全部所选课程。

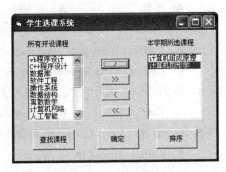

图 7-24　学生选课界面

三个命令按钮的功能实现，本次实验不做要求。

下面仅给出">"命令按钮的代码，其他的请读者自行完成。

`Private Sub Button1_Click(ByVal sender As System.Object, ByVal e As System.`

```
EventArgs) Handles Button1.Click
    If ListBox1.SelectedIndex = -1 Then
        MsgBox("你没有在所有开设课程中选取课程")
        Exit Sub
    End If
    ListBox2.Items.Add(ListBox1.Text)
    ListBox1.Items.RemoveAt(ListBox1.SelectedIndex)
End Sub
```

2. 滚动条、定时器及图片框的使用

（1）设计一个电子标题板。实现字幕从右向左循环滚动，并可利用滚动条控制移动速度，用两个命令按钮控制滚动和停止。如图7-25所示。

图7-25 电子标题板

一、选择题

1. 用于表示复选框是否被选中的属性是（   ）。

   A. Value　　　　　B. Text　　　　　C. Checked　　　　　D. FlatStyle

2. 下列控件中，没有 Text 属性的是（   ）。

   A. 框架　　　　　B. 列表框　　　　C. 复选框　　　　　D. 定时器

3. 若要向列表框中添加新项目，正确的语句是（   ）。

   A. ListBox1.Items.Add("How are you")　　　B. ListBox1.Items.Insert("How are you")

   C. ListBox1.Items.Remove("How are you")　 D. ListBox1.Text="How are you"

4. 在设计状态，列表中的选项可以通过（   ）属性设置。

   A. List　　　　　B. Items.Count　　C. Text　　　　　D. Items

5. 在下面对列表框（ListBox1）的操作中，正确的语句是（   ）。

   A. Listbox1.Items.Cls　　　　　　　　B. ListBox1.Items.Remove(4)

   C. ListBox1.Items.Remove("计算机")　 D. ListBox1.Items.Add(1, "打印机")

6. 引用列表框（ListBox1）最后一个数据项应使用（   ）。

   A. ListBox1. Items (ListBox1.Items.Count)

   B. ListBox1. Items (ListBox1.Items.Count -1)

   C. ListBox1.Text

D. ListBox1. Items (ListBox1.SelectedIndex)

7. 在下列说法中，正确的是（　　）。

　　A. 在程序运行期间，可以通过恰当的设置让时钟控件显示在窗体上

　　B. 若单击某个单选按钮，则该单击按钮的 CheckedChanged 事件一定被触发

　　C. 在列表框中能够将项目按字母排序大到小排列

　　D. 框架也有 Click 和 DoubleClick 事件

8. 在下列属性和事件中，属于滚动条和进度条共有的是（　　）。

　　A. Scroll　　　　　B. ValueChanged　　　C. LargeChange　　　D. Maximum

9. 下列关于定时器的说法中，正确的是（　　）。

　　A. 当 Enabled 属性为 False 时，不产生 Tick 事件

　　B. 在程序运行时不可见，这是因为 Visible 属性为 False

　　C. 当 Interval 属性为 0，则 Tick 事件不会发生

　　D. 通过恰当的设置可以将 Interval 属性的单位改为秒

10. 以下正确的语句是（　　）。

　　A. OpenFileDialog1.Filter=All Files| *.*|Pictures(*.Bmp)|*.Bmp

　　B. OPenFileDialog1.Filter= "All Files"|"*.* "|"Pictures(*.Bemp)"|*.Bmp

　　C. OpenFileDialog1.Filter= "AllFiles|*.*|Pictures(*.Bmp)|*.Bmp"

　　D. OpenFileDialog1.Filter={All Files|*.*|Pictures(*.Bmp)|*.Bmp}

11. 在下列关于通用对话框的说法中错误的是（　　）。

　　A. 可以用 ShowDialog 方法打开

　　B. 可以用 Show 方法打开

　　C. 当选择了"取消"按钮后，ShowDialog 方法的返回值是 DialogResult.Cancel

　　D. 通用对话框是非用户界面控件

二、填空题

1. 复选框_____属性设置为 Indeterminate，则变成灰色，并显示一个选中标记。

2. 列表框中选项的序号是从_____开始的。

3. _____表示列表框中最后一项的序号。

4. _____方法可清除列表框中的所有选项。

5. 组合框是组合了文本框和列表框的特性而形成的一种控件。_____风格的组合框不允许用户输入列表框中没有的项。

6. 滚动条响应的重要事件有_____和 ValueChanged。

7. 当用户单击滚动条中的空白时，滑块移动的增量值由_____属性决定。

8. 滚动条产生 ValueChanged 事件是因为_____值改变了。

9. 在程序运行时，如果将框架的_____属性设置为 False，则框架呈灰色，表示框架内的所有对象均被屏蔽，不允许用户对它们操作。

10. 如果要每隔 15 秒产生一个计时器事件，则 Interval 属性应设置为_____。

11. 下面程序段是将列表框 ListBox1 中重复的项目删除，只保留一项。

```
Dim i,j As Integer
For i=0 To ListBox1.Items.Count-1
```

```
            For j=ListBox1.Items.Count-1 To _____ Step -1
                If ListBox1.Items(i)=ListBox1.Items(j) Then
                    _____
                End If
            Next j
        Next i
```

三、编程题

1．设计一个电子标题板，利用滚动条控制速度的变化。

要求：（1）实现字幕从右向左循环滚动。（2）利用滚动条进行速度控制。（3）单击"开始"按钮，字幕开始滚动，单击"暂停"按钮，字幕停止滚动。

2．设计一个 Windows 窗体程序，设置程序，其运行结果见图 7-26。一个标签控件的 Text 属性为"缩放"两个字，它的字体大小取决于垂直滚动条的值（Maximum=72，Minimum=8），并在另一个标签上显示当前的字号。

3．设计一个倒计时程序，应用程序界面自己设计。

4．设计一个程序，用两个文本框输入数值数据，用组合框存放"＋、－、×、÷、幂次方、余数"。用户先输入两个操作数，再从组合框中选择一种运算，即可在标签中显示出计算结果。程序运行界面见图 7-27。

图 7-26　"选项移动"窗体

图 7-27　计算结果

第 8 章 VB.NET 面向对象程序设计

面向对象的程序设计方法是为了使所设计的软件系统能够直接模拟现实世界,对系统的复杂性进行概况、抽象和分类,使软件的设计与实现形成一个由抽象到具体、由简单到复杂这样一个循序渐进的过程,从而解决了大型软件研制中存在的效率低、质量难以保证、调试复杂、维护困难等一系列问题。这里在介绍面向对象程序设计的基本特性的基础上还介绍了类和对象的定义,类的继承、派生与多态、接口及委托。最后重点介绍 Shape 形状类及其各派生类的定义与使用的案例。

了解面向对象程序设计的基本特性及类的继承、派生与多态,掌握类和对象的定义,初步了解接口和委托。

8.1 面向对象程序设计的基本特性

面向对象程序设计（Object Oriented Programming,OOP）是相对于结构化程序设计而言的,它把一个新的概念——对象,作为程序代码的整个结构的基础和组成元素。它将数据及对数据的操作结合在一起,作为相互依存、不可分割的整体来处理,它采用数据抽象和信息隐藏技术,将对象及对象的操作抽象成一种新的数据类型——类,并且考虑不同对象之间的联系和对象类的重用性。简而言之,对象就是现实世界中的一个实体,而类就是对象的抽象和概括。类是数据、属性和方法的封装。

现实生活中的每一个相对独立的事物都可以看做一个对象,例如,一个人,一辆车,一台电视等。对象是具有某些特性和功能的具体事物的抽象。每个对象都具有描述其特征的属性及附属于它的行为。例如,一辆车有颜色、车轮数、座椅数等属性,也有启动、行驶、停止等行为。

每个对象都有一个类型,类是创建对象实例的模板,是对对象的抽象和概括,它包含对所创建对象的属性描述和行为特征的定义。例如,我们在马路上看到的汽车都是一个一个的汽车对象,它们通通归属于一个汽车类,那么车身颜色就是该类的属性,开动是它的方法,该保养了或者该报废了就是它的事件。

面向对象程序设计是一种计算机编程架构,它具有以下 3 个基本特性:

（1）封装性（Encapsulation）：就是将一个数据和与这个数据有关的操作集合放在一起,形成一个实体——对象,用户不必知道对象行为的实现细节,只需根据对象提供的外部特性接口访问对象即可。目的在于将对象的用户与设计者分开,用户不必知道对象行为的细节,只需用设计者提供的协议命令对象去做就可以。也就是我们可以创建一个接口（类中的 Public 方法），只要该接口保持不变，即使完全重写了指定方法中的代码，应用程序也可以与对象交互作用。

例如，电视机是一个类，我们家里的那台电视机是这个类的一个对象，它有声音、颜色、亮度等一系列属性，如果我们需要调节它的属性（如声音），只需要通过调节一些按钮或旋钮就可以了，我们也可以通过这些按钮或旋钮来控制电视的开、关、换台等功能（方法）。当我们进行这些操作时，并不需要知道这台电视机的内部构成，而是通过生产厂家提供的通用开关、按钮等接口来实现的。

面向对象方法的封装性使对象以外的事物不能随意获取对象的内部属性（公有属性除外），有效地避免了外部错误对它产生的影响，大大减轻了软件开发过程中查错的工作量，减小了排错的难度。隐蔽了程序设计的复杂性，提高了代码重用性，降低了软件开发的难度。

（2）继承性（Inheritance）：在面向对象程序设计中，根据既有类（基类）派生出新类（派生类）的现象称为类的继承机制，亦称为继承性。

派生类无须重新定义在父类（基类）中已经定义的属性和行为，而是自动、隐含地拥有其父类的全部属性与行为。派生类既具有继承下来的属性和行为，又具有自己新定义的属性和行为。当派生类又被它更下层的子类继承时，它继承的及自身定义的属性和行为又被下一级子类继承下去。

面向对象程序设计的继承机制实现了代码重用，有效地缩短了程序的开发周期。

（3）多态性（Polymorphism）：面向对象的程序设计的多态性是指基类中定义的属性或行为，被派生类继承之后，可以具有不同的数据类型或表现出不同的行为特性，使得同样的消息可以根据发送消息对象的不同而采用多种不同的行为方式。

Visual Basic.NET 完全支持面向对象的程序设计，具备面向对象编程语言的所有关键特性，而 VB6 只能说是基于对象的，虽然 VB6 中也支持类但却很少使用到，而在 Visual Basic.NET 中类却无处不在。

8.2 类和对象的定义

在面向对象程序设计中，类描述了一组有相同特性（数据）和相同行为（功能）的对象，因此类实际上就是数据类型（例如浮点数也有一组特性和行为）。那么对象则是被声明成该种数据类型的一个变量或一个实例。因此，要在程序中创建一个对象并使用它，则必须先定义其相应的类，除非这个类在系统中已经定义。在面向对象的编程过程中，编程基础就是首先要创建类和类的成员，然后，在其中将数据和数据的操作方法建立起来。

8.2.1 类的定义

在 Visual Basic.NET 中，类是通过 Class 关键字来创建的，类中包含了数据成员（变量）、方法、属性、事件的定义（声明）和实现。类定义的语法格式如下：

```
[类访问修饰符] Class 类名
    类体
End Class
```

语法说明：

（1）定义类的关键字为 Class…End Class，中间是类的定义体，用于定义类中的各种成员（数据成员、方法、属性和事件等）。

（2）"类名"是由用户给定的类的名称，其命名规则与变量的命名规则相同。

（3）"类体"用于定义类的成员，成员可以是变量、属性、方法和事件。

（4）"类访问修饰符"用于表示类的访问权限，如表 8-1 所示。常用的访问修饰符是 Public、Private、Protected、Friend 等，默认是 Public。

表 8-1 类访问修饰符

类访问修饰符	说明
Public	公有访问权限，不受限制
Protected	保护访问权限，仅在其类体内或派生类中被访问到
Private	私有访问权限，仅在类体内可被访问到
Friend	友元访问权限，只有在包含此成员声明的程序内才是可访问的
ProtectedFriend	同时具有 Protected 和 Friend 访问权限
Shadows	表明此类隐藏基类中的同名成员
MustInherit	不能创建此类的实例，只能从此类派生类
NotInheritable	该类不能被继承

【例 8.1】汽车类的定义演示示例。

（1）创建一个新的 Windows 应用程序项目。

（2）单击菜单"项目"→"添加类"命令，在弹出的"添加新项"对话框的"名称"处修改为要定义的类的名称（默认为 class1.vb），如图 8-1 所示，此处修改为"car.vb"。

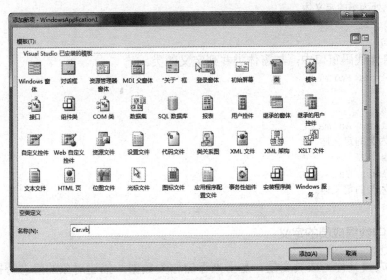

图 8-1 "添加新项"对话框

（3）单击"添加"按钮，进入"car.vb"的代码编辑窗口，并自动添加了如下代码：

```
Public Class car

End Class
```

上述第（2）步也可通过在"解决方案资源管理器"中右键单击项目名称，选择其中的"添加"/"类"命令来实现。

通过这种方法定义的类独占了一个.vb 文件，也就是说这个.vb 文件中只拥有一个类。这是定义类的最常用的方法。当然，Visual Basic.NET 并不只采用这种方法来建立类，还可以将多个类定义在同一个.vb 文件中。下面的示例将在几个比较常见的位置创建文件，每个文件都包含了一个表示动物的类和一个表示猫的类。

（1）创建模块（Module），在其中定义类。

此方法的定义与例 8.1 类似，在 Visual Studio 2008 集成开发环境下，创建新的 Windows 应用程序项目后，单击菜单"项目"→"添加模块"命令，仍然弹出图 8-1 所示的"添加新项"对话框，其默认的文件名为 Module1.vb，单击"添加"按钮后，就在当前项目中添加了一个名为 Module1 的模块。可以在模块中定义一个或多个类。

```
Module Module1
    Public Class Animal
        '此处为类的定义体
    End Class
    Public Class Cat
        '此处为类的定义体
    End Class
End Module
```

（2）在窗体类中定义类，新类嵌套在原有的窗体类中。

```
Public Class Form1
    Public Class Animal
        '此处为类的定义体
    End Class
    Public Class Cat
        '此处为类的定义体
    End Class
End Class
```

（3）在窗体代码窗口中，与窗体类并列定义的类。

```
Public Class Form1
    ...
End Class
Public Class Animal
    '此处为类的定义体
End Class
Public Class Cat
    '此处为类的定义体
End Class
```

8.2.2 类中数据成员的定义

类的数据成员又称为成员变量，是用来存储相关数据，描述对象的静态特征的。成员变量指的是类中已经声明过的变量，所以它们可以应用于类中的所有代码。在类中定义数据成员的基本语法格式如下：

[访问修饰符] [Shared] 数据成员名 As 数据类型 [=初始值]

语法说明：

（1）访问修饰符用来表示该成员的作用范围，可以是 Private、Public、Protected 等。通常数据成员的作用域都声明为 Private，即只能在该类的内部代码中使用这个变量。数据成员也可将作用域声明为 Public，这将导致所有声明成该类的对象都可以访问并直接修改该成员变量的数据值，这就违背了封装的概念。如果要让对象外的代码能够使用该数据成员的值，应该使用属性而不是将该成员变量声明为 Public 类型。

以下程序段在定义的汽车类中，声明了一个表示颜色的数据成员：

```
Public Class Car
    '数据成员（成员变量）
    Private _color As String
End Class
```

这段代码表示定义了一个名称为 Car 的类，该类的访问权限为 Public，其中含有一个数据成员_color，用于表示颜色，它的访问修饰符是 Private，表示它是私有的，也就是说，它只能在这个 Car 类内部被访问，在类的外部是不能被访问的。这个成员变量仅在类成为实例的时候有效，就如小汽车一样，只有这辆汽车真实存在了，它才会有颜色。

（2）在类中定义数据成员时，也可以通过在后面加上"=初始值"的方法，来对该数据成员的值进行初始化，这种初始化的方法与普通变量的初始化方法完全相同。

例如，我们可以在上面定义的汽车类中，增加一个表示轮子的数据成员，并直接将轮子的数量定为 4 个。代码如下所示：

```
Public Class Car
    '数据成员（成员变量）
    Private _color As String
    Private _wheelcount As Short = 4
End Class
```

（3）一个类可定义多个对象，每个对象包含该类数据成员的副本。当一个类的所有对象都需要共享某些数据时，通常在这个数据成员前加上 Shared 关键字来表示该数据成员是共享数据成员。类的共享数据成员可以通过类或类的实例（对象）来访问，访问方式是"类名.共享数据成员名"或"类的实例名.共享数据成员名"。

8.2.3 类中方法的定义

类的方法就是在类中编写的简单过程，用来定义或实现类的某种行为或功能。例如，在汽车类中，要定义一个方法来实现汽车的开动功能。在 Visual Basic.NET 中，仍然使用 Sub 过程或 Function 过程来定义类中的方法，因此类的方法又称为类的成员函数。Sub 过程和 Function 过程的区别就是，用 Sub 过程创建的方法，将不会返回一个结果给它；而使用 Function 过程创建的方法，最终会返回一个值作为这个方法的结果。它们的声明方法与在窗体中声明 Sub 和 Function 过程的方法是一样的，位置则应放在类的定义中。

用 Sub 关键字声明的方法不会返回值，如下面一段代码：

```
Public Sub go ()
    _runcount += 1500    '汽车每次开动行驶公里
End Sub
```

如果方法产生了应返回的值，就需要使用 Function 关键字，如下面一段代码：

```
Public Function color() As String
    Return _color
End Function
```

注意，在使用 Function 关键字来声明方法时，一定要指明返回值的数据类型。此代码段中使用 Return 语句来返回要返回的结果。也可不通过 Return 语句，而采用直接给 Function 指定的方法名直接赋值的方法来将结果返回。

在前面两个代码段声明的两个过程中，都使用了 Public 关键字来限定该方法的作用域，因此这两个过程都适用于类外的代码，甚至当前项目外的代码。也就是说引用程序集的任何应用程序都能使用该方法。如果要对方法的作用域加以限制还可以采用 Friend、Protected、Private 等访问修饰符来实现，它们的含义与前面描述相同。其中 Private 关键字定义的方法虽然只能在定义它的类的内部访问，但这种方法却是非常有用的一种。例如，有时我们所要编写的代码可能非常复杂，为了使这段代码更容易被理解，可以把它划分成几个较小的过程，这样既可以使代码更容易理解，也方便代码的重用和维护。而这样的代码是不应该被类外的代码所调用的，因此，将它们声明为 Private 方法是一个不错的解决方法。

另外，在调用这些方法时，也是可以进行参数传递的，因此，在定义这些方法时，也可以根据情况来选择是否要定义参数列表。

【例 8.2】在例 8.1 定义的汽车类中加入一个表示汽车开动的方法以及用于读取和设置汽车颜色的方法，代码如下所示：

```
Public Class Car
    '数据成员（成员变量）
    Private _color As String
    Private _wheelcount As Short = 4
    Private _runcount As Integer
    '汽车开动
    Public Sub go(ByVal distance As Integer)
        _runcount += distance    '汽车每次开动行驶公里数由 distance 给出
        MsgBox("汽车已经开动了，这次开动行驶了" & distance & "公里")
    End Sub
    '读取汽车的颜色
    Public Function getcolor() As String
        Return _color
    End Function
    '设置汽车的颜色
    Public Sub setcolor(ByVal color As String)
        _color=color
    End Sub
End Class
```

在上面的汽车类中定义了几个方法，如果要使用这些方法，就必须先创建 Car 类的实例，就是由 Car 类定义一个属于该类的具体对象。

8.2.4 对象的定义及成员访问

在定义好类后，就可以声明或定义一个属于该类的对象，也就是实例。通过前面的学习可知，类其实就是一种数据类型，用类声明一个对象，实际上就是声明了一个属于该类类型的变量。

1. 定义类的对象的语法格式

声明类的对象与声明普通变量的方法是基本一致的，其基本语法格式如下：

[Dim|Private|Public] 对象名 As [New] 类名

语法说明：

（1）Dim、Private、Public 的含义与普通变量声明中的含义相同。

（2）类名可以是用户自定义的类的名称，也可以是 Visual Basic.NET 中预定义的类的名称（如 Form、Button、TextBox 等）。

（3）利用 New 关键字来创建类的实例。对于如何和在何处使用 New 关键字的变化有很多，每种变化都有不同的优点。如果在声明类的对象时，省略了 New 关键字，则表示只声明了某个变量属于这个类，而并不创建类的实例。

要创建一个对象，最显而易见的方式就是声明一个对象变量，然后创建该对象的一个实例，例如，要给前面定义的汽车类创建一个实例，可使用如下语句：

```
Dim c As Car
c = New Car
```

上述代码的运行结果就是产生了一个新的 Car 对象。其中，语句 Dim c As Car 创建了一个 Car 类型的变量；而语句 c = New Car，则是用 New 关键字产生了一个 Car 类的对象（实例），并将该实例的地址赋给变量 c。注意，对象变量 c 中存储的是该实例的地址或者说存储的是一个对象的引用，而不是存储的该实例本身。我们将使用这个声明过的变量 c 来与该对象进行交互。

可以把变量的声明和实例的创建结合起来，以缩短上面的代码。上面的两条语句与下面语句是等价的。

```
Dim c As New Car
```

这个语句实现的是将变量 c 声明为 Car 类型，并创建了这个类的实例，也就是一个 Car 对象。使用 New 关键字的另一种形式是：

```
Dim c As Car = New Car()
```

同样，它也声明了一个 Car 类型的变量，并创建了这个类的实例。这种形式在保持语句简短的同时，还将变量的类型声明与对象的创建分离开来。这在使用继承或多接口时是很有用处的。

2. 利用对象访问成员

在定义了类的某个对象后，该对象就拥有了属于这个类的一系列成员，这些成员包括类的成员变量、属性、方法和事件。要访问这些成员，就要遵循其访问规则：

对象名.成员名

例如，要访问（调用）类中的某个方法，就可以采用：

对象名.方法名([实际参数表])

如果被调用的方法具有参数，则在调用时应提供相应数量和类型的实际参数，各实际参数间用逗号分隔，否则可以省略实际参数表。

【例 8.3】在例 8-2 中，利用已有的类 Car 定义对象，并通过调用类的方法对相关数据成员进行输入、输出。

程序设计步骤如下：

（1）打开例 8.2 的解决方案文件。

（2）设计窗体 Form1，向 Form1 中添加一个按钮，两个标签和两个文本框。利用属性窗口设置各控件的属性值，属性设置完毕后的窗体界面如图 8-2 所示。

（3）编写按钮事件代码。

```
Private Sub Button1_Click(ByVal sender As System.Object, ByVal e As System.EventArgs) Handles Button1.Click
    Dim ys As String, lc As Integer
    Dim c As New Car            '定义类 Car 的对象 c
    ys = TextBox1.Text
    c.setcolor(ys)              '调用 setcolor 方法，设置汽车的颜色
    '调用 getcolor 方法，获取汽车的颜色值并通过消息框显示出来
```

```
        MsgBox("这辆车是" & c.getcolor & "的")
        lc = Val(TextBox2.Text)
        c.go(lc)              '调用 go 方法,模拟汽车的开动
    End Sub
```

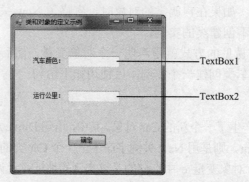

图 8-2 属性设置完毕后的窗体示意图

(4) 运行程序,输入数据后单击按钮,观察结果。

8.2.5 类中属性的定义及使用

.NET 环境提供了一种方法的专用类型,称为属性。属性是专门为设置和获取数据值而设计的方法。比如说,在例 8-2 中定义的类 Car 内部声明了一个表示颜色的_color 变量,那么我们要读取和设置汽车的颜色值,就可以通过属性来完成。当然,我们也可以用常规的方法(过程)来实现上述操作,如例 8-2 中的设置汽车颜色的 setcolor 过程和读取汽车颜色的 getcolor 过程。虽然使用常规的方法(过程)来实现设置和获取数据值的操作是可行的,但使用属性则更加适合。我们先来看一下在类中定义属性的基本格式。

```
[访问修饰符][属性修饰符][ReadOnly|WriteOnly] Property 属性名(形参列表)As 数据类型
    Get
        …
    End Get
    Set(ByVal value As String)
        …
    End Set
End Property
```

语法说明:

(1) "访问修饰符"用来指定属性的作用域,可以是 Public、Private、Protected、Friend 等,含义如前所讲。

(2) "属性修饰符"用来指定 Overloads、Overridable、Overrides、NotOverridable、MustOverride,也可用于修饰 Function 语句和 Sub 语句。其使用说明如表 8-2 所示。

表 8-2 属性修饰符

属性修饰符	说明
Overloads	重载,表示允许在本类或其派生类中定义同名的属性或方法,但它们的参数列表必须有所不同,如参数个数或参数类型的不同
Overridable	可重写,表示该属性或方法可以在派生类中被重写
Overrides	重写,表示该属性或方法将重写从基类继承的成员

续表

属性修饰符	说明
NotOverridable	不可重写，表示该属性或方法不可以在派生类中被重写
MustOverride	表示该属性或方法在基类中没有实现，必须在派生类中实现

（3）虽然属性 Property 是一个单一的结构，但可将它分为两个部分——Get 部分和 Set 部分，在编写代码过程中，这两部分结构是由系统自动生成的。虽然是由系统自动生成的，但也可将其中的一个部分删除。

Get 部分包含在 Get…End Get 块中，负责读取所需属性值。若删去此部分，则该属性为只写属性，此时属性的定义格式中必须注明 WriteOnly，格式如下：

```
[访问修饰符] WriteOnly Property 属性名（形参列表）As 数据类型
    Set(ByVal value As String)
        …
    End Set
End Property
```

同样，Set 部分包含在 Get…End Get 块中，负责设置或改变属性值。若删去此部分，则该属性为只读属性，此时属性的定义格式中必须注明 ReadOnly，格式如下：

```
[访问修饰符] ReadOnly Property 属性名（形参列表）As 数据类型
    Get
        …
    End Get
End Property
```

通过上述格式，可以看到，使用属性把对数据值的读取和设置合并到一个结构中，我们可以将类 Car 中的 setcolor 和 getcolor 两个方法重写到一个属性（Property）中，这将使类中的代码整体上更为流畅。上述替换后的代码如下：

```
Public Property color() As String
    Get
        Return _color
    End Get
    Set(ByVal value As String)
        _color = value
    End Set
End Property
```

类中定义属性后，用户在声明完类的对象后就可以使用该属性对数据值进行读取和设置操作，下面代码段将列出其使用方法。

```
Dim c As New Car     '定义类 Car 的对象 c
c.color = "红色"      '设置颜色属性值
MsgBox("这辆车是" & c.color & "的")  '获取颜色属性值
```

在设置"颜色"值时，系统将自动执行 Set…End Set 部分；在获取"颜色"值时，系统将自动执行 Get…End Get 部分。可以看出，与使用常规方法相比，使用属性方法可以让代码的可读性更强。

【例 8.4】在例 8.3 基础上，对已有的类 Car 进行修改，删除已有的设置颜色和读取颜色的方法，为类添加表示颜色、车轮数目、运行公里数、出厂日期和出厂年数 5 个属性。

类 Car 的定义代码如下：

```
Public Class Car
```

```vbnet
    '数据成员(成员变量)
    Private _color As String              '车身颜色
    Private _wheelcount As Short = 4      '车轮数
    Private _runcount As Integer          '行驶公里数
    Private _productiondate As Date       '出厂日期
    '方法：汽车开动
    Public Sub go(ByVal distance As Integer)
        _runcount += distance    '汽车每次开动行驶公里数由distance给出
        MsgBox("汽车已经开动了，这次开动行驶了" & distance & "公里")
    End Sub
    '属性：车身颜色
    Public Property color() As String
        Get
            Return _color
        End Get
        Set(ByVal value As String)
            _color = value
        End Set
    End Property
    '只读属性：车轮数
    Public ReadOnly Property wheelcount() As Short
        Get
            Return _wheelcount
        End Get
    End Property
    '行驶公里数
    Public Property runcount() As Integer
        Get
            Return _runcount
        End Get
        Set(ByVal value As Integer)
            _runcount = value
        End Set
    End Property
    '出厂日期
    Public Property productiondate() As Date
        Get
            Return _productiondate
        End Get
        Set(ByVal value As Date)
            _productiondate = value
        End Set
    End Property
    '出厂年数
    Public ReadOnly Property age() As Integer
     Get
      Return CInt(DateDiff(DateInterval.Year, _productiondate, Today()))
     End Get
    End Property
End Class
```

在这个例子中，虽然大部分属性的Get部分都是简单返回了一个数据成员的值，但实际上其返回值可以更复杂，比如出厂年数属性 age 中的返回值就是一个经过计算后的值。属性中的 wheelcount 车轮数目属性与出厂年数属性 age 都只有 Get 部分，是只读属性。

注意不要将数据成员与属性混淆。属性是指用来获取和设置数据值的一种方法，而数据成员是指类中用来保存属性值的变量。

8.2.6 类中事件的定义及使用

事件为类和对象提供了向外界（应用程序）发出通知的能力，告知它们有重要事情或某个动作发生了。例如，当用户单击了窗体上的某个控件时，这个控件的 Click 事件就被触发了，随之可以调用一个事件处理过程。要使用事件要有以下几个步骤：

（1）声明事件。

在类模块的声明段，使用关键字 Event 可以为类声明事件，其语法格式如下所示：

```
Public Event 事件名称（[形式参数表]）
```

语法说明：

1）事件总是 Public 类型的，并且不能有返回值、可选参数或 ParamArray 参数。

2）"形式参数表"是事件用来传递数据的参数的集合，执行事件一般需要传递参数，以响应事件的执行情况。如果没有参数，则可省略不写。

3）此语句只声明了事件的名称及其相关参数，表示在类中有这样一个成员，意味着该类能够发送（引发）指定的事件。

（2）引发事件。

声明了事件后，就可以在适当的地方引发代码中的事件，这样事件就发生。引发事件类似于调用方法，需要使用 RaiseEvent 语句，该语句必须写在类中的某个程序代码段（如类的方法）中，其格式如下所示：

```
RaiseEvent 事件名称（[实际参数]）
```

注意，此处的"事件名称"必须是使用 Event 关键字声明过的事件。

（3）编写事件处理程序并关联事件。

引发事件即让事件发生，并不是我们的目的，人们使用事件机制，是为了在事件发生时做点什么。所以，必须在使用这个类的程序里写一个函数作为事件处理程序，然后使用 WithEvents 或 AddHandler 关键字将事件与事件处理函数相关联。AddHandler 语句用于在运行期间动态地添加一个事件处理程序，这里只介绍 WithEvents 语句的用法。

使用 WithEvents 的步骤是：首先在类的外部，也就是在处理事件的模块的声明段中，用带有 WithEvents 关键字的语句声明该类的对象，其语法格式如下：

```
[Dim|Private|Public] WithEvents 对象名 As New 类名
```

然后，在代码编辑窗口中编写事件代码即事件处理程序，此事件代码就是当这个对象（用 WithEvents 关键字声明的对象）发生了前面已定义的事件时所要执行的事件过程代码。此步与以前编写的窗体中的某个对象的事件过程代码一致。

【例 8.5】假设汽车每行驶 5000 公里就要做一次保养，用事件提醒用户汽车是否需要进行保养。在例 8.4 基础上，对已有的类 Car 及窗体 Form1 事件进行修改。

分析及实现步骤：

（1）为了方便测试，将类 Car 中的汽车开动 go 过程，简单修改为每次开动，行驶 2500 公里，代码如下：

```
Public Sub go()
```

```
        _runcount += 2500              '汽车每次开动行驶公里
        MsgBox("您的汽车又开了一次,目前已行驶了" & _runcount & "公里")
    End Sub
```

在类 Car 的声明段,使用 Event 语句声明一个"保养"事件 takecare(),语句如下:
```
    Public Event takecare()
```

(2)该何时通知用户汽车该保养了?当汽车每行驶 5000 公里时通知用户该保养了,即该引发保养事件。由于在 Car 类中,有两个地方涉及到"已行驶公里"_runcount 的修改,一处是在 go()过程中,另一处是在属性 runcount 的 Set 部分。因此可分别在这两处增加判断是否行驶了 5000 公里,如果条件成立,就用 RaiseEvent 语句引发"保养"事件 takecare(),语句如下:
```
    If _runcount Mod 5000 = 0 Then
        RaiseEvent takecare()           '5000 公里触发一次保养事件
    End If
```

步骤(1)、(2)所在类 Car 的完整代码如下:
```
Public Class Car
    '数据成员(成员变量)
    Private _color As String            '车身颜色
    Private _wheelcount As Short = 4    '车轮数
    Private _runcount As Integer        '行驶公里数
    Private _productiondate As Date     '出厂日期
    '事件声明
    Public Event takecare()
    '方法:汽车开动
    Public Sub go()
        _runcount += 2500               '汽车每次开动行驶公里
        MsgBox("您的汽车又开了一次,目前已行驶了" & _runcount & "公里")
        If _runcount Mod 5000 = 0 Then
            RaiseEvent takecare()       '5000 公里触发一次保养事件
        End If
    End Sub
    '属性:车身颜色
    Public Property color() As String
        Get
            Return _color
        End Get
        Set(ByVal value As String)
            _color = value
        End Set
    End Property
    '只读属性:车轮数
    Public ReadOnly Property wheelcount() As Short
        Get
            Return _wheelcount
        End Get
    End Property
    '行驶公里数
    Public Property runcount() As Integer
        Get
            Return _runcount
        End Get
        Set(ByVal value As Integer)
```

```
                _runcount = value
                If _runcount Mod 5000 = 0 Then
                    RaiseEvent takecare()              '5000公里触发一次保养事件
                End If
            End Set
        End Property
        '出厂日期
        Public Property productiondate() As Date
            Get
                Return _productiondate
            End Get
            Set(ByVal value As Date)
                _productiondate = value
            End Set
        End Property
        '出厂年数
        Public ReadOnly Property age() As Integer
            Get
                Return CInt(DateDiff(DateInterval.Year, _productiondate, Today()))
            End Get
        End Property
    End Class
```

（3）类 Car 定义好后，就可以使用它了。首先要声明一个该类的对象，注意这里一定要用 WithEvent 关键字来声明，这是带有事件的类的声明语法。位置应放在窗体 Form1 的通用声明段中，用 WithEvent 声明的对象变量不能作为局部变量，其具体语句如下：

```
        Dim WithEvents c As New Car
```

（4）编写对象 c 的 takecare 事件过程，即当引发了 takecare 事件后所引发的事件处理程序。编写位置应在窗体 Form1 的代码段中，在代码编辑窗口（如图 8-3 所示）的左侧下拉列表中选择 c，在右侧下拉列表中选择 takecare 事件，系统自动产生图 8-3 中所示的事件过程的开头和结束语句。

（5）窗体 Form1 界面只放置一个 Button1 按钮，修改属性值后的窗体界面如图 8-4 所示。在 Button1 的 Click 事件过程中编写测试代码。

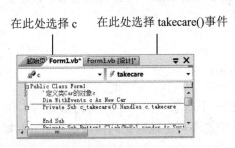

图 8-3　窗体代码编辑窗口示意图

图 8-4　属性设置完毕后的窗体示意图

窗体 Form1 中的全部代码如下：

```
Public Class Form1
    '定义类 Car 的对象 c
    Public WithEvents c As New Car
    Private Sub c_takecare() Handles c.takecare
```

```
            MsgBox("您的汽车该保养了，请及时前去保养！")
        End Sub
        Private Sub Button1_Click(ByVal sender As System.Object, ByVal e As System.EventArgs) Handles Button1.Click
            c.go()
        End Sub
    End Class
```

（6）运行程序，多次单击按钮"开动汽车"，观察结果，理解事件的引发及触发相关事件代码的过程。

8.2.7 构造函数和析构函数

对象和普通变量一样都有自己的生命周期，即每个对象都是从创建对象开始到使用结束停止。当定义一个普通变量时，可以对其提供一个初值，同样，在定义一个对象时，也可以对这个对象进行初始化，即将必要的信息通过参数等方式输入，赋予新建的对象。在对象生命周期结束后，通常都会将其使用的资源归还给系统。这些功能就是通过构造函数和析构函数实现的。

1. 构造函数

构造函数是一种特殊的方法，主要用来在创建对象时初始化对象，即为对象的成员变量赋初始值。在类中定义构造函数的一般格式如下：

```
Public Sub New([形式参数表])
    ...
End Sub
```

构造函数的特点：

（1）构造函数的名称必须是 New，且必须是一个 Public 类型的 Sub 过程。

（2）构造函数不能被直接调用，它必须通过 New 关键字在对象创建的时候自动调用，而常规的方法都是在被调用时才执行。

（3）每个 Visual Basic.NET 的类都至少拥有一个构造函数。当定义一个类的时候，通常情况下都会明确声明该类的构造函数，并在函数中指定初始化的工作，但它也可以被省略，不过此时系统会自动创建一个没有参数的默认构造函数。如果在类中声明了带参数的构造函数，那么在创建对象时必须输入相应的参数，否则就会出错。

比如，在之前例子当中定义的汽车类 Car，就是没有明确声明其构造函数的，也就是说在类 Car 中有一个系统默认的构造函数，其格式为：

```
Public Sub New()
End Sub
```

在定义该类的一个对象 c 时，可使用下面语句：

```
Dim c As New Car
```

此时，这个系统默认的构造函数只负责创建一个对象，而不做任何初始化的工作。如果在类中显示的定义了任意一个构造函数，那么系统就不再生成默认的构造函数了。例如，我们在汽车类 Car 中添加一个构造函数如下所示：

```
Public Sub New()
    _color = "黑色"
End Sub
```

此时使用 Dim c As New Car 语句不仅创建了一个类型为 Car 的对象，同时将对象的 _color 成员初始化为"黑色"。

（4）一个类中的构造函数可以有多个，即构造函数可以重载，但此时构造函数的参数必须不同（参数个数不同或者参数类型不同）。在定义对象时，系统会根据参数的不同自动调用合适的构造函数来创建对象。例如，我们在汽车类 Car 中再添加一个构造函数如下所示：

```
Public Sub New(ByVal a As String, ByVal b As Date)
    _color = a                  '初始化颜色
    _productiondate = b         '初始化出厂日期
End Sub
```

则此时，类 Car 中有两个不同的构造函数，在创建对象时则要根据不同的参数来选择调用哪个函数。如下面两个创建对象语句分别创建了一个汽车类对象 c1 和一个汽车类对象 c2。

```
Dim c1 As New Car
Dim c2 As New Car("银色", Today())
```

其中对象 c1 只将汽车颜色初始化为"黑色"，而对象 c2 则同时将颜色初始化为"银色"和出厂日期初始化为"今天"。

2．析构函数

对象可以被创建，也可以被销毁。当对象生命周期结束时，会自动调用该对象的析构函数，清除这个对象。在 Visual Basic.NET 中，使用 Sub Finalize 语句创建析构函数，这个函数不能被直接调用，而是由系统确定该对象确实没有存在的必要时，来自动清除该对象。也就是说，在 Visual Basic.NET 中没有明确的结束时间，只知道系统最后会调用析构函数来销毁对象，回收资源。

8.3 类的继承与派生

封装、继承和多态是面向对象程序设计的三大基本属性，其中继承这个概念来源于生物学，在现实生活中，很多事物都不是孤立的，它们往往会具有一些共同的特征，也存在内在的差别，如图 8-5 所示。

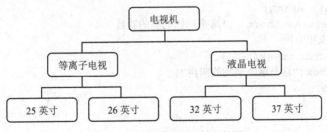

图 8-5 电视机类派生示意图

为了用软件语言对现实世界中的层次结构进行模型化，面向对象的程序设计技术引入了继承的概念。它允许在既有类的基础上创建新类，从而使创建新类的工作变得更加容易。新类从既有类中继承类成员，同时为了赋予新类以新的特性，可以重新定义或加进新的成员，从而形成类的层次或等级。由于 Visual Basic.NET 是完全面向对象的编程语言，所以它是支持继承的，但 VB6 则不支持。

8.3.1 基类和派生类

在继承关系中，被继承的类称为基类（Base class），有时也被称为超类（Superclass）或父类，而通过继承关系定义出来的新类则被称为派生类（Derived class）或子类。派生类从基类那里继承特性,当然派生类也可以作为其他类的基类继续派生出新类,这样就形成了多层的层次结构。

当开始使用继承实现一个类时,必须先从基类开始,一旦有了基类,就可以在该基类的基础上实现一个或多个派生类。事实上,任何类都可以作为派生其他类的基类,除非在代码中明确指出这个类不能作为基类。

在 Visual Basic.NET 中使用 Inherits 语句来指明派生类的基类,定义派生类的语法格式:

```
[访问修饰符] Class 派生类名
    Inherits 基类名
    ...
End Class
```

由 Inherits 语句继承得到的每个子类都自动拥有该基类的所有方法、属性和事件(除了基类的构造函数和析构函数)。子类可以增加自己的新方法、属性和事件,也可以重写原来基类中的行为,用新的行为来代替它。

Visual Basic.NET 只支持单一继承,即派生类只能有一个基类,而有的程序设计语言是支持多重继承的,即派生类可以有多个直接基类。

前面通过对汽车类的定义例子来讲解类的基本概念,这里将展示另外一个例子,从而得到基类和派生类的感性认识。

【例 8.6】定义一个动物类 Animal,然后在 Animal 类的基础上派生出一个新类:狗类 Dog,并编写相关程序进行测试。

(1)创建一个新的 Windows 应用程序项目。

(2)单击菜单"项目"→"添加模块",弹出"添加新项"对话框,这里使用默认名称(Module1.vb),单击添加按钮。

(3)在模块中定义一个动物类 Animal,代码如下:

```
Module Module1
    '定义动物类
    Public Class Animal
        Dim _legs As Short    '这个动物的腿的数目
        '方法:发出叫声
        Public Sub speak()
            MsgBox("这是这个动物的叫声")
        End Sub
    End Class
End Module
```

(4)在窗体 Form1 上添加一个按钮 Button1,在 Button1 的 Click 事件过程中加入以下代码,测试动物类:

```
Private Sub Button1_Click(ByVal sender As System.Object, ByVal e As System.EventArgs) Handles Button1.Click
    Dim a As New Animal      '创建类的实例
    a.speak()                '运行类的方法
End Sub
```

运行程序,观察结果,弹出一个消息框,显示"这是这个动物的叫声"。

(5)在模块 Module1 内部加入以下代码,实现从动物类 Animal 中继承一个类 Dog。

```
'声明狗类
Public Class Dog
    Inherits Animal          '继承自动物类
```

End Class

（6）再次回到窗体 Form1 的 Button1_Click 事件代码中，在第（4）步的调用动物类的 speak()方法的下方声明一个狗类的实例，再调用这个对象的 speak()方法，代码如下：

```
Private Sub Button1_Click(ByVal sender As System.Object, ByVal e As System.
EventArgs) Handles Button1.Click
    Dim a As New Animal        '创建类的实例
    a.speak()                  '运行类的方法

    Dim dog As New Dog
    dog.speak()
End Sub
```

运行程序，观察结果。通过这个运行结果可以看出，虽然在狗类的定义中并没有定义"发出叫声"speak()的语句，但是它还是能发出叫声，这是因为它继承了它的基类 Animal 类中的 speak()方法。

8.3.2 派生类的构造函数

由于派生类继承的基类中的成员中不包括构造函数，因此，若需要对派生类进行初始化，则需要在派生类中定义新的构造函数。又由于派生类的数据成员是由所有基类的数据成员与派生类中新增的数据成员共同组成的，因此，在派生类的构造函数中必须对其基类数据成员以及新增成员中所需要的进行初始化，而对其基类数据成员的初始化是通过调用基类的构造函数完成的。派生类的构造函数的定义格式如下：

```
Public Sub New(派生类构造函数总参数表)
    MyBase.New(基类构造函数参数表)
    派生类新增的数据成员的初始化
End Sub
```

说明：

（1）MyBase 关键字指的是当前类的基类，MyBase.New()则表示调用基类的构造函数，目的是为了对基类的有关数据成员进行初始化。这个调用语句必须是构造函数的第一个语句，否则会出现语法错误。

（2）"派生类构造函数总参数表"中的参数包括需要初始化的基类数据成员和需要初始化的派生类新增数据成员两部分。

如果基类和派生类中所有数据成员都不需要进行初始化，那么就不需要再定义派生类的构造函数。如同例 8.6 中的基类 Animal 和派生类 Dog 中的数据成员都不需要初始化，那么在这两个类中都不需要定义构造函数。

如果在基类中没有显式定义构造函数，或者基类中的构造函数是无参数的，那么在派生类的构造函数中 MyBase.New()语句可以不用写出，但在后台，Visual Basic.NET 会自动的执行这个语句。例如，如果在例 8.6 的基类 Animal 中定义一个如下构造函数：

```
Public Sub New()
    MsgBox("现在要创建动物类了")
End Sub
```

在例 8.6 的派生类 Dog 中定义一个如下构造函数：

```
Public Sub New()
    MsgBox("现在要创建狗类了")
End Sub
```

在窗体 Form1 的代码中设置下面声明 Dog 类对象的语句进行测试。
```
Dim dog As New Dog
```
程序运行后，可以看到当执行到上面语句时，将会先后弹出"现在要创建动物类了"和"现在要创建狗类了"两个信息框。

当基类中的构造函数需要提供参数时，操作就会相对复杂一些。

【例 8.7】将例 8.6 中基类 Animal 中的构造函数修改成对数据成员_legs 初始化，派生类 Dog 中的构造函数也要对新增数据成员_style 进行初始化，同时编写代码做出测试。

设计：在窗体 Form1 上添加两个标签 Label1、Label2 和一个命令按钮 Button1。在 Button1 的 Click 事件过程中分别定义 Animal 类的对象 a 和 Dog 类的对象 dog，然后在标签上输出这两个对象的相关成员的结果。

全部程序代码如下：
```
Module Module1
    Public Class Animal                       '定义动物类
        Private _legs As Short                '这个动物的腿的数目
        Public Sub speak()                    '发出叫声的方法
            MsgBox("这是我的叫声")
        End Sub
        Public Sub New(ByVal l As Short)
            _legs = l                         '初始化动物的腿数
            MsgBox("现在要创建动物类了")
        End Sub
        Public ReadOnly Property legs() As Short
            Get
                Return _legs
            End Get
        End Property
    End Class
    Public Class Dog                          '定义狗类
        Inherits Animal                       '继承自动物类
        Private _style As String              '狗的品种
        Public Sub New(ByVal a As Short, ByVal b As String)
            MyBase.New(a)
            _style = b                        '初始化狗的品种
            MsgBox("现在要创建狗类了")
        End Sub
        Public Property style() As String
            Get
                Return _style
            End Get
            Set(ByVal value As String)
                _style = value
            End Set
        End Property
    End Class
End Module
Public Class Form1
    Private Sub Button1_Click(ByVal sender As System.Object, ByVal e As System.EventArgs) Handles Button1.Click
        Dim a As New Animal(2)                '创建类的实例
```

```
        Label1.Text = "动物a有" & a.legs & "条腿"
        Dim dog As New Dog(4, "藏獒")
        Label2.Text="我是一条" & dog.style & ",我有" & dog.legs & "条腿"
    End Sub
End Class
```

单击工具栏中的"启动调试"按钮或按 F5 键运行程序，单击按钮后，程序运行结果如图 8-6 所示。

由这个示例可以看出，派生类 Dog 确实继承了其基类 Animal 中的成员（如 legs 属性），由于基类 Animal 中的数据成员 _legs 是被声明为 Private 的，而且表示腿数的 legs 属性又是只读的，故在派生类 Dog 中不能直接为腿的数目赋值，而是通过 Dog 类构造函数中的 MyBase.New(a)调用基类 Animal 的构造函数来完成对 _legs 的初始化。

图 8-6 程序运行结果示意图

要在派生类 Dog 中读取它的腿的数目，可以直接使用从基类继承过来的 legs 属性（此属性在基类中被声明为 Public 类型）来完成。

8.4 类的多态性

8.4.1 重载与重写

1. 重载（Overloads）

重载是指在一个类定义中，可以编写多个同名的方法，但是只要这些方法的参数列表不同（参数个数或类型不同），Visual Basic.NET 就会将它们各自作为一个唯一的方法。简单来说，一个类中的方法与另一个方法同名，但是参数表不同，这种方法称之为重载方法。重载有以下两种情况：

（1）在同一个类中出现属性或方法的重载。例如，在前面 8.2.7 节中讲到了构造函数的重载(构造函数的特点(4)中)，在汽车类中定义了两个构造函数New()和New(ByVal a As String, ByVal b As Date)，那么在调用它们时，也就是在定义汽车类对象时，系统会根据所给参数的不同来自动选择使用哪个函数，例中使用了如下两个调用语句分别创建了两个汽车类对象 c1 和 c2。

```
Dim c1 As New Car
Dim c2 As New Car("银色", Today())
```

这种重载的使用，在定义重载方法（属性）时，也可以加上修饰符 Overloads，但只要有一个方法（属性）加上了修饰符 Overloads，那么其他所有的重载方法（属性）的定义中都要加上此修饰符。如上面的两个重载函数 New 的定义语句可修改为：

```
Public Overloads Sub New()
    _color = "黑色"
End Sub
Public Overloads Sub New(ByVal a As String, ByVal b As Date)
    _color = a              '初始化颜色
    _productiondate = b     '初始化出厂日期
End Sub
```

（2）在派生类中重载从基类继承来的属性或方法。此时，必须在派生类中的相应属性或方法中加上修饰符 Overloads。

函数重载使得程序员可以将一系列的函数族定义为一个统一的界面，但是却可以处理不同类型数据或接受不同个数的参数。这实现了统一接口，不同定义的思想。

2. 重写（Overrides）

重写必须出现在继承中，它是指当派生类继承了基类的属性和方法之后，有时需要对基类中的某些方法进行修改，这就是重写。此时，基类中被重写的方法（属性）在定义时必须加上关键字 Overridable 来表示此方法（属性）是可以被重写的；同时，在派生类的相应方法（属性）的定义中必须加上关键字 Overrides 来表示该方法（属性）是对基类中的方法（属性）进行了重写。

重载与重写的区别就在于是否覆盖。重写是对基类中被重写的方法或属性进行覆盖，其方法（属性）名及其参数都必须全部相同；而重载则要求其方法（属性）名称必须相同，参数必须不同。

【例8.8】修改例8.6，在派生类 Dog 中重写基类 Animal 中的 speak()方法。

分析：由于派生类 Dog 会继承其基类 Animal 中的所有方法（除构造和析构函数），所以 Dog 类也会继承 Animal 类的"发出叫声"的 speak()方法，但是，由于所有动物的叫声都是不同的，所以狗（Dog 类）作为动物（Animal 类）的子类，也可以拥有自己的特征和自己的叫声。若想要 Dog 类拥有自己的叫声，只需重写基类 Animal 中的 speak()方法即可。

（1）修改基类 Animal 中的 speak()方法，使得此方法可以在其派生类中被重写，只需在 speak()方法的定义语句中加上 Overridable 关键字即可，修改代码如下：

```
'方法：发出叫声，此方法可以被覆盖
Public Overridable Sub speak()
    MsgBox("这是我的叫声")
End Sub
```

（2）在派生类 Dog 中添加一个 speak()方法，此方法的定义必须使用 Overrides 关键字来修饰，当在 Dog 类代码中输入 Public Overrides Sub speak()语句时，系统会自动创建如下代码段：

```
Public Overrides Sub speak()
    MyBase.speak()
End Sub
```

这说明 Overrides 重写是一种父子继承关系，它通过 MyBase.speak()语句继承了其父类 Animal 中的 speak()方法。也就是说我们可以在 speak()方法的新的实现中，调用其原始实现，然后在原始实现的前后可以添加新的代码，用来扩展新功能。此处我们在 MyBase.speak()语句后面添加下面语句来给 Dog 类增加自己新的叫声。

```
MsgBox("汪汪……")
```

（3）在窗体 Form1 中编写代码进行测试。窗体上添加按钮 Button1，在 Button1 的 Click 事件中编写如下测试代码：

```
Private Sub Button1_Click(ByVal sender As System.Object, ByVal e As System.EventArgs) Handles Button1.Click
    Dim a As New Animal(2)              '创建动物类对象
    a.speak()                           '调用父类Animal中的speak()方法
    Dim dog As New Dog(4, "藏獒")        '创建狗类对象
    dog.speak()                         '调用子类Dog中的speak()方法
End Sub
```

（4）运行程序，观察结果。

（5）再次修改步骤（2）中的代码，将 MyBase.speak() 语句删除，这样在 Dog 类中的 speak() 方法就完全替换（覆盖）掉了基类中该方法的实现。修改后的代码如下：

```
Public Overrides Sub speak()
    MsgBox("汪汪……")
End Sub
```

（6）运行程序，观察结果。对比步骤（2）和步骤（5）代码修改前后运行结果的异同。

8.4.2 多态性及其实现

在面向对象的程序设计理论中，多态性是指同一操作作用于不同的类的实例，将产生不同的执行结果。即不同类的对象收到相同的消息时，得到不同的结果。对象根据所接受的消息而做出动作，这里的消息是指对类的方法（即成员函数）的调用，同样的消息被不同的对象接受时可能导致完全不同的行为，不同的行为是指不同的实现，也就是调用了不同的方法，这种现象称为多态性。

多态性包含编译时的多态性（静态多态性）和运行时的多态性（动态多态性）两大类。

（1）编译时多态性（静态多态性）是指定义在一个类或一个函数中的同名函数，它们根据参数表（类型以及个数）区别语义，由编译系统在编译期间就可以确定用户所调用的方法究竟是哪个。也就是说这种多态性是通过方法的重载实现的。例如，在一个类（Car 类）中定义的不同参数的构造函数。

（2）运行时多态性（动态多态性）是指定义在一个类层次的不同类中的由重写机制来定义的同名函数，因此要判断所调用的函数究竟是哪个，就需根据指针指向的对象所属的类来区别，这种情况下，编译系统在编译阶段并不能确切知道将要调用的函数，只有在程序执行时才能确定哪个函数将要被调用。

【例 8.9】在例 8.8 的基础上，编写程序测试运行时多态。

分析：例 8.8 中 Module1 模块内定义的两个类，Animal 类和 Dog 类。其中基类 Animal 中定义了一个 speak() 方法，而派生类 Dog 中又重写了该 speak() 方法。给这个项目添加一个窗体 Form2，在 Form2 中编写测试程序。

（1）打开例 8.8 中项目。

（2）单击"项目"→"添加 Windows 窗体"，单击"添加"按钮，给该项目添加一个默认名称为 Form2 的窗体。

（3）在窗体 Form2 上添加一个默认名称为 Button1 的命令按钮。

（4）在窗体 Form2 的按钮 Button1 的 Click 事件中，添加以下代码：

```
Private Sub Button1_Click(ByVal sender As System.Object, ByVal e As System.EventArgs) Handles Button1.Click
    Dim a As Animal                    '定义一个 Animal 类型的变量
    Dim aa As New Animal(2)            '创建一个 Animal 类型的实例
    Dim dd As New Dog(4, "藏獒")       '创建一个 Dog 类型的实例
    a = aa                             '基类变量 a 引用了一个基类的实例 aa
    a.speak()                          '调用基类中的 speak() 方法
    a = dd                             '基类变量 a 引用了其派生类的实例 dd
    a.speak()                          '调用派生类中的 speak() 方法
End Sub
```

（5）在"解决方案资源管理器"窗口中右键单击项目名称，选择弹出快捷菜单中的"属

性"命令,在打开的"属性"窗口中设置启动窗体为 Form2。

(6) 运行程序,观察结果。

由上面程序的运行结果可以看出,在窗体 Form2 的按钮 Button1 的 Click 事件中,基类 Animal 的变量 a 在引用不同的类的对象(实例)时,语句 a.speak()所执行的结果是不同的。当变量 a 引用 Animal 类的对象 aa 时,a.speak()的执行结果是弹出一个内容为"这是我的叫声"的消息框;当变量 a 引用 Dog 类的对象 dd 时,a.speak()的执行结果是弹出一个内容为"汪汪……"的消息框。这样,同样的调用语句(a.speak())出现了不同的执行结果,这就是运行时的多态性。

8.5 接口

由于 Visual Basic.NET 中的继承只允许单一继承,所以为了解决多继承的问题引入了接口的概念。接口分为主接口(本地接口)和辅助接口两类。在 Visual Basic.NET 中,所有对象都有一个主接口,主接口是由声明为 Public 类型的属性、方法、事件和成员变量组成。除了主接口外,对象也可以拥有辅助接口,辅助接口是通过 Implement 关键字来实现的。也就是说,在 Visual Basic.NET 中是支持多接口的。

接口和类一样,可以定义属性和方法。但是与类不同,接口并不提供具体的实现,接口中的成员由实现该接口的类来实现。其实,接口可以认为是一种约定,实现接口的类,就是签约的类,类中必须实现在接口中定义的所有方法。前面章节我们介绍了主接口的定义和使用方法,下面我们将主要介绍辅助接口的内容。以下我们将直接简称其为接口。

1. 接口的定义

可以使用 Interface 关键字定义一个正式接口。接口定义的基本格式:

```
[访问修饰符] Interface 接口名
    '接口中定义的成员
End Interface
```

语法说明:

(1) 接口的定义可以放在项目的任何代码模块中,但最好将其放在标准模块里,并且必须放在所有 Class 块和 Module 块的外部。

(2) 接口的"访问修饰符"只能是 Public 或 Friend,其含义与前相同。

(3) 接口名为用户自定义的接口名称,习惯上用 I 开头。

(4) "接口中定义的成员"是指在 Interface 代码块中可以定义构成接口的方法(Sub、Function)、属性(Property)和事件(Event)。但注意不能为这些成员指定作用域,也就是说他们的作用域与接口的作用域相同。

(5) 接口中定义的成员代表了这个接口所具有的功能和所能提供的信息。

例如,在一个标准模块(Interfaces.vb)中,定义拥有一个 run()方法的接口 Irun,代码如下:

```
Public Interface Irun
    Function run() As Integer    '该方法表示"可以跑"
End Interface
Module Interfaces
'Module 代码块
End Module
```

该代码段下部的 Module 代码块,意味着接口的定义与它是属于同一层次的。

2. 接口的实现

在 Visual Basic.NET 中，实现接口的语法是沿用 VB6 的 Implement。若要实现接口就必须实现接口中定义的所有方法、属性和事件。例如，要在一个 Dog 类中实现上面的 Irun 接口，代码如下：

```
Public Class Dog
    Inherits Animal        '这个类继承自 Animal 类
    Implements Irun        '实现 Irun 接口
    Public Function run() As Integer Implements Irun.run    '该方法实现接口 Irun 中定义的 run()方法
        Return 100         '跑了公里
    End Function
    'Dog 类中的其余成员
End Class
```

（1）在该段代码中使用了一个 run()方法来实现接口 Irun 中定义的 run()方法，但实际上 Visual Basic.NET 允许使用任意名字的方法、属性和事件来实现接口中的相应成员。

（2）在实现接口的类中可以定义不属于该接口定义的成员，但所实现的这个接口中定义的所有成员必须要实现。

（3）任何需要实现接口所具有的功能的类（除了抽象基类）都可以实现这个接口。如上述接口 Irun 具有"可以跑"的功能，人、车、狗都可以跑，因此在定义这些类时都可以实现这个接口。比如我们还可以定义一个实现该接口功能的车类 Car。

（4）一个类只能继承自另一个类，但是一个类可以同时实现多个接口。例如，我们添加一个接口 Isound 到标准模块 Interfaces.vb 中，这个接口具有"可以发声"的功能。

```
Public Interface Isound
    Sub sound()        '该方法表示"可以发声"
End Interface
```

由于汽车"可以跑"也"可以发声"，因此，我们可以定义一个汽车类 Car 同时实现 Irun 接口和 Isound 接口，代码如下：

```
Public Class Car
    Implements Irun, Isound        '实现两个接口 Irun 和 Isound
    Public Function run() As Integer Implements Irun.run    '该方法实现接口 Irun 中定义的 run()方法
        Return 500    '跑了公里
    End Function
    Public Sub sound() Implements Isound.sound    '该方法实现接口 Isound 中定义的 sound()方法
        MsgBox("嘀嘀嘀……")
    End Sub
End Class
```

3. 接口的使用

使用接口和使用类相似。在定义和实现了接口之后，就可以和实现了接口功能的对象进行交互。例如，我们创建一个通用的"跑"过程代码如下：

```
Public Sub run(ByVal ir As Irun)
    MsgBox("跑了" & ir.run() & "公里")
End Sub
```

这里使用了一个 ir 参数，这个参数的类型是一个接口 Irun。实际上传递进来的参数是一个实现了该接口的某个类的实例，这样就这个对象就可以"跑"了。所有实现了"跑"接口

Irun 的对象都可以通过调用这个 run 函数来完成"跑"。下面进入窗体 Form1 的按钮 Button1 的 Click 事件代码中，通过添加以下代码来演示这个接口函数 run 的使用。大家可以自行完成接口函数 sound 的创建和使用。

```
Private Sub Button1_Click(ByVal sender As System.Object, ByVal e As System.EventArgs) Handles Button1.Click
    Dim c As New Car
    run(c)
    Dim d As New Dog
    run(d)
End Sub
```

通过这种方法，当需要添加一个新类（如"人"）时，只要在这个类中实现了该接口 Irun，那就可以直接使用这个接口函数 run 来完成"跑"了。

8.6 委托

在现实生活中，委托就是让别人代替自己去办事。在面向对象的程序设计中，委托是可用于调用其他对象方法的对象。Visual Basic.NET 委托是基于 System.Delegate 类的引用类型，它可以引用对象的方法（实例方法）和共享方法（无需特定的类实例即可调用的方法）。

委托允许通过对函数进行引用的方法来间接地调用该函数，也可用于与事件处理程序挂接以及将过程从一个过程传递到另一个过程。例如，假设有两个方法 MulFun 和 AddFun，它们都接受两个整形参数。MulFun 返回这两个参数的乘积，AddFun 则返回它们的和。由于这两个方法的参数个数、类型和返回值类型都一样，因此可以为它们创建一个委托 CalFun。如果该委托在指向 MulFun 时调用，则将对委托中传递的参数做乘法计算；如果该委托在指向 AddFun 时调用，则将对委托中传递的参数做加法计算。

使用委托可以概括为三步：声明、实例化和调用。

1. 声明委托类型

要使用委托，首先要声明一个委托类型，委托类型和类一样也是一个引用类型。声明委托类型要使用 Delegate 关键字，其声明的语法格式为：

[访问修饰符] Delegate Sub 委托类型名(参数列表)

或

[访问修饰符] Delegate Function 委托类型名(参数列表) As 数据类型

语法说明：

（1）"访问修饰符"用于指定哪些代码可以访问此委托，含义同前。

（2）根据该委托是否需要返回值来选择使用 Sub 或 Function 格式。

例如，下面的代码就定义了一个委托 CalFun。

Public Delegate Function CalFun(ByVal a As Integer, ByVal b As Integer) As Integer

2. 实例化及调用委托

由于委托是一个类型，因此定义委托后必须实例化才能使用。实例化委托的过程就是将委托和方法或代码关联的过程。通常，可以使用 AddressOf 运算符将委托与方法关联。

【例 8.10】随机产生加法和乘法运算，以此练习及理解委托的使用。

分析：首先定义 AddFun 和 MulFun 两个方法（在类 Computer 中），然后声明 CalFun 委托类型，再通过 Rnd()函数随机产生 0 和 1 两个数据，0 时为加法，将委托 CalFun 与 AddFun 关联，1 时为乘法，将委托 CalFun 与 MulFun 关联，最后调用委托进行计算。

在窗体 Form1 中添加 3 个文本框、2 个标签、2 个按钮，如图 8-7 所示。利用属性窗口对窗体各控件进行设置，设置后的窗体界面如图 8-8 所示。

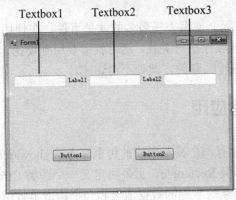

图 8-7 窗体布局示意图

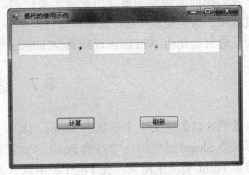

图 8-8 属性设置完毕后的窗体示意图

全部代码如下：

```vb
Public Class Form1
    Dim op As CalFun              '定义委托变量
    Dim c As New Computer         '声明类的实例
    Private Sub Button1_Click(ByVal sender As System.Object, ByVal e As System.EventArgs) Handles Button1.Click
        TextBox3.Text = op(Val(TextBox1.Text), Val(TextBox2.Text))   '调用委托
    End Sub
    Private Sub Button2_Click(ByVal sender As System.Object, ByVal e As System.EventArgs) Handles Button2.Click
        Call operater()           '调用方法
    End Sub
    Private Sub Form1_Load(ByVal sender As System.Object, ByVal e As System.EventArgs) Handles MyBase.Load
        Call operater()           '调用方法
    End Sub
    '利用随机函数产生+或*，并绑定委托和所调方法
    Private Sub operater()
        Dim n As Integer
        n = Int(2 * Rnd())
        If n = 0 Then
            Label1.Text = "+"
            op = AddressOf c.AddFun    '在委托和 AddFun 方法之间建立关联
        Else
            Label1.Text = "*"
            op = AddressOf c.MulFun    '在委托和 MulFun 方法之间建立关联
        End If
    End Sub
End Class
Public Delegate Function CalFun(ByVal a As Integer, ByVal b As Integer) As Integer
Public Class Computer
    Public Function AddFun(ByVal x As Integer, ByVal y As Integer) As Integer
        Return x + y
```

```
        End Function
        Public Function MulFun(ByVal x As Integer, ByVal y As Integer) As Integer
            Return x * y
        End Function
    End Class
```

我们在前面讲到的事件也是基于委托的，实际上使用委托最多的就是事件。在使用事件的过程中，当引发事件后，就要将事件与事件处理程序进行关联，这时就需要用到委托，这里的委托通常是使用 WithEvents 或 AddHandler 等进行关联的，此处不再详述。

8.7 综合应用

【例 8.11】定义一个形状类 Shape，其中只含有一个显示面积的可重写方法 showarea()；由形状类 Shape 派生出一个点类 Point，一个矩形类 Rectangle，另外再定义一个圆类 Circle，该类由 Point 类派生而来；在 Point 类中包含表示点的坐标的数据成员和一个构造函数用来初始化点的坐标；在 Circle 类中包含表示圆心坐标和圆半径的数据成员以及两个构造函数，一个构造函数的参数列表要传递圆心坐标的值，另一个则圆心坐标和半径的值都要传递；在 Rectangle 类中包含表示矩形长和宽的数据成员和可以读写长和宽的值的属性；在上述三个类中都要重写 showarea() 方法。在此基础上，编写有关代码进行各种测试。

步骤：

（1）创建一个 Windows 应用程序。

（2）创建一个标准模块 Module1，并将类的定义在此标准模块中完成，代码如下：

```
Module Module1
    Public Class Shape              '定义形状类
        Public Overridable Sub showarea()     '可重写方法：显示"形状"面积
            MsgBox("抽象形状没有面积")
        End Sub
    End Class
    Public Class Point              '定义点类
        Inherits Shape              '继承自形状类
        '成员变量
        Private x As Single         '点的横坐标
        Private y As Single         '点的纵坐标
        '构造函数：初始化点的坐标
        Public Sub New(ByVal px As Single, ByVal py As Single)
            x = px
            y = py
        End Sub
        '重写基类方法：显示"点"面积
        Public Overrides Sub showarea()
            MsgBox("点的面积是")
        End Sub
    End Class
    Public Class Circle             '定义圆类
        Inherits Point              '继承自点类
        '成员变量
        Private x As Integer        '圆心横坐标
        Private y As Integer        '圆心纵坐标
```

```vb
            Private r As Integer          '圆的半径
        '构造函数：初始化圆心的坐标及圆的半径
        Public Sub New(ByVal px As Single, ByVal py As Single, ByVal pr As Single)
            MyBase.New(px, py)
            x = px
            y = py
            r = pr
        End Sub
        '构造函数：初始化圆心的坐标，半径初始化为
        Public Sub New(ByVal px As Single, ByVal py As Single)
            MyBase.New(px, py)
            x = px
            y = py
            r = 1
        End Sub
        '重写基类方法：显示"圆"面积
        Public Overrides Sub showarea()
            Dim s As Single
            s = 3.14 * r ^ 2
            MsgBox("圆心坐标为：(" & x & "," & y & ")" & vbCrLf & "圆的半径是：" & r & vbCrLf & "圆的面积是：" & s)
        End Sub
    End Class
    Public Class Rectangle       '定义矩形
        Inherits Shape           '继承自形状类
        '成员变量
        Private _length As Single    '长方体的长
        Private _width As Single     '长方体的宽
        '属性
        Public Property length() As Single
            Get
                Return _length
            End Get
            Set(ByVal value As Single)
                _length = value
            End Set
        End Property
        Public Property width() As Single
            Get
                Return _width
            End Get
            Set(ByVal value As Single)
                _width = value
            End Set
        End Property
        '重写基类方法：显示矩形面积
        Public Overrides Sub showarea()
            Dim s As Single
            s = _length * _width
            'MsgBox("矩形的长、宽分别是：" & _length & "、" & _width & vbCrLf & "矩形的面积是：" & s)
            MsgBox("矩形的面积是：" & s)
```

            End Sub
        End Class
End Module

（3）在窗体 Form1 中添加一个按钮 Button1，编写按钮的 Click 事件代码如下：

```
Public Class Form1
Private Sub Button1_Click(ByVal sender As System.Object, ByVal e As System.EventArgs) Handles Button1.Click
        Dim s As Shape                  '定义 Shape 类变量
        Dim poi As New Point(0, 0)      '定义 Point 类实例
        Dim cir1 As New Circle(1, 1, 2) '定义 Circle 类实例
        Dim cir2 As New Circle(0, 0)    '定义 Circle 类实例
        Dim rec As New Rectangle        '定义 Rectangle 类实例
        Dim cub As New Cuboid
        Dim cyl As New Cylinder
        s = New Shape       '创建 Shape 类实例
        s.showarea()        '显示"形状"的面积
        s = poi             '引用 Pointer 类实例
        s.showarea()        '显示"点"的面积
        cir1.showarea()     '显示"圆"的面积
        cir2.showarea()
        rec.length = 1      '给属性赋值
        rec.width = 1
        'MsgBox 中调用属性值
        MsgBox("矩形的长和宽分别是: " & rec.length & "、" & rec.width)
        rec.showarea()      '显示"矩形"的面积
    End Sub
End Class
```

实验八　面向对象程序设计

一、实验目的

通过本次实验，熟悉 Visual Basic.NET 的面向对象程序设计，能够掌握类和对象的定义和使用方法，并在此基础上掌握类的继承与派生等。

二、实验内容与步骤

建立一个 Windows 应用程序，为学校教务管理系统设计一个教师类和一个学生类。并编写有关的程序进行测试。

分析：教师类（Teacher）可包括工号、姓名、性别、年龄、课时数和职称的信息查询与设置，还要能根据职称计算工资，同时提供这些信息的显示方法；学生类（Student）可包括学号、姓名、性别、年龄和成绩的信息，同时提供这些信息的显示方法。由此可以为这两个类引入一个共同的基类人员类（People），可包括 ID 号、姓名和年龄的基本信息，另外提供一个可重写的显示人员信息的方法 PrintInfo。

设计步骤如下：

（1）进入 Visual Studio 2008 集成开发环境，新建一个 Visual Basic 类型的 Windows 应用程序项目。

（2）从工具箱向窗体 Form1 添加 6 个标签 Label1～Label6 用于标识信息，6 个文本框 TextBox1～TextBox6 用于输入数据，另添加一个标签 Label7 用于输出信息，1 个命令按钮 Command1。并通过"属性"窗口设置其属性，具体说明如表 8-3 所示。窗口界面如图 8-9 所示。

表 8-3 Form1（"教师信息"窗体）中控件及属性设置

控件	属性名	属性值
Form1	Text	教师信息
Label1	Text	工号：
Label2	Text	姓名：
Label3	Text	性别：
Label4	Text	出生日期：
Label5	Text	职称：
Label6	Text	课时：
TextBox1	Name	id_txt
TextBox2	Name	name_txt
TextBox3	Name	gender_txt
TextBox4	Name	birthday_txt
TextBox5	Name	post_txt
TextBox6	Name	hour_txt
Label7	Name	print_lbl
	BorderStyle	Fixed3D
Button1	Text	确定

图 8-9 属性设置完毕后的窗体示意图

（3）编写程序代码。

1）在新建的 Windows 应用程序的解决方案资源管理器中右键单击其项目名称，选择"添加"→"模块…"，为项目添加一个标准模块 Module1，在 Module1 中创建基类 People，代码如下：

```
Public Class People
    Private _id As String
    Private _name As String
    Private _sex As String
    Private _birthday As Date
```

```vb
        Private _age As Integer
        Public Sub New(ByVal id As String, ByVal name As String, ByVal sex As String, ByVal birthday As Date)
            _id = id
            _name = name
            _sex = sex
            _birthday = birthday
        End Sub
        Public Property ID() As String
            Get
                Return _id
            End Get
            Set(ByVal value As String)
                _id = value
            End Set
        End Property
        Public ReadOnly Property 姓名() As String
            Get
                Return _name
            End Get
        End Property
        Public ReadOnly Property 性别() As String
            Get
                Return _sex
            End Get
        End Property
        Public ReadOnly Property 年龄() As Integer
            Get
                _age=CInt(DateDiff(DateInterval.Year, _birthday, Today()))
                Return _age
            End Get
        End Property
        Public Overridable Function PrintInfo() As String
            Return "ID: " & _id & " 姓名: " & _name & " 性别: " & _sex & " 年龄: " & 年龄()
        End Function
    End Class
```

2）在标准模块 Module1 中，继续创建 People 类的派生类 Teacher 类和 Student 类，其代码如下：

```vb
    Public Class Teacher
        Inherits People
        Private _post As String
        Private _AcademicHour As Integer
        Private _pay As Single
        Public Sub New(ByVal id As String, ByVal name As String, ByVal sex As String, ByVal birthday As Date, ByVal post As String)
            MyBase.New(id, name, sex, birthday)
            _post = post
        End Sub
        Public Property 课时() As Integer
            Get
```

```
                Return _AcademicHour
            End Get
            Set(ByVal value As Integer)
                _AcademicHour = value
            End Set
        End Property
        Public Function 工资() As Single
            Select Case _post
                Case "教授"
                    _pay = _AcademicHour * 50
                Case "副教授"
                    _pay = _AcademicHour * 40
                Case "讲师"
                    _pay = _AcademicHour * 30
                Case "助教"
                    _pay = _AcademicHour * 20
            End Select
            Return _pay
        End Function
        Public Overrides Function PrintInfo() As String
            Return MyBase.PrintInfo()& " 职称: "& _post& " 工资: "& 工资()
        End Function
    End Class
    Public Class Student
        Inherits People
        Private _score As Integer
        Public Sub New(ByVal id As String, ByVal name As String, ByVal sex As String, ByVal birthday As Date, ByVal score As Integer)
            MyBase.New(id, name, sex, birthday)
            _score = score
        End Sub
        Public Property 成绩() As Integer
            Get
                Return _score
            End Get
            Set(ByVal value As Integer)
                _score = value
            End Set
        End Property
        Public Overrides Function PrintInfo() As String
            Return MyBase.PrintInfo() & "成绩: " & 成绩()
        End Function
    End Class
```

3）在窗体 Form1 的代码编辑窗口中添加如下代码。此窗体的界面与代码的设计是为了对 Teacher 类进行测试，对 Student 类的测试设计请读者自行完成。

```
Private Sub Button1_Click(ByVal sender As System.Object, ByVal e As System.EventArgs) Handles Button1.Click
    Dim id, name, gender, post As String, birthday As Date
    id = id_txt.Text
    name = name_txt.Text
    gender = gender_txt.Text
```

```
            birthday = CDate(birthday_txt.Text)
            post = post_txt.Text
            Dim t As New Teacher(id, name, gender, birthday, post)
            t.课时 = CInt(hour_txt.Text)
            print_lbl.Text = t.PrintInfo
        End Sub
```

（4）单击工具栏中的"启动调试"按钮或按 F5 键运行程序，在"教师信息"窗体的文本框中输入相应数据并单击"确定"按钮时，程序运行结果如图 8-10 所示。

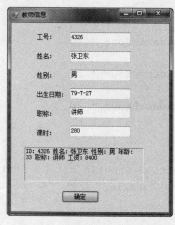

图 8-10　程序运行结果示意图

习题八

一、选择题

1. 在下列关于类的定义位置的说法中，错误的是（　　）。
   A．在标准模块中可以定义类　　　　B．在窗体的代码窗口中可以定义与 Form1 并列的类
   C．在类模块中可以定义类　　　　　D．类的定义不能嵌套，即类中不能再定义
2. 在 Visual Basic.NET 中定义类模块的关键字为（　　）。
   A．Class…End Class　　　　　　　　B．Struct…End Struct
   C．Sub…End Sub　　　　　　　　　　D．Function…End Function
3. 在类 MyClass 的定义中有 Private data as string 语句，则关键字 Private 在此处的作用是（　　）。
   A．限定成员变量 data 只在本模块内部可以使用
   B．限定成员变量 data 仅在类 MyClass 的成员方法中可以访问
   C．限定成员变量 data 仅仅可在类及子类的成员方法中可以访问
   D．限定类 MyClass 仅在本模块中可以使用
4. 要定义某个类为派生类，需要用（　　）语句来指明其基类。
   A．WithEvents　　　B．Event　　　　C．Inherits　　　　D．Class
5. 关键字 MyBase 指的是（　　）。
   A．当前类　　　　　B．当前类的基类　C．当前类的派生类　D．当前类的对象
6. 在 Visual Basic.NET 中，对象可执行的操作称为（　　）。

A. 属性　　　　　　B. 方法　　　　　　C. 事件　　　　　　D. 状态

二、填空题

1. 面向对象程序设计的三大特性是_____、_____、_____。
2. 类的成员包括数据成员、_____、事件和方法。
3. 在面向对象程序设计中，将对象的属性和方法用某种方法"包装"起来，使得要访问对象，必须通过那些被清楚定义的接口，这种"包装"的过程被称为_____。
4. 在 Visual Basic.NET 中，一般使用_____关键字来表示重载方法。
5. 在继承关系中，被继承的类称为_____，通过继承关系定义出来的新类称为_____。
6. 在 Visual Basic.NET 中，定义类的构造函数应使用的语句是_____，而定义类的析构函数应使用的语句是_____。

三、编程题

1. 定义一个圆柱体类 Cylinder，包含底面半径和高两个数据成员；包含一个可以读取和设置各数据成员的值的属性；包含一个可以计算圆柱体体积的方法。然后编写相关程序测试相关功能。

2. 定义一个学生类，包括学号、姓名和出生日期三个数据成员；包括两个可读写属性用于读取和设置学号及姓名的值，一个只读属性用来返回学生的出生日期；包括一个用于给定数据成员初始值的构造函数；包含一个可计算学生年龄的方法。编写该类并对其进行测试。

3. 请为学校图书管理系统设计一个管理员类和一个学生类。其中，管理员信息包括工号、姓名和工资；学生信息包括学号、姓名、所借图书和借书日期。

建议：尝试引入一个基类，使用继承来简化设计。

第 9 章　菜单、工具栏和状态栏

Windows 应用程序的各种界面元素包括窗体、菜单、工具栏及状态栏等。窗体是 Windows 应用程序的主要界面元素，也是放置其他界面元素的容器，是用户与应用程序交互的一个环境。菜单和工具栏提供了应用程序的各项操作功能，通过鼠标单击或选择其中的对象，可以完成所需操作。状态栏是显示应用程序状态的重要对象，可以实时报告程序的运行状态。鼠标、键盘事件可以使程序根据不同的鼠标或键盘状态做出不同的响应。

教学目标

- 菜单的创建、设置和应用
- 工具栏的创建、设置和应用
- 状态栏的创建、设置和应用
- 鼠标、键盘事件及应用

9.1　菜单

Visual Basic.NET 提供了两种基本类型的菜单：标准菜单和弹出式菜单。

标准菜单（Menu）一般位于应用程序窗口标题栏的下方，用鼠标单击菜单标题就会向下展开菜单，因此也称为下拉菜单（简称菜单）。

弹出式菜单也称上下文菜单（Context Menu），是独立于标准菜单之外，且在特定操作（如右击鼠标）情况下显示在对象上的浮动菜单。弹出式菜单的内容包含了与所操作对象相关的功能或选项，所以也称为快捷菜单。

9.1.1　标准菜单的组成

标准菜单是指典型的 Windows 窗口菜单，如图 9-1 所示。菜单栏由若干菜单标题组成，也可称为主菜单。用鼠标单击菜单标题将弹出菜单栏，显示该菜单中的菜单项。例如，单击菜单标题"编辑"，在下拉菜单中显示的菜单项有"剪切"、"复制"、"粘贴"、"删除"和"查找"等。

一个菜单通常包含若干个菜单项，分别代表不同的功能选择，这些菜单项又可以分为几种类型。为了方便用户对菜单类型的识别，Windows 系统在菜单的标识上作了一些约定，通过菜单项前后的某些标记或菜单项本身，向用户提示该菜单项的操作类型。有关说明如表 9-1 所示。

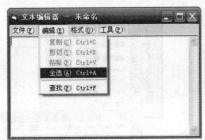 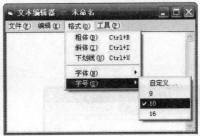

图 9-1 标准菜单的组成

表 9-1 菜单项的说明

菜单项	说明
黑色字符	当前可以选用的菜单项
灰色字符	当前不可选用的菜单项
后面带省略号"…"	选用后将显示一个对话框，要求用户输入执行菜单命令所需的信息或改变某些设置
后面带三角符号"▶"	菜单标题。表示带有下级菜单，当鼠标指向菜单标题时，将显示它的子菜单
分隔符条	按功能将菜单项划分为若干个逻辑组
前面有符号"√"	复选标记。菜单项前有此符号时，表示该功能开启
后面带字母组合键	快捷键。提供了通过键盘直接使用菜单功能的快捷方式

9.1.2 创建应用程序菜单

在 Visual Basic.NET 开发环境中，标准菜单由菜单条（MenuStrip）控件🗂实现，弹出式菜单由上下文菜单条（ContextMenuStrip）控件🗂实现。无论哪种菜单控件，都可以通过输入菜单标题文字快速完成菜单的制作。

1. 创建标准菜单

双击工具箱中的菜单条（MenuStrip）控件🗂将菜单条对象添加到窗体，单击"请在此处键入"编辑菜单标题文字。当有新的菜单项建立时，该菜单项的下方及右侧会出现新的"请在此处键入"区，如图 9-2 所示。在建立一项菜单后，按"Tab"键可转移并编辑右侧的菜单，按"回车"键转移并编辑下方的菜单。菜单可指定快捷字母（如图 9-2 中的"文件(F)"和"打开(O)"等），方法是以"&快捷字母"的格式键入文字，如图 9-2 中的"退出(&X)"。

创建的菜单可根据需要再编辑，方法是右击相关菜单项，在出现的功能菜单中选择"设置图像"、"插入"、"删除"等操作，如图 9-3 所示。

通过上述方法建立的菜单，仅明确了其 Text 属性（菜单文字）。为使菜单容易辨别和使用，还需要修改其名字（Name）及功能快捷键（ShortcutKeys）等。修改的方法有如下两种：

- 逐一选中菜单，并通过"属性"窗口修改对象的(Name)和 ShortcutKeys 属性。
- 右击包含子项的菜单，选择"编辑 DropDownItems"，打开"项集合编辑器"窗口，逐项修改（如图 9-4 所示）。对主菜单集合而言，则应右击菜单条的空白处，选择"编辑项"。

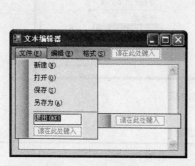
图 9-2　创建标准菜单

图 9-3　编辑菜单

图 9-4　修改菜单名及快捷键

【例 9.1】根据表 9-2 所列内容创建如图 9-2 所示的标准菜单。

表 9-2　程序标准菜单

菜单文字	菜单名字	功能快捷键	说明
文件(&F)	mnuFile		"文件"菜单
新建(&N)	fileNew	Ctrl+N	子菜单
打开(&O)	fileOpen	Ctrl+O	子菜单
保存(&S)	fileSave	Ctrl+S	子菜单
另存(&A)	fileSaveAs		子菜单
-	fileSpt		分隔条
退出(&X)	fileExit		子菜单
编辑(&E)	mnuEdit		"编辑"菜单
复制(&C)	editCopy	Ctrl+C	子菜单
剪切(&X)	editCut	Ctrl+X	子菜单
粘贴(&V)	editPaste	Ctrl+V	子菜单

续表

菜单文字	菜单名字	功能快捷键	说明
-	editSpt		分隔条
全选(&A)	editSelectAll	Ctrl+A	子菜单
格式(&S)	mnuFormat		"格式"菜单
粗体(&B)	fmtBold	Ctrl+B	子菜单
斜体(&I)	fmtItalic	Ctrl+I	子菜单
下划线(&U)	fmtUnderline	Ctrl+U	子菜单
-	fmtSpt		分隔条
字体(&N)	fmtFontName		子菜单
字号(&S)	fmtFontSize		子菜单

2. 创建上下文菜单

上下文菜单（Context Menu）的创建过程与标准菜单（Menu）相同，区别在于创建上下文菜单使用的是上下文菜单条（ContextMenuStrip）控件。

【例 9.2】根据图 9-5 所示，依照创建标准菜单方法创建该上下文菜单。

上下文菜单的编辑修改也与标准菜单相同，但因上下文菜单在设计环境中会自动隐藏，所以只能通过"属性"窗口上方的"对象"列表进行选取。

上下文菜单创建后，需要与特定的对象建立关联才能使用，方法有两种：

- 在设计时，通过"属性"窗口设置相应对象的"ContextMenuStrip"属性（如图 9-6 所示）。
- 在程序运行时，通过赋值语句为"ContextMenuStrip"属性指定上下文菜单对象。
  `txtEditor.ContextMenuStrip = Popup`

上述语句将文本框对象（txtEditor）的上下文菜单指定为 Popup。

图 9-7 为文本框（txtEditor）与该上下文菜单关联后，在运行时右击鼠标时的测试结果。

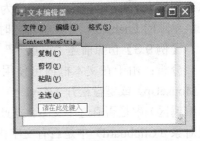

图 9-5 创建上下文菜单

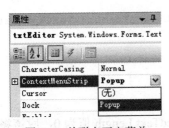

图 9-6 关联上下文菜单

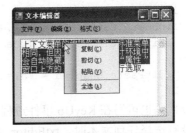

图 9-7 使用上下文菜单

9.1.3 编写菜单控件代码

菜单设计好后就可以为其编写功能代码，菜单最主要的是 Click 事件，因此大部分的代码都写在该事件中。双击相应菜单对象即可快速进入其 Click 事件过程代码中。

下面是例 9.1 中部分菜单的事件代码。

"退出"菜单事件代码：
```
Me.Close()
```
"编辑"菜单及上下文菜单中的四个功能分别对应于如下语句：
```
txtEditor.Copy()          '复制功能
txtEditor.Cut()           '剪切功能
txtEditor.Paste()         '粘贴功能
txtEditor.SelectAll()     '全选功能
```

9.1.4 控制菜单状态

在应用程序中常常能见到一些菜单项，它们状态可以根据程序运行的状态而改变。例如，在使用 Windows 的"记事本"时，如果没有选择任何文本，"编辑"菜单中的"剪切"、"复制"和"删除"三个菜单项均呈现灰色而不能使用。而当选择了文本后，上述菜单项就变成黑色。"记事本"的"格式"菜单中还有控制是否"自动换行"的功能，该菜单项左侧会显示或不显示复选标记"√"，以标明自动换行功能是否起作用。这些就是菜单的动态控制。

1. 有效性控制

菜单控件的有效性取决于它的 Enabled 属性，当此属性为 True 时，该菜单项为黑色，可以选用；为 False 时，该菜单项变为灰色，不可选用。在程序运行中，只要根据具体情况，控制菜单项的 Enabled 属性，就可随时改变其有效性。

【例 9.3】仿照前述"记事本"的菜单特点，编写程序达到相似的效果。

分析：由于在文本框内可使用鼠标或键盘选择文本，所以需要利用文本框的鼠标松开（MouseUp）或键盘松开（KeyUp）事件（见 9.4 节），并在这两个事件过程中检查文本框（文本编辑区）中是否有选中文本，据此设置"剪切"、"复制"菜单的有效性。另外还可检查剪贴板对象（Clipboard）中是否有文字内容，并据此设置"粘贴"菜单的有效性。

文本框 MouseUp 事件代码如下：
```
If txtEditor.SelectedText.Length > 0 Then
    editCopy.Enabled = True
    editCut.Enabled = True
Else
    editCopy.Enabled = False
    editCut.Enabled = False
End If
If Clipboard.GetDataObject().GetDataPresent(DataFormats.Text) = True Then
    editPaste.Enabled = True
Else
    editPaste.Enabled = False
End If
```
该段代码也可写在 KeyUp 事件过程中。

当没有选择任何文本时，txtEditor 文本框的 SelectedText.Length 值为 0，应该将"剪切"、"复制"菜单项的 Enabled 属性设置为 False，菜单项变灰，不能使用；否则，将上述菜单控件的 Enabled 属性设置为 True。Clipboard 对象的 GetDataPresent 方法用于检查剪贴板中是否有某种类型的数据，据此可设置是否允许使用"粘贴"菜单。

2. 复选标记控制

菜单控件上的复选标志取决于其 Checked 属性，常用来指示某项功能的状态是处于打开或是关闭。当 Checked 属性为 True 时，该菜单项前有一个复选标记"√"，表示为打开状态；当此属性为 False 时，该菜单项前没有任何标记，表示为关闭状态。

在图 9-8 所示"文本编辑器"的"格式"菜单中，有两个菜单项"斜体"和"下划线"是带复选标记"√"的，表示窗口中的文字斜体并带有下划线。

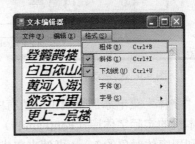

图 9-8 复选标记的控制

【例 9.4】参照图 9-8，为"粗体"、"斜体"和"下划线"菜单增加复选标记控制。

分析：假设窗体中文本框的控件名为 txtEditor，菜单项"粗体"、"斜体"和"下划线"菜单的对象名分别为 fmtBold、fmtItalic 和 fmtUnderline，"粗体"菜单事件代码如下：

```
Dim FS As FontStyle
fmtBold.Checked = Not fmtBold.Checked    '斜体、下划线菜单,此句不同
If fmtBold.Checked Then FS = FontStyle.Bold
If fmtItalic.Checked Then FS = FS Or FontStyle.Italic
If fmtUnderline.Checked Then FS = FS Or FontStyle.Underline
txtEditor.Font = New Font(txtEditor.Font, FS)
```

"斜体"和"下划线"菜单的事件代码与"粗体"相近，唯一的不同在第二行代码。

3．隐藏或显示菜单控件

菜单对象的隐藏和显示取决于其 Visible 属性。此属性为 True 时菜单可见；否则不可见。菜单项默认是可见的，如果需要在程序运行时改变其可见性，只需用赋值语句改变其 Visible 属性，下面的语句可控制图 9-4 中"另存为"菜单的可见性。

```
fileSaveAs.Visible = True         '使可见
fileSaveAs.Visible = False        '使不可见
```

当一个菜单对象不可见时，该菜单不会占据显示位置，该对象也同时无效，既不能用鼠标访问，也不能使用其访问键或者快捷键。如果将菜单栏中的一个主菜单（如"文件"菜单）隐藏起来，则该菜单及其子菜单对象将会全不可见且无效。

9.1.5 动态增减菜单

某些菜单项的数量及标题不可能在设计时明确定下，这就必须有某种方法能在程序运行时根据需要添加新的菜单项。图 9-9 中"字体"菜单下的各种字体名称菜单即是典型的例子，因为系统字体的多少随系统的具体情况而定，无法事先预知。同样，当菜单不再需要时，可以删除菜单以减少内在空间的占用。

1．运行时添加菜单

若需要在程序运行时动态地增加菜单项，可通过调用相应菜单的"添加下拉菜单项"的方法实现。以图 9-9 中的"字体"菜单为例，若"字体"菜单的名字为"fmtFontName"，则为其动态添加子菜单项的语句为：

```
fmtFontName.DropDownItems.Add(菜单项标题)
```

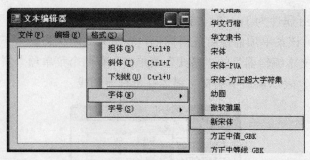

图 9-9 创建动态字体菜单

【例 9.5】参照图 9-9，为"字体"菜单添加系统中的所有中文字体。

分析：程序运行时，根据本机的实际字体库（FontFamily）情况，可有选择的为"字体"菜单添加子菜单项。该功能应利用窗体对象的 Load 事件来完成，以下是相关的实现代码。

```
Dim I As Integer, fc As String
For I = 0 To System.Drawing.FontFamily.Families.Count - 1
    fc = FontFamily.Families(I).Name.Substring(1, 1).ToUpper
    '为"字体"菜单添加系统中的中文字体
    If Not (fc >= "A" And fc <= "Z") Then
        fmtFontName.DropDownItems.Add(_
            FontFamily.Families(I).Name.ToString())
    End If
Next I
'为"字号"菜单添加基本的字号大小
fmtFontSize.DropDownItems.Add("12")
fmtFontSize.DropDownItems.Add("18")
fmtFontSize.DropDownItems.Add("24")
fmtFontSize.DropDownItems.Add("32")
fmtFontSize.DropDownItems.Add("40")
```

2. 运行时删除菜单

不再需要的菜单可以在运行时删除，删除方法有以下几种：

- 使用菜单下拉项的 RemoveAt 方法，指定菜单在同组中的顺序编号即可。该方法适用于动态添加的菜单，也适用于设计时创建的菜单。

    ```
    fmtFontSize.DropDownItems.RemoveAt(1)    '动态添加的菜单
    mnuFile.DropDownItems.RemoveAt(0)        '设计时创建的菜单
    ```

- 使用菜单项的 Dispose 方法。该方法适用于动态添加的菜单，也适用于设计时创建的菜单。

    ```
    Dim I As Integer
    For I = 0 To fmtFontName.DropDownItems.Count - 1
        If fmtFontName.DropDownItems(I).Text = "宋体" Then
            fmtFontName.DropDownItems(I).Dispose()
            Exit For
        End If
    Next
    mnuFile.Dispose()     '删除"文件"菜单
    ```

- 使用下拉菜单项的 Remove 方法，删除带有子菜单的菜单项。该方法适用于动态添加的菜单，也适用于设计时创建的菜单。

    ```
    mnuFormat.DropDownItems.Remove(fmtFontName)
    ```

上述语句将删除"格式"菜单（mnuformat）中的"字体"菜单（fmtFontName），包括"字体"菜单的子菜单项。

9.2 工具栏

工具栏是不可或缺的界面对象，它由按钮、下拉框等内容组成，直接展现在窗体的界面上，以供快速访问最常用的软件功能。

9.2.1 创建工具栏

创建工具栏需要使用 ToolStrip 控件。打开"工具箱"，双击其中的 ToolStrip 控件将工具栏添加到窗体上。

1. 创建工具栏对象

选中工具栏，单击其中的"添加 ToolStripButton"按钮为工具栏添加新按钮，也可单击其右侧的"展开"按钮，为工具栏添加其他类型的对象(如图9-10所示)。

图 9-10　添加工具栏对象

在工具栏上，可以添加如表 9-3 所列的几种类型的对象。

表 9-3　工具栏中的对象

对象	类名	说明
按钮	Button	通过鼠标单击提供相应功能
标签	Label	在工具栏上显示文字内容
分隔按钮	SplitButton	带附属功能的按钮，左侧是标准按钮，右侧是下拉按钮
下拉按钮	DropDownButton	单击时显示功能列表，供使用者选择
分隔条	Separator	在工具栏上显示一个分隔竖线
组合框	ComboBox	在工具栏上提供列表选择的功能
文本框	TextBox	在工具栏上提供文本编辑区
进度条	ProgressBar	在工具栏上提供进度提示功能

【例 9.6】为前面的"文本编辑器"程序添加工具栏。

分析：根据程序的基本特点，拟为其创建一个包含"新建"、"打开"、"保存"、"复制"、"剪切"、"粘贴"、"粗体"、"斜体"、"下划线"等按钮和"字体"、"字号"两个组合框。

图 9-11　初成的工具栏

初步完成后的工具栏如图 9-11 所示，其间适当使用了标签和分隔条两种对象。

2. 调整对象的属性

选中工具栏，修改其属性，工具栏的主要属性有：

- (Name)，工具栏的名称。
- CanOverFlow，是否支持溢出。支持溢出的工具栏在当无法完整显示时，会出现溢出按钮,通过该按钮可访问溢出的按钮。
- Dock,是否支持停靠,支持停靠的工具栏可拖动改变其位置。
- Text,按钮文字。按钮默认只显示图像,但也可以只显示文字或两者均显示。需要正确设置。
- ToolTipText,工具提示文字,当鼠标移到对象上时显示的文字内容。该属性默认与 Text 属性相同。

选中工具栏并在"属性"窗口中找到其 Items 属性,单击"(集合)"右侧的按钮,打开"项集合编辑器"对话框,通过该对话框将各对象的名字修改为易识别的描述形式。将控制字体的组合框对象的 DropDownStyle 属性调整为"DropDownList",完成后如图 9-12 所示。

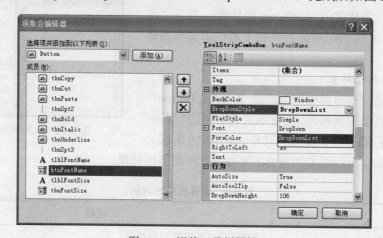

图 9-12　调整工具栏属性

3. 设置按钮图像

右键单击工具栏上的按钮,打开类似如图 9-3 所示的功能菜单,选择"设置图像",打开"选择资源"对话框(如图 9-13 所示)。

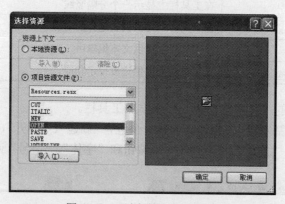

图 9-13　"选择资源"对话框

资源分为本地资源和项目资源文件两种。若以本地资源的方式导入,则资源导入后在程序运行过程中不可更改;若以项目资源文件的方式导入,则资源在项目中是共享的,程序运行时可以随时根据需要改变资源的引用。

按照图 9-13 所示,以项目资源文件的方式导入所需要的图片资源,然后为每个按钮设置按钮图像,并适当调整两个组合框的宽度(Width 属性),最终的工具栏如图 9-14 所示。

图 9-14　最终的工具栏

9.2.2　编写工具栏代码

当单击工具栏上的对象时，除了分隔条外，都需要执行相应的过程来完成特定的功能。每个对象对应的过程可以独立编写，也可以利用现有的过程。

对于前面的"文本编辑器"项目，由于在设计菜单时编写了菜单的事件过程，而其中的某些过程的功能与相关工具栏按钮的功能是相同的，因此可以重复利用。

【例 9.7】重复利用现有过程，为工具栏中的"复制"、"剪切"、"粘贴"、"粗体"、"斜体"及"下划线"按钮添加功能。

分析：过程建立后，若要其响应特定对象的事件，需要使用 Handles 语句将过程与对象的特定事件联系在一起。

利用"复制"菜单的功能，建立"复制"按钮的功能。

```
Private Sub editCopy_Click(ByVal sender As System.Object, ByVal e As System.
EventArgs) Handles editCopy.Click, tbnCopy.Click
    txtEditor.Copy()
End Sub
```

在为"复制"菜单建立功能时，editCopy_Click 过程仅映射到"复制"菜单的 Click 事件（editCopy.Click）。同样的功能欲加到"复制"按钮上，则只需增加过程的映射目标数量，正如代码中", tbnCopy.Click"所描述的一样。这样，一个过程就可以被多个对象的事件所用。"剪切"和"粘贴"按钮的功能也是如此实现的。

"粗体"等三个按钮的功能实现的方法与此类似，但因其中有控制菜单及按钮状态的要求，因此除上述特点外，还需要对代码做些修改。

```
Private Sub fmtBold_Click(ByVal sender As System.Object, ByVal e As System.
EventArgs) Handles fmtBold.Click, tbnBold.Click
    Dim FS As FontStyle
    fmtBold.Checked = Not fmtBold.Checked
    tbnBold.Checked = Not tbnBold.Checked       '控制"粗体"按钮的状态
    If fmtBold.Checked Then FS = FontStyle.Bold
    If fmtItalic.Checked Then FS = FS Or FontStyle.Italic
    If fmtUnderline.Checked Then FS = FS Or FontStyle.Underline
    txtEditor.Font = New Font(txtEditor.Font, FS)
End Sub
```

"斜体"和"下划线"按钮的功能实现与此相同，需要添加一条控制按钮状态的语句。

在前述"文本编辑器"项目中，控制"字体"和"字号"的两个组合框的功能无法由现有的过程实现，因此必须单独为其编写代码实现。

9.2.3　动态控制工具栏

工具栏的动态控制方法与菜单相同，也分为是否有效、是否复选和是否可见等几项控制。

【例 9.8】控制工具栏对象的有效性。

窗体 Load 事件过程代码，省略了与前面相关例题代码的相同部分。

```
Private Sub frmMain_Load(ByVal sender As Object, ByVal e As System.EventArgs)
Handles Me.Load
```

```
    ……
    '设置菜单状态
    ……
    '设置按钮状态
    tbnCopy.Enabled = False
    tbnCut.Enabled = False
    '检查系统剪贴板上是否有文本数据
    If Clipboard.GetDataObject().GetDataPresent(DataFormats.Text) = True Then
        ……
        tbnPaste.Enabled = True
    Else
        ……
        tbnPaste.Enabled = False
    End If
End Sub
```

文本框 KeyUp 事件和 MouseUp 事件过程代码，省略了与前面相关例题代码的相同部分。

```
Private Sub txtEditor_KeyUp(ByVal sender As Object, ByVal e As System.
Windows.Forms.KeyEventArgs) Handles txtEditor.KeyUp, txtEditor.MouseUp
    If txtEditor.SelectedText.Length > 0 Then
        ……
        tbnCopy.Enabled = True
        tbnCut.Enabled = True
    Else
        ……
        tbnCopy.Enabled = False
        tbnCut.Enabled = False
    End If
    If Clipboard.GetDataObject().GetDataPresent(DataFormats.Text) = True Then
        ……
        tbnPaste.Enabled = True
    Else
        ……
        tbnPaste.Enabled = False
    End If
End Sub
```

【例 9.9】控制工具栏对象的复选特性。

分析：使用 Handles 语句，将"粗体"、"斜体"和"下划线"菜单的事件过程与对应按钮的事件过程联系起来。修改过程"代码"，添加对相应按钮状态的控制语句，下面是"粗体"按钮的过程代码，其他两个过程可仿照此过程修改。

```
Private Sub fmtBold_Click(ByVal sender As System.Object, ByVal e As System.
EventArgs) Handles fmtBold.Click, tbnBold.Click
    Dim FS As FontStyle
    fmtBold.Checked = Not fmtBold.Checked
    '改变"粗体"按钮状态
    tbnBold.Checked = Not tbnBold.Checked
    If fmtBold.Checked Then FS = FontStyle.Bold
    If fmtItalic.Checked Then FS = FS Or FontStyle.Italic
    If fmtUnderline.Checked Then FS = FS Or FontStyle.Underline
    txtEditor.Font = New Font(txtEditor.Font, FS)
End Sub
```

工具栏中对象的可见性，由其各自的 Visible 属性控制，下面是隐藏"粗体"按钮的语句，其他对象的显示或隐藏可照此控制。
```
tbnBold.Visible = False
```
图 9-15 为实际测试结果，注意观察文本框中字体的特点，及菜单和按钮的状态。

图 9-15 最终的工具栏

9.3 状态栏

状态栏可以为操作提供提示信息，也可以告知程序的当前状态。虽然状态栏不是必须的界面对象，但它却有着其他对象无法替代的功能和作用。

9.3.1 创建状态栏

状态栏由 StatusStrip 控件实现，其中可以包含状态标签、进度条、下拉按钮和切分按钮四种对象，如图 9-16 所示。添加 StatusStrip 对象后，状态栏的设计过程与工具栏的设计过程相似，先快速添加对象，再调整各对象的属性，最后编写对象的事件代码。

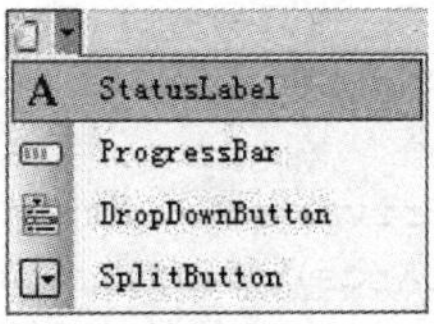

图 9-16 状态栏中的四种对象

9.3.2 使用状态栏

在状态栏上添加对象后，就可以利用添加的对象来完成与其相应的特定功能。例如，用状态栏标签显示文字提示信息，用进度条显示一个时间进度信息等。

1. 状态栏标签对象

状态栏标签对象的主要功能是在状态栏中显示文字提示信息，也可以利用其中的文字作为链接的载体。它主要的属性有：

- （Name），对象的名字，应修改以使其更加直观。
- AutoSize，是否自动根据文字的多少调整对象大小。
- AutoToolTip，是否自动以 Text 或 ToolTipText 的内容显示工具提示。
- IsLink，指示状态栏标签对象是否为一个超链接。如果为 True，则还可利用 LinkBehavior、LinkColor 及 LinkVisited 等属性控制链接的行为和颜色。
- Text，对象中显示的文字内容。
- ToolTipText，工具提示文字的内容，可与 Text 相同或不同。

【例 9.10】利用状态栏标签对象显示提示信息。

分析：实际使用中有非常多的软件，当鼠标停留在菜单或工具栏按钮上时，会在状态栏中显示相应的提示信息。现实此功能需要利用对象的相关鼠标事件，如 MouseEnter（进入）、MouseHover（悬停）和 MouseMove（移动）等。

为前面的"文本编辑器"程序界面添加状态条对象，并在其上添加一个状态栏标签对象。根据实际需要修改对象的属性，此处修改状态栏标签对象的"名字"为 tssLabel1，并修改"AutoSize"属性为 True。图 9-17 可供参考。

图 9-17　含标签的状态栏

编写相关菜单的 MouseEnter 事件，完成显示（或修改）提示信息的功能。以下是"格式"、"粗体"、"斜体"及"下划线"等菜单的事件代码，其他菜单代码可照此完成。图 9-18 为完成后运行实测的结果。

```
Private Sub mnuFormat_MouseEnter(ByVal sender As Object, ByVal e As System.EventArgs) Handles mnuFormat.MouseEnter
    tssLabel1.Text = ""
End Sub

Private Sub fmtBold_MouseEnter(ByVal sender As Object, ByVal e As System.EventArgs) Handles fmtBold.MouseEnter
    tssLabel1.Text = "以粗体显示文本"
End Sub

Private Sub fmtItalic_MouseEnter(ByVal sender As Object, ByVal e As System.EventArgs) Handles fmtItalic.MouseEnter
    tssLabel1.Text = "以斜体显示文本"
End Sub

Private Sub fmtUnderline_MouseEnter(ByVal sender As Object, ByVal e As System.EventArgs) Handles fmtUnderline.MouseEnter
    tssLabel1.Text = "为文本增加下划线效果"
End Sub
```

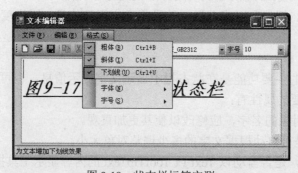

图 9-18　状态栏标签实测

2. 状态栏进度条对象

进度条是显示时间进度的对象，它以形象的图形和动画形式描述过程的开始、进度情况及至结束的整个时间过程。进度条的主要属性有：

- （Name），对象的名字，应当修改以使其更加直观。

- AutoSize,是否自动调整大小。
- Maximum,进度条对象所描述范围的上限(最大值)。
- Minimum,进度条对象所描述范围的下限(最小值)。
- Style,进度条的样式,有以下三种:
  - ◇ Blocks 通过在 ProgressBar 中增加分段块的数量来指示进度。
  - ◇ Continuous 通过在 ProgressBar 中增加平滑连续的栏的大小来指示进度。
  - ◇ Marquee 通过以字幕方式在 ProgressBar 中连续滚动一个块来指示进度。
- Value,进度条的当前进度值,该值介于最小值和最大值之间。

【例 9.11】利用状态栏进度条对象显示载入系统字体的进度情况。

分析:前面的"文本编辑器"程序中,有载入系统中已有中文字库的功能。当系统字库数量较多时,载入会消耗较长的时间,可以在这段时间内用进度条的即时报告载入字体的进度情况,使操作者一目了然。

在状态栏对象上再添加一个进度条对象,根据需要调整进度条对象的属性。图 9-19 可供参考,其中修改了进度条的"名字"为 txPBar1,"Value"属性为 50。

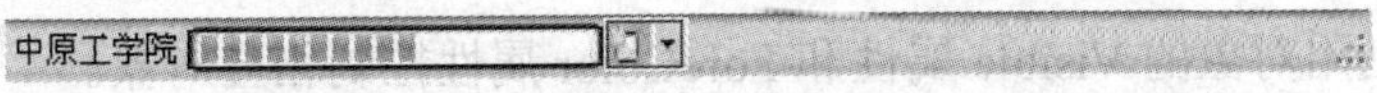

图 9-19 含进度条状态栏

修改"文本编辑器"程序中载入系统字体部分的代码,实现用进度条展示载入的进度情况,下面的程度中略去了部分与前述代码相同的部分。

```
Private Sub frmMain_Load(ByVal sender As Object, ByVal e As System.EventArgs) Handles Me.Load
    Dim I As Integer, fc As String
    Me.Show()   '必需先将窗体显示出来
    tsPBar1.Minimum = 0   '设置最小值
    '如下循环根据系统中文字体的数量,确定进度条控件的最大值。
    tsPBar1.Maximum = 0
    For I = 0 To System.Drawing.FontFamily.Families.Count - 1
        fc = FontFamily.Families(I).Name.Substring(1, 1).ToUpper
        If Not (fc >= "A" And fc <= "Z") Then
            tsPBar1.Maximum = tsPBar1.Maximum + 1
        End If
    Next I
    tsPBar1.Value = 0   '逐一添加中文字体,并展示进度。
    For I = 0 To System.Drawing.FontFamily.Families.Count - 1
        fc = FontFamily.Families(I).Name.Substring(1, 1).ToUpper
        If Not (fc >= "A" And fc <= "Z") Then
            ……   '略去了两行代码
            tsPBar1.Value = tsPBar1.Value + 1   '描述进度变化
        End If
        Application.DoEvents()   '系统事务处理
    Next I
    tsPBar1.Visible = False   '完成后隐藏进度条
    ……   '略去了后续部分的代码
End Sub
```

完成后启动并测试程序,观察窗体启动初期进度条的变化情况。

3. 状态栏下拉按钮和切分按钮对象

在状态栏上，下拉按钮和切分按钮对象是非常相似的两个对象。不同之处在于下拉按钮对象只能从其按钮组列表中选择，而切分按钮对象本身包含一个主按钮可用，又能和下拉按钮对象一样添加新的按钮。

【例 9.12】利用下拉按钮对象，控制进度条的显示与隐藏；利用切分按钮对象，控制文本框中字体的颜色。

分析：在状态栏上添加一个下拉按钮对象和一个切分按钮对象，分别为它们添加新的按钮，图 9-20（a）、(b) 可作参考。

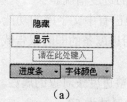   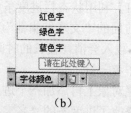

（a）　　　　　　　　　　　　（b）

图 9-20　下拉按钮与切分按钮

编写程序，利用对象的 Visible 属性和 ForeColor 属性控制相应对象。

控制进度条的显示和隐藏：
```
Private Sub btsmShow_Click(ByVal sender As System.Object, ByVal e As System.EventArgs) Handles btsmShow.Click
    tsPBar1.Visible = True
End Sub
Private Sub btsmHide_Click(ByVal sender As Object, ByVal e As System.EventArgs) Handles btsmHide.Click
    tsPBar1.Visible = False
End Sub
```
控制文本框中文字的颜色：
```
Private Sub tsCRed_Click(ByVal sender As System.Object, ByVal e As System.EventArgs) Handles tsCRed.Click
    txtEditor.ForeColor = Color.Red
End Sub
Private Sub tsCBlue_Click(ByVal sender As Object, ByVal e As System.EventArgs) Handles tsCBlue.Click
    txtEditor.ForeColor = Color.Blue
End Sub
Private Sub tsCGreen_Click(ByVal sender As Object, ByVal e As System.EventArgs) Handles tsCGreen.Click
    txtEditor.ForeColor = Color.Green
End Sub
Private Sub tssFontColor_ButtonClick(ByVal sender As System.Object, ByVal e As System.EventArgs) Handles tssFontColor.ButtonClick
    txtEditor.ForeColor = Color.Black
End Sub
```

9.3.3　控制状态栏对象

状态栏对象的控制方法与前面两小节中的菜单、工具栏相似，都是利用对象的 Visible、

Enabled、Checked、BackColor 和 ForeColor 等属性，实现对象状态的控制。

在前面的例 9.3、例 9.4、例 9.5、例 9.7、例 9.8 和例 9.11 中，都有相关控制的语句可供参考，因此，本小节不再单独编写新的实例。

9.4 鼠标和键盘事件

在普通台式机、服务器和笔记本电脑上，主要的操控形式为鼠标、键盘的操作，因此程序中需要花费必要的精力去处理这些操作，编写鼠标和键盘事件是重要的解决途径。

9.4.1 鼠标事件

鼠标事件是鼠标的不同操作相对应的过程描述，编程时应根据实际需要选择相应的鼠标事件，编写代码对程序运行时指定的鼠标操作作出响应。

鼠标的主要操作有左右键的单击、滚轮的滚动、移动鼠标、拖动等几项，这些操作分别对应了特定的鼠标事件名称：

- Click，单击事件，可由任何鼠标键触发。
- DoubleClick，双击事件，可由任何鼠标键触发。
- MouseClick，鼠标单击事件，可由任何鼠标键触发。
- MouseDoubleClick，鼠标双击事件，可由任何鼠标键触发。
- MouseDown，鼠标键按下事件，可由任何鼠标键触发。
- MouseEnter，鼠标进入事件，当鼠标从外部越过对象边界进入对象内时发生一次。
- MouseHover，鼠标悬停事件，当鼠标从外部进入对象区域内停下时发生一次。
- MouseLeave，鼠标离开事件，当鼠标从内部越过对象边界移出对象外时发生一次。
- MouseMove，鼠标移动事件，当鼠标在对象区域内移动时连续发生。
- MouseUp，鼠标键松开事件，可由任何鼠标键触发。
- Mousewheel，鼠标滚轮事件，在滚动鼠标滚轮且控件有焦点时发生。相应控件必须是支持鼠标滚轮的控件（如：多行文本框、列表框）。

当双击鼠标按钮时，所引发的事件顺序为①MouseDown 事件；②Click 事件；③MouseClick 事件；④MouseUp 事件；⑤MouseDown 事件；⑥DoubleClick 事件；⑦MouseDoubleClick 事件；⑧MouseUp 事件。单击鼠标按钮时，所引发的事件顺序为上述的前四项。

鼠标的 Click、DoubleClick 事件与 MouseClick、MouseDoubleClick 事件的区别不大，一般只需定义其中一个即可。当特定控件的 StandardDoubleClick 设置为 False 时，DoubleClick 事件不可用。

【例 9.13】检测并利用鼠标的左、中、右键，分别以不同的方式控制对象。

分析：在鼠标的 MouseDown 和 MouseUp 事件中，可以利用其类型为 MouseEventArgs 的参数 e 对象，检测鼠标按键的不同，以控制程序的行为。

建立新项目并在窗体上添加一个标签对象，适当调整窗体和标签对象的大小，并设置标签对象的字体及字号，然后编写标签对象的 MouseUp 事件代码如下，程序运行结果可参考图 9-21。

```
Private Sub Label1_MouseUp(ByVal sender As Object, ByVal e As System.Windows.
Forms.MouseEventArgs) Handles Label1.MouseUp
```

```
        Select Case e.Button
            Case Windows.Forms.MouseButtons.Left      '左键
                Label1.ForeColor = Color.Red
            Case Windows.Forms.MouseButtons.Middle    '中键
                Label1.ForeColor = Color.Green
            Case Windows.Forms.MouseButtons.Right     '右键
                Label1.ForeColor = Color.Blue
        End Select
    End Sub
```

图 9-21　运行及测试结果

【例 9.14】利用鼠标事件为其不同状态显示不同的提示信息。

分析：鼠标的进入、悬停、移动和离开事件分别代表了不同的鼠标状态，合理利用这些事件可以在特定时刻完成特定的功能。

在例 9.13 的基础上，修改标签对象的"AutoSize"属性为 False，修改"BorderStyle"属性为 Fixed3D，修改"TextAlign"属性为正居中（MiddleCenter）对齐，然后编写如下代码，运行结果可参考图 9-22（a）、（b）和（c）。

```
Private Sub Label1_MouseEnter(ByVal sender As Object, ByVal e As System.EventArgs) Handles Label1.MouseEnter
        Label1.Text = "进入对象"
    End Sub
    Private Sub Label1_MouseLeave(ByVal sender As Object, ByVal e As System.EventArgs) Handles Label1.MouseLeave
        Label1.Text = "离开对象"
    End Sub
    Private Sub Label1_MouseMove(ByVal sender As Object, ByVal e As System.Windows.Forms.MouseEventArgs) Handles Label1.MouseMove
        Label1.Text = CStr(10 + 90 * Rnd())
    End Sub
```

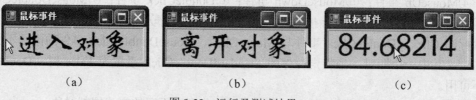

图 9-22　运行及测试结果

9.4.2　键盘事件

键盘事件是与键盘操作相关的过程描述，可用于处理击键操作，更可用于检测特定的按键操作并据此作出响应。

键盘事件主要有如下三个：

- KeyDown，键按下事件，在键盘按键按下时发生，适用于任何键。

- KeyPress，按键事件，在键盘按键按下时发生，不适用于各功能键。
- KeyUp，键松开事件，在键盘按键松开时发生，适用于任何键。

当有键盘操作时，若操作的是非"功能键"（如：Ctrl、Shift 等），则每次击键操作会依次引发 KeyDown→KeyPress→KeyUp 事件。若操作的是"功能键"，则每次击键操作会依次引发 KeyDown→KeyUp 事件。

【例 9.15】测试三个键盘事件，验证其针对不同按键的引发次序。

分析：根据前面的分析，编写对象的三个键盘事件，观察输出信息的顺序。

新建项目并在窗体上添加一个文本框对象，修改文本框的"Multiline"属性为 True，修改文本框的"ScrollBars"属性为 Vertical。编写文本框对象的 KeyDown、KeyPress 及 KeyUp 事件。

```
Private Sub TextBox1_KeyDown(ByVal sender As Object, ByVal e As System.Windows.Forms.KeyEventArgs) Handles TextBox1.KeyDown
    TextBox1.Text = TextBox1.Text & vbCrLf & "按下事件"
End Sub
Private Sub TextBox1_KeyPress(ByVal sender As Object, ByVal e As System.Windows.Forms.KeyPressEventArgs) Handles TextBox1.KeyPress
    TextBox1.Text = TextBox1.Text & vbCrLf & "击键事件"
End Sub
Private Sub TextBox1_KeyUp(ByVal sender As Object, ByVal e As System.Windows.Forms.KeyEventArgs) Handles TextBox1.KeyUp
    TextBox1.Text = TextBox1.Text & vbCrLf & "弹起事件"
    TextBox1.Text = TextBox1.Text & vbCrLf & "===="
End Sub
```

运行程序并敲击键盘，观察文本框中的输出结果。图 9-23 是某一组按键的输出结果，其中无"击键事件"输出结果的，表示敲击的是某个功能键（如：Ctrl 键）。

【例 9.16】利用键盘按下（KeyDown）或松开（KeyUp）事件，控制坦克上、下、左、右移动。

分析：这两个键盘事件可以接收任何按键的输入，当然也包括键盘上的功能键。利用类型为 KeyEventArgs 的参数 e 对象的 KeyCode 属性，可以检查按键是否为特定键。程序中用到的坦克图片如图 9-24 所示。

图 9-23 运行及测试结果

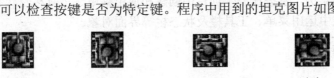

(a)　　　　(b)　　　　(c)　　　　(d)

图 9-24 坦克图片

新建一个"Windows 窗体应用程序"项目，在窗体上添加一个图片框对象（PictureBox）。调整图片框对象的属性，设置完成后保存该项目。

- (Name)。对象名称改为 picTank。
- Size。对象的大小调整为宽 36 像素、高 36 像素，与坦克图片大小相应。
- SizeMode。图片位置及对象大小控制。调整为"CenterImage"，图片正居中。

程序要解决的第一个问题是"如何利用图片框对象显示坦克图片"，方法是利用图片框对象的 Load 方法动态加载坦克图片，有两种不同的用法。

若先将图片作为"资源"添加到项目中，则可用如下语句加载图片。

```
picTank.Load("..\..\Resources\Tank01.jpg")
```
若未将图片作为"资源"添加到项目中,则必须手动将坦克图片复制到项目的"bin\Debug"文件夹中,然后使用如下语句加载图片。
```
picTank.Load("Tank01.jpg")
```
据上所述,编写窗体对象的键盘按下(KeyDown)或松开(KeyUp)事件代码,并利用过程参数 e 的 KeyCode 属性,检查按键并控制坦克的移动方向。

```
Private Sub frmKey_KeyUp(ByVal sender As Object, ByVal e As System.Windows.
Forms.KeyEventArgs) Handles Me.KeyUp
    Select Case e.KeyCode
        Case Keys.Up          '"↑"键
            picTank.Load("..\..\Resources\Tank01.jpg")
            picTank.Top = picTank.Top - 20    '图片框向上移动20像素
        Case Keys.Down        '"↓"键
            picTank.Load("..\..\Resources\Tank02.jpg")
            picTank.Top = picTank.Top + 20    '图片框向下移动20像素
        Case Keys.Left        '"←"键
            picTank.Load("..\..\Resources\Tank03.jpg")
            picTank.Left = picTank.Left - 20  '图片框向左移动20像素
        Case Keys.Right       '"→"键
            picTank.Load("..\..\Resources\Tank04.jpg")
            picTank.Left = picTank.Left + 20  '图片框向右移动20像素
    End Select
End Sub
```

运行程序并敲击键盘上的"↑"、"↓"、"←"和"→"方向键,观察图片框中坦克图片的变化及其运动情况。

9.5 实验九 菜单、工具栏及状态栏的设计

一、实验目的

通过本综合应用案例,掌握在一个项目中创建和使用菜单、工具栏及状态栏的基本方法,能够在具体编程实践中运用菜单、工具栏及状态栏等界面对象。

二、实验内容与步骤

1. 实验内容

制作一个广告语循环滚动程序,并能控制广告语的文字内容、颜色及广告语的滚动速度。

2. 实验步骤

(1)新建一个"Windows 窗体应用程序"项目。

(2)打开窗体"视图设计器",并在窗体上添加一个标签对象 **A** 和一个计时器对象 ,参考图 9-25 设置对象的属性。

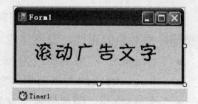

图 9-25 基本功能界面

说明:由于程序中需要大量修改各对象的属性,受篇幅限制无法详细说明,在此仅列出需要修改的主要对象属性,请读者练习时根据需要有选择地修改。主要属性有:(Name)、AutoSize、Enabled、

Font、ForeColor、Image、Interval、ShortcutKeys、Size、Text 和 ToolTipText。后续步骤添加的新对象也是如此，不再单独说明。

（3）设置计时器的 Enabled 属性为"True"，Interval 属性为"100"毫秒。编写窗体对象的 Load 事件和计时器对象的 Tick 事件，实现广告语的水平循环滚动。完成后运行程序，观察广告语的滚动情况。

```
Public Class Form1
    Dim Sx As Integer  '表示移动速度的成员变量
    Private Sub Timer1_Tick() Handles Timer1.Tick
        If Label1.Left + Label1.Width <= 0 Then
            Label1.Left = Me.Width
        End If
        Label1.Left = Label1.Left - Sx
    End Sub
    Private Sub Form1_Load() Handles Me.Load
        Sx = 10   '每次移动10像素
    End Sub
End Class
```

（4）为窗体添加菜单对象，并添加"系统"、"速度"和"文字"三个主菜单，调整各菜单的相关属性，完成后的效果可参考图 9-26（a）、（b）和（c）。

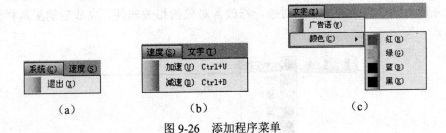

图 9-26　添加程序菜单

（5）编写各菜单的功能代码。
"退出"菜单功能代码：
```
Private Sub sysExit_Click() Handles sysExit.Click
    Timer1.Enabled = False
    Me.Dispose()
End Sub
```
"加速"菜单功能代码：
```
Private Sub speedUp_Click() Handles speedUp.Click
    Sx = Sx + 1
End Sub
```
"减速"菜单功能代码：
```
Private Sub slowDown_Click() Handles slowDown.Click
    Sx = IIf(Sx > 1, Sx - 1, Sx)
End Sub
```
"广告语"菜单功能代码：
```
Private Sub helloWorld_Click() Handles helloWorld.Click
    Dim Word As String
    Timer1.Enabled = False
    Word = InputBox("请输入新的广告警示语：", "广告语", "滚动的广告语")
    If Trim(Word) <> "" Then Label1.Text = Trim(Word)
```

```
        Timer1.Enabled = True
    End Sub
```
"红"菜单功能代码（其余几个菜单照此编写）：
```
Private Sub cRed_Click() Handles cRed.Click
    Label1.ForeColor = Color.Red
    fontColor.Image = cRed.Image    '改变菜单图标，该语句可省略
End Sub
```
完成上述步骤后，运行程序进行测试，观察滚动状态，图 9-27 仅供参考。

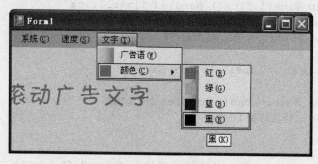

图 9-27 菜单测试

（6）为窗体添加"工具栏"对象，在工具栏中添加"退出"、"加速"、"减速"、"颜色"等按钮，并输入新广告语的文本框对象。修改各对象的相关属性，完成后的工具栏效果如图 9-28 所示。

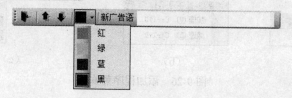

图 9-28 创建工具栏

（7）编写工具栏按钮的功能代码。

由于工具栏按钮的功能常与某菜单的功能相同，所以可以用现有代码快速为按钮指定功能，方法就是使用 Handles 语句。

"退出"按钮功能实现，在"退出"菜单功能描述中，在 Handles 语句后面添加",tbnExit.Click"描述即可。
```
Private Sub sysExit_Click() Handles sysExit.Click, tbnExit.Click
    Timer1.Enabled = False    '与之前过程内容完全相同
    Me.Dispose()
End Sub
```
"加速"按钮的功能代码：
```
Private Sub speedUp_Click() Handles speedUp.Click, tbnAcce.Click
    Sx = Sx + 1
End Sub
```
"红"按钮功能代码（其余颜色按钮功能与之类似）：
```
Private Sub cRed_Click() Handles cRed.Click, tbnRed.Click
    Label1.ForeColor = Color.Red
    fontColor.Image = cRed.Image
```

```
        tbnColor.Image = cRed.Image       '新增的语句,与按钮有关
        tbnColor.ToolTipText = "红色"      '新增的语句,与按钮有关
End Sub
```

"广告语"文本框的事件代码:

```
Private Sub txtAdvWord_KeyUp() Handles txtAdvWord.KeyUp
    If e.KeyCode = Keys.Enter And Trim(txtAdvWord.Text) <> "" Then
        Label1.Text = Trim(txtAdvWord.Text)
    End If
End Sub
```

(8)为窗体添加状态栏,并在其中创建一个"状态标签"对象。调整状态标签对象的 Text 和 AutoSize 等属性。

(9)编写代码,利用状态栏显示信息。

利用对象的 MouseMove 事件和 MouseLeave 事件检测鼠标的位置,并据此在状态栏中显示不同的提示信息。

鼠标移动到"退出"菜单或"退出"按钮上时,在状态栏上显示提示信息。

```
Private Sub sysExit_MouseMove() Handles sysExit.MouseMove, tbnExit.MouseMove
    statusInfo.Text = sysExit.ToolTipText
End Sub
```

当鼠标移动到其他菜单或按钮上,需要在状态栏上显示信息时,均可照此方法处理。

当鼠标离开菜单按钮时,状态栏信息复位。

```
Private Sub sysExit_MouseLeave() Handles sysExit.MouseLeave, tbnExit.MouseLeave,
speedUp.MouseLeave, tbnAcce.MouseLeave, slowDown.MouseLeave, tbnSlow.MouseLeave,
helloWorld.MouseLeave, txtAdvWord.MouseLeave, cRed.MouseLeave, tbnRed.MouseLeave,
cGreen.MouseLeave, tbnGreen.MouseLeave, cBlue.MouseLeave, tbnBlue.MouseLeave,
cBlack.MouseLeave, tbnBlack.MouseLeave
    statusInfo.Text = "状态信息"
End Sub
```

(10)最终测试效果如图 9-29 所示。

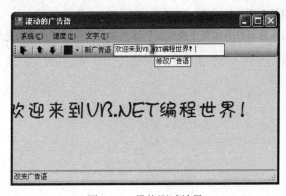

图 9-29 最终测试效果

习题九

一、选择题

1. 使用菜单对象设计菜单时,只需输入菜单的(　　)即可创建菜单项。

A. 快捷键　　　B. 索引　　　C. 标题　　　D. 名称

2. 假设有一个菜单项，其名称为myMenu1，为了在运行时让该菜单项失效，下列语句正确的是（　　）。

A. myMenu1.Visible=False　　　B. myMenu1.Visible=True

C. myMenu1.Enabled=False　　　D. myMenu1.Enabled=True

3. 为菜单对象添加快捷键的方法是修改其（　　）属性。

A. Name　　　B. ShortcutKeys　　　C. Text　　　D. ToolTipText

4. 若要在菜单中添加分隔线，则应将菜单的Text属性设置为（　　）。

A. =　　　B. *　　　C. &　　　D. -

5. 为对象指定上下文菜单的方法是修改菜单的（　　）属性。

A. AutoToolTip　　　B. Dock　　　C. ContextMenuStrip　　　D. Locked

二、填空题

1. 若要在程序运行时添加新的菜单项，需要使用菜单的_____方法。

2. 菜单是否带复选标记由其_____属性控制。

3. 菜单一般可以分为_____和_____两种类型。

4. 如果要使菜单在运行时不可用，可设置菜单项的_____属性为False。如果要使菜单在运行时不显示，可设置菜单项的_____属性为False。

5. 工具栏中的按钮如果要想显示图片，需要设置其_____属性。

6. 若要检测键盘的特定按键，必须使用对象的_____事件或_____事件。

7. 若要检测鼠标的特定按键，必须使用对象的_____事件或_____事件。

三、简答题

1. 菜单的访问键和快捷键有什么不同？它们是如何建立的？

2. 叙述创建工具栏的一般步骤。

3. 工具栏上的按钮控件有哪几种样式？

4. 对象的键盘事件与鼠标事件有哪些主要类型？这些事件的主要特点分别是什么？

第 10 章 图形图像编程

Windows 操作系统是基于图形的操作系统，图形也是 Windows 应用程序的基本元素。随着计算机技术的发展，应用程序越来越多的使用图形和多媒体技术，从而使用户界面更加美观。在 Visual Basic.NET 语言中，利用.NET 框架提供的一整套相当丰富的 GDI+图形类库，可以很容易地绘制各种图形、处理位图图像和各种其他的图像文件。同时介绍绘图的基本知识如 GDI+坐标系统、颜色、Paint 事件等，最后重点介绍五子棋案例。

了解.Net 框架提供的图形类库，掌握基本图形绘制方法，初步了解 Visual Basic.NET 语言处理位图图像和保存图像功能。

10.1 图形图像绘制基础知识

10.1.1 GDI+概述

GDI 是 Graphics Device Interface 的缩写，含义是图形设备接口，它的主要任务是负责系统与绘图程序之间的信息交换，处理所有 Windows 程序的图形输出。

GDI+技术是由 GDI 技术"进化"而来，出于兼容性考虑，Windows XP 仍然支持以前版本的 GDI，但是在开发新应用程序的时候，开发人员为了满足图形输出需要应该使用 GDI+，因为 GDI+对以前的 Windows 版本中 GDI 进行了优化，并添加了许多新的功能。

GDI+是 Window XP 中的一个子系统，它主要负责显示屏幕和打印设备输出有关信息，它是一组通过类实现的应用程序编程接口。作为图形设备接口的 GDI+使得应用程序开发人员在输出屏幕和打印机信息的时候无需考虑具体显示设备的细节，他们只需调用 GDI+库输出的类的一些方法即可完成图形操作，真正的绘图工作由这些方法交给特定的设备驱动程序来完成。GDI+使得图形硬件和应用程序相互隔离，从而使开发人员编写设备无关的应用程序变得非常容易。

图 10-1 展示了 GDI+在应用程序与上述设备之间所起的重要的中介作用。其中，GDI+为我们"包办"了几乎一切——从把一个简单的字符串"HelloWorld"打印到控制台到绘制直线、矩形甚至是打印一个完整的表单等。

GDI+是如何工作的呢？为了弄清这个问题，让我们来分析一个示例——绘制一条线段。实质上，一条线段就是一个从一个开始位置(X_0, Y_0)到一个结束位置(X_n, Y_n)的一系列像素点的集合。为了画出这样的一条线段，设备（在本例中指显示器）需要知道相应的设备坐标或物理坐标。

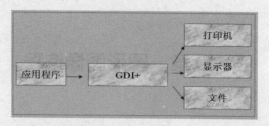

图 10-1 GDI+的中介作用

然而，开发人员不是直接告诉该设备，而是调用 GDI+ 的 DrawLine()方法，然后，由 GDI+ 在内存（即"视频内存"）中绘制一条从点 A 到点 B 的直线。GDI+读取点 A 和点 B 的位置，然后把它们转换成一个像素序列，并且指令监视器显示该像素序列。简言之，GDI+把设备独立的调用转换成了一个设备可理解的形式。

所以开发者运用 GDI+就可以很方便的开发出具有强大图形图像功能的应用程序了。

在 Visual Basic.NET 中，所有图形图像处理功能都包含在以下命名空间下：

（1）System.Drawing 命名空间。

提供了对 GDI+基本图形功能的访问，主要有 Graphics 类、Bitmap 类、从 Brush 类继承的类、Font 类、Icon 类、Image 类、Pen 类、Color 类等。

（2）System.Drawing.Drawing2D 命名空间。

Visual Basic.NET 中没有 3D 命名空间，这是因为三维（3D）的效果实际上是通过二维（2D）的图案体现的。System.Drawing.Drawing2D 命名空间提供了高级的二维和矢量图形功能。主要有梯度型画刷、Matrix 类（用于定义几何变换）和 GraphicsPath 类等。

（3）System.Drawing.Imaging 命名空间。

提供了高级 GDI+ 图像处理功能。

（4）System.Drawing.Text 命名空间。

提供了高级 GDI+ 字体和文本排版功能。

10.1.2 Graphics 类

要进行图形处理，必须首先创建 Graphics 对象，然后才能利用它进行各种画图操作。创建 Graphics 对象的形式有：

（1）在窗体或控件的 Paint 事件中直接引用 Graphics 对象。

每一个窗体或控件都有一个 Paint 事件，该事件的参数中包含了当前窗体或控件的 Graphics 对象，在为窗体或控件创建绘制代码时，一般使用此方法来获取对图形对象的引用。

```
Private Sub Form1_Paint(ByVal sender As System.Object, ByVal e As System.Windows.Forms.PaintEventArgs) Handles MyBase.Paint
    Dim g As Graphics = e.Graphics
    ……
End Sub
```

（2）从当前窗体或控件获取对 Graphics 对象的引用。

把当前窗体的画刷、字体、颜色作为缺省值获取对 Graphics 对象的引用，注意这种对象只有在处理当前 Windows 窗口消息的过程中有效。如果想在已存在的窗体或控件上绘图，可以使用此方法。例如：

```
Dim g As Graphics = Me.PictureBox1.CreateGraphics()
    ……
```

（3）从继承自图像的任何对象创建 Graphics 对象。

此方法在需要更改已存在的图像时十分有用。例如：

```
Dim bitmap As New Bitmap("C:\test\a1.bmp")
Dim g As Graphics = Graphics.FromImage(bitmap)
```

在图形编程中，默认的图形度量单位是像素。不过，可以通过修改 PageUnit 属性来修改图形的度量单位，可以是英寸或是毫米等。实现方法如下：

```
Dim g As Graphics = e.Graphics
g.PageUnit = GraphicsUnit.Inch
```

在 GDI+中，可使用画笔（Pen）对象来绘制具有指定宽度和样式的线条、曲线及勾勒形状轮廓。画刷（Brush）是可与 Graphics 对象一起使用来创建实心形状和呈现文本的对象。

10.1.3 坐标

在实际的绘图中，我们所关注的一般都是设备坐标系，此坐标系以像素为单位，像素指的是屏幕上的亮点。每个像素都有一个坐标与之对应，左上角的坐标为（0,0），水平向右为正，垂直向下为正。一般情况下以（x, y）代表屏幕上某个像素的坐标点，其中水平以 X 坐标值表示，垂直以 Y 坐标值表示。例如，在图 10-2 所示的坐标系统中画一个点，该点的坐标（x, y）是（4, 3）。Visual Basic.NET 中 Point 结构表示二维平面上的坐标点，如 Dim p As New Point(4,3) 表示点 p 的坐标是（4, 3）。

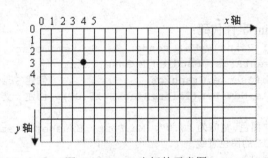

图 10-2　GDI+坐标的示意图

计算机作图是在一个事先定义好的坐标系统中进行的，这与日常生活中的绘图方式有着很大的区别。图形的大小、位置等都与绘图区或容器的坐标有关，因此，在学习具体的图形绘制前，有必要系统地了解 Visual Basic.NET 的坐标系统。

10.1.4 Paint 事件

在屏幕上进行绘制的操作称为"绘画"。窗体和控件都有一个 Paint 事件。

每当需要重新绘制窗体和控件（例如，首次显示窗体或窗体由另一个窗口覆盖）时就会发生该事件。用户所编写的用于显示图形的任何代码通常都包含在 Paint 事件处理程序中。

10.2　绘制基本图形

10.2.1　创建画笔

在 GDI+中，可使用画笔（Pen）对象绘制具有指定宽度和样式的线条、曲线及勾勒形状轮廓。

画笔可用于绘制具有指定宽度和样式的直线、曲线或轮廓形状。

画笔（Pen）类的构造函数有四种，使用方法如下。

（1）创建某一颜色的 Pen 对象：
`Public Sub New( ByVal color As Color )`

（2）创建某一刷子样式的 Pen 对象：
`Public Sub New( ByVal brush As Brush )`

（3）创建某一刷子样式并具有相应宽度的 Pen 对象：
`Public Sub New( ByVal brush As Brush, ByVal width As Single )`

（4）创建某一颜色和相应宽度的 Pen 对象：
`Public Sub New( ByVal color As Color, ByVal width As Single)`

下面的示例说明如何创建一支基本的蓝色画笔对象：
```
Dim myPen As New Pen(Color.Blue)
Dim myPen As New Pen(Color.Blue, 10.5F)  '兰颜色和宽度10.5的Pen对象
```
也可以从画刷对象创建画笔对象，例如：
```
Dim myBrush As New SolidBrush(Color.Red)
Dim myPen As New Pen(myBrush)
```

【例 10.1】画笔的用法演示示例。

（1）创建新 Windows 应用程序项目。

（2）编写代码。

添加如下 Form1_Paint 事件代码：
```
Private Sub Form1_Paint(ByVal sender As System.Object, ByVal e As System.Windows.Forms.PaintEventArgs) Handles MyBase.Paint
    Dim g As Graphics = e.Graphics              '创建Graphics对象
    Dim blackpen As New Pen(Color.Black, 10.0F) '创建一支黑色的画笔
    '绘制字符串
    g.DrawString("黑色,宽度为10.0", Me.Font, Brushes.Black, 5, 5)
    '绘制宽度为10.0f的黑色直线
    g.DrawLine(blackpen, New Point(110, 12), New Point(400, 12))
    '创建一支红色的画笔
    Dim redpen As New Pen(Color.Red, 5.0F)
    '绘制字符串
    g.DrawString("红色,宽度为5", Me.Font, Brushes.Black, 5, 25)
    '绘制宽度为5的红色直线
    g.DrawLine(redpen, New Point(110, 30), New Point(400, 30))
End Sub
```

运行效果如图 10-3 所示。

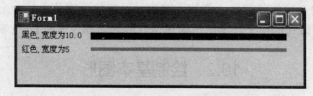

图 10-3　画笔（Pen）的用法演示

所有绘制图形的方法都位于 Graphics 类中。利用这些方法可以绘制简单的几何图形。

10.2.2 绘制直线

有两种绘制直线的方法：DrawLine()方法和DrawLines()方法。DrawLine()用于绘制一条直线，DrawLines()用于绘制多条直线。

常用形式有：

[格式1]：
```
Overloads Public Sub DrawLine( ByVal pen As Pen, ByVal x1 As Integer, ByVal y1 As Integer, ByVal x2 As Integer, ByVal y2 As Integer)
```
其中x1,y1为起点坐标，x2,y2为终点坐标。例如：
```
e.Graphics.DrawLine(blackPen, 100,100,200,100)
```
[格式2]：
```
Overloads Public Sub DrawLine( ByVal pen As Pen, ByVal pt1 As Point, ByVal pt2 As Point )
```
其中Pen对象确定线条的颜色、宽度和样式。Point结构确定起点和终点。

例如：
```
Dim g As Graphics = e.Graphics
Dim blackPen As New Pen(Color.Black, 3)
Dim point1 As New Point(100, 100)
Dim point2 As New Point(200, 100)
g.DrawLine(blackPen, point1, point2)
```

[格式3]：
```
Overloads Public Sub DrawLines( ByVal pen As Pen, ByVal points() As Point)
```
这种方法用于绘制连接一组终结点的线条。数组中的前两个点指定第一条线。每个附加点指定一个线段的终结点，该线段的起始点是前一条线段的结束点。

例如：
```
Private Sub Form1_Paint(ByVal sender As System.Object, ByVal e As System.Windows.Forms.PaintEventArgs) Handles MyBase.Paint
    Dim g As Graphics = e.Graphics
    Dim pen As New Pen(Color.Black, 3)    '创建黑色钢笔
    '创建线条各段的点的数组
    Dim points As Point() = {New Point(10, 10), New Point(10, 100), New Point(200, 50), New Point(250, 120)}
    '将已连接的线段绘制到屏幕
    g.DrawLines(pen, points)
End Sub
```
运行效果如图10-4所示。

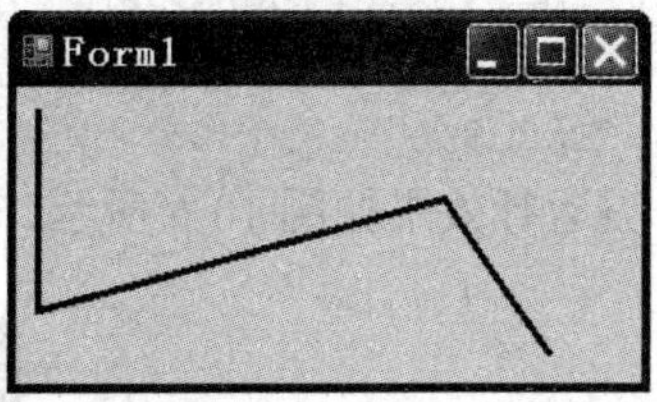

图10-4 连接一组终结点的线条

10.2.3 绘制矩形

使用DrawRectangle()方法可以绘制矩形，常用形式有：

[格式1]：
```
Overloads Public Sub DrawRectangle( ByVal pen As Pen, ByVal rect As Rectangle)
```
其中rect表示要绘制的矩形的Rectangle结构。

[格式2]：
```
Overloads Public Sub DrawRectangle( ByVal pen As Pen, ByVal x As Single, ByVal y As Single,ByVal width As Single, ByVal height As Single )
```

其中 x, y 为矩形左上角坐标值。参数 width 是要绘制矩形的宽度，参数 height 是要绘制矩形的高度。

例如有以下程序段：

```
Private Sub Form1_Click(ByVal sender As System.Object, ByVal e As System.EventArgs) Handles MyBase.Click
    Dim g As Graphics = Me.CreateGraphics()      '生成图形对象
    Dim Mypen As New Pen(Color.Blue, 2)          '生成画笔,蓝色,2 个像素
    g.DrawRectangle(Mypen, 5, 5, 80, 40)         '画矩形
    Dim rect As New Rectangle(95, 15, 140, 50)   '生成矩形
    g.DrawRectangle(Mypen, rect)                 '画矩形
End Sub
```

运行效果如图 10-5 所示。

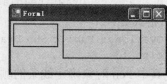

图 10-5　绘制矩形

10.2.4　绘制多边形

多边形分为空心多边形和填充多边形。

（1）绘制空心多边形。
```
Public Sub DrawPolygon(ByVal pen As Pen, ByVal point As Point())
```
（2）绘制填充多边形。
```
Public Sub FillPolygon(ByVal brush As Brush, ByVal point As Point())
```

其中 Point 数组是由一组 Point 结构对象定义的多边形。Pen 对象指出画线的画笔。注意填充多边形需用画刷而不是画笔。

【例 10.2】设计一个窗体，说明多边形方法的使用。

添加如下 Form1_Paint 事件代码：

```
Private Sub Form1_Paint(ByVal sender As System.Object, ByVal e As System.Windows.Forms.PaintEventArgs) Handles MyBase.Paint
    Dim gobj As Graphics = Me.CreateGraphics()
    '定义点数组 parray1
    Dim parray1 As Point() = {New Point(20, 20), New Point(20, 80), New Point(100, 80)}
    gobj.DrawPolygon(Pens.Blue, parray1)
    '定义点数组 parray2
    Dim parray2 As Point() = {New Point(150, 10), New Point(120, 50), New Point(150, 90), New Point(200, 90), New Point(230, 50), New Point(200, 10)}
    gobj.FillPolygon(Brushes.Red, parray2)
End Sub
```

运行效果如图 10-6 所示。

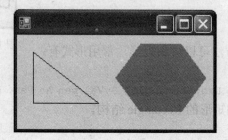

图 10-6　绘制多边形

10.2.5 绘制曲线

曲线有空心曲线和填充曲线之分。Graphics.DrawClosedCurve 可以画出一个平滑封闭的曲线。Graphics.FillClosedCurve 可以画出一个填充闭合曲线。

（1）绘制空心闭合曲线。
```
Public Sub DrawClosedCurve(ByVal pen As Pen, ByVal points As Point())
```
（2）绘制填充闭合曲线。
```
Public Sub FillClosedCurve(ByVal pen As Pen, ByVal points As Point())
```
points 表示曲线经过点的数组，其中必须包含至少 4 个点。

【例 10.3】设计一个窗体，说明闭合曲线方法的使用。

添加如下 Form1_Paint 事件代码：
```
Private Sub Form1_Paint(ByVal sender As System.Object, ByVal e As System.Windows.Forms.PaintEventArgs) Handles MyBase.Paint
    Dim gobj As Graphics = Me.CreateGraphics()
    Dim parray1 As Point() = {New Point(20, 20), New Point(50, 50), _
        , New Point(80, 90), New Point(70, 60), New Point(110, 50), _
        New Point(100, 10)}
    Dim parray2 As Point()={New Point(140,20),New Point(170,50), _
        New Point(200, 90), New Point(190, 60), New Point(230, 50), _
        New Point(220, 10)}
    gobj.DrawClosedCurve(Pens.Red, parray1)
    gobj.FillClosedCurve(Brushes.Blue, parray2)
End Sub
```
运行效果如图 10-7 所示。

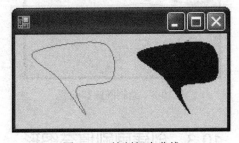

图 10-7　绘制闭合曲线

10.2.6　绘制椭圆和弧线

椭圆是一种特殊的封闭曲线，Graphics 类专门提供了绘制椭圆的两种方法：DrawEllipse() 方法和 FillEllipse() 方法。常用形式有：

[格式 1]：
```
Public Sub DrawEllipse( ByVal pen As Pen, ByVal rect As Rectangle )
```
其中 rect 为 Rectangle 结构，用于确定椭圆的边界。

[格式 2]：
```
Public Sub DrawEllipse( ByVal pen As Pen, ByVal x As Integer, ByVal y As Integer, ByVal width As Integer, ByVal height As Integer)
```
其中 x,y 为椭圆左上角的坐标，width 定义椭圆边框的宽度，height 定义椭圆边框的高度。

[格式3]：
```
Public Sub FillEllipse( ByVal brush As Brush, ByVal rect As Rectangle )
```
填充椭圆的内部区域。其中 rect 为 Rectangle 结构，用于确定椭圆的边界。

[格式4]：
```
Public Sub FillEllipse( ByVal brush As Brush, _
   ByVal x As Integer, ByVal y As Integer, _
   ByVal width As Integer,ByVal height As Integer )
```
填充椭圆的内部区域。其中 x, y 为椭圆左上角的坐标，width 定义椭圆边框的宽度，height 定义椭圆边框的高度。

绘制弧线常用形式：
```
Graphics.DrawArc (Pen,起点坐标,终点坐标,起始角度,仰角参数);
```
其中最后两个参数是弧线的起始角度和仰角参数。

例如有以下程序：
```
Private Sub Form1_Paint(ByVal sender As System.Object, ByVal e As System.Windows.Forms.PaintEventArgs) Handles MyBase.Paint
    Dim g As Graphics = Me.CreateGraphics()   '生成图形对象
    Dim Mypen As New Pen(Color.Blue, 5)        '生成画笔，蓝色，5个像素
    g.DrawEllipse(Mypen, 1, 1, 80, 40)         '画椭圆
    g.DrawArc(Pens.Red, 30, 30, 140, 70, 30, 80)
    g.DrawArc(Pens.Black, 50, 40, 140, 70, 60, 270)
End Sub
```
运行效果如图 10-8 所示。

图 10-8　绘制椭圆和弧线

10.3　创建画刷填充图形

画刷是可与 Graphics 对象一起使用来创建实心形状和呈现文本的对象。可以用画刷填充各种图形形状，如矩形、椭圆、扇形、多边形和封闭路径等。

画刷（Brush）类是一个抽象类，本身不能实例化。一般使用它的派生类。主要有以下几种不同类型的画刷 Brush 派生类：

（1）SolidBrush 画刷。

SolidBrush 类用来定义单一颜色的 Brush，用纯色进行绘制。其构造函数如下：
```
Public Sub New( ByVal color As Color )
```
例如：
```
Dim MyBrush As New SolidBrush(Color.Blue)
```
该语句创建了一个名为 MyBrush 的蓝色画刷。

（2）HatchBrush 画刷。

类似于 SolidBrush，但是可以利用该类从大量预设的图案中选择绘制时要使用的图案，而不是纯色。HatchBrush 画刷具有三个属性，分别如下：

- HatchStyle 属性：获取此 HatchBrush 对象的阴影样式。
- BackgroundColor 属性：获取此 HatchBrush 对象的背景色。
- ForegroundColor 属性：获取此 HatchBrush 对象的前景色。

HatchBrush 类的构造函数有两种，分别如下：

[格式 1]：
```
Public Sub New( ByVal hatchstyle As HatchStyle, ByVal foreColor As Color)
```
[格式 2]：
```
Public Sub New( ByVal hatchstyle As HatchStyle,ByVal foreColor As Color,ByVal backColor As Color)
```
例如有如下语句：
```
Dim Hb As New HatchBrush(HatchStyle.Cross, Color.Blue)
```
该语句创建一个名为 Hb 的画刷对象，该画刷的前景色为蓝色，填充样式为十字交叉。

（3）LinearGradientBrush 画刷。

使用两种颜色渐变混合的进行绘制。LinearGradientBrush 类的构造函数有多种格式，最常用的格式如下：
```
Public Sub New( ByVal point1 As Point, ByVal point2 As Point,ByVal color1 As Color,ByVal color2 As Color )
```
该构造函数有四个参数，其中 point1 是表示渐变的起始点，point2 是表示渐变的终结点，color1 表示的渐变的起始色，color2 表示的是渐变的终止色。此处的 point1 和 point2 是 Point 结构型的变量，Point 结构表示一个点，有两个成员 x 和 y，分别表示点的横坐标和纵坐标。

例如有下列程序段：
```
Imports System.Drawing.Drawing2D
Private Sub Button1_Click(ByVal sender As System.Object, ByVal e As System.EventArgs) Handles Button1.Click
    Dim g As Graphics = Me.CreateGraphics()        '生成图形对象
    Dim Mypen As New Pen(Color.Green, 5)           '生成画笔
    Dim MyBrush As New LinearGradientBrush(New Point(0, 20), _
        New Point(20, 0), Color.Yellow, Color.Blue)   '生成渐变画刷
    g.FillRectangle(MyBrush, 0, 0, 200, 100)       '填充矩形
End Sub
```
运行效果如图 10-9 所示。

（4）TextureBrush 画刷。

使用纹理（如图像）进行绘制。TextureBrush 类允许使用一幅图像作为填充的样式。该类提供了 5 个重载的构造函数，分别是：
```
Public Sub New( ByVal bitmap As Image)
Public Sub New( ByVal image As Image, ByVal dstRect As Rectangle )
Public Sub New( ByVal image As Image, ByVal wrapMode As WrapMode )
Public Sub New(ByVal image As Image, ByVal dstRect As Rectangle, ByVal imageAttr As ImageAttributes )
Public Sub New(ByVal image As Image,ByVal wrapMode As WrapMode, ByVal dstRect
```

图 10-9　线性渐变填充

```
As Rectangle)
```
其中:

(1) image: Image 对象用于指定画笔的填充图案。

(2) dstRect: Rectangle 对象用于指定图像上用于画笔的矩形区域,其位置不能超越图像的范围。

(3) wrapMode: WrapMode 枚举成员用于指定如何排布图像,其值如表 10-1 所示。

表 10-1 WrapMode 枚举成员

WrapMode 枚举成员	含义
Clamp	完全由绘制对象的边框决定
Tile	平铺
TileFlipX	水平方向翻转并平铺图像
TileFlipY	垂直方向翻转并平铺图像
TileFlipXY	水平和垂直方向翻转并平铺图像

(4) imageAttr: ImageAttributes 对象用于指定图像的附加特性参数。

(5) TextureBrush 类有三个属性:

- Image: Image 类型,与画笔关联的图像对象。
- Transform: Matrix 类型,画笔的变换矩阵。
- WrapMode: WrapMode 枚举成员,指定图像的排布方式。

例如创建一个 TextureBrush,使用名为 flower.jpg 的图像进行绘制的示例程序段。

```
Imports System.Drawing.Drawing2D
Private Sub Form1_Paint(ByVal sender As Object, ByVal e As System.Windows.Forms.PaintEventArgs) Handles MyBase.Paint
    Dim g As Graphics = e.Graphics
    Dim myBrush As New TextureBrush(New Bitmap("d:\flower.jpg"))
    g.FillEllipse(myBrush, Me.ClientRectangle)   '用画刷填充椭圆
End Sub
```

运行效果如图 10-10 所示。

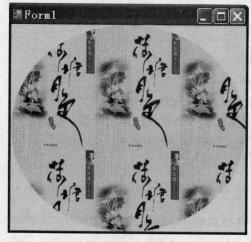

图 10-10 图像作为填充的样式

10.4 图像处理

System.Drawing.Imaging 命名空间提供高级的 GDI+图像功能，例如翻转、缩放、剪切等，这些功能使用起来非常方便。

10.4.1 显示图像

可以使用 GDI+ 显示以文件形式存在的图像文件。图像文件可以是 BMP、JPEG、GIF、TIFF、PNG 等。实现步骤为：

（1）创建一个 Bitmap 对象，指明要显示的图像文件；

创建 Bitmap 对象，Bitmap 类有很多重载的构造函数，其中之一是：
```
Public Sub New( ByVal filename As String )
```
filename 是位图文件的名称。可以利用该构造函数创建 Bitmap 对象，例如：
```
Dim bitmap As New Bitmap ("tu1.jpg");
```
（2）创建一个 Graphics 对象，表示要使用的绘图平面；
```
Dim g As Graphics = 窗体或图片框控件.CreateGraphics()
```
（3）调用 Graphics 对象的 DrawImage 方法显示图像。

Graphics 类的 DrawImage()方法用于在指定位置显示原始图像或者缩放后的图像。该方法的重载形式非常多，其中之一为：
```
Overloads Public Sub DrawImage( ByVal image As Image, ByVal x As Integer, ByVal y As Integer, ByVal width As Integer,ByVal height As Integer)
```
该方法在 x, y 处按指定的 width, height 大小显示 image 图像。利用这个方法可以直接显示缩放后的图像。

注意：Image 类为源自 Bitmap 和 Metafile 的类提供功能的抽象基类。

【例 10.4】将文件对话框选中的图像文件原样显示和缩小显示。程序运行界面如图 10-11 所示。

图 10-11　图像原样显示和缩小运行界面

设计步骤：

（1）创建新 Windows 应用程序项目，在窗体上添加 1 个按钮 Button1（显示）。

（2）编写显示按钮事件代码：
```
Private Sub Button1_Click(ByVal sender As System.Object, ByVal e As System.EventArgs) Handles Button1.Click         '显示按钮
    Dim file_name As String = ""         '存放选取的文件名
```

```
        Dim file As New OpenFileDialog()         '创建 OpenFileDialog 类的实例
        file.Filter="*.jpg;*.bmp|*.jpg;*.bmp|所有文件(*.*)|*.*"
        If file.ShowDialog() = DialogResult.OK Then
            file_name = file.FileName
            Dim bitmap As New Bitmap(file_name)
            Dim g As Graphics = Me.CreateGraphics()
            '原图大小显示
            g.DrawImage(bitmap, 0, 0, bitmap.Width, bitmap.Height)
            '缩半显示
            g.DrawImage(bitmap, 200, 0,bitmap.Width\2, bitmap.Height\2)
            bitmap.Dispose()                     '释放占用的资源
            g.Dispose()
        End If
    End Sub
```

本例没使用 OpenFileDialog 控件选择文件,而是通过 OpenFileDialog 类的实例实现选择文件。显示按钮首先创建 OpenFileDialog 类的实例,获取文件名后创建一个 Bitmap 对象。

10.4.2 图像的平移、旋转和缩放

Graphics 类提供了三种对图像进行几何变换的方法,它们是 TranslateTransform()方法、RotateTransform()方法和 ScaleTransform()方法,分别用于图形图像的平移、旋转和缩放。
TranslateTransform()方法的形式为:
`Public Sub TranslateTransform( ByVal dx As Single, ByVal dy As Single )`
图形平移指定的尺寸。其中,dx 表示平移的 x 分量,dy 表示平移的 y 分量。
RotateTransform()方法的形式为:
`Public Sub RotateTransform( ByVal angle As Single )`
图形旋转指定角度。其中,angle 表示旋转角度。
ScaleTransform()方法的形式为:
`Public Sub ScaleTransform( ByVal sx As Single, ByVal sy As Single )`
图形缩放指定数量。其中,sx 表示 x 方向的缩放比例,sy 表示 y 方向的缩放比例。

【例 10.5】三种变换方法示例。
(1)创建新 Windows 应用程序项目。
(2)添加如下 Form1_Paint 事件代码:

```
Private Sub Form1_Paint(ByVal sender As System.Object, ByVal e As System.Windows.Forms.PaintEventArgs) Handles MyBase.Paint
    Dim g As Graphics = e.Graphics
    '椭圆透明度80%
    g.FillEllipse(New SolidBrush(Color.FromArgb(80,Color.Red)), 120, 30, 200, 100)
    g.RotateTransform(30.0F)           '顺时针旋转 30 度
    g.FillEllipse(New SolidBrush(Color.FromArgb(80,Color.Blue)), 120, 30, 200, 100)
    '水平方向向右平移 200 个像素,垂直方向向上平移 100 个像素
    g.TranslateTransform(200.0F, -100.0F)
    g.FillEllipse(New SolidBrush(Color.FromArgb(50,Color.Green)), 120, 30, 200, 100)
    g.ScaleTransform(0.5F, 0.5F)       '缩小到一半
    g.FillEllipse(New SolidBrush(Color.FromArgb(100,Color.Red)), 120, 30, 200, 100)
End Sub
```

运行效果如图 10-12 所示。

图 10-12　三种变换方法

10.4.3　彩色图像变换灰度图像

彩色图像像素的颜色是由三种基本色，即红（R）、绿（G）、蓝（B）有机组合而成的，称为三基色。每种基色可取 0～255 的值，因此由三基色可组合成（256×256×256）1677 万种颜色，每种颜色都有其对应的 R、G、B 值。

灰度是指黑白图像中点的颜色深度，范围一般从 0 到 255，白色为 255，黑色为 0，故黑白图片也称灰度图像，在医学、图像识别领域有很广泛的用途。下面讲解如何获取像素点颜色，并将整个图片转成灰度图片。

（1）彩色图像颜色值的获取。

在使用 Visual Basic.NET 系统处理彩色图像时，使用 Bitmap 类的 GetPixel 方法获取图像上指定像素的颜色值。例如，求图片框 box1 中图像在(i,j)位置上的像素颜色值 c 时，可写为：

```
Dim c As New Color()
c = box1.GetPixel(i, j)
```

其中，(i,j)为获得颜色的坐标位置。GetPixel 方法取得指定位置(i,j)的颜色值并返回一个长整型的整数。

（2）彩色位图颜色值分解。

像素颜色值 c 是一个长整型的数值，占 4 个字节，最上位字节的值为"0"，其他 3 个下位字节依次为 B、G、R，值为 0～255。

从 Color 值分解出 R、G、B 值可直接使用：

```
Dim c As New Color()
c = box1.GetPixel(i, j)
r = c.R
g = c.G
b = c.B
```

（3）图像像素颜色的设定。

设置像素颜色可使用 SetPixel 方法。用法如下：

```
Dim c1 As Color = Color.FromArgb(rr, gg, bb)
Box2.SetPixel(i, j, c1)        '指定图片框 Box2 位置(i,j)的颜色值为 c1
```

【例 10.6】彩色图像转换成灰度图像。

算法说明：将彩色图像像素的颜色值分解为三基色 R、G、B，求其和的平均值，然后使用 SetPixel 方法以该平均值参数生成图像。

（1）创建新 Windows 应用程序项目。在窗体中增加一个"灰度图像"命令按钮和两个图片框。

（2）双击该按钮，编辑其响应方法的代码如下：

```
Private Sub Button1_Click(ByVal sender As System.Object, ByVal e As System.
```

```
EventArgs) Handles Button1.Click
    Dim c As New Color()
    '把图片框 1 中的图片给一个 Bitmap 类型
    Dim b As New Bitmap(pictureBox1.Image)
    Dim b1 As New Bitmap(pictureBox1.Image)
    Dim rr As Integer, gg As Integer, bb As Integer, cc As Integer
    For i As Integer = 0 To pictureBox1.Width - 1
        For j As Integer = 0 To pictureBox1.Height - 1
            c = b.GetPixel(i, j)
            rr = c.R
            gg = c.G
            bb = c.B
            cc = CInt((rr + gg + bb) \ 3)
            If cc < 0 Then
                cc = 0
            End If
            If cc > 255 Then
                cc = 255
            End If
            '用 FromArgb 把整型转换成颜色值
            Dim c1 As Color = Color.FromArgb(cc, cc, cc)
            b1.SetPixel(i, j, c1)
        Next
        pictureBox2.Refresh()              '刷新
        pictureBox2.Image = b1             '图片赋给图片框 2
    Next
End Sub
```

（3）程序运行结果如图 10-13 所示。

图 10-13　灰度图像

10.5　文字处理

字体是文字显示和打印的外观形式，它包括了文字的字样、风格和大小等多方面的属性。用户可以通过选用不同的字体来丰富文字的外在表现力。例如，把某些字体设置为粗体可以体现强调的意图。

10.5.1　创建字体

Font 类定义了文字的格式，如字体、大小和样式等。创建字体对象的语法格式如下：

```
Font 字体对象 = new Font(字体名,字号,字体样式)
```
其中,"字体样式"为 FontStyle 枚举类型,包括 Bold、Italic、Regular、Strikeout(删除线)和 Underline 等。表示该字体是否为粗体、斜体、常规、黑体、删除线或下划线。还可以通过 or 运算符来组合样式,例如,Fontstyle.Italic Or FontStyle.Bold 将字体变成倾斜和加粗。

例如,以下语句创建一个字体为"宋体",大小为20,样式为粗体的 Font 对象 f:
```
Dim f As Font
f = New Font("宋体", 20, FontStyle.Bold)
```

10.5.2 格式化输出文本

Graphics 对象提供了文本输出的 DrawString 方法,其中使用"字体格式"StringFormat 对象可以控制文本显示的效果。

DrawString 方法常见格式:
```
Graphics.DrawString (字符串,Font,Brush,Point,字体格式);
Graphics.DrawString (字符串,Font,Brush,Rectangle,字体格式);
```
其中,各参数的说明如下:

(1)"字符串"指出要绘制的字符串,也就是要输出的文本。

(2)Font 为创建的字体对象,用来指出字符串的文本字体。

(3)Brush 为创建的笔刷对象,它确定所绘制文本的颜色和纹理。

(4)Point 表示为 Point 结构或者为 PointF 结构的点,这个点表示绘制文本的起始位置,它指定所绘制文本的左上角。Rectangle 表示由 Rectangle 结构指定的矩形,矩形左上角的坐标为文本的起始位置,文本在矩形的范围内输出。

(5)"字体格式"是一个 StringFormat 对象,用于指定应用于所绘制文本的格式化属性,如行距和对齐方式等。

【例 10.7】设计一个窗体,说明文本输出的方法。
```
Imports System.Drawing.Drawing2D
```
窗体 Paint 事件代码:
```
Private Sub Form1_Paint(ByVal sender As Object, ByVal e As PaintEventArgs) Handles MyBase.Paint
    Dim gobj As Graphics = Me.CreateGraphics()
    Dim sf1 As New StringFormat()
    Dim sf2 As New StringFormat()
    Dim f As New Font("隶书", 20, FontStyle.Bold)
    Dim bobj1 As New HatchBrush(HatchStyle.Vertical, Color.Blue, Color.Green)
    Dim bobj2 As New SolidBrush(Color.Red)
    sf1.Alignment = StringAlignment.Center                      '居中文本
    sf2.FormatFlags=StringFormatFlags.DirectionVertical         '垂直绘制文本
    Dim r As New Rectangle(0, 0, Me.Width, Me.Height)
    gobj.DrawString("VB.NET 程序设计",f,bobj1,r,sf1) '在布局矩形中居中文本
    gobj.DrawString("大家好", f, bobj2, 100, 50, sf2)
End Sub
```
运行效果如图 10-14 所示。

例子中将值 DirectionVertical 赋给 StringFormat 对象的 FormatFlags 属性。该 StringFormat 对象被传递给 Graphics 类的 DrawString 方法。DirectionVertical 值是 StringFormatFlags 枚举的成员,表示文本垂直对齐。

图 10-14 绘制文字

10.6 综合应用

五子棋是一种家喻户晓的棋类游戏,它的多变吸引了无数的玩家。下面来介绍 Visual Basic.NET 下的单机版的五子棋程序。

【例 10.8】单机版的五子棋程序。

(1) 设计的思路。

在下棋过程中,为了保存下过的棋子的位置使用了 Box 数组,Box 数组初值为枚举值 Chess.none,表示此处无棋子。Box 数组可以存储枚举值 Chess.none、Chess.Black、Chess.White,分别代表无棋子、黑子、白子。

对于五子棋游戏来说,规则非常简单,就是按照先后顺序在棋盘上下棋,直到最先在棋盘上横向、竖向、斜向形成连续的相同色五个棋子的一方为胜。

对于算法具体实现大致分为以下几个部分:
- 判断 X=Y 轴上是否形成五子连珠
- 判断 X=-Y 轴上是否形成五子连珠
- 判断 X 轴上是否形成五子连珠
- 判断 Y 轴上是否形成五子连珠

以上四种情况只要任何一种成立,那么就可以判断输赢。

(2) 设计步骤。

1) 设计应用程序界面。本程序主要在窗体设计器中添加一个"重新开始"命令按钮控件 Button1,一个显示棋子和棋盘的图片框控件 pictureBox1,显示鼠标坐标的标签 Label1 和提示该哪方走棋的标签 Label2。

2) 编写代码。窗体成员变量定义:

```
Private Enum Chess
    none = 0
    Black
    White
End Enum
Private Box As Chess(,) = New Chess(14, 14) {}
Private mplayer As Chess = Chess.Black        '假设持黑棋
Private r As Integer
```

绘制棋盘的方法 DrawBoard():

```
Private Sub DrawBoard()
    Dim i As Integer
    '获取对将用于绘图的图形对象的引用创建图形图像。
    Dim g As Graphics = Me.pictureBox1.CreateGraphics()
    Dim myPen As New Pen(Color.Red)
    myPen.Width = 1
    r = pictureBox1.Width / 30
    pictureBox1.Height = pictureBox1.Width
    For i = 0 To 14
        '竖线
        If i = 0 OrElse i = 14 Then
            myPen.Width = 2
        Else
            myPen.Width = 1
        End If
        g.DrawLine(myPen, r + i*2*r, r, r + i* 2*r, r* 2*15 - r - 1)
    Next
    For i = 0 To 14
        '横线
        If i = 0 OrElse i = 14 Then
            myPen.Width = 2
        Else
            myPen.Width = 1
        End If
        g.DrawLine(myPen, r, r+i*2* r, r*2*15-r- 1, r + i*2*r)
    Next
    Dim myBrush As New SolidBrush(Color.Yellow)
    '画 4 个天星
    g.FillEllipse(myBrush, r + 3*r*2 - 4, r + 3*r*2 - 4, 8, 8)
    g.FillEllipse(myBrush, r + 3*r*2 - 4, r + 11*r*2 - 4, 8, 8)
    g.FillEllipse(myBrush, r + 11*r*2 - 4, r + 11*r*2 - 4, 8, 8)
    g.FillEllipse(myBrush, r + 11*r*2 - 4, r + 3*r*2 - 4, 8, 8)
End Sub
```

窗体上鼠标按下的事件中根据鼠标在 pictureBox1 内的像素坐标(e.X, e.Y)转换成棋盘坐标 p，调用 Draw(g, p, mplayer)方法在 p 坐标点上绘制指定 mplayer 颜色的棋子。最后调用 isWin() 判断落子后是否赢了此局。

```
Private Sub pictureBox1_MouseDown(ByVal sender As Object, ByVal e As Mouse-
EventArgs) Handles PictureBox1.MouseDown
    '(e.X, e.Y)为鼠标在 pictureBox1 内的像素坐标
    Dim g As Graphics = Me.pictureBox1.CreateGraphics()
    Dim p As New Point((e.X - r/2 + 1) / (2 * r), (e.Y- r/2 +1) / (2*r))
    If p.X < 0 OrElse p.Y < 0 OrElse p.X > 15 OrElse p.Y > 15 Then
        MessageBox.Show("超边界了")
        Return
    End If
    label1.Text = p.X.ToString() & "|" & p.Y.ToString() & "|" & e.X.ToString() & "|" & e.Y.ToString()
    If Box(p.X, p.Y) <> Chess.none Then
        MessageBox.Show("已有棋子了")
        Return
    End If
```

```vb
        Draw(g, p, mplayer)
        Box(p.X, p.Y) = mplayer
        If isWin() = True Then          '判断输赢否
            MessageBox.Show(mplayer.ToString() & "赢了此局！")
            button1.Enabled = True
            Return
        End If
        reverseRole()                    '转换角色
    End Sub
```

Draw(g As Graphics, p2 As Point, mplayer As Chess)方法在 p2 坐标点上绘制指定的棋子 mplayer。

```vb
    Private Sub Draw(g As Graphics, p2 As Point, mplayer As Chess)
        Dim myBrush As SolidBrush
        If mplayer = Chess.Black Then
            myBrush = New SolidBrush(Color.Black)
        Else
            myBrush = New SolidBrush(Color.White)
        End If
        g.FillEllipse(myBrush, p2.X * 2 * r, p2.Y * 2 * r, 2 * r, 2 * r)
    End Sub
```

reverseRole()转换用户的角色，主要是提示该哪方走棋。

```vb
    Private Sub reverseRole()
        If mplayer = Chess.Black Then
            mplayer = Chess.White
            label2.Text = "你是白方,请走棋"
        Else
            mplayer = Chess.Black
            label2.Text = "你是黑方,请走棋"
        End If
    End Sub
```

窗体上"重新开始"命令按钮控件单击事件代码：

```vb
    Private Sub button1_Click(ByVal sender As Object, ByVal e As EventArgs) Handles Button1.Click
        pictureBox1.Refresh()
        DrawBoard()                      '绘制棋盘
        For i As Integer = 0 To 14       '清空棋子信息
            For j As Integer = 0 To 14
                Box(i, j) = Chess.none
            Next
        Next
        mplayer = Chess.Black            '假设持黑棋
        label2.Text = "你是黑方,请走棋"
    End Sub
```

isWin()扫描整个棋盘，判断是否形成五子连珠。

```vb
    Private Function isWin() As Boolean
        Dim a As Chess = mplayer
        Dim i As Integer, j As Integer
        For i = 0 To 10                  '判断 X= Y 轴上是否形成五子连珠
            For j = 0 To 10
                If Box(i, j) = a AndAlso Box(i + 1, j + 1) = a AndAlso Box(i + 2, j + 2) = a AndAlso Box(i + 3, j + 3) = a AndAlso Box(i + 4, j + 4) = a Then
```

```
                Return True
            End If
        Next
    Next
    For i = 4 To 14            '判断 X= -Y 轴上是否形成五子连珠
        For j = 0 To 10
            If Box(i, j) = a AndAlso Box(i - 1, j + 1) = a AndAlso Box(i - 2, j + 2) = a AndAlso Box(i - 3, j + 3)=a AndAlso Box(i - 4, j + 4)=a Then
                Return True
            End If
        Next
    Next
    For i = 0 To 14            '判断 Y 轴上是否形成五子连珠
        For j = 4 To 14
            If Box(i, j) = a AndAlso Box(i, j - 1) = a AndAlso Box(i, j - 2) = a AndAlso Box(i, j - 3) = a AndAlso Box(i, j - 4)=a Then
                Return True
            End If
        Next
    Next
    For i = 0 To 10            '判断 X 轴上是否形成五子连珠
        For j = 0 To 14
            If Box(i, j) = a AndAlso Box(i + 1, j) = a AndAlso Box(i + 2, j) = a AndAlso Box(i + 3, j) = a AndAlso Box(i + 4, j) = a Then
                Return True
            End If
        Next
    Next
    Return False
End Function
```

运行效果如图 10-15 所示。

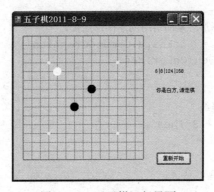

图 10-15 五子棋运行界面

实验十　图形图像的绘制

一、实验目的

通过本次实验，熟悉 Visual Basic.NET 的绘图坐标系统，能够掌握常见的基本图形绘制方法,并在此基础上学会绘制较为复杂的图形。

二、实验内容与步骤

1. 画直线和矩形方法的使用

(1) 建立一个绘制象棋棋盘的程序,程序运行时效果如图 10-16 所示。

分析:从图 10-16 可以看到,中国象棋是由十条横线,九条竖线构成的,中间被一条"楚河 汉界"隔开。所以可使用循环分别画九条竖线和十条横线,边线采用粗线是通过设置 Pen.Width 属性的大小实现。

中间"楚河 汉界"文字的输出位置的多余线条使用 FillRectangle 方法绘制一个白色填充的矩形来覆盖。显示文字时利用 DrawString 方法输出。

图 10-16 绘制象棋棋盘

图 10-17 国际象棋棋盘

设计步骤如下:

(1) 建立窗体,放置 1 个 PictureBox 控件和 1 个命令按钮 Button1。

(2) 程序代码如下:

```
Private Sub Button1_Click(ByVal sender As System.Object, ByVal e As System.EventArgs) Handles Button1.Click
    Dim i,r As Integer
    '获取对将用于绘图的图形对象的引用创建图形图像。
    Dim g As Graphics = picBoard.CreateGraphics()
    Dim myPen As New Pen(Color.Red)
    myPen.Width = 1
    r = 18
    For i = 0 To 8  '竖线
        If i = 0 Or i = 8 Then
            myPen.Width = 2
        Else
            myPen.Width = 1
        End If
        g.DrawLine(myPen, r+i* 2* r, r, r+i*2*r, r*2*10-r+1)
    Next
    For i = 0 To 9  '横线
        If i = 0 Or i = 9 Then
            myPen.Width = 2
        Else
            myPen.Width = 1
        End If
```

```
            g.DrawLine(myPen, r, r+i*2*r, r*2*9-r, r+i*2*r)
        Next
        Dim rectangle As New Rectangle(r+1, r+r*8+1, r*9*2-2*r-2, 2*r-2)
        Dim brush1 As New SolidBrush(Color.White)
        Dim font1 As Font = New Font("Arial", 14)
        Dim brush2 As New SolidBrush(Color.Black)
        g.DrawString("  楚河    汉界", font1, brush2, (r+1), (r+r*8+1))
        '画九宫斜线
        g.DrawLine(myPen, r+r*6+1, r+1, r+r*6+r*4-1, r+r*4-1)
        g.DrawLine(myPen, r+r*6+1, r+r*4-1, r+r*6+r*4-1, r+1)
        g.DrawLine(myPen, r+r*6+1, r*14+r+1, r+r*6+r*4-1, r*14+r+r*4-1)
        g.DrawLine(myPen, r+r*6+1, r*14+r+r*4-1, r+r*6+r*4-1, r*14+r+1)
    End Sub
```

请自行设计一个绘制国际象棋棋盘的程序，图 10-17 所示为程序运行时效果。国际象棋棋盘是个正方形，由横纵各 8 格、颜色一深一浅交错排列的 64 个小方格组成。

2. 圆形的绘制

建立一个井字棋（也称三子棋）游戏程序，程序运行时效果如图 10-18 所示。

井字棋和五子棋游戏有点类似，九个格子双方轮流下，谁先把三子连成一线（横竖斜都行）谁赢。

分析：棋盘绘制主要使用直线 DrawLine 方法实现。黑白棋子使用画圆形图案同时填充黑色或白色即可。为存储棋盘上某位置的棋子，采用了二维数组 a(3, 3)。这里数组 a 存储棋子时 1 代表白棋，2 代表黑棋。游戏假设黑棋先走，所以标签文字最初设为"下黑色棋"。当玩家在图片框控件上单击某个方格，则需要将位置坐标转换成棋盘坐标，这些可在图片框的 MouseDown 事件中处理，同时完成棋手的变换以及输赢判断。输赢判断请自行编写。

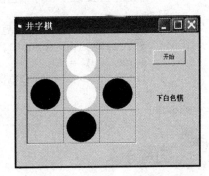

图 10-18　井字棋（三子棋）游戏

设计步骤如下：

（1）建立窗体，放置 1 个 Picture 控件、1 个标签控件和 1 个命令按钮，属性设置参考图 10-17。

（2）程序代码如下：

窗体级成员变量定义：

```
Dim r As Integer
Dim a(3, 3) As Integer
```

开始按钮 Button1 的单击 Click 事件代码：

```
Private Sub Button1_Click(ByVal sender As System.Object, ByVal e As System.EventArgs) Handles Button1.Click
    r = PictureBox1.Width \ 3     '格子的宽度
    Dim g As Graphics = PictureBox1.CreateGraphics()
    Dim myPen As New Pen(Color.Red)
    For i = 0 To 3                '画竖线
        g.DrawLine(myPen, r * i, 0, r * i, r * 3)
    Next
    For i = 0 To 3                '画横线
```

```
            g.DrawLine(myPen, 0, r * i, r * 3, r * i)
        Next
    End Sub
```
图片框的 MouseDown 事件代码：
```
Private Sub PictureBox1_MouseDown(ByVal sender As System.Object, ByVal e As
System.Windows.Forms.MouseEventArgs) Handles PictureBox1.MouseDown
        Dim qx , qy As Integer
        qx = e.X \ r
        qy = e.Y \ r
        If a(qx, qy) <> 0 Then             '已经有棋子
            MsgBox("已经有棋子", , "提醒")
            Exit Sub
        End If
        Dim g As Graphics = PictureBox1.CreateGraphics()
        If (Label1.Text <> "下黑色棋") Then
            Dim brush1 As New SolidBrush(Color.White)
            g.FillEllipse(brush1, qx * r, qy * r, r, r)
            a(qx, qy) = 1                  '白棋
            Label1.Text = "下黑色棋"
        Else
            Dim brush1 As New SolidBrush(Color.Black)
            g.FillEllipse(brush1, qx * r, qy * r, r, r)
            a(qx, qy) = 2                  '黑棋
            Label1.Text = "下白色棋"
        End If
End Sub
```

习题十

一、选择题

1. 在 GDI+的所有类中，（　　）类是核心，在绘制任何图形之前，一定要先用该类创建一个对象。
   A. Pen　　　　　　B. Brush　　　　　　C. Graphics　　　　　D. Font
2. 要设置 Pen 对象绘制线条的宽度，应使用（　　）属性。
   A. Color　　　　　B. Width　　　　　　C. DashStyle　　　　D. PenType
3. 要绘制扇形图形，应使用 Graphics 对象的（　　）方法。
   A. DrawLine　　　B. DrawArc　　　　　C. DrawEllipse　　　D. DrawPie
4. 要使坐标系进行旋转，应调用 Graphics 对象的（　　）方法。
   A. ResetTransfom　　　　　　　　　　B. TranslateTransfom
   C. ScaleTransfonn　　　　　　　　　　D. RotateTransform

二、填空题

1. 在 GDI+中，_____类是绘制图形的最核心的类，在绘图过程中相当于一块画布，它存在于_____命名空间中。由于该类的构造函数(Sub New)在类中被定义为私有的(Private) 访问修饰，因此不能直接实例化，通常是通过调用窗体或控件的_____方法创建。

2. GDI 是_____的英文缩写，它表示的中文含义是_____。
3. 要创建一个名称为 Pen1、画线颜色为红色、线宽为 5 个像素的画笔，应使用的语句是_____。
4. 要画多边形，应调用 Graphics 对象的_____方法。
5. 在绘图过程中，常用 GDI+的_____结构来表示点。要创建一个坐标点为（100，200）点对象 p1，应使用的语句是_____。用_____结构表示一个矩形区域，要创建一个左上角坐标在(10, 20)处、高度为 60、宽度为 50 的矩形对象 rect1，则应使用的语句是_____。
6. 要创建一个名称为 b1 的绿色的单色画刷，应使用的语句是_____。

三、编程题

1. 编写程序完成具有红色填充效果的矩形。
2. 编写程序在图片框上的居中位置以选定的字体、颜色显示"恭贺新禧"。
3. 设计黑白棋游戏程序。黑白棋的棋盘是一个有 8×8 方格的棋盘。双方各执一种颜色棋子，在规定的方格内轮流布棋。规则如下：

   （1）开局时，在棋盘中央交叉放置黑白各两枚棋子，一般黑方先行。
   （2）下子时，必须将子放在能夹住对方棋子的方格内，并将所夹之子全部翻转为自己一方的棋子。
   （3）如果玩家在棋盘上没有地方可以下子时，则该玩家对手可以连下。
   （4）棋盘放满子或两方都无法落子时，就告结束，以子多者胜，若相同，则后下子者胜。

4. 编写推箱子游戏。要求把木箱放到指定的位置，玩家稍不小心就会出现箱子无法移动或者通道被堵住的情况。推箱子游戏功能如下：游戏运行载入相应的地图，屏幕中出现一个推箱子的工人，其周围是围墙、人可以走的通道、几个可以移动的箱子和箱子放置的目的地。让玩家通过按上、下、左、右键控制工人推箱子，当箱子们都推到了目的地后出现过关信息，并显示下一关。推错了玩家还可按空格键重新玩过这关。直到过完全部关卡。推箱子游戏效果如图 10-19 所示。

图 10-19 推箱子游戏界面

第 11 章 数据文件

计算机中最基本的操作就是运行程序和处理数据。程序总是以文件的形式保存在磁盘、光盘等外部存储介质中。绝大部分数据也要以文件形式存放在外部存储介质上。程序运行时，计算机将程序以及所需的数据从外存读入。而程序运行产生的结果数据一般也要以文件形式输出并保存到磁盘上。本章介绍的内容，主要是针对数据文件的处理。

了解文件的概念及其分类，了解使用 Visual Basic.NET 访问文件的方式，了解流的有关概念，熟悉 System.IO 命名空间的成员，掌握使用 Directory、File、Path 类操作文件及目录，掌握使用 FileStream 类读写文件，掌握使用 StreamReader、StreamWriter 类读写文本文件，掌握使用 BinaryReader、BinaryWriter 类读写二进制文件。

11.1 文件概述

11.1.1 文件

文件是在逻辑上具有完整意义的信息（程序和数据）集合。例如我们平时用 Word 或 Excel 编辑制作的文档或表格就是一个文件，把它存放到磁盘上就是一个磁盘文件，输出到打印机上就是一个打印机文件。广义地说，计算机系统中的任何输入输出设备都被当做文件进行处理。这样，计算机便可以以统一的方式处理所有的输入输出操作。

11.1.2 文件的结构

为了有效地存取数据，数据必须以某种特定的方式存放到存储设备上，这种特定的方式称为文件结构。一个文件由若干条记录组成，而记录又由若干个字段组成，字段是由若干个字符组成的。

（1）字符（Character）：它是构成文件的最基本单位。字符可以是单字节的半角字符，也可以是双字节的全角字符。一般来说，一个西文字符用一个字节存放，是半角字符；而汉字和全角的图形符号，用两个字节存放，是全角字符。

注意：Visual Basic.NET 支持双字节字符，当计算字符串长度时，一个西文字符和一个汉字都作为一个字符计算，但它们在存储时所占的存储空间是不一样的。如：对字符串"学习 VB.NET"来说，字符串的长度为 8，但存储时所占的空间为 10 个字节。

（2）字段（Field）：也称为域。它由若干个字符组成，用来表示一项数据。例如在存储学生档案信息时，其中的姓名"张三"就是一个字段，它由两个汉字字符组成，占用 4 个字节。

（3）记录（Record）：由一组逻辑上相关的字段数据组合而成。例如在学生档案库中，每个同学的学号、姓名、班级、所在院系等信息在逻辑上就构成了该同学的记录信息，如在下面的信息中，每一行就表示了一个同学的记录信息：

学号	姓名	班级	所在院系
1009105	张三	软件工程 101	计算机
1009106	李四	软件工程 101	计算机

（4）文件（File）：文件由若干条记录构成。如：软件工程 101 班 30 名同学的记录信息就构成了该班级的档案文件。

由此可见：构成文件的层次结构关系是：字符→字段→记录→文件。

11.1.3 文件的分类

依据不同的分类标准，可将文件分为不同的类型。根据文件的性质，文件可分为程序文件和数据文件两大类。根据文件中数据存取方式的不同，文件可以分为顺序文件和随机文件两大类。根据文件中存储信息所使用的编码方式，文件可以分为文本文件和二进制文件。

1. 程序文件和数据文件

程序文件是指可供计算机运行的命令文件或可执行文件，例如扩展名为.com 或.exe 的文件。还包括各种源程序文件，例如 Visual Basic.NET 中的.vb 文件等。

数据文件是用来存储程序文件运行时需要的数据，或用来存储程序运行的结果。例如，学生成绩、职工工资、人事档案和各种财务数据等。本章中所涉及的文件都是数据文件。

2. 顺序文件和随机文件

顺序文件是由一系列 ASCII 码字符格式的文本行组成的文件，每行的长度可以不同，文件中的每个字符都表示一个文本字符或文本格式设置序列（如换行符等）。文件里面的数据存取方式为顺序存取，即数据是一个接一个地顺序写入文件中的。读数据时，也是一个接一个地顺序读出文件的。

顺序文件实际上是普通的文本文件，任何文本编辑软件都可以对它进行操作。它的结构最为简单，占用的空间少，容易使用。但是它在存取、增减数据上的不方便使得该类型文件只适用于有一定规律且不需要经常修改的数据。

随机文件是以随机方式存取的文件，有一组长度相等的记录组成。在随机文件中，字段类型可以不同，每个记录的长度是固定的，记录中的每个字段的长度也是固定的。此外，随机文件的每个记录都有一个隐含的记录号。在写入数据时，只要指定记录号，就可以把数据直接存入指定位置。而在读取数据时，只要给出记录号，就能直接读取该记录。在随机文件中，可以同时进行读、写操作，因而能快速地查找和修改每个记录，不必为修改某个记录而对整个文件进行读、写操作。

随机文件存取数据灵活方便，易于修改，速度较快，但是，空间占用较大，且数据的组织较为复杂。

3. 文本文件和二进制文件

文本文件又称 ASCII 文件，是以字符方式编码和保存数据的文件。这类文件可以用字处理软件来建立和修改，保存时按纯文本方式保存。

二进制文件是以二进制方式编码和保存数据的文件。二进制文件可以存储任意类型的数据,除了不限定数据类型和记录长度外,对二进制文件的访问类似于对随机文件的访问,但是必须准确地知道数据是如何写入文件的,才能正确地读取数据。例如,要存储一系列的姓名和年龄,文件中是以一条条记录的形式存储的,每条记录包括两个字段:姓名和年龄,必须要记住姓名字段是文本,年龄字段是数值,否则读出的内容就会出错,这是因为不同的数据类型有不同的存储长度。

二进制文件占用的空间较小,而且访问方式具有很大的灵活性。对二进制文件存取时,可以定位到文件的任意字节位置,并可获取任何一个文件的原始字节数据。但二进制文件不能用普通的字处理软件打开。

11.2 文件的访问

11.2.1 文件的访问步骤

对文件的访问是指对文件进行读/写操作,在 Visual Basic.NET 中,不论是何种类型的文件,对数据文件的访问按下列三个步骤进行:

1．打开(或建立)文件。任何类型的文件必须打开(或建立)之后才能使用。若要操作的文件已经存在,则打开该文件;若要操作的文件不存在,则建立一个新文件。

2．对文件进行读/写操作。文件被打开(或建立)之后,就可以对文件进行所需的操作,例如,读出、写入、修改文件数据等操作。其中,将数据从计算机的内存传输到外存的过程称为写操作,而从外存传输到内存的过程称为读操作。

3．关闭文件。当对文件操作好之后,就应该将文件关闭。

11.2.2 文件的访问方法

Visual Basic.NET 中有三种访问文件系统的方法:第一种是使用 Visual Basic 运行时函数进行文件访问 (VB 传统方式直接文件访问);第二种是通过文件系统对象模型 FSO 访问;第三种是通过.NET 中的 System.IO 类访问。

1．Visual Basic.NET 运行时函数

因为在 Microsoft.VisualBasic 命名空间,系统隐含导入所以不需要再导入命名空间。运行库函数在性能上可能没有直接用 System.IO 类高。表 11-1 列出了 Visual Basic.NET 中用于文件和目录操作的函数。

表 11-1　Visual Basic.NET 中用于文件和目录操作的函数

函数	说明
CurDir	返回表示当前目录的 String 值
Dir	返回 String 值,表示与指定模式或文件属性相匹配的文件名、目录名或文件夹名,或者表示驱动器的卷标
EOF	当为随机输入或顺序输入而打开的文件到达末尾时,返回 Boolean 值 True
FileClose	将 I/O 写入到使用 FileOpen 函数打开的文件
FileCopy	复制文件并保留原文件
FileDateTime	返回 Date 值,表明最近一次修改文件的日期和时间

续表

函数	说明
FileLen	返回 Long 值，表明文件的长度（字节）
FileOpen	打开用于输入或输出的文件
FreeFile	返回 Integer 值，指定 FileOpen 函数可以使用的下一个文件的编号
GetAttr	返回 FileAttribute 值，表示文件、文件夹或目录的属性
Input	从打开的顺序文件读取数据并将该数据分配给变量
InputString	返回 String 值，包含在 Input 或 Binary 模式下打开的文件中的字符
LineInput	从打开的顺序文件中读取一行并将其分配给 String 变量
Loc	返回 Long 值，指定在打开的文件中的当前读/写位置
LOF	返回 Long 值，表示使用 FileOpen 函数打开的文件的大小（字节）
Print	将显示格式的数据写入顺序文件
PrintLine	将显示格式的数据写入顺序文件，并以回车符结束
Seek	返回 Long 值，指定在使用 FileOpen 函数打开的文件中的当前读/写位置；或为使用 FileOpen 函数打开的文件中的下一个读/写操作设置位置
SetAttr	设置文件的属性，如 ReadOnly、Hidden、Directory、Archive 等
Write	将数据写入顺序文件，通常使用 Input 函数从文件中读取使用 Write 函数写入的数据
WriteLine	将数据写入顺序文件，并以回车符结束

Visual Basic.NET 运行时提供的函数有两个主要优点，即为开发人员所熟悉并且易于使用。Visual Basic.NET 的核心功能仍然保留其为人所熟悉、直观和灵活的特点，同时提供了舒适的.NET 开发环境。

以下示例将检查文件是否存在，如果存在，则使用 FileCopy 函数将其复制到新文件。

```
Private Sub CopyFiles()
    Dim checkFile As String
    checkFile = Dir("c:\test.txt")
    If checkFile = "test.txt" Then
        FileCopy("c:\test.txt", "c:\new.txt")
    End If
End Sub
```

2. FileSystemObject(FSO)文件 I/O

FileSystemObject 模型将文件、目录和驱动器表示为 COM 对象，每个对象都有自己的属性和方法。您可以创建和操纵这些对象，并使用这些对象的属性来查找，如目录内容、文件大小、对象的创建时间等。通过创建和访问 FileSystemObject 对象的实例，可以访问文件、目录和驱动器的对象。

FSO 的主要优点是它可以将许多文件 I/O 函数集合到单个对象中。通过创建该对象的实例可以访问对象的方法和属性。表 11-2 所示列出了 FSO 对象模型的基本组件。

以下示例过程使用 FileSystemObject 对象的实例来读取 "test.txt" 文件的内容并显示在 TextBox1 文本框中。

```
Private Sub MyReadFile()
    Dim fileSystem As New Scripting.FileSystemObject()
    Dim file As Scripting.TextStream
```

```
        file = fileSystem.OpenTextFile("C:\test.txt")
        Dim contents As String = file.ReadAll()
        TextBox1.Text= contents
        file.Close()
End Sub
```

表 11-2　FSO 对象模型的基本组件

对象	说明
FileSystemObject	创建与删除驱动器、文件夹和文件，获取并对其进行常规操作。与此对象相关的许多方法都与其他对象中的相应方法相同
Drive	获取关于连接到系统的驱动器，如可用空间及其共享名称
File	创建，删除或移动文件，以及在系统中查询文件的名称、路径和其他
Folder	创建，删除或移动文件夹，以及在系统中查询文件夹的名称、路径和其他
TextStream	读写文本文件

3．.NET 框架中的 System.IO 类

在.NET 框架中与文件有关的类都集中在 System.IO 这个大类中，在此大类中可以看见很多以"File"开头的类名。我们将在下一节对此详细介绍。

11.3　使用 System.IO 命名空间中的类访问文件

11.3.1　流的相关基本概念

在.NET 里面，微软用丰富的"流"对象取代了传统的文件操作，而"流"，是一个在 Unix 里面经常使用的对象。

1．什么是"流"？为什么使用"流"？

我们可以将流视为一组连续的一维数据，包含开头和结尾，并且其中的"游标"指示了流中的当前位置。它是字节序列的抽象概念，可以把流当作一个通道，程序的数据可以沿着这个通道"流"到各种数据存储机构（如：文件、数组等）。

为什么我们会摒弃用了那么久的 IO 操作，而代之为流呢?其中很重要的一个原因就是并不是所有的数据都存在于文件中。现在的程序，从各种类型的数据存储中获取数据，比如可以是一个文件，内存中的缓冲区，还有 Internet。而流技术使得应用程序能够基于一个编程模型，获取各种数据，而不必要学会怎么样去获取远程 web 服务器上的一个文件的具体技术。我们只需要在应用程序和 web 服务器之间创建一个流，然后读取服务器发送的数据就可以了。

2．流的操作

流的操作一般涉及 3 个基本方法：

（1）可以从流读取。读取是从流到数据结构（如字节数组）的数据传输。

（2）可以向流写入。写入是从数据源到流的数据传输。

（3）流可以支持查找。查找是对流内的当前位置进行的查询和修改。

流对象封装了读写数据源的各种操作，最大的优点就是——当你学好怎么样操作某一个数据源时，你就可以把这种技术扩展到其他形形色色的数据源中。

3. 流的种类

流是一个抽象类,你不能在程序中声明 Stream 的一个实例。在.NET 里面,由 Stream 派生出 5 种具体的流,分别是:

FileStream:支持对文件的顺序和随机读写操作。

MemoryStream:支持对内存缓冲区的顺序和随机读写操作。

NETworkStream:支持对 Internet 网络资源的顺序和随机读写操作,存在于 System.Net.Sockets 名称空间。

CryptoStream:支持数据的编码和解码,存在于 System.Security.Cryptography 名称空间。

BufferedStream:支持缓冲式的读写对那些本身不支持的对象。

并不是所有的 Stream 都采用完全一模一样的方法,比如读取本地文件的流,可以告诉我们文件的长度,当前读写的位置等,你可以用 Seek 方法跳到文件的任意位置。相反,读取远程文件的流不支持这些特性。不过,Stream 本身有 CanSeek、CanRead 和 CanWrite 属性,用于区别数据源,告诉我们支持还是不支持某种特性。

4. System.IO 命名空间中的常用类

(1) Directory 类与 DirectoryInfo 类。

这两个类主要用于文件目录操作,都提供一些用于创建、移动和遍历目录的方法。二者的区别是 Directory 类不必创建类的实例就可以调用它的方法,而 DirectoryInfo 类中的方法是实例方法,必须在创建实例后才能调用。Directory 类的主要方法如表 11-3 所示。

表 11-3 Directory 类的主要方法

方法	说明
CreateDirectory	按 path 的规定创建所有目录和子目录
Delete	删除指定目录
Exists	返回 Boolean 值,表明指定目录是否存在
GetCreationTime	返回 Date,表示指定目录的创建时间
GetCurrentDirectory	返回 String,表示应用程序的当前工作目录
GetDirectories	返回 String,表示指定目录中的子目录名称
GetDirectoryRoot	返回 String,表示指定路径的卷、根或同时表示这两种
GetFiles	返回 String,表示指定目录中的文件名
GetFileSystemEntries	返回 String,表示指定目录中所有文件和子目录的名称
GetLastAccessTime	返回最近一次访问指定目录的日期和时间
GetLastWriteTime	返回 Date,表示最近一次写入指定目录的时间
GetLogicalDrives	返回 String,表示计算机的逻辑驱动器的名称
GetParent	返回 String,表示指定路径的父目录
Move	将目录及其内容移到新位置
SetCreationTime	设置指定目录的创建日期和时间
SetCurrentDirectory	将应用程序的当前工作目录设置为指定目录
SetLastAccessTime	设置最近一次访问指定目录的日期和时间
SetLastWriteTime	设置最近一次写入指定目录的日期和时间

（2）File 类和 FileInfo 类。

这两个类主要用于文件操作，都提供一些用于创建、拷贝、移动、打开文件及创建 FileStream 对象等的方法。二者的区别是，File 类不必创建类的实例就可以调用它的方法，而 FileInfo 类中的方法都是实例方法，必须在创建实例后才能调用。File 类的主要方法如表 11-11.4 所示。

表 11-4 File 类的主要方法

方法	说明
AppendText	创建 StreamWriter 的一个实例，将 UTF-8 编码文本附加到现有文件
Copy	将现有文件复制到新文件
Create	以指定的完全限定路径创建文件
CreateText	创建或打开一个新文件，用于编写 UTF-8 编码文本
Delete	删除指定文件
Exists	返回 Boolean 值，表明指定文件是否存在
GetAttributes	返回完全限定路径的文件的 FileAttributes
GetCreationTime	返回 Date，表示指定文件的创建时间
GetLastAccessTime	返回 Date，表示最近一次访问指定文件的时间
GetLastWriteTime	返回 Date，表示最近一次写入指定文件的时间
Move	将指定文件移到新位置，提供选项以指定新的文件名
Open	打开指定路径的 FileStream
OpenRead	打开现有文件以进行读取
OpenText	打开现有的 UTF-8 编码文本文件以进行读取
OpenWrite	打开现有文件以进行写入
SetAttributes	设置指定路径中的文件的指定 FileAttributes
SetCreationTime	设置指定文件的创建日期和时间
SetlastAccessTime	设置最近一次访问指定文件的日期和时间
SetLastWriteTime	设置最近一次写入指定文件的日期和时间

（3）FileStream 类。

FileStream 类是 Steam 类的派生类，它以字节流的方式对文件中的数据进行操作，它将对普通文件、标准输入、输出设备的操作都看作输入、输出流。

（4）StreamReader 类和 StreamWriter 类。

这两个类常用于读、写文本文件。利用 StreamReader 类可以从文本文件中读取字符，利用 StreamWriter 类可以向文本文件中写入字符。

（5）BinaryReader 类和 BinaryWriter 类。

这两个类主要用于读、写二进制文件。一般利用 BinaryReader 类从二进制文件中读取数据，BinaryWriter 向二进制文件中写入数据。

11.3.2 使用 FileStream 类访问文件

进行本地文件操作的时候，我们可以采用 FileSteam 类，该类能将文件很容易地读写为字节数组(arrays of bytes)。

1. FileStream 类的常用属性

FileStream 类的常用属性如表 11-5 所示。

表 11-5　FileStream 类的常用属性

属性名称	说明
CanRead	用于获取一个布尔值，该值指示当前文件流是否支持读操作
CanWrite	用于获取一个布尔值，该值指示当前文件流是否支持写操作
CanSeek	用于获取一个布尔值，该值指示当前文件流是否支持定位操作
Length	用于获取以字节为单位的文件流长度
Position	用于获取或设置此文件流的当前位置

2. FileStream 类的常用方法

（1）构造函数。不管使用哪一个 Stream 类，都必须创建一个 FileStream 对象。该对象可用很多方式的构造函数创建，其常用的格式及功能如下：

格式 1：

`Protected Sub New (path As String, mode As FileMode)`

功能：以参数 path 指定的路径和文件名、参数 mode 指定的方式创建 FileStream 实例。

格式 2：

`Protected Sub New (path As String, mode As FileMode, access As FileAccess)`

功能：以参数 path 指定的路径和文件名、参数 mode 指定的模式和 access 指定的读写权限创建 FileStream 实例。

其中，mode 参数和 access 参数分别为 System.IO 命名空间中的 FileMode 枚举类型和 FileAccess 枚举类型，其枚举成员分别如表 11-6 和表 11-7 所示。

表 11-6　System.IO 命名空间中的 FileMode 枚举类型

成员名称	说明
Append	打开现有文件并查找到文件尾，或创建新文件
Create	指定操作系统应创建新文件，如果文件已存在，它将被改写
CreateNew	指定操作系统应创建新文件
Open	指定操作系统应打开现有文件
OpenOrCreate	指定操作系统应打开文件（如果文件存在），否则，应创建新文件
Truncate	指定操作系统应打开现有文件，文件一旦打开，就将被截断为零字节大小

表 11-7　System.IO 命名空间中的 FileAccess 枚举类型

成员名称	说明
Read	按只读权限打开文件
Write	按只写权限打开文件
ReadWrite	按可读可写权限打开文件

（2）Read 方法。Read 方法可以将文件中的内容写入字节数组。

格式：

```
Public Overrides Function Read ( buffer As Byte(), offset As Integer, _
count As Integer ) As Integer
```
Buffer 是要写入的数组地址，offset 是偏移量，count 指写入字节数量。

下面是 Read 方法的用法实例：
```
Dim instance As FileStream
Dim array As Byte()
Dim offset As Integer
Dim count As Integer
Dim returnValue As Integer
returnValue = instance.Read(array, offset, count)
```
（3）Write 方法。如果用 FileStream 把数据保存在文件中，首先把数据转化为 Byte 数组，然后调用 FileStream 的 Write 方法。Write 方法可以将一个数组写入文件中。

格式：
```
Write(buffer, offset, count)
```
Buffer 是要写入数组地址，offset 是偏移量，count 指写入字节数量。

由于 FileStream 要与 Bytes Array 打交道，所以研究一下 ASCIIEncoding 的 GetBytes 和 UnicodeEncoding 的 GetChars 很有必要。下面的例子是一个转换操作。
```
Dim buffer() As Byte
Dim encoder As New System.Text.ASCIIEncoding()
Dim str As String = "This is a line of text"
ReDim buffer(str.Length - 1)
Encoder.GetBytes(str, 0, str.Length, buffer, 0)
FS.Write(buffer, 0, buffer.Length)
```
注意：必须 Resize 要写入的 Byte 数组为要读写的长度。

（4）ReadByte 方法。ReadByte 方法的功能为从文件流中读取一个字节的数据，并将读取位置向前移动一个字节。如果读取的字节为文件尾，则返回-1。

格式：
```
Public Overrides Function ReadByte() As Integer
```
（5）WriteByte 方法。创建 FileStream 对象之后，调用 WriteByte 写一个字节到文件中。

格式：
```
Public Overrides Sub WriteByte(value As Byte)
```
其中参数 value 表示要写入的字节。

（6）Seek 方法。Seek 方法可以设置文件流的当前位置。

格式：
```
Public Overrides Function Seek(offset As Long, origin As SeekOrigin) As Long
```
其中：参数 offset 为相对于参照点的位移量，参数 Origin 为参照点，它是 System.IO 命名空间中的 SeekOrigin 枚举类型，其成员及含义如表 11-8 所示。

表 11-8 System.IO 命名空间中的 SeekOrigin 枚举类型及成员

成员名称	说明
SeekOrigin.Begin	文件流的开头
SeekOrigin.Current	文件流的当前位置
SeekOrigin.End	文件流的结尾

（7）Flush 方法。Flush 方法负责将保存在缓冲区中的所有数据真正写入到文件中。
格式：
`Public overrides Sub Flush()`
（8）Close 方法。该方法关闭文件流并释放与当前文件流关联的任何资源。
格式：
`Public overrides Sub Close()`
注意：由于 FileStream 类只支持字节的读写，因此，在向文件中写入数据时需要先将字符转换成字节再写入；从文件中读取数据时，需要先把读出来的字节数据转换为字符才能显示出来。

【例 11.1】编写一个程序，利用 FileStream 类读取和保存文件内容。

程序设计步骤如下：

（1）进入 Visual Studio 2008 集成开发环境，新建一个 Visual Basic 类型的 Windows 应用项目，项目名称和解决方案名称均为"Exp11-1"，存放位置为"E:\Project"。

（2）从工具箱向窗体中添加 2 个命令按钮控件，分别给两个按钮控件命名为 BtnRead 和 BtnWrite；添加 1 个文本框控件，将其命名为 TextBox1；添加一个 OpenFileDialog 控件，将其命名为 OFD1。

（3）在设计阶段，利用属性窗口设置窗体上各控件的属性值如表 11-9 所示。

表 11-9 窗体中控件及属性设置

控件	属性名	属性值
Form1	Text	读写文件-使用 FileStream 类
	StartPosition	CenterScreen
BtnRead	Text	读取文件
BtnWrite	Text	保存文件
	Enabled	False
TextBox1	Multiline	True
	ScrollBars	Both
OFD1	Name	OFD1

属性设置完毕后，窗体各控件的布局及外观如图 11-1 所示。

图 11-1 例 11.1 窗体及控件布局

（4）编写程序代码。调出代码编辑窗口，在其中写入下面代码：

```vb
Imports System.IO                '引入命名空间
Public Class Form1
    Dim fs As FileStream         '定义文件流对象
    Dim fn As String             '定义字符串用于存放要操作的文件路径及文件名
    Private Sub BtnRead_Click(ByVal sender As System.Object, ByVal e As System.EventArgs) Handles BtnRead.Click
        Dim b As Integer, ch As String, mytext As String
        mytext = ""
        OFD1.FileName = ""
        OFD1.InitialDirectory = "E:\project\Exp11-1"   '设置初始目录为当前项目的根目录
        OFD1.Filter = "所有文本文件(*.txt)|*.txt"
        If OFD1.ShowDialog() <> DialogResult.OK Then
            Exit Sub
        End If
        fn = OFD1.FileName       '为打开文件对话框中选择的文件实例化文件流对象，并对其进行读操作
        fs = New FileStream(fn, FileMode.Open, FileAccess.Read)
        b = fs.ReadByte()        '从文件流中读取一个字节
        Do While b <> -1
            ch = Chr(b)          '将字节数据转换为字符
            mytext = mytext & ch
            b = fs.ReadByte()
        Loop
        TextBox1.Text = mytext   '将全部文件内容显示到TbContent文本框
        fs.Close()               '关闭文件流对象
        BtnWrite.Enabled = True  '使"保存文件"按钮可用
    End Sub

    Private Sub BtnWrite_Click(ByVal sender As System.Object, ByVal e As System.EventArgs) Handles BtnWrite.Click
        Dim len As Long, i As Integer
        Dim ch As String
        '建立FileStream对象，对已打开的文件进行保存
        fs = New FileStream(fn, FileMode.Open, FileAccess.Write)
        len = TextBox1.Text.Length()
        For i = 1 To len         '将文本框中的字符逐个写入文件流
            ch = Mid(TextBox1.Text, i, 1)
            fs.WriteByte(Asc(ch))
        Next
        fs.Close()               '关闭文件流对象
    End Sub
End Class
```

（5）单击工具栏上的"启动调试"按钮或按F5键开始调试程序，单击"打开文件"按钮是可弹出打开文件对话框，在对话框中选择一个文件，如"E:\project\Exp11-1\test.txt"，单击"打开"按钮时，该文件将被打开，文件内容会被读出且显示在文本框中，如图11-2所示。

在文本框中可以对文件内容进行编辑、修改，完成后单击"保存文件"，所做修改将被保存到原来的文件中。

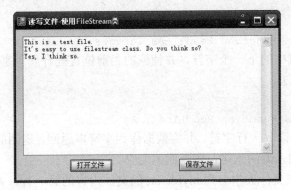

图 11-2 例 11.1 程序运行结果

11.3.3 使用 StreamReader 和 StreamWriter 类访问文本文件

通过使用特定编码在字符与字节之间进行转换，利用 System.IO 命名空间类可以将字符作为流（也就是连续的数据组）从文件中读取或写入文件。它包括两个类：StreamReader 和 StreamWriter，它们使得可以从文件读取字符顺序流或将字符顺序流写入文件中。

1. StreamReader 类

StreamReader 类是从名为 TextReader 的抽象类派生的，功能是从字节流读取字符。该类常用的方法如下：

（1）构造函数。StreamReader 有 10 种格式的构造函数，常用的有：

格式 1：
`Public Sub New(stream As Stream)`
功能：为指定的流初始化 StreamReader 类的新实例。

格式 2：
`Public Sub New(path As String)`
功能：为指定路径上的指定的文件初始化 StreamReader 类的新实例。

格式 3：
`Public Sub New(stream As Stream, encoding As System.Text.Encoding, _ detectEncodingFromByteOrderMarks As Boolean, buffersize As Integer)`
功能：为指定的流初始化StreamReader类的新实例，带有指定的字符编码、字节顺序标记检测选项和缓冲区大小。

格式 4：
`Public Sub New(path As String, encoding As System.Text.Encoding)`
功能：用指定的字符编码，为指定路径上的指定的文件初始化 SteamReader 类的新实例。

例如,创建一个可以读取 C 盘根文件夹中名为 myfile.txt 的文件内容的 StreamReader 对象，可以先建立关于该文件的 FileStream 对象，方法如下：

```
Dim fstream As New FileStream("C:\myfile.txt", FileMode.Open, FileAccess.Read)
Dim sr As StreamReader
sr = New StreamReader(fstream)
```

也可以直接建立和文件关联的 StreamReader 对象。例如，直接创建一个可以读取 C 盘根文件夹中名为 myfile.txt 的文件内容的 StreamReader 对象，方法如下：

```
Dim sr As New StreamReader("C:\myfile.txt")
```

（2）Read 方法。

格式：
```
Public Overrides Function Read() As Integer
```
功能：读取输入流中的下一个字符，并使流的当前位置提升一个字符。

（3）ReadLine 方法。

格式：
```
Public Overrides Function ReadLine() As String
```
功能：从当前流中读取一行字符，并将数据作为字符串返回，返回的字符串中不包括回车或换行符。如果读到输入流的末尾，则返回值为空。

例如，读取 C 盘根文件夹中名为 myfile.txt 的文件内容的第一行，方法如下：
```
Dim fstream As New FileStream("C:\myfile.txt", FileMode.Open, FileAccess.Read)
Dim sr As StreamReader
sr = New StreamReader(fstream)
Dim strLine As String
strLine = sr.ReadLine()
```

（4）Peek 方法。

格式：
```
Public Overrides Function Peek() As Integer
```
功能：该方法返回一个表示下一个要读取的字符的整数；如果没有更多可读取的字符或该流不支持查找，则为 -1。该方法不会改变 StreamReader 对象的当前位置。

（5）ReadToEnd 方法。

格式：
```
Public Overrides Function ReadToEnd() As String
```
功能：该方法从流的当前位置开始读取数据，直到流的末尾，并把读取的数据以字符串的形式返回。

例如，读取 C 盘根文件夹中名为 myfile.txt 的文件全部内容，方法如下：
```
Dim sr As New StreamReader("C:\myfile.txt")
Dim strLine As String
strLine = sr.ReadLine()
```

2. StreamWriter 类

StreamWriter 类是从名为 TextWriter 的抽象类派生的，功能是将字符写入字节流。该类有一个常用的属性 BaseStream，该属性用于获取同后备存储区连接的基础流。

StreamWriter 常用的方法如下：

（1）构造函数。StreamWriter 有 7 种格式的构造函数，常用的有：

格式 1：
```
Public Sub New(stream As Stream)
```
功能：使用默认字符编码和缓冲区大小，为指定的流初始化 StreamWriter 类的新实例。

格式 2：
```
Public Sub New(path As String)
```
功能：使用默认字符编码和缓冲区大小，为指定路径上的指定文件初始化 StreamWriter 类的新实例。

格式 3：
```
Public Sub New ( stream As Stream, encoding As Encoding, bufferSize As Integer )
```
功能：用指定的编码及缓冲区大小，为指定的流初始化 StreamWriter 类的新实例。

格式 4：
```
Public Sub New ( path As String, append As Boolean,  encoding As Encoding, bufferSize As Integer )
```
功能：使用指定编码和缓冲区大小，为指定路径上的指定文件初始化 StreamWriter 类的新实例。如果该文件存在，则可以将其改写或向其追加。如果该文件不存在，则此构造函数将创建一个新文件。

例如，创建一个可以向 C 盘根文件夹名为 myfile.txt 的文本文件写入内容的 StreamWriter 对象，使用默认的 UTF-8 编码格式，方法如下：
```
Dim fstream As New FileStream("C:\myfile.txt", FileMode.Open, FileAccess.ReadWrite )
Dim sw As New StreamWriter(fstream)
```
也可以直接建立和文件关联的 StreamWriter 对象。例如，直接创建一个可以向 C 盘根文件夹名为 myfile.txt 的文本文件写入内容的 StreamWriter 对象，使用默认的 UTF-8 编码格式，方法如下：
```
Dim sw As StreamWriter("C:\myfile.txt")
```
（2）Write 方法。

Write 方法用于将字符、字符数组和字符串等数据写入流，其常用的形式如下：

格式 1：
```
Public Overrides Sub Write(value As Char)
```
功能：向流中写入一个字符。

格式 2：
```
Public Overrides Sub Write (buffer As Char())
```
功能：将字符数组写入流。

格式 3：
```
Public Overrides Sub Write (value As String)
```
功能：将字符串写入流。

格式 4：
```
Public Overrides Sub Write(Value As Decimal)
```
功能：将十进制值的文本表示形式写入流。

（3）WriteLine 方法。该方法与 Write 方法的格式和功能基本相同，只是 WriteLine 在向流中写入指定数据后自动加上回车、换行符作为一行的结束。

【例 11.2】编写一个程序，利用 StreamReader 类和 StreamWriter 类读取和保存文件内容。

程序设计步骤如下：

（1）进入 Visual Studio 2008 集成开发环境，新建一个 Visual Basic 类型的 Windows 应用项目，项目名称和解决方案名称均为"Exp11-2"，存放位置为"E:\Project"。

（2）从工具箱向窗体中添加 2 个命令按钮控件，分别给两个按钮控件命名为 BtnRead 和 BtnWrite；添加 1 个文本框控件，将其命名为 TextBox1；添加一个 OpenFileDialog 控件，将其命名为 OFD1。

（3）在设计阶段，利用属性窗口设置窗体上各控件的属性值如表 11-10 所示。

属性设置完毕后，窗体各控件的布局及外观如图 11-3 所示。

表 11-10　窗体中控件及属性设置

控件	属性名	属性值
Form1	Text	读写文件—使用 StreamReader 和 StreamWriter 类
	StartPosition	CenterScreen
BtnRead	Text	读取文件
BtnWrite	Text	保存文件
	Enabled	False
TextBox1	Multiline	True
	ScrollBars	Both
OFD1	Name	OFD1

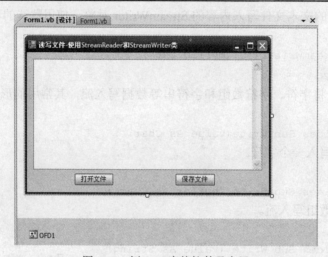

图 11-3　例 11.2 窗体控件及布局

（4）编写程序代码。调出代码编辑窗口，在其中写入下面代码：

```vb
Imports System.IO              '引入命名空间
Public Class Form1
    Dim fs As FileStream       '定义文件流对象
    Dim fn As String           '定义字符串用于存放要操作的文件路径及文件名
    Private Sub BtnRead_Click(ByVal sender As System.Object, ByVal e As System.EventArgs) Handles BtnRead.Click
        Dim line As String
        Dim sr As StreamReader
        OFD1.FileName = ""
        OFD1.InitialDirectory = "E:\project\Exp11-2"    '设置初始目录为当前项目的根目录
        OFD1.Filter = "所有文本文件(*.txt)|*.txt"
        If OFD1.ShowDialog() <> DialogResult.OK Then
            Exit Sub
        End If
        TextBox.Text = ""
        fn = OFD1.FileName         '为打开文件对话框中选择的文件实例化 StreamReader 对象
        sr = New StreamReader(fn)
        Do While sr.Peek <> -1     '如果不是文件尾
            line = sr.ReadLine()   '从流中读取一行
```

```
                '将读取的行显示到文本框
                TextBox.Text = TextBox.Text & line & vbCrLf
            Loop
            sr.Close()                         '关闭流
            BtnWrite.Enabled = True            '使"保存文件"按钮可用
        End Sub

        Private Sub BtnWrite_Click(ByVal sender As System.Object, ByVal e As System.
EventArgs) Handles BtnWrite.Click
            Dim i As Integer
            Dim sw As StreamWriter
            '建立StreamWrite对象,对已打开的文件进行保存
            sw = New StreamWriter(fn)
            For i = 0 To TextBox.Lines.Length() - 1   '遍历文本框中的所有行
                sw.WriteLine(TextBox.Lines(i))        '把第i行写入文件
            Next
            sw.Close()                         '关闭流
        End Sub
    End Class
```

（5）单击工具栏上的"启动调试"按钮或按 F5 键开始调试程序,单击"打开文件"按钮是可弹出打开文件对话框,在对话框中选择一个文件,如"E:\project\Exp11-2\test.txt",单击"打开"按钮时,该文件将被打开,文件内容会被读出且显示在文本框中,如图 11-4 所示。

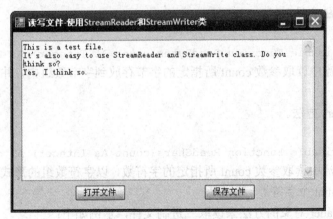

图 11-4 例 11.2 程序运行结果

在文本框中可以对文件内容进行编辑、修改,完成后单击"保存文件",所做修改将被保存到原来的文件中。

11.3.4 使用 BinaryReader 和 BinaryWriter 类访问二进制文件

Visual Basic 用户可能更熟悉作为 DataReader 和 DataWriter 的 BinaryReader 和 BinaryWriter 类。尽管更改了 System.IO 命名空间模型的名称,但基础功能仍保持相同。BinaryReader 类用特定的编码从流中读取二进制数据,并存放到基本数据类型的变量或数组中。而 BinaryWriter 类以二进制形式将基本数据类型的数据写入到流中,并支持用特定的编码写入字符串。

1. BinaryReader 类

BinaryReader 类有一个常用的 BaseStream 属性,它的含义与 StreamReader 类的同名属性

完全一致。

BinaryReader 类的常用方法如下:

(1) 构造函数。

格式 1:
```
Public Sub New(input As Stream)
```
功能: 基于参数 input 所提供的流, 用 UTF-8 编码初始化 BinaryReader 类的新实例。

格式 2:
```
Public Sub New(input As Stream, encoding As Encoding)
```
功能:基于参数 input 所提供的流和参数 encoding 所提供的字符编码,初始化 BinaryReader 类的新实例。

例如,创建一个可以读取 C 盘根文件夹中名为 myfile.dat 的二进制文件内容的 BinaryReader 对象, 需先建立关于该文件的 FileStream 对象, 方法如下:
```
Dim fstream As New FileStream("C\myfile.dat", FileMode.Open, FileAccess.Read)
Dim sr As BinaryReader
Sr = New BinaryReader(fstream)
```

(2) 从流中读取基本数据类型的方法。

该类方法包括 ReadBoolean、ReadByte、ReadChar、ReadDecimal、ReadDouble、ReadInt6、ReadInt、ReadInt64、ReadString 等。这类方法的功能共同点是均可从流中读取相应数据类型的数据, 并把读取的数据作为这种类型值返回, 并使流的位置移动相应类型的字节数。

(3) ReadBytes 方法。

格式:
```
Public Overridable Function ReadBytes(count As Integer) As Byte()
```
功能:从当前流中读取参数 count 所指定的字节存放到字节数组中,并把流的当前位置移动 count 个字节。

(4) ReadChars 方法。

格式:
```
Public Overridable Function ReadChars(count As Integer) As char()
```
功能:从当前流中读取参数 count 所指定的字符数,以字符数组的形式返回数据,并把流的当前位置移动 count 个字符。

使用 BinaryReader 对象的方法来读取二进制文件, 示例如下:
```
Dim fstream As New FileStream("C:\myfile.dat", FileMode.Open, FileAccess.Read)
Dim sr As BinaryReader
sr = New BinaryReader(fstream)
Dim blnVar As Boolean
Dim bytVar(4) As Byte
Dim chrVar As Char
chVar = sr.ReadChar()        '读取一个字符。
blnVar = sr.ReadBoolean()    '读取一个逻辑值。
bytVar = sr.ReadBytes(5)     '读取 5 个字节。
```

2. BinaryWriter 类

BinaryWriter 类有一个常用的 BaseStream 属性, 它的含义与 StreamWriter 类的同名属性完全一致。

BinaryWriter 类的常用方法如下:

(1) 构造函数。

BinaryWriter 类常用的构造有如下格式：

格式 1：

`Public Sub New (output As Stream)`

功能：用参数 output 所指定的流和 UTF-8 字符编码初始化 BinaryWriter 类的新实例。

格式 2：

`Public Sub New (output As Stream,encoding As Encoding)`

功能：用参数 output 所指定的流和参数 encoding 所指定的字符编码初始化 BinaryWriter 类的新实例。

(2) Seek 方法。

格式：

`Public Overridable Function Seek (offset As Integer,origin As SeekOrigin) As Long`

功能：对流的当前位置进行设置。参数 origin 和 offset 的含义同 FileStream 类的 Seek 方法。

(3) Write 方法。

Write 方法有多种格式：

格式 1：

`Public Overridable Sub Write (value As 基本数据类型)`

其中："基本数据类型"可以是 Integer、Single、Double、String 等。

功能：将参数 value 的值写入当前流，并使流的当前位置移动相应数据类型所占的字节数。

格式 2：

`Public Overridable Sub Write (buffer As Byte())`

功能：将字节数组 buffer 写入基础流，并移动流的当前位置。

格式 3：

`Public Overridable Sub Write (chars As Char())`

功能：将字符数组 chars 写入基础流，并移动流的当前位置。

【例 11.3】编写一个程序，利用 BinaryWriter 对象建立一个二进制文件，并在文件中写入各种类型的数据，再利用 BinaryReader 对象将文件中的各种数据读出并显示在文本框中。

程序设计步骤如下：

(1) 进入 Visual Studio 2008 集成开发环境，新建一个 Visual Basic 类型的 Windows 应用项目，项目名称和解决方案名称均为 "Exp11-3"，存放位置为 "E:\Project"。

(2) 从工具箱向窗体中添加 2 个命令按钮控件，分别给两个按钮控件命名为 BtnRead 和 BtnWrite；添加 1 个文本框控件，将其命名为 TextBox1；添加一个 OpenFileDialog 控件，将其命名为 OFD1。

(3) 在设计阶段，利用属性窗口设置窗体上各控件的属性值如表 11-11 所示。

表 11-11 窗体中控件及属性设置

控件	属性名	属性值
Form1	Text	读写文件-使用 BinaryReader 和 BinaryWriter 类
	StartPosition	CenterScreen
BtnCreateBin	Text	创建文件

续表

控件	属性名	属性值
BtnReadBin	Text	读取文件
	Enabled	False
TextBox1	Multline	True
	ScrollBars	Both
OFD1	Name	OFD1

属性设置完毕后,窗体各控件的布局及外观如图 11-5 所示。

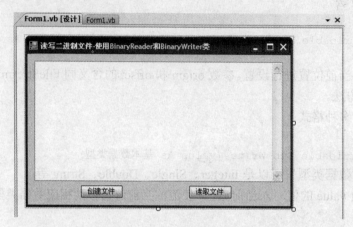

图 11-5 例 11.3 窗体控件及布局

(4)编写程序代码。

调出代码编辑窗口,在其中写入下列代码:

```
Imports System.IO              '引入命名空间
Public Class Form1
    Private Sub BtnCreateBin_Click(ByVal sender As System.Object, ByVal e As System.EventArgs) Handles BtnCreateBin.Click
        Dim fs As FileStream = New FileStream("E:\project\Exp11-3\myfile.dat", FileMode.Create)
        Dim bw As BinaryWriter = New BinaryWriter(fs)
        Dim i As Integer
        Dim str As String = "This is a string"
        Dim btText() As Byte = {0, 100, 200, 255, 5}
        '将12个连续整数写入流
        For i = 0 To 11
            bw.Write(i)
        Next
        bw.Write(str)            '将一个字符串写入流
        bw.Write(btText)         '将字节数组写入流
        bw.Close()
        fs.Close()
        MsgBox("文件创建及写入数据成功!")
    End Sub
    Private Sub BtnOpenBin_Click(ByVal sender As System.Object, ByVal e As System.EventArgs) Handles BtnOpenBin.Click
```

```
        Dim   fstream   As   New   FileStream("E:\project\Exp11-3\myfile.dat",
FileMode.Open, FileAccess.Read)
        Dim br As BinaryReader
        Dim iVar As Integer
        Dim strVar As String
        Dim btText() As Byte
        br = New BinaryReader(fstream)
        '从流中读出 12 个连续整数并显示在文本框中
        For i = 0 To 11
            iVar = br.ReadInt32()
            TextBox1.Text = TextBox1.Text + iVar.ToString
        Next
        '从流中读出 1 个字符串并显示在文本框中
        strVar = br.ReadString
        TextBox1.Text = TextBox1.Text + strVar
        '从流中读出 1 个字节数组并显示在文本框中
        btText = br.ReadBytes(5)
        For i = 0 To 4
            TextBox1.Text = TextBox1.Text + btText(i).ToString
        Next
    End Sub
End Class
```

（5）单击工具栏上的"启动调试"按钮或按 F5 键开始调试程序，单击"创建文件"按钮，将在磁盘上当前目录中（如"E:\project\Exp11-3\"）创建一个名为 myfile.dat 的二进制文件，并在该文件中连续写入如下内容：0~11 连续 12 个整数，字符串"This is a string"和字节数组{0, 100, 200, 255, 5}。随后会弹出消息框如图 11-6 所示。单击"显示文件"按钮，myfile.dat 文件的内容将会读出并显示在文本框中，如图 11-7 所示。

图 11-6 "创建文件"消息框

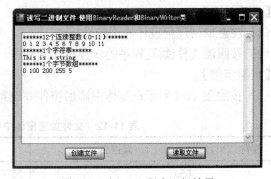

图 11-7 例 11-3 程序运行结果

实验十一 文件处理

一、实验目的

通过本次实验，熟悉流的概念和特点及 System.IO 命名空间的类，能够掌握使用 StreamReader 和 StreamWriter 类处理文本文件，用 BinaryReader 和 BinaryWriter 类处理二进制文件的常用方法。

二、实验内容与步骤

1. 编写程序对文本文件 Source.txt 中的字符进行加密后生成一个新文件 Secret.txt。单击"读取原文"按钮后将原文从 Source.txt 文件中读出并显示在左侧文本框中,单击"加密"按钮后原文加密并将密文显示在右侧文本框中,单击"保存密文"按钮后将密文保存在 Secret.txt 文件中。窗口界面如图 11-8 所示。

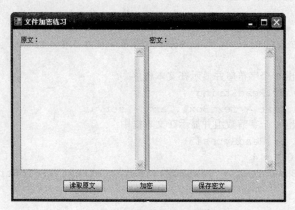

图 11-8 文本文件加密界面

【基本要求】

(1) 只对大小写英文字母进行加密,使 a 变成 f,b 变成 g,依此类推,u 变成 z,v 变成 a,w 变成 b,直到 z 变成 e。

(2) 原文和密文在文本框中不可修改。

(3) 使用 StreamReader 和 StreamWriter 类完成此题目要求。

【实验要点】

(1) 注意加密过程设计的正确性。

(2) 按照流文件读/写程序的步骤设计此程序。

【实验步骤】

(1) 按照图 11-8 所示在窗体中添加控件并设置属性,具体说明如表 11-12 所示。

表 11-12 文件加密窗体中控件及属性设置

控件	属性名	属性值
Form1	Text	文件加密练习
	StartPosition	CenterScreen
BtnRead	Text	读取原文
BtnEncrypt	Text	加密
	Enabled	False
BtnSave	Text	保存密文
	Enabled	False
Label	Text	原文:
Label2	Text	密文:

续表

控件	属性名	属性值
TextBox1	Multline	True
	ScrollBars	Both
TextBox2	Multline	True
	ScrollBars	Both

(2) 建立原文文件，如"E:\project\Exper11-1\Source.txt"。

(3) 打开窗体代码编辑窗口，并编辑代码。

在代码文件最开始处添加如下代码：
```
Imports System.IO
```
在 Class Form1 定义中添加如下代码：
```
Dim fs As FileStream        '定义文件流对象
Dim fn As String            '定义字符串用于存放要操作的文件路径及文件名
```
添加 BtnRead、BtnEncrypt 和 BtnSave 的单击事件代码：
```
Private Sub BtnRead_Click(ByVal sender As System.Object, ByVal e As System.
EventArgs) Handles BtnRead.Click
    Dim line As String
    Dim sr As StreamReader
    TextBox1.Text = ""
    fn = "E:\project\Exper11-1\Source.txt"   '指定原文路径及文件名
    sr = New StreamReader(fn)       '为原文件实例化 StreamReader 对象
    Do While sr.Peek <> -1          '如果不是文件尾
        line = sr.ReadLine()        '从流中读取一行
        '将读取的行显示到文本框
        TextBox1.Text = TextBox1.Text & line & vbCrLf
    Loop
    sr.Close()                      '关闭流
    BtnEncrypt.Enabled = True       '使"加密"按钮可用
End Sub
Private Sub BtnEncrypt_Click(ByVal sender As System.Object, ByVal e As System.
EventArgs) Handles BtnEncrypt.Click
    Dim len As Long, i As Integer
    Dim ch As String, ascch As Integer
    TextBox2.Text = ""
    len = TextBox1.Text.Length()
    For i = 1 To len                '将文本框中的字符逐个写入文件流
        ch = Mid(TextBox1.Text, i, 1)
        ascch = Asc(ch)
        If ascch>=65 And ascch<=90 Or ascch>=97 And ascch <= 122 Then
            ascch += 5
            If ascch > 90 And ascch < 97 Or ascch > 122 Then
                ascch -= 26
            End If
        End If
        TextBox2.Text &= Chr(ascch)
    Next
    BtnSave.Enabled = True
```

```
    End Sub
    Private Sub BtnSave_Click(ByVal sender As System.Object, ByVal e As
System.EventArgs) Handles BtnSave.Click
        Dim i As Integer
        Dim sw As StreamWriter
        '建立StreamWrite对象,对已打开的文件进行保存
        sw = New StreamWriter("E:\project\Exper11-1\Secret.txt")
        For i = 0 To TextBox2.Lines.Length() - 1       '遍历文本框中的所有行
            sw.WriteLine(TextBox2.Lines(i))            '把第i行写入文件
        Next
        sw.Close()                                     '关闭流
    End Sub
```

2．创建一个记录学生成绩的随机文件 Scores.txt（包括学生学号、姓名、数学、语文、英语和平均分），并通过窗体输入每条记录的内容。单击"添加记录"按钮就将其保存；单击"重新输入"则清空各文本框的内容，用户重新填写数据。窗口界面如图 11-9 所示。

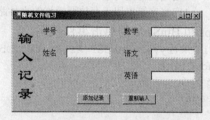

图 11-9　随机文件读/写界面

【基本要求】

（1）记录中的"平均分"字段值需经过计算得出。

（2）如果没有输入学号就不允许添加记录。

【实验要点】

（1）先定义结构类型和结构变量。

（2）使用 BinaryReader 和 BinaryWriter 类处理数据。

【思考题】

如果要求输入的学号不能重复，应如何修改程序？

 习题十一

一、选择题

1．下列的（　　）类主要用来读取文本文件。

　　A．StreamReader　　　B．StreamWriter　　　C．BinaryReader　　　D．BinaryWriter

2．在向文件流写入数据时，数据只是写入到文件缓冲区中，只有在缓冲区满时才真正写到文件中去，所以写入数据后还应调用（　　）方法，以便将缓冲区中的数据实际写入到文件中去。

　　A．Open　　　　　　　B．Seek　　　　　　　C．Flush　　　　　　　D．Peek

3．打开文件或创建文件流时，经常要指定文件的打开模式，下列模式中（　　）不会创建新文件。

　　A．Append　　　　　　B．Create　　　　　　C．Open　　　　　　　D．OpenOrCreate

4. 下列类中（　　）的文件流既可以读也可以写。
   A. StreamReader　　　　　　　　B. FileStream
   C. StreamWriter　　　　　　　　D. BinaryWriter

5. 以下说法中正确的是（　　）。
   A. 随机文件中每个记录以回车换行符结尾
   B. 不能从随机文件中按记录号读取或写入记录
   C. 随机文件中每个记录的长度相等
   D. 向随机文件中写数据时，必须按记录先后顺序进行

二、填空题

1. 根据不同的划分标准，可将文件分为不同的类型。根据文件中的数据性质不同，可将文件分为_____文件和_____文件；根据文件中数据的存取方式和结构的不同，可将文件分为_____文件和_____文件；根据文件中数据编码方式的不同，可将文件分为_____文件和_____文件。

2. FileStream 类的_____属性用来获取或设置此流的当前位置。

3. 要实现文本文件的读写，一般使用 StreamReader 类和_____类，要实现二进制文件的读写，一般使用_____类和 BinaryWriter 类。

4. 使用 StreamReader 类的_____方法可返回下一个要读取的字符，如果没有更多的可用字符或不支持查找，则返回值为-1。

5. StreamWriter 类的_____属性用于获取同后备存储区连接的基础流。

6. FileStream 类的构造函数中可以通过参数 mode 来指定打开文件模式，该参数的类型是 System.IO 命名空间中的_____枚举类型。若要打开现有文件并查找到文件尾，或创建新文件，该参数的取值应为_____。

三、编程题

1. 编写程序，打开任意的文本文件，读出其中内容，判断该文件中某些给定关键字出现的次数。

2. 编写程序，打开任意的文本文件，在指定的位置产生一个相同文件的副本，即实现文件的拷贝功能。

3. 创建一个简单的记事本程序。在窗体上创建菜单栏，加入一个"文件"菜单项，该菜单项包括 4 个菜单命令（"新建"、"打开"、"保存"、"退出"），再向窗体中添加一个公共对话框和一个文本框，执行"新建"菜单命令时清空文本框，由用户输入文本内容，执行"保存"菜单命令时可弹出保存文件对话框，由用户指定文件的路径和文件名，并把文本框中的内容写入该文件。当执行"打开"菜单命令时可弹出打开文件对话框，由用户从中选择所需要的文件，并把打开的文件内容写在文本框中显示，由用户进行修改。

4. 用 Windows "记事本"创建一个文本文件，其中每行包含一段英文。试读出文件的全部内容，并判断：
   （1）该文本文件共有多少行？
   （2）文件中以大写字母 P 开头的有多少行？
   （3）一行中包含字符最多的和包含字符最少的分别在第几行？

第 12 章　数据库应用

在信息技术充分发展的今天，数据量急剧增加，在需要处理大量数据的程序中，数据库成了程序对大量数据进行统一、集中管理的最佳选择。由 Visual Studio.NET 中提供的数据库访问机制——ADO.NET，提供了一个面向对象的数据访问架构，主要用来开发数据库应用程序。本章首先介绍了数据库的基本概念，分析了 ADO.NET 中的各种对象及其常用属性和方法，并在 ADO.NET 模型的基础上介绍如何操作数据库，最后通过应用案例讲解数据库的综合应用。

熟练掌握 ADO.NET 中各种对象的操作方法，了解常用的 SQL 语句，并能够对 Access 数据库进行增、删、改、查等操作。

12.1　数据库的基本概念

数据库是长期存储在计算机内的、有组织的、可共享的数据集合。数据库中的数据按一定的结构形式（数据模型）组织、描述和储存，具有较小的冗余度、较高的数据独立性和易扩展性，并可为各种用户共享。

目前，数据库领域中最常用的数据模型主要有三种，分别是：层次模型（Hierarchical Model）、网状模型(Network Model)和关系模型（Relational Model）。层次模型用树形结构来表示各类实体及实体间的联系；网状模型采用网状结构表示实体及其之间的联系；而关系模型采用二维表格结构来表示实体和实体之间的联系。其中层次模型和网状模型统称为非关系模型。非关系模型的数据库系统在 20 世纪 70 年代与 80 年代初非常流行，在数据库系统产品中占据了主导地位，现在已逐渐被关系模型的数据库系统取代。

关系数据库是建立在关系模型基础上的数据库，借助于集合代数等概念和方法来处理数据库中的数据。目前主流的关系数据库有 Oracle、Access、DB2、SQL Server，Sybase 等。本章主要以微软公司的 Microsoft Office Access 2003 数据库为例讲解有关数据库的编程操作。

12.1.1　关系数据库与二维表

关系数据库是目前应用最多、也最为重要的一种数据库。关系数据库中的数据在逻辑结构上实际是一张二维表格，它由行和列组成。如表 12-1 所示的是学生信息表（表名为: stuinfo）。

一个二维表就是一个关系，二维表的表名就是关系名。表的每一列称为一个字段（也称为属性），如表 12-1 所示的学生信息表中的学号、姓名、性别等共计 5 个字段，表的每一行为一条记录（也称为元组），它是一组字段信息的集合。如学生信息表中学号为 201000834216，

201000814130 等的每一行信息。

表 12-1 学生信息表

学号	姓名	性别	年龄	籍贯
201000834216	王子明	男	19	河南郑州
201100834201	刘思祺	女	20	河南开封
201000814130	赵文刚	男	19	湖北宜昌
201100824211	申晓莉	女	20	河南新乡
…	…	…	…	…

关系数据库中的所有数据都以表的形式给出。每一个关系数据库由一个或多个数据表组成，各数据表之间可以建立相互联系。图 12-1 是用 Access 创建的一个学生成绩管理的数据库，此数据库由 3 个数据表组成，各个表之间通过公共属性联系起来，如学生信息表和成绩表通过"学号"建立联接。因此，一个数据库中可以包含若干张数据表，一张数据表由若干条记录组成，一条记录由若干个字段组成。

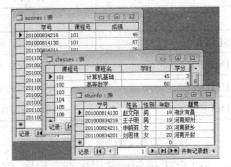

图 12-1 学生成绩管理数据库

在关系数据库中，数据被分散到不同的数据表中，以便使每个表中的数据只记录一次，从而避免数据的重复输入，减少数据冗余，其特点如下：

（1）关系（表）中的每一个字段（属性）必须是不可再分的数据项，即不能出现组合项。
（2）同一个表中不能出现相同的字段名（属性名），即不能出现相同的列。
（3）同一个表中同一列的数据类型必须相同。
（4）同一个表中不能出现相同的记录（元组），即不能出现相同的行。
（5）同一个表中记录的次序和字段的次序可以任意交换，不影响实际存储的数据。

12.1.2 关系数据库的有关概念

1. 表的结构

数据表的结构是由字段决定的。在建立数据表之前，首先要设计好数据表的结构，包括数据表的名称及每个字段的属性（字段名、字段类型及大小等），同时还应确定主关键字。

表名是数据表存储的唯一标识，也是用户访问的唯一标识。在创建数据表时，必须确定表中各个字段的数据类型，Microsoft Office Access2003 数据库可以支持的字段数据类型有文本型、数字型、日期/时间型、货币型、是/否型等 10 种类型，它确定了数据表的组织形式。

2. 主关键字

用来唯一标识表中记录的字段或字段的组合。如学生信息表中的学号可以作为主关键字，它能唯一标识表中的每一条记录，即表中不能有两个相同的学号出现。

3. 外部关键字

用来与另一个关系进行连接的字段，且是另一个关系中的主关键字，如成绩表中的学号就可以作外部关键字，可以用其与学生信息表进行联接，在学生信息表中"学号"是主关键字。

12.1.3 关系数据库的操作

对关系数据库的操作一般采用 SQL 语言实现。SQL 全称是"结构化查询语言(Structured Query Language)"，SQL 语言结构简洁、功能强大、简单易学，所以自从 1981 年 IBM 公司推出就得到了广泛的应用。如今无论是像 Oracle、Sybase、Informix、SQL Server 这些大型的数据库管理系统，还是像 Access、Visual Foxpro、PowerBuilder 等这些微机上常用的数据库开发系统，都支持 SQL 语言作为查询语言。

表 12-2 中列举了常用的 SQL 语句，本节只对其中最主要的一些语句作简单介绍。

表 12-2 SQL 的主要语句及说明

SQL 命令	说明
SELECT	查询数据，即从数据库中返回记录集
INSERT	向数据表中插入一条记录
UPDATE	修改数据表中的记录
DELETE	删除表中的记录

1. 查询语句 SELECT

SELECT 语句通常用来查询数据，它从数据库中检索数据并将数据以结果集的形式显示给用户。

（1）SELECT 语句的语法格式。

SELECT 字段 [AS 别名] [ALL/DISTINCT] FROM <表名> WHERE <条件>

（2）主要参数说明。

- SELECT：指定了在结果表中应包含哪些字段。
- FROM：用于指定查询涉及到哪些表。
- WHERE：指定了在结果表中的记录应当满足的条件。
- DISTINCT：表示在查询结果中去掉重复记录；ALL 表示在查询结果中保留重复记录，ALL 为系统默认值，可以不写。

【例 12.1】SELECT 语句使用示例。

（1）返回学生信息表中的所有记录。

SELECT * FROM stuinfo   ' 通配符"*"表示记录中所有字段

（2）从学生信息表中查询"姓名"字段值为"赵文刚"的记录，但仅返回记录的"姓名"字段。

SELECT 姓名 FROM stuinfo WHERE 姓名=赵文刚

（3）返回学生信息表中的"姓名"和"性别"字段，其中"姓名"字段重命名为"name"。

SELECT 姓名 AS name ,性别 FROM stuinfo

这样在显示查询结果时，"姓名"字段显示为"name"。

（4）从学生信息表中返回"学号"、"姓名"和"年龄"字段，条件是"性别"为"女"，并且年龄大于 20。

SELECT 学号,姓名,年龄 FROM stuinfo WHERE 性别= "女" AND 年龄>20

WHERE 子句指定了查询条件，该例为多重条件查询，在多重条件查询时要使用逻辑运算

AND、OR、NOT 将多个查询条件连接成一个逻辑表达式。

2. 插入记录语句 INSERT

INSERT 语句用于将新记录插入到指定的表中。

（1）INSERT 的语法格式。

```
INSERT INTO <表名>[(<字段名1>[,<字段名2>…])]
    VALUES (<表达式1>[,<表达式2>…])
```

（2）主要参数说明。

- VALUES：指定待添加数据的具体值，其中的表达式的排列顺序应与字段名的顺序一致，且个数、数据类型相同。
- 表达式的值必须是常量。
- 未指定值的字段是空值，若 INTO 子句后面无任何字段，则插入的新记录必须在每个字段上都有值。

【例 12.2】插入记录示例：往学生信息表中添加一条学生记录。

```
INSERT INTO stuinfo(学号,姓名,性别,年龄,籍贯)
VALUES ("201100834218", "王军", "男",18, "河南南阳")
```

3. 修改记录语句 UPDATE

UPDATE 语句用于对表中一行或多行记录的指定字段值进行修改。

（1）UPDATE 语句的语法格式。

```
UPDATE <表名>
SET <字段名>=<表达式>[,<字段名>=<表达式>]…[WHERE<条件>]
```

（2）主要参数说明。

- SET：给出要修改的字段及修改后的值。
- WHERE：待修改记录应满足的条件，缺省修改所有记录。

【例 12.3】更新记录示例：把学生信息表中所有女生信息的年龄都加 1。

```
UPDATE stuinfo SET 年龄=年龄+1 WHERE 性别="女"
```

4. 删除记录语句 DELETE

DELETE 语句用于逻辑删除表中一行或多行记录。

（1）DELETE 语句的语法格式。

```
DELETE FROM <表名>[WHERE<条件>]
```

（2）说明。

若无 WHERE<条件>，则删除所有记录。

【例 12.4】删除记录示例。

（1）把学生信息表中"赵文刚"的记录删除。

```
DELETE FROM stuinfo WHERE 姓名="赵文刚"
```

（2）把学生信息表中年龄大于 20 的记录删除。

```
DELETE FROM stuinfo WHERE 年龄>20
```

12.2　ADO.NET 简介

ADO.NET 是微软新一代.NET 数据库的访问架构，是数据库应用程序和数据源之间沟通的桥梁，主要提供了一个面向对象的数据访问架构，是一种使用非常广泛的开发数据库的应用程序。在微软发布的 Visual Studio 2008 中增加了一项新的数据库访问技术——LINQ（Language

INtegrated Query，语言集成查询），它允许在编写 C#或者 Visual Basic 代码时，可以使用一种类似 SQL 的语法操作内存中任何形式的数据。

本章我们仍然介绍使用广泛的 ADO.NET。

12.2.1 ADO.NET 体系结构

ADO.NET 是.NET 框架中的一系列类库，它能够让开发人员更加方便的在应用程序中使用和操作数据。

ADO.NET 库中包含了与数据源连接、提交查询并处理结果的类，也可以作为层次化的、断开连接的数据缓存来使用，以脱机处理数据，从而帮助开发人员建立在 Web 上使用的高效多层数据库应用程序。同时，ADO.NET 支持 RICH XML，由于传送的数据都是 XML 格式的，允许数据通过 Internet 防火墙来传递，因此任何能够读取 XML 格式的应用程序 ADO.NET 都可以进行数据处理，如：Access、SQL Server 等数据库、文本文件、Excel 表格或者 XML 文件。

ADO.NET 将数据访问与数据处理分离，是通过两个核心组件来完成，分别是：DataSet（数据集）和.NET Data Provide（数据提供程序）。ADO.NET 的整个体系结构如图 12-2 所示。前者负责与数据源进行通信，完成将数据从数据源的读取和写入，并允许用户脱机处理数据；后者代表实际的数据。其中.NET 数据提供程序包括了 Connection、Command、DataReader 和 DataAdapter 四个核心组件。

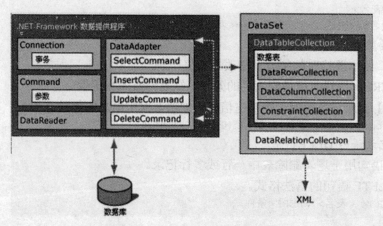

图 12-2 ADO.NET 体系结构图

12.2.2 .NET Data Provider

.NET Data Provider（数据提供程序）用于连接到数据库、执行命令和检索结果，是一系列为了提供更有效率的访问而协同工作的组件。

.NET 数据提供程序实现了 ADO.NET 的接口，它包含 4 种提供程序：SQLClient 数据提供程序、OracleClient 数据提供程序、ODBC 数据提供程序和 OLE DB 数据提供程序。这 4 种提供程序所属的命名空间及其应用的数据源如表 12-3 所示。

说明：在这 4 类.NET 数据提供程序中最常用的是 SQLClient 和 OLE DB 这两种。虽然.NET 推荐的数据库是 SQL Server，但本章重点对 Access2003 数据库进行连接访问，主要是为了操作更简单、实现更容易。其实使用 Access 和使用 SQL Server 数据库的操作方法是类似的。

表 12-3 4 种数据提供程序

数据提供程序	命名空间	描述
OleDb	System.Data.OleDb	主要用于访问 Microsoft SQLServer 6.x 版本或更早版本，以及其他有提供 OLEDB 连接能力的数据库，如 Access2003 数据库
Odbc	System.Data.Odbc	主要用于访问 ODBC 所支持的数据库
SqlClient	System.Data.SqlClient	针对各种版本的 SQL Server，包括 SQL Server 7.0、SQL Server 2000 和 SQL Server 2005
Oracle	System.Data.OracleClient	针对 Oracle 9i，支持它的全部数据类型

每个.NET 数据提供程序都包含了 4 个核心对象——Connection、Command、DataReader 和 DataAdapter。但是，在对数据库进行访问时，这 4 种对象的类名是不同的，其名称取决于具体的.NET 数据提供程序，如表 12-4 所示。

表 12-4 对象命名

对象名	SqlClient 提供程序类名	OLEDB 提供程序类名	ODBC 提供程序类名	Oracle 提供程序类名
Connection	SqlConnection	OleDbConnection	OdbcConnection	OracleConnection
Command	SqlCommand	OleDbCommand	OdbcCommand	OracleCommand
Datareader	SqlDatareader	OleDbDatareader	OdbcDatareader	OracleDatareader
DataAdapter	SqlDataAdapter	OleDbDataAdapter	OdbcDataAdapter	OracleDataAdapter

例如，SQL Client.NET 数据提供程序有一个 SqlConnection 对象，而 OLE DB.NET 数据提供程序则包含一个 OleDbConnection 对象。

虽然它们的类名不同，但它们连接访问数据库的过程却大同小异。这是因为它们以接口的形式，封装了不同数据库的连接访问动作，所以从用户的角度来看，编写的代码看起来都有些相似，它们的差别仅仅体现在命名上。针对本章连接的 Access 数据库，我们使用 OLE DB.NET 数据提供程序，因此这 4 类对象应分别是：OleDbConnection、OleDbCommand、OleDbDatareader 和 OleDbDataAdapter。

12.2.3 DataSet 对象

DataSet（数据集）对象是 ADO.NET 的核心组件，是数据在内存中的表示形式，它不依赖于数据源（如：数据库）而独立存在于内存中。它的结构与关系数据库的结构很相似，所以我们可以把 DataSet 看成是在内存中的关系数据库。DataSet 对象支持脱机状态下对数据库进行访问或者修改。当数据集的修改完成后，更改后的结果可以再次写入数据库，从而保留所做过的更改。

DataSet 中的数据可以由各种数据源提供，比如 Access 或者 SQL Server，并且会提供一致的关系编程模型。它也可以用于 XML 数据，或用于管理应用程序本地的数据。DataSet 位于 System.Data 命名空间中。

DataSet 对象表示了数据库中完整的数据，包括表和表之间的关系等。如图 12-3 所示的 DataSet 对象模型，它包含一个或多个 DataTable 对象的集合。而 DataTable 对象包含了数据列

(DataColumn)和数据行(DataRow)，就像一个普通的数据库中的表一样，甚至能够定义表之间的关系及主键、外键、约束等。

12.2.4 ADO.NET 相关类的命名空间

每个 .NET 数据提供程序都有自己的命名空间，.NET 框架中所包括的 4 个提供程序都是 System.Data 命名空间的一个子集。本节详细介绍 ADO.NET 数据库访问模式主要涉及到的 3 种命名空间：System.Data、System.Data.OleDb 和 System.Data.SqlClient。

1. System.Data 命名空间

System.Data 命名空间提供对 ADO.NET 结构中类的

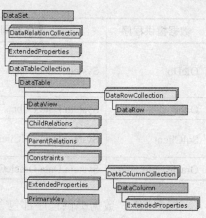

图 12-3 DataSet 对象模型

访问，通过 ADO.NET 可以生成一些组件，用于有效管理多个数据源的数据。

要使用 ADO.NET 对象模型中的类时，必须首先引用 System.Data 这个命名空间。因为 System.Data 这个命名空间中包括大部分组成 ADO.NET 架构的基础对象类别，例如 DataSet 对象、DataTable 对象、DataColumn 对象、DataRelation 对象等，所以要使用 ADO.NET，在程序中就一定引用 System.Data 这个命名空间。

2. System.Data.OleDb 命名空间

当要使用 OLE DB 数据提供程序来存取数据时，必须引用 System.Data.OleDb 这个命名空间。这个命名空间定义了 OLE DB 数据操作组件的对象类别，例如 OleDbConnection 类、OleDbCommand 类、OleDbDataAdapter 类及 OleDbDataReader 类。

3. System.Data.SqlClient 命名空间

当要使用 SQL Server 数据提供程序存取数据时，必须引用 System.Data.SqlClient 这个命名空间。System.Data.SqlClient 这个命名空间定义了 SQL 数据操作组件的对象类别，例如 SqlConnection 类、SqlCommand 类、SqlDataAdapter 类及 SqlDataReader 类。

用户要使用 ADO.NET 的数据库功能，就必须先引入相应的命名空间，因此要使用 Imports 语句。这样就可以声明 ADO.NET 变量而不完全限定它们。若要使用 OLE DB 数据提供程序，可以在程序开头输入下列 Imports 语句，引入 System.Data.OleDb 命名空间：

```
Imports System.Data.OleDb
```

如果引入命名空间后，可以输入下列声明，例如：

```
Dim MyAdapte As New OleDbDataAdapter
```

否则要输入完整的命名空间：

```
Dim MyAdapte As New System.Data.OleDb.OleDblDataAdapter
```

12.2.5 ADO.NET 的联机与脱机数据存取模式

1. ADO.NET 的联机存取模式

ADO.NET 支持在联机模式下访问数据，联机存取模式就是应用程序自始至终都和数据库是连接着的。适用于数据要时时更新的开发环境中，并且数据是只读。所以在大型慢速的广域环境中，这样的模式并不适合，它较适用于数据量较小、系统的规模不大且所有存取的客户端与数据库服务器都位于同一区域的网络上。

联机存取模式主要通过 DataReader 对象实现，DataReader 是一个向前的、只读的数据集合，其访问数据的速度非常快，效率非常高，但是功能相对有限。整个数据存取的过程是先打开与数据库的连接，然后用 OleDbCommand 对象向数据库索取所要的数据，把取回来的数据放在 OleDbDataReader 对象中读取，在对数据库的存取、查询等操作做完后，关闭 OleDbDataReader 对象。

2. ADO.NET 的脱机存取模式

在脱机模式下，应用程序不用一直保持与数据源的连接。它打开数据连接并读取数据后关闭连接，用户对数据的操作（包括添加、修改、删除等）都在本地进行，当用户需要更新数据或者有其他请求时，就再次打开连接，发送已修改的数据后关闭连接。ADO.NET 在脱机模式下，所操作的数据全部都存储在本地，因此适合数据量大，网络结构复杂且规模庞大、主机分散在不同地方、客户端等情况，但它应用于诸如：银行系统、订票系统等需要频繁更新数据的应用程序时，它的优势将消失。

脱机模式的数据存取步骤是，首先建立与数据库的连接，用 OleDbCommand 对象向数据库索取所要的数据，将 OleDbCommand 对象所取回来的数据，放到 SqlDataAdapter 对象中，然后把 OleDbDataAdapter 对象的数据填满 DataSet 对象，关闭连接，所有的数据存取全部在 DataSet 对象中进行。当需要有数据更新时，再次打开连接进行更新，关闭连接。

12.3 ADO.NET 对象及其编程

12.3.1 使用 Connection 对象连接数据源

数据库应用程序与数据库进行交互首先必须建立与数据源的连接，在 ADO.NET 中可以使用 Connection 对象来建立与数据源的连接。由于我们要访问的数据库是 Access，要使用 OLE DB.NET 数据提供程序的连接类——OleDBConnection 类。在建立连接时，还要提供一些信息，如：数据库所在位置、数据库名称、用户账号、密码等。

1. Connection 对象的常用属性——ConnectionString 属性

该属性是 Connection 对象的关键属性，它是一个字符串，定义了正在连接的数据库的类型、位置以及其他属性，这些属性用分号隔开，参数名和对应的值间用"="连接。只有编写正确的连接字符串，才能与指定数据库进行正常的连接。ConnectionString 中的各参数及意义如表 12-5 所示。

表 12-5 ConnectionString 中的参数及意义

参数名	意义
Provider	获取在连接字符串的"Provider ="子句中指定的 OLE DB 数据提供程序的名称。Access 数据库使用"Microsoft.Jet.OLEDB.4.0"
Data Source	指定数据库的位置,既可以是 Access 数据库的路径,也可以是 SQL Server 或 Oracle 数据库所在计算机的名称。"(local)"或"."代表本机
DataBase	指定数据库服务器上打开的数据库名
User ID(或 UID)	可选项，访问数据库的有效帐户
Password(或 PWD)	可选顶，访问数据库的有效帐户的密码
Initial Catalog(或 DataBase)	当连接到 SQL Server 或 Oracle 数据源时,它指定连接数据库服务器中具体数据库的名称

如下为一个正确的连接 Access 数据库的连接字符串的例子：
```
Dim str As String="Provider= Microsoft.Jet.OLEDB.4.0;Data Source =d:\Sample.mdb;uid=sa;pwd=dd"
```
说明：由于 Data Source 参数包含了数据库的所有信息，所以省略了 DataBase 参数。其中，Access 数据库文件路径可以是相对路径或绝对路径。另外，如果 Access 数据库不使用数据库密码，User ID 和 Password 参数也可以省略。

2. Connection 对象的常用方法

（1）Open()方法。

[格式]　Public Overrides Sub Open()

该方法是利用 ConnectionString 属性所指定的设置（即连接字符串）打开一个数据库连接。一旦正确设置了 ConnectionString，就可以建立 Connection 对象并调用 Open 方法打开连接。

（2）Close()方法。

[格式] Public Overrides Sub Close()

该方法是关闭与数据库的连接，即关闭 Connection 对象。对数据库所作的操作完成后，必须释放连接，否则可能会影响系统性能和对应用程序的操作。

3. 使用 Connection 对象连接 Access 数据库的实例

【例 12.5】使用 Connection 对象连接 F 盘中名为 stu_manager.mdb 的 Access 数据库。

代码如下：
```
Dim str As String = "Provider= Microsoft.Jet.OLEDB.4.0; " & _
          "Data Source =f:\stu_manager.mdb"    '定义连接字符串
  '使用 OLE DB 数据提供程序中的 OleDbConnection 类创建 Connection 对象的实例
Dim Conn As New OleDbConnection(str)
Conn.Open()          '用 Open 方法打开数据库连接
……
Conn.Close()         '用 Close 方法关闭数据库连接
```

12.3.2　使用 Command 对象执行数据库操作

使用 Connection 对象与数据源建立连接后，可使用 Command 对象来对数据源执行对数据库的操作，如：查询、插入、删除、更新等，并从数据源返回结果。操作实现的方式可以是使用 SQL 语句，也可以使用存储过程。该对象包含一个命令，通过该对象的 Execute×××方法可以执行这个命令。

1. Command 对象的常用属性

（1）Connection 属性：设置与当前 Command 对象相关的 Connection 对象的名称，即对哪一个数据源执行命令。

（2）CommandType 属性：用来设置 Command 对象要执行的命令类型，是 SQL 语句、数据表名还是存储过程。该属性的值是 CommandType 枚举型，包括 Text（SQL 命令，是缺省 CommandType）、StoredProcedure（存储过程名）、TableDirect（表名，Command 对象将表名传递给服务器）。

（3）CommandText 属性：用来设置要对数据源执行的 SQL 语句、数据表名或存储过程名。

2. Command 对象的常用方法

（1）ExecuteReader()方法。

[格式]　Public Function ExecuteReader As OleDbDataReader

将CommandText属性中所指定的命令发送到Connection对象，并生成一个只读单向的DataReader对象，它常用来执行返回数据集的SELECT语句。

（2）ExecuteNonQuery()方法。

[格式]Public Overrides Function ExecuteNonQuery As Integer

针对Connection 执行 SQL 语句并返回受影响的行数。该方法常用来查询数据库的结构或创建诸如表等的数据库对象，或通过该命令执行 UPDATE、INSERT、DELETE 等不产生数据集的SQL 语句。对于 UPDATE、INSERT、DELETE 语句，返回值为该命令所影响的行数；对于其他所有类型的语句，返回值为-1。

3. Command 对象使用实例

【例 12.6】使用 OleDbCommand 类检索 stuinfo 表的所有信息。

```
Dim str As String = "Provider= Microsoft.Jet.OLEDB.4.0;" & _
        "Data Source =f:\stu_manager.mdb"
Dim Conn As New OleDbConnection(str)
Conn.Open()      '打开数据库连接
'建立 Command 对象
Dim command As New OleDbCommand("Select * From stuinfo", Conn)
'也可以使用以下 4 条语句建立 Command 对象
' Dim command As New OleDbCommand()
' command.CommandText="Select * From stuinfo"
' command.CommandType=CommandType.Text
' command.Connection=Conn
Dim dr As OleDbDataReader
dr = command.ExecuteReader   '执行命令
……
dr.Close()
Conn.Close()     '关闭数据库
```

说明：如果使用 OleDbCommand 类对数据库进行插入、修改、删除等更新操作时，需要使用相应的 SQL 语句创建 Command 对象，然后执行 ExecuteNonQuery() 方法即可。例如：删除姓名为"王子明"的学生记录，可以将上例中的黑色部分语句修改如下：

```
'建立 Command 对象
Dim command As New OleDbCommand("Delete From stuinfo Where 姓名='王子明'", Conn)
Dim num As Integer= command.ExecuteNonQuery    ' 执行SQL命令
```

12.3.3 使用 DataReader 对象

使用 Connection 对象和 Command 对象与数据库连接并交互后，可以使用 DataReader 对象在联机模式下访问数据。

DataReader 对象从数据库中检索出只读、只进的数据流，也就是说 DataReader 对象只能从头到尾读取数据，在当前内存中每次只保存一条记录，而不能再回过头去重新读取一次，适合于只需返回一个简单的只读记录集的情况。该对象并不能把数据库查询的结果当成一个整体来处理，比如，不能在 DataReader 中排序、过滤、获取记录总数。DataReader 必须自始至终维持着对数据库的连接。

根据我们所使用的 OLE DB.NET 数据提供程序，DataReader 对象对应的是 OleDbDataReader。OleDbDataReader 对象没有任何构造函数，只能通过调用 OleDbCommand 对象的 ExecuteReader 方法来创建 OleDbDataReader 对象。

1. DataReader 对象的常用属性

（1）FieldCount 属性：获取当前行中的列数。如果未放在有效的记录集中，则为 0；否则为当前行中的列数。默认值为 -1。

（2）item(i)或 item("列名") 属性：获取列的值。

2. DataReader 对象的常用方法

（1）Read()方法。

[格式]   Public Function Read() As Boolean

使 DataReader 对象所获取的记录集的当前记录指针前进一个记录行。如果还有记录，则为 True；否则为 False。

说明：DataReader 对象的默认位置在第一条记录前面。因此，必须调用 Read 来开始访问指定记录中的数据。

（2）Close()方法。

[格式]   Public Sub Close()

关闭 DataReader 对象。

（3）GetName()方法。

[格式]   Public Function GetName(ByVal i As Integer) As String

获取指定列（字段）的名称。参数 i 为从 0 开始的列序号，返回值为指定列的名称。

3. DataReader 对象使用实例

【例 12.7】编写一个程序，能够读取 Access 数据库中 stu_manager 库的 studinfo 学生信息表中的所有信息，并显示在文本框中。程序运行效果如图 12-4 所示。

设计步骤：

（1）创建新 Windows 应用程序项目，在窗体上添加 1 个按钮 Button1 和 1 个文本框 TextBox1。其中文本框的 MultiLine 属性的值为 True。

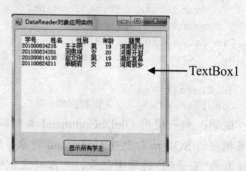

图 12-4 程序运行结果

（2）编写按钮事件代码：

```
Imports System.Data.OleDb        '引入命名空间
    Private Sub Button1_Click(ByVal sender As System.Object, ByVal e As System.EventArgs) Handles Button1.Click
        Dim str As String = "Provider= Microsoft.Jet.OLEDB.4.0;" & _
        "Data Source =f:\stu_manager.mdb"        '定义连接字符串
        Dim Conn As New OleDbConnection(str)     '创建 OleDbConnection 对象
        Dim fldNames, stuRec As String
        Conn.Open()                              '打开数据库连接
        '建立 Command 对象，并发送从 stuinfo 表中读取所有记录的 SQL 命令
        Dim command As New OleDbCommand("Select* From stuinfo", Conn)
        Dim dr As OleDbDataReader                '创建 OleDbDataReader 对象
        dr = command.ExecuteReader               '执行命令
        TextBox1.Text = ""                       '清空文本框
        '读取记录集中的每个字段名，并显示在文本框中
        fldNames = " "
```

```
        For i = 0 To dr.FieldCount - 1
            fldNames = fldNames & dr.GetName(i) & "        "
        Next
        TextBox1.Text = TextBox1.Text & fldNames & vbCrlf
        Do While dr.Read()           '使 dr 对象前进到下一条记录
            stuRec = ""
            '读取每一条记录中各个字段的数据
            For i = 0 To dr.FieldCount - 1
                stuRec = stuRec & dr.Item(i).ToString & "    "
            Next
            '将当前记录添加到文本框中
            TextBox1.Text = TextBox1.Text & stuRec & vbCrLf
        Loop
        dr.Close()                   '关闭 OleDbDataReader 对象
        Conn.Close()                 '关闭数据库连接
    End Sub
```

12.3.4 使用 DataAdapter 对象

DataAdapter 对象是 DataSet 对象（后面将会详细介绍）和数据源之间用于检索和保存数据的桥梁。该对象是架构在 Command 对象上，通过 Command 对象对数据源执行 SQL 命令，将数据填充到 DataSet 对象，以及把 DataSet 对象中的数据更新返回到数据源中。

1. DataAdapter 对象的常用属性

DataAdapter 有 4 个用于从数据源检索数据和更新数据源中数据的属性：

（1）SelectCommand 属性：用于设置在数据源中选择记录的 SQL 语句。

（2）InsertCommand 属性：用于设置将新记录插入到数据源中的 SQL 语句。

（3）UpdateCommand 属性：用于设置更新数据源中的记录的 SQL 语句。

（4）DeleteCommand 属性：用于设置从数据源中删除记录的 SQL 语句。

注意：这 4 个属性不能直接设置成字符串类型的 SQL 语句，而应设置成命令为描述相关操作的 SQL 语句的 Command 对象。

例如：用 OleDbAdapter 对象从 stuinfo 表中检索出所有男生的信息的语句为：
```
Dim command As New OleDbCommand("Select * From stuinfo Where 性别='男'", Conn)
Dim da As New OleDbDataAdapter()
da.SelectCommand=command
```
由于 SelectCommand 属性的值可以在创建 DataAdapter 对象时指定，上述语句可以写为：
```
Dim command As New OleDbCommand("Select * From stuinfo Where 性别='男'", Conn)
Dim da As New OleDbDataAdapter(command)
```
其他 3 种属性则不能在创建 DataAdapter 对象时指定。

2. DataAdapter 对象的常用方法

（1）Fill()方法。

用于从数据源中提取数据并填充数据集对象 DataSet，其格式有多种，比较常见的形式是：

[格式 1]　Public Overrides Function Fill (dataSet As DataSet) As Integer

其中，参数 DataSet 是一个要进行填充的 DataSet 对象。

[格式 2]　Public Function Fill (dataSet As DataSet, srcTable as String) As Integer

其中，参数 DataSet 是一个要进行填充的 DataSet 对象，参数 srcTable 是一个字符串，表示 DataSet 对象在本地缓冲区中建立的临时表的名称。

说明：调用 DataAdapter 的 Fill 方法之前必须设置 SelectCommand 属性。例如，将 stuinfo 数据表中的所有行填充到 DataSet 对象中，语句如下：

```
Dim str As String = "Provider= Microsoft.Jet.OLEDB.4.0;" & _
         "Data Source =F:\stu_manager.mdb"      '定义连接字符串
Dim Conn As New OleDbConnection(str)            '创建 OleDbConnection 对象
Conn.Open()          '打开数据库连接
'建立 Command 对象
Dim command As New OleDbCommand("Select * From stuinfo", Conn)
Dim da As New OleDbDataAdapter(command)         '创建 OleDbDataAdapter 对象
Dim ds As New DataSet()
da.Fill(ds)          '填充 DataSet 对象
Conn.Close()         '关闭数据库连接
```

Fill() 方法具有自动打开连接并在操作结束后立即关闭连接的能力，因此，上面代码可以写成：

```
Dim str As String = "Provider= Microsoft.Jet.OLEDB.4.0;" & _
         "Data Source =F:\stu_manager.mdb"      '定义连接字符串
Dim Conn As New OleDbConnection(str)            '创建 OleDbConnection 对象
'建立 Command 对象
Dim command As New OleDbCommand("Select * From stuinfo", Conn)
Dim da As New OleDbDataAdapter(command)         '创建 OleDbDataAdapter 对象
Dim ds As New DataSet()
da.Fill(ds)     '没有打开连接，直接填充 DataSet 对象
```

（2）Update() 方法。

用于将 DataSet 对象中的数据按 InsertCommand、UpdateCommand 和 DeleteCommand 属性所描述的形式向数据库中进行更新。常见格式有：

[格式1]　Public Overrides Function Update (dataSet As DataSet) As Integer

其中，参数 DataSet 表示哪个 DataSet 对象中的数据更新到数据库。

[格式2]　Public Function Update(dataSet As DataSet, srcTable As String)　As Integer

其中，参数 DataSet 表示哪个 DataSet 对象中的数据更新到数据库，参数 srcTable 是一个字符串，表示 DataSet 对象在本地缓冲区中建立的临时表的名称。

说明：在调用 DataAdapter 的 Update 方法之前必须设置 InsertCommand、UpdateCommand 或 DeleteCommand 属性，具体取决于对 DataTable 中的数据做了哪些更改。

12.3.5　使用 DataSet 对象

1. DataSet 和 DataTable 的概念

（1）DataSet。

在脱机模式下操作数据库，通常使用 DataSet 对象。DataSet 对象包含了一组 DataTable 对象和 DataRelation 对象。DataTable 对象用于存储数据，由数据行（列）、主关键字、外关键字、约束等组成。DataRelation 对象中存储各 DataTable 之间的关系，如图 12-5 所示。

所有的 DataTable 对象的集合为 Tables 集合的对象，该集合对象的类型为 DataTableCollection 类。在该集合中，每个 DataTable 可以用 Tables(i)或 Tables("表名")来表示某个 DataTable，其中，i 表示从 0 开始的序号。

所有的 DataRelation 对象组成一个集合对象 Relations，该集合对象的类型为 DataRelation-Collection 类。在该集合中，每个 DataRelation 可以用 Relations(i)来表示某个 DataRelation，每

个 DataRelation 对象属性于 DataRelation 类类型。

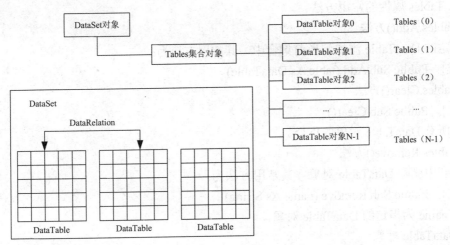

图 12-5 DataSet 对象的组成及 Tables 集合对象图

（2）DataTable。

DataTable 对象是 DataSet 的最重要的对象之一。每一个 DataTable 就像一个普通的关系数据库中的表，包含列和行，由 DataRow 对象所组成的 Rows 集合和由 DataColumn 对象所组成的 Columns 集合构成。其中，DataRow 对象代表 DataTable 表中的一行数据，DataColumn 对象代表 DataRow 中的一列数据。每个表格间的关联是通过 DataRelation 对象来建立的。

整个 DataTable 对象的组成结构如图 12-6 所示。在 DataTable 中所有的行组成了 Rows 集合对象，该集合类型为 DataRowCollection 类，在该集合中，每行用 Rows(i)表示，其中 i 表示由 0 开始的序号。在 DataTable 中所有的列组成了 Columns 集合对象，该集合类型为 DataColumnCollection 类，在该集合中，每列用 Columns(i)或 Column("列名")表示，其中 i 表示由 0 开始的序号。

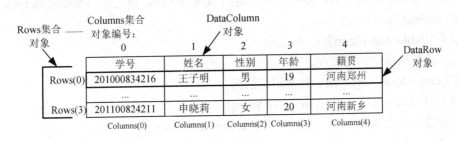

图 12-6 DataTable 对象的组成示意图

2、DataSet 对象的常用属性及方法

DataSet 对象的常用属性为 Tables 属性，该属性的类型为 DataTableCollection。其主要功能是获取 DataSet 中的所有数据表(DataTable)的集合。

（1）Tables 属性具有以下子属性：

1）Tables.Count 子属性：用于获取 DataSet 集合中所有 DataTable 对象的个数。

2）Tables(i)或 Tables("表名")：用于获取 DataSet 集合中序号为 i 或者 "表名" 表示的某个 DataTable 对象，编号 i 从 0 开始。

3）Tables(i).TableName：获取序号为 i 的 DataTable 的表名。

（2）Tables 属性的常用方法。

1）Tables.Add()方法

将指定的 DataTable 添加到当前集合中，其常用方法为：

[格式]　Public Sub Add (table As DataTable)

2）Tables.Clear()方法

[格式]　Public Sub Clear()

清除所有 DataTable 对象的集合。

3）Tables.Remove()方法

从集合中删除 DataTable 对象，其常用方法为：

[格式]　Public Sub Remove (name As String)

参数 name 为指定的 DataTable 对象。

3. DataTable 对象

DataTable 对象表示 DataSet 中的表。DataTable 对象可通过使用 DataAdapter 对象的 Fill 方法或 FillSchema 方法在 DataSet 内创建。DataTable 对象的常用属性及方法如下：

（1）Columns 属性用于获取 DataTable 中的所有列（DataColumn 对象）的集合，它有以下常用子属性和方法：

1）Columns.Count 子属性：获取 Columns 集合中所有列(DataColumn 对象)的个数。

2）Columns(i).ColumnName 子属性：获取或设置 Columns 集合中序号为 i 的列（DataColumn 对象）的列名。

3）Columns(i).DataType 子属性：获取或设置 Columns 集合中序号为 i 的列（DataColumn 对象）的数据类型。

4）Columns.Add()方法，其常用方法为：

[格式]　Public Function Add (columnName As String,type As Type) As DataColumn

向当前数据表中增加一列，该列的列名是由 columnName 指定，类型由参数 type 指定。

5）Columns.Clear()方法。

[格式]　Public Sub Clear()

清除当前数据表中的所有列。

6）Columns.Remove()方法，其常用方法为：

[格式]　Public Sub Remove (name As String)

从当前数据表中删除一列，该列名由参数 name 指定。

（2）Rows 属性用于获取 DataTable 中的所有行（DataRow 对象）的集合，它有以下常用子属性和方法：

1）Rows.Count 子属性：获取 Rows 集合中所有行(DataRow 对象)的个数。

2）Rows(i).item(j)或 Rows(i).item("列名")子属性：获取或设置 Columns 集合中行（DataRow 对象）序号为 i 的列（DataColumn 对象）序号为 j 的字段值。

3）Rows.Add()方法，其常用方法为：

[格式]　Public Sub Add (row As DataRow)

向当前数据表中增加一行，该行由参数 row 指定。

4）Rows.Clear()方法

[格式]　Public Sub Clear()

清除当前数据表中的所有行。

5）Rows.Remove()方法，其常用方法为：

[格式]　Public Sub Remove (row As DataRow)

从当前数据表中删除一行，该行由参数 row 指定。

4. DataSet 对象使用实例

【例 12.8】在脱机模式下，利用 DataSet 对象实现例 12.7。

编写按钮事件代码：

```
Imports System.Data.OleDb    '引入命名空间
    Private Sub Button1_Click_1(ByVal sender As System.Object, ByVal e As System.EventArgs) Handles Button1.Click
        Dim str As String = "Provider= Microsoft.Jet.OLEDB.4.0;" & _
            "Data Source =f:\stu_manager.mdb"    '定义连接字符串
        Dim Conn As New OleDbConnection(str)    '创建 Connection 对象
        Dim da As OleDbDataAdapter    '定义 DataAdapter 对象的变量
        Dim ds As New DataSet()    '创建 DataSet 对象
        Dim recCount, colCount As Integer    '定义整形变量表示记录总数及列数
        Dim selCmd As String = "Select * From stuinfo"
        Dim fldNames, stuRec As String
        Conn.Open()    '打开连接，Fill 方法有自动打开连接的功能，此句可以不写
        da = New OleDbDataAdapter(selCmd, Conn)    '初始化对象 da
        da.Fill(ds, "stuinfo")    '将 da 获取的记录填充到 ds 中
        recCount = ds.Tables(0).Rows.Count    '获取当前数据库表中的记录总行数
        colCount = ds.Tables(0).Columns.Count    '获取当前数据库表中的列数
        TextBox1.Text = ""    '清空文本框
        '读取记录集中的每个字段名，并显示在文本框中
        fldNames = " "
        '读取数据库表中的每个字段名
        For i = 0 To colCount - 1
            fldNames = fldNames & ds.Tables(0).Columns(i).ColumnName & "     "
        Next
        TextBox1.Text = TextBox1.Text & fldNames & vbCrLf
        '读取数据库表中每行记录各个字段的值，并形成字符串显示在文本框中
        For i = 0 To recCount - 1
            stuRec = ""
            '读取每一条记录中各个字段的值
            For j = 0 To colCount - 1
                stuRec = stuRec &(ds.Tables(0).Rows(i).Item(j)).ToString &"     "
            Next
            '将当前记录添加到文本框中
            TextBox1.Text = TextBox1.Text & stuRec & vbCrLf
        Next
        Conn.Close()    '关闭连接，Fill 方法有自动关闭连接的功能，此句可以不写
    End Sub
```

12.3.6　数据绑定

数据绑定指的是数据提供程序和数据使用者之间的一种关系。在 Visual Basic.NET 控件中，许多控件不仅可以绑定到传统的数据源，还可以绑定到几乎所有包含数据的结构。使用最多的

是把控件的显示属性(如 Text 属性)与数据源绑定在一起,也可以把控件的所有其他属性与数据源进行绑定,从而可以通过绑定的数据设置控件的属性。

数据绑定有两种类型:简单数据绑定和复杂数据绑定。

1. 简单绑定

简单数据绑定通常是将控件绑定到数据表的某一个字段上,支持简单绑定的控件主要有 TextBox 控件、Label 控件等只显示单个值的控件。

任何控件都有 DataBindings 属性,通过该属性的 Add 方法来把控件和某个数据对象进行绑定。从而使简单控件显示数据集 DataSet 中某个表的某个字段的数据。其语法格式为:

```
控件对象名.DataBindings.Add("控件属性名",数据源,"数据成员")
```

其中:"控件对象名"是指绑定控件对象的名称;"数据源"是某个 DataSet、DataTable 等;"数据成员"是指数据源中的某个字段的名称。

例如:将数据集 ds 中"stuinfo"数据表的姓名字段与 TextBox1 文本框的 Text 属性进行数据绑定,可以使用如下语句:

```
TextBox1.DataBindings.Add("Text",ds, "stuinfo.姓名")
```

除直接使用上述语句外,还可以在窗口中利用控件及相关向导完成数据绑定,操作步骤如下:

(1)创建和配置数据集。

在新建的窗体 Form 中增加一个 OleDbDataAdapter 控件(OleDbDataAdapter 控件可以在工具箱中单击右键,选择"选择项(...)"命令,在打开的对话框中勾选 OleDb 相关组件即可)。这时会自动弹出"数据适配器配置向导"对话框,选择"新建连接"将弹出相应的对话框,选择"Microsoft Access 数据库文件 (OLE DB)"数据源和数据库文件,然后单击"确定"按钮,完成数据源的设置。

单击"下一步"按钮创建 SQL 查询语句。在 SQL 生成器中输入以下语句,并单击"完成",此时就完成与数据源的连接工作。

```
SELECT * FROM stuinfo
```

在窗体的组件栏中将显示名为 OleDbConnection1 的 OleDbConnection 对象和名为 OleDbDataAdapter1 的 OleDbDataAdapter 对象。其中,OleDbConnection1 对象包含有关如何访问选定数据库的信息。OleDbDataAdapter1 对象包含一个查询,它定义了要访问的数据库中的表和列。

(2)生成数据集类。

单击"数据→生成数据集"菜单命令,此时将出现"生成数据库"对话框。在"新建"选项中创建新的数据集,名称为"myDataSet",确保选中"将此数据集添加到设计器"选项,单击"确定"按钮生成数据集。

此时,在窗体的组件栏上将显示一个新的控件 myDataSet1。此控件是 myDataSet.xsd 文件的一个引用,该文件也被添加到"解决方案资源管理器"窗口中。

(3)绑定到 TextBox 控件。

选择要绑定的 TextBox 控件,在属性窗口中,点击展开"DataBindings"属性,在其中的"Text"属性中设置项目数据源"myDataSet"的"stuinfo"表中的"姓名"字段,即可将文本框绑定到"姓名"字段。

(4)编写代码用数据填充窗体。

虽然文本框已绑定到字段，但必须编写代码才能在首次加载窗体时用数据填充窗体。代码如下：
```
Private Sub Form1_Load(ByVal sender As System.Object, ByVal e As System.EventArgs) Handles MyBase.Load
    MyDataSet1.Clear()
    OleDbDataAdapter1.Fill(MyDataSet1)
End Sub
```
按 F5 键运行程序，数据集中的第一条记录中的"姓名"字段的值填充到文本框中。

2. 使用 DataGridView 进行复杂绑定

复杂数据绑定指将一个控件绑定到多个数据元素的能力，通常是绑定到数据库中的多条记录。支持复杂绑定的控件有 DataGridView 控件、ListBox 控件、ComboBox 控件等显示多个值的控件。

支持复杂数据绑定的控件一般都具有 DataSource 属性和 DisplayMember 属性。使用 DataGridView 控件进行数据绑定，只需要将它的 DataSource 属性设置为要绑定的 DataSet，将它的 DataMember 属性设置为 DataSet 中某个数据表的表名即可。其格式为：

```
DataGridView 控件名.DataSource=数据源
DataGridView 控件名.DataMember=数据成员（数据表名）
```

其中："数据源"是某个 DataSet、DataView 或 DataTable 等；"数据成员"是指要绑定的数据表的表名。如果数据源是 DataTable，则 DataMember 可以不设置。

例如：将数据集 ds 中"stuinfo"数据表与 DataGridView1 控件进行数据绑定，可以使用如下语句：

```
DataGridView1.DataSource=ds
DataGridView1.DataMember="stuinfo"
```

或者使用下面的一条语句：

```
DataGridView1.DataSource=ds.Tables("stuinfo")
```

或：

```
DataGridView1.DataSource=ds.Tables("stuinfo").DefaultView
```

3. BindingManagerBase 类

BindingManagerBase 类可以对 Windows 窗体上绑定到相同数据源的数据绑定控件进行同步。BindingManagerBase 类是个抽象类，可以利用"BindingContext"类来创建该类的对象变量。其格式为：

```
BingdingManagerBase 对象名=控件名.BindingContext(数据源,"数据成员")
```

例如，将窗体中所有绑定到 ds 数据集中的"stuinfo"数据表的控件同步显示，创建 BindingManagerBase 的对象 bmb 的语句如下：

```
Dim bmb as BindingManagerBase
Bmb=Me.BindingContext(ds,"stuinfo")
```

说明：

（1）该类是抽象类，不能创建抽象类的对象，只能通过"BindingContext"类来创建该类的对象变量。

（2）BindingContext 对象是窗体的一个属性集合，它可以跟踪 DataSet 对象中每一个 DataTable 对象的当前位置。使用 BindingContext 对象，需要指明 DataSet 对象的名称和要使用的表的名称。

（3）"BindingManagerBase"的"Position"属性用来表示当前记录的位置。表中第 1 条

记录序号为 0。当 "Position" 属性小于 0 或大于行数时，BindingContext 对象会忽略多余部分，而不会出现异常。

（4）"BindingManagerBase" 的 "Count" 属性用来获取当前记录集的记录总数。

4. 数据绑定举例

【例 12.9】编写一个程序，采用数据绑定的方式将学生信息表 stuinfo 中的所有记录显示在 DataGridView 控件中，将每条记录的姓名和年龄分别显示在文本框中，并能通过单击 DataGridView 中的不同记录实现控件之间的同步。

设计步骤：

（1）创建新 Windows 应用程序项目，在窗体上添加 2 个 Label 控件、2 个 TextBox 控件和 1 个 DataGridView 控件。

（2）编写代码：

```vb
Imports System.Data.OleDb                       '引入命名空间
Public Class Form1
    Dim conn As OleDbConnection
    Dim ds As New DataSet()
    Dim da As OleDbDataAdapter
    Dim bmb As BindingManagerBase
    Private Sub OpenDataBase()                  '打开数据库连接过程
        Dim str As String = "Provider= Microsoft.Jet.OLEDB.4.0;" & _
          "Data Source =f:\stu_manager.mdb" '定义连接字符串
        Dim selCmd As String = "Select * From stuinfo"
        conn = New OleDbConnection(str)         '创建 OleDbConnection 对象
        Conn.Open()                             '用 Open 方法打开数据库
        da = New OleDbDataAdapter(selCmd, conn) '创建 DataAdapter 对象
        da.Fill(ds, "stuinfo")                  '将记录集填充到 ds 中
    End Sub
    Private Sub Form1_Load(ByVal sender As System.Object, ByVal e As System.EventArgs) Handles MyBase.Load
        OpenDataBase()
        '将两个文本框分别与数据集 ds 中的"stuinfo"表中的姓名与年龄字段绑定
        txtAge.DataBindings.Add("text", ds, "stuinfo.年龄")
        txtName.DataBindings.Add("text", ds, "stuinfo.姓名")
        '将 DataGridView 控件与数据集 ds 绑定
        DataGridView1.DataSource = ds.Tables("stuinfo")
        '创建 BindingManagerBase 对象实现控件同步
        bmb = Me.BindingContext(ds, "stuinfo")
    End Sub
    Private Sub Form1_FormClosed(ByVal sender As System.Object, ByVal e As System.Windows.Forms.FormClosedEventArgs) Handles MyBase.FormClosed
        conn.Close()
        End
    End Sub
    Private Sub DataGridView1_Click(ByVal sender As Object, ByVal e As System.EventArgs) Handles DataGridView1.Click
        '当单击 DataGridView 的某行时，文本框内容也定位到该行
        bmb.Position = DataGridView1.CurrentRow.Index
    End Sub
End Class
```

运行结果如图 12-7 所示，当程序运行时，DataGridView 中显示所有记录，上方的两个文本框显示第一条记录的姓名和年龄，当单击 DataGridView 中的某条记录时，两个文本框的内容同步发生变化。

图 12-7　程序运行效果图

12.4　应用案例

图书管理程序可以完成对一个数据表的基本操作，包括：增加记录、删除记录、修改记录、浏览记录等。

【例 12.10】图书管理程序。

1. 设计的思路

使用若干个文本框与图书信息表中的各个字段进行绑定，使用 DataGridView 控件显示所有的图书信息。绑定到图书信息表的文本框与 DataGridView 控件实现数据同步。用户可以通过单击 DataGridView 控件或单击"上一条"、"下一条"等按钮实现对信息的浏览，并且可以通过文本框输入（或修改）记录进行数据的插入与更新，也可以对当前记录进行删除。

2. 设计步骤

（1）建立数据库。

在 Access2003 数据库系统中创建一个名为 Book_manager.MDB 的数据库，并存放在程序的启动文件夹下。在 Book_manager 数据库中只有一个表——bookinfo 数据表，记录了图书的相关信息，如书名、作者、出版社等。bookinfo 表的结构如表 12-6 所示。

表 12-6　bookinfo 数据表结构

字段名称	数据类型	是否是主键	是否为空	说明
ID	文本	Y	N	图书编号
BookName	文本	N	N	书名
Category	文本	N	Y	分类
Author	文本	N	Y	作者
Price	单精度型	N	Y	价格
ISBN	文本	N	Y	ISBN
Publisher	文本	N	Y	出版社
Date	日期/时间	N	Y	出版日期
Num	整型	N	Y	数量

(2) 设计应用程序界面。

根据图 12-8 可以建立应用程序的界面，在窗体上添加 12 个 Label 控件、9 个 TextBox 控件、1 个 DataGridView 控件、8 个 Button 控件和 2 个 GroupBox 控件，并通过"属性"窗口设置其属性。

(3) 编写代码。

导入命名空间：

```vb
Imports System.Data.OleDb
```

窗体级成员变量定义：

```vb
Dim conn As OleDbConnection          '定义 Connection 变量
Dim da As OleDbDataAdapter           '定义 DataAdapter 变量
Dim bmb As BindingManagerBase        '定义 BindingManagerBase 变量
Const DATANAME As String= "\Book_manager.mdb"    '数据库名称
Const TABLENAME As String= "bookinfo"            '数据表名
Dim ds As New DataSet()              '创建 DataSet 对象
Dim curIndex As Integer = 0          '记录当前位置
Dim oldId As String                  '记录原图书编号
```

窗体的 Load 事件及相关过程代码：

```vb
Private Sub Form1_Load(ByVal sender As System.Object, ByVal e As System.EventArgs) Handles MyBase.Load
    OpenDataBase()           '打开数据库连接
    BindData()               '数据绑定
    DisplayRec()             '显示当前记录号
End Sub
Private Sub OpenDataBase()   '打开数据库连接过程
    Dim str As String = "Provider= Microsoft.Jet.OLEDB.4.0;" & _
     "Data Source =" & Application.StartupPath & DATANAME  '定义连接字符串
    Dim selSql As String = "SELECT * FROM bookinfo"
    conn = New OleDbConnection(str)       '创建 OleDbConnection 对象
    conn.Open()                           '打开数据库连接
    da = New OleDbDataAdapter(selSql, conn) '初始化 DataAdapter 对象 da
    da.Fill(ds, TABLENAME)                '将记录集填充到 ds 中
    conn.Close()
    bmb = Me.BindingContext(ds, TABLENAME) '创建 BindingManagerBase 对象
End Sub
Private Sub BindData()                            '绑定数据过程
    '绑定各个文本框数据
    txtID.DataBindings.Add("text", ds, "bookinfo.ID")
    txtAuthor.DataBindings.Add("text", ds, "bookinfo.Author")
    txtBookName.DataBindings.Add("text", ds, "bookinfo.BookName")
    txtDate.DataBindings.Add("text", ds, "bookinfo.PubDate")
    txtCate.DataBindings.Add("text", ds, "bookinfo.Category")
    txtISBN.DataBindings.Add("text", ds, "bookinfo.ISBN")
    txtNum.DataBindings.Add("text", ds, "bookinfo.Num")
    txtPrice.DataBindings.Add("text", ds, "bookinfo.Price")
    txtPublisher.DataBindings.Add("text", ds, "bookinfo.Publisher")
    '绑定数据网格 DataGridView 控件
    DataGridView1.DataSource = ds
    DataGridView1.DataMember = TABLENAME
End Sub
```

```vb
Private Sub DisplayRec()                    '显示当前记录号和总记录数过程
    Dim sum As Integer
    sum = bmb.Count
    Label12.Text = "当前是第" & bmb.Position + 1 & "条记录,共" & sum & "条记录"
End Sub
Private Sub btnEnabled()         '使各浏览按钮及DataGridView可用
    btnAfter.Enabled = True
    btnFirst.Enabled = True
    btnPre.Enabled = True
    btnLast.Enabled = True
    DataGridView1.Enabled = True
End Sub
Private Sub btnDisabled()        '使各个浏览按钮及DataGridView不可用
    btnAfter.Enabled = False
    btnFirst.Enabled = False
    btnPre.Enabled = False
    btnLast.Enabled = False
    DataGridView1.Enabled = False
End Sub
```

"<<"按钮的Click事件代码:

```vb
Private Sub btnFirst_Click(ByVal sender As System.Object, ByVal e As System.EventArgs) Handles btnFirst.Click    '移到首记录
    bmb.Position = 0
    DisplayRec()              '显示当前记录号
End Sub
```

">>"按钮的Click事件代码:

```vb
Private Sub btnLast_Click(ByVal sender As System.Object, ByVal e As System.EventArgs) Handles btnLast.Click    '移到末记录
    bmb.Position = bmb.Count - 1
    DisplayRec()    '显示当前记录号
End Sub
```

"<"按钮的Click事件代码:

```vb
Private Sub btnPre_Click(ByVal sender As System.Object, ByVal e As System.EventArgs) Handles btnPre.Click    '移至上一条记录
    bmb.Position -= 1
    DisplayRec()    '显示当前记录号
End Sub
```

">"按钮的Click事件代码:

```vb
Private Sub btnAfter_Click(ByVal sender As System.Object, ByVal e As System.EventArgs) Handles btnAfter.Click    '移至下一条记录
    bmb.Position += 1
    DisplayRec()    '显示当前记录号
End Sub
```

"添加"按钮的Click事件代码:

```vb
Private Sub btnAdd_Click(ByVal sender As System.Object, ByVal e As System.EventArgs) Handles btnAdd.Click    '添加记录
    If btnAdd.Text = "增加" Then           '若当前按钮为增加状态用户可输入新记录
        Dim row As DataRow                 '创建新记录的对象
        row = ds.Tables(TABLENAME).NewRow
        ds.Tables(TABLENAME).Rows.Add(row)
```

```vb
            '刷新 DataGridView 控件中的内容
            DataGridView1.DataSource = ds.Tables(TABLENAME)
            bmb.Position = bmb.Count - 1
            btnDisabled()              '设置按钮失效
            btnDel.Enabled = False
            btnUpdate.Enabled = False
            btnAdd.Text = "保存"        '当前按钮文本属性设置为保存
            txtID.Focus()
        ElseIf btnAdd.Text = "保存" Then   '若当前按钮为保存状态，可保存数据
            saveRec()    '保存数据
            DisplayRec()
            btnAdd.Text = "增加"
            '设置按钮有效
            btnEnabled()
            btnDel.Enabled = True
            btnUpdate.Enabled = True
        End If
    End Sub
    Private Sub saveRec()    '保存记录过程
        Dim addSql As String
        If txtID.Text = "" Then
            MsgBox("图书编号不能为空!")
            Exit Sub
        End If
        addSql = "INSERT INTO bookinfo VALUES('" _   '创建插入记录的 SQL 语句
            & txtID.Text & "','" & txtBookName.Text & "','" _
            & txtCate.Text & "','" & txtAuthor.Text & "','" _
            & txtPrice.Text & "," & txtISBN.Text & "','" _
            & txtPublisher.Text & "','" & txtDate.Text & "'," _
            & txtNum.Text & ")"
        '创建插入记录的 command 对象
        da.InsertCommand = New OleDbCommand(addSql, conn)
        da.Update(ds, TABLENAME)
        ds.Clear()   '清空数据集
        da.Fill(ds, TABLENAME)   '重新填充数据集
        DataGridView1.DataSource = ds.Tables(TABLENAME)   '刷新 DataGridView 控件中的内容
        bmb.Position = bmb.Count - 1
    End Sub
```

"删除"按钮的 Click 事件代码：

```vb
    Private Sub btnDel_Click(ByVal sender As System.Object, ByVal e As System.EventArgs) Handles btnDel.Click
        '删除当前记录
        Dim answer As MsgBoxResult
        answer = MsgBox("确定要删除当前记录吗？", MsgBoxStyle.Exclamation + MsgBoxStyle.YesNo, "警告")
        If answer = MsgBoxResult.Yes Then
            Dim delSql As String = "DELETE FROM bookinfo WHERE ID='" & txtID.Text & "'"
            '创建删除记录的 command 对象
            Dim deleteCommand = New OleDbCommand(delSql, conn)
            conn.Open()
```

```
            deleteCommand.ExecuteNonQuery()
            conn.Close()
            ds.Clear()
            da.Fill(ds, TABLENAME)    '重新填充数据集
            DataGridView1.DataSource = ds.Tables(TABLENAME)
            bmb.Position = 0
            DisplayRec()
        End If
    End Sub
```

"DataGridView"控件的 Click 事件代码：
```
Private Sub DataGridView1_Click(ByVal sender As Object, ByVal e As System.
EventArgs) Handles DataGridView1.Click          '定位到单击的那一行记录
    bmb.Position = DataGridView1.CurrentRow.Index
    DisplayRec()    '显示当前记录号
End Sub
```

"退出"按钮的 Click 事件代码：
```
Private Sub btnExit_Click(ByVal sender As System.Object, ByVal e As System.
EventArgs) Handles btnExit.Click
    End    '退出程序
End Sub
```

"修改"按钮的 Click 事件请参考"删除"按钮的 Click 事件自行编写。

（4）运行效果如图 12-8 所示。

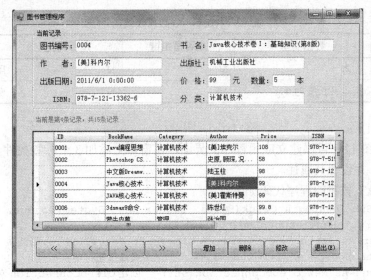

图 12-8　程序运行效果图

实验十二　数据库应用

一、实验目的

通过本次实验，熟练掌握 ADO.NET 中各种对象的编程方法，并在此基础上能够对 Access 数据库进行各种访问操作。

二、实验内容与步骤

1. Connection、Command 与 DataReader 对象的使用

创建一个系统的登录窗口，当用户输入正确的用户名、口令及数据库路径时，弹出"成功登录"的对话框，否则提示"登录不成功"。程序运行时效果如图 12-9 所示。

图 12-9　程序运行效果图

分析：从图 12-9 可以看到，本程序主要是用来读取用户信息的，用户信息表 userinfo 在 book_manager 数据库中，如表 12-7 所示。当用户输入的数据能够在数据表中找到对应的记录，表示登录成功，否则登录不成功。由于对数据表的操作只需返回一个简单的只读记录集，因此可以使用 DataReader 对象来处理。

表 12-7　userinfo 数据表结构

字段名称	数据类型	是否是主键	是否为空	说明
username	文本	Y	N	用户名
userpwd	文本（长度为6）	N	N	密码

设计步骤如下：

（1）根据图 12-9 可以建立应用程序的界面，在窗体上添加 3 个标签控件、3 个文件框控件和 2 个按钮，并设置其属性。

（2）"登录"按钮的程序代码如下：

```
Private Sub btnLogin_Click(ByVal sender As System.Object, ByVal e As System.EventArgs) Handles btnLogin.Click
    Dim str As String = "Provider= Microsoft.Jet.OLEDB.4.0;" & _
        "Data Source =" & TextBox3.Text    '定义连接字符串
    Dim Conn As New OleDbConnection(str)   '创建 OleDbConnection 对象
    Conn.Open()      '打开数据库连接
    Dim selSql As String = "Select * From userinfo where username='" & TextBox1.Text & "'and userpwd='" & TextBox2.Text & "'"
    Dim command As New OleDbCommand(selSql, Conn)  '建立 Command 对象
    Dim dr As OleDbDataReader    '创建 OleDbDataReader 对象
    dr = command.ExecuteReader   '执行命令
    If dr.Read() Then   'dr 对象记录指针移动到下一条记录，是否有查询出的记录
        MsgBox(TextBox1.Text & "用户成功登录！", MsgBoxStyle.Information + MsgBoxStyle.OkOnly, "登录成功")
    Else
        MsgBox("用户名或密码输入有误，请重新输入！", MsgBoxStyle.Critical + MsgBox-
```

```
Style.OkOnly, "登录失败")
            TextBox1.Text = ""
            TextBox2.Text = ""
            TextBox1.Focus()
        End If
        dr.Close()          '关闭 OleDbDataReader 对象
        Conn.Close()        '关闭数据库连接
End Sub
```

2. DataGridView 控件的使用

建立一个按图书类别进行查询的程序，程序运行时效果如图 12-10 所示。

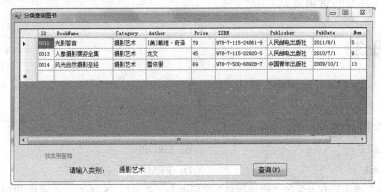

图 12-10　程序运行效果图

分析：该程序使用 DataGridView 控件显示被查询出的图书信息，用户在文本框中输入分类信息，然后生成查询字符串命令，从而产生相应的数据集 DataSet，再使用 DataGridView 对象的 DataSource 属性来绑定数据集中的 "bookinfo" 数据表对象。

设计步骤如下：

（1）按图 12-10 建立窗体，放置 1 个 DataGridView 控件、2 个标签控件、1 个文本框控件和 1 个命令按钮，设置其属性。

（2）主要的程序代码如下：

窗体级成员变量定义：

```
Dim conn As OleDbConnection
Dim ds As New DataSet()
Dim da As OleDbDataAdapter
Dim bmb As BindingManagerBase
```

窗体的 Load 事件代码：

```
Private Sub  Form1_Load(ByVal sender As System.Object, ByVal e As System.EventArgs) Handles MyBase.Load
    Dim str As String = "Provider= Microsoft.Jet.OLEDB.4.0;" & _
       "Data Source =F:\book_manager.mdb" '定义连接字符串
    Dim selCmd As String = "Select * From bookinfo"
    conn = New OleDbConnection(str)        '创建 OleDbConnection 对象
    conn.Open()          '用 Open 方法打开数据库
    da = New OleDbDataAdapter(selCmd, conn)   '创建 DataAdapter 对象 da
    da.Fill(ds, "bookinfo")       '将记录集填充到 ds 中
    conn.Close()
    '将 DataGridView 控件与数据集 ds 绑定
    DataGridView1.DataSource = ds.Tables("bookinfo")
```

End Sub

"查询"按钮的 Click 事件代码：
```
Private Sub Button1_Click(ByVal sender As System.Object, ByVal e As System.EventArgs) Handles Button1.Click
    ds.Clear()
    Dim selSql As String = "Select * From bookinfo Where Category='" & TextBox1.Text & "'"
    da = New OleDbDataAdapter(selSql, conn)
    da.Fill(ds, "bookinfo")       '将记录集填充到 ds 中
End Sub
```
请自行编写其他的查询方式。

习题十二

一、选择题

1. SQL 语言中，删除记录的命令是（　　）。

   A．DELETE　　　　　　　　　B．DROP

   C．CLEAR　　　　　　　　　　D．REMOVE

2. 将"学生"表中所有女生的"政治面貌"字段改为"党员"，下列（　　）SQL 语句正确。

   A．UPDATE INTO 学生 SET 政治面貌="党员" WHERE 性别="女"

   B．UPDATE 学生 SET 政治面貌="党员" WHERE 性别="女"

   C．UPDATE 学生 SET 政治面貌="党员"

   D．SELECT FROM 学生 WHERE 性别="女"

3. 当要对 Access 数据库存取数据时，必须引用（　　）个命名空间，以使用相应的数据提供程序。

   A．System.Data.OracleClient　　　　B．System.Data.Odbc

   C．System.Data.SqlClient　　　　　　D．System.Data.OleDb

4. 在 ADO.NET 中，与数据库建立连接的对象是（　　）。

   A．Connection　　　　　　　　B．Command

   C．CommandBuilder　　　　　　D．DataAdapter

5. 用来获取数据集 ds 中的"students"表中记录总数的语句是（　　）。

   A．ds.Tables(0).Rows.Count

   B．ds.Tables("students").Columns.Count

   C．ds.Tables.Count

   D．ds.Tables("students").Rows.Count

6. 若将数据集 ds 中的"students"表中的"姓名"字段与 txtname 文本框的 Text 属性进行数据绑定，应使用的语句是（　　）。

   A．txtname.DataBindings.Add("Text", "students.姓名",ds)

   B．txtname.DataBindings.Add(,ds, "students.姓名")

   C．txtname.DataBindings.Add("Text",ds, "students.姓名")

   D．txtname.DataBindings.Add("Text",ds, "姓名")

二、填空题

1. 关系数据库实际上是一个二维表，表的每一列称为一个_____，表的每一行称为一条_____。
2. ADO.NET 的两个核心组件分别是_____和_____。
3. 若使用 OLE DB.NET 数据提供程序连接 Access 数据库，.NET 数据提供程序中的 4 个核心对象应分别是_____、_____、_____和_____。
4. Command 对象通过_____方法执行 UPDATE、INSERT、DELETE SQL 语句时不产生数据集。
5. 若获取数据集 ds 中 "students" 表中当前记录序号为 i 的第 j 个字段的值的语句是_____。
6. BindingManagerBase 类对象的_____属性用来表示当前记录位置。

三、简答题

1. 写出获得表 12-1 中所有 "年龄" 字段大于 19 的记录的 SQL 语句。
2. 什么是脱机数据存取模式，简述其过程。
3. DataSet 对象工作在哪种模式下，DataReader 对象工作在哪种模式下。

四、编程题

1. 编写一个程序，在例 12.9 的基础上增加 4 个浏览按钮，使之能够对学生信息进行浏览。
2. 编写一个程序，在编程题第 1 题的基础上继续增加 "查询" 按钮，并能够完成对 "性别" 字段查询的功能。
3. 编写一个程序，在编程题第 2 题的基础上继续增加 "删除" 按钮，并能够完成对当前记录的删除功能。

附录 A ASCII 码表

ASCII（American Standard Code for Information Interchange，美国信息互换标准代码）它将英语中的字符表示为数字的代码，是最通用的单字节编码系统。ASCII 为每个字符分配一个介于 0 到 127 之间的数字。大多数计算机都使用 ASCII 表示文本和在计算机之间传输数据。ASCII 表包含 128 个数字，分配给了相应的字符（字母、数字、标点或符号）。ASCII 为计算机提供了一种存储数据和与其他计算机及程序交换数据的方式。

ASCII 表上的数字 0~31 分配给了控制字符，用于控制像打印机等一些外围设备。例如，ASCII 值 12 代表换页/新页功能。此命令指示打印机跳到下一页的开头；ASCII 值 7 代表震铃。数字 32~126 分配给了能在键盘上找到的字符（见表 A-1）。注意数字 127 代表 DELETE 命令。

表 A-1 ASCII 打印字符表

ASCII	16 进制	字符	ASCII	16 进制	字符	ASCII	16 进制	字符	ASCII	16 进制	字符
32	20	空格	56	38	8	80	50	P	104	68	h
33	21	!	57	39	9	81	51	Q	105	69	i
34	22	"	58	3a	:	82	52	R	106	6a	j
35	23	#	59	3b	;	83	53	S	107	6b	k
36	24	$	60	3c	<	84	54	T	108	6c	l
37	25	%	61	3d	=	85	55	U	109	6d	m
38	26	&	62	3e	>	86	56	V	110	6e	n
39	27	'	63	3f	?	87	57	W	111	6f	o
40	28	(	64	40	@	88	58	X	112	70	p
41	29	)	65	41	A	89	59	Y	113	71	q
42	2a	*	66	42	B	90	5a	Z	114	72	r
43	2b	+	67	43	C	91	5b	[	115	73	s
44	2c	,	68	44	D	92	5c	\	116	74	t
45	2d	-	69	45	E	93	5d	]	117	75	u
46	2e	.	70	46	F	94	5e	^	118	76	v
47	2f	/	71	47	G	95	5f	_	119	77	w
48	30	0	72	48	H	96	60	`	120	78	x
49	31	1	73	49	I	97	61	a	121	79	y
50	32	2	74	4a	J	98	62	b	122	7a	z
51	33	3	75	4b	K	99	63	c	123	7b	{
52	34	4	76	4c	L	100	64	d	124	7c	|
53	35	5	77	4d	M	101	65	e	125	7d	}
54	36	6	78	4e	N	102	66	f	126	7e	~
55	37	7	79	4f	O	103	67	g	127	7f	DEL

附录 B 程序调试

程序错误可以分为编译错误、连接错误及运行错误。Visual Basic.NET 的错误处理已被标准化，其处理方法与 VB6 有很大的区别。

在 Visual Basic.NET 集成环境中，编译器能够发现编译错误（即语法错误）和连接错误。除此之外，在程序运行时也会产生错误，即运行错误。对于运行错误，在 Visual Basic.NET 集成环境中提供了调试器，能够跟踪程序的运行过程，它可以一行一行（单步）地执行程序源代码，以观察在程序的运行过程中，哪些语句执行了，哪些语句没有执行，执行的顺序如何以及内存中各变量当前的值。Visual Basic.NET 提供的调试技术包括控制程序的执行流程、设置断点、查看运行时变量值等。

1. 调试器

查找并修复错误的过程称为调试。调试是我们在编程时查找错误并修正错误的最好方式。Visual Basic.NET 利用它提供的调试器，可以帮助用户分析应用程序的详细运行过程，如应用程序执行时的流程，某一部分代码执行前后所产生的变化，变量是如何随着语句的执行而改变的等，从而确定应用程序在运行的各个阶段发生了什么，以及是如何发生的。

在 Visual Basic.NET 的"调试"菜单（如图 B-1 所示）、"标准"工具栏（如图 B-2 所示）和"调试"工具栏（如图 B-3 所示）上，提供了一些非常有用的调试命令或按钮，表 B-1 列出了 Visual Basic.NET 调试工具中部分常用按钮的用途。

图 B-1 "调试"菜单

图 B-2 "标准"工具栏调试按钮　　　　　图 B-3 "调试"工具栏

表 B-1 常用调试按钮及用途

工具名称	按钮	用途
启动调试（F5）	▶	启动应用程序的调试
全部中断	∥	暂停应用程序的调试，进入中断模式
停止调试	■	停止应用程序的调试
逐语句（F8）	⤓	单步执行应用程序的下一个可执行语句，并跟踪到函数中

续表

工具名称	按钮	用途
逐过程		单步执行应用程序的下一个可执行语句,但不跟踪到函数中
跳出		连续执行当前过程的剩余部分,并在调用该过程的下一个语句处中断执行
显示下一语句		显示下一句会被执行的语句
即时		打开即时窗口,可以显示变量和表达式的值或者运行代码段得到代码结果
局部变量		打开局部变量窗口,可以查看局部变量的值
监视		打开监视窗口,可以监视变量和表达式的值
调用堆栈		显示当前断点处函数是被哪些函数按照什么顺序调用的
寄存器		查看寄存器的值

在工具栏上单击鼠标右键,使快捷菜单中的某个命令处于选中状态,这样可以显示相应工具栏。如在工具栏上单击鼠标右键,选择"调试",即可显示"调试"工具栏。

2. 调试方法与调试工具

(1) 断点。

所谓断点就是程序运行时的暂停点,程序运行到断点处便暂停,回到调试器。这样,就可以观察程序的执行流程,以及知道执行到断点处时有关变量的值。

设置(或取消)断点:可以通过下述方法之一来进行设置或取消已设置的断点。

- 在代码行的左侧区域单击,即可设置或取消断点。
- 把光标移动到需要设置(或取消)断点的代码行上,然后按 F9 键。
- 单击"调试"→"切换断点"命令设置或取消断点
- 在需要设置(或取消)断点的代码行上单击鼠标右键,在弹出的快捷菜单中选择"断点"→"插入断点"命令即可进行设置,选择"断点"→"删除断点"命令即可取消设置。

撤销断点:把光标移动到已经设置了断点的代码行上,再按 F9 键即可取消断点。

条件断点:可以为断点设置一个条件,这样的断点称为条件断点。条件断点有两种,一种是根据触发次数来设置,在断点上单击鼠标右键,选择快捷菜单中"断点"→"命中次数…",在弹出的"断点命中次数"对话框中进行相应设置,当到达断点位置并且满足条件时断点被命中,命中次数是指断点被命中的次数;另外一种是根据预置条件来设置,在断点上单击鼠标右键,选择快捷菜单中的"断点"→"条件…",在弹出的"新建断点"对话框中勾选"条件"复选框,并为断点设置一个表达式,当这个表达式"为 True"或"已更改"时,程序就被中断。

断点筛选器:可以限制只在某些进程或线程中设置断点仅设置在特定的线程上。在断点上单击鼠标右键,选择快捷菜单"断点"→"筛选器…"即可进行设置。

(2) 查看变量和表达式的值。

Visual Basic.NET 支持查看变量和表达式的值。所有这些查看都必须是在断点中断的情况下进行。查看变量的值的最简单方法是将鼠标移动到这个变量上,停留片刻就可以看到这个变量的值。程序中变量和表达式的值可通过"局部变量"窗口、"监视"窗口等各个调试窗口来观察。

(3)"局部变量"窗口。

单击"调试"工具栏上的"局部变量"按钮,即可出现"局部变量"窗口,如图 B-4 所示,在该窗口中可以直接看到当前作用域下的各局部变量的值,当程序从一个过程执行到另一个过程时,该窗口中显示的变量及其值都会随之改变。"局部变量"具有跟踪变量的功能,当逐语句运行程序时,可以看到其中变量的值随着程序的运行发生变化。注意,此窗口中只显示局部变量的值,模块级变量及全局变量不会显示在其中。

(4)"监视"窗口。

单击"调试"工具栏上的"监视"按钮,即可出现"监视"窗口,如图 B-5 所示。在此窗口中可以动态观察变量、数组、数组元素和表达式的值,并跟踪这些值的变化。若要在"监视"窗口中添加监视表达式,只需单击该窗口中"名称"列的最下面单元格,在其中输入即可。"监视"窗口是最重要的调试窗口之一,在逐语句运行状态下,通过该窗口可以看到每执行一条语句后,各监视表达式值的变化,从而可以找到错误所在。

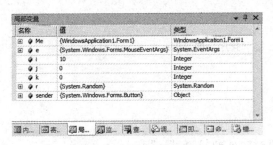

图 B-4 "局部变量"窗口

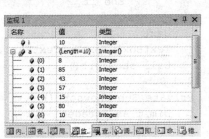

图 B-5 "监视"窗口

(5)"即时"窗口。

单击"调试"工具栏上的"即时"按钮,即可出现"即时"窗口,此窗口可以在调试的时候计算表达式的值、执行语句、打印变量的值等。可以在此窗口中输入命令如>Debug.Print i 即可看到变量 i 的值(也可简单输入命令>? i 来实现),如图 B-6 所示,此窗口即可在程序运行的中断模式下打开也可以在设计状态打开。

(6)寄存器窗口。

单击"调试"工具栏上的"寄存器"按钮,即可出现"寄存器"窗口,显示当前的所有寄存器的值。

图 B-6 "即时"窗口

(7)"内存"窗口。

单击"调试"工具栏上的"内存"按钮,即可出现"内存"窗口,在其中输入地址,就可以显示该地址指向的内存的内容。要显示数组里各元素的内容,或者显示一片内存的内容,可以使用该功能。

(8)"调用堆栈"窗口。

单击"调试"工具栏上的"调用堆栈"按钮,即可出现"调用堆栈"窗口。"调用堆栈"的堆栈跟踪会是对当前的方法调用继承关系的直观显示。在调试程序时,我们会经过一个又一个方法,包括方法的嵌套调用,堆栈跟踪会对这当中的每一层方法做出记录。

3. 调试实例

此处以实例说明调试过程。下面代码先用随机函数产生 10 个两位整数,然后将它们按从大到小的顺序排列，并在文本框中显示出排序前后的数据。

```vb
Public Class Form1
    Dim a(9) As Integer
    Private Sub Button1_Click(ByVal sender As System.Object, ByVal e As System.EventArgs) Handles Button1.Click
        Dim r As New Random
        Dim i, j, k As Integer
        For i = 0 To 9
            a(i) = r.Next(10, 99)
        Next
        TextBox1.Text = "排序前的数据：" & vbCrLf
        Call showsort()    '此处添加断点
        For i = 0 To 8
          For j = i + 1 To 9
            If a(i) < a(j) Then
              k = a(i) : a(i) = a(j) : a(j) = k
            End If
          Next
        Next
        TextBox1.Text = TextBox1.Text & "排序后的数据：" & vbCrLf
        Call showsort()
    End Sub
    Private Sub showsort()
        Dim i As Integer
        For i = 0 To 9
            TextBox1.Text = TextBox1.Text & a(i) & " "
        Next
        TextBox1.Text = TextBox1.Text & vbCrLf
    End Sub
End Class
```

（1）首先在第一个 Call showsort()语句前，按下快捷键 F9 设置断点，设置断点后该语句左侧区域出现一个红色圆点，同时该语句也变为红色底纹显示。

（2）按下快捷键 F5 或单击"调试"工具栏的"启动调试"按钮，系统进入调试状态，程序开始运行并在断点处暂停。

（3）单击"调试"工具栏上的"局部变量"按钮，打开"局部变量"窗口，此时观察到的局部变量的值如图 B-4 所示。

（4）单击"调试"工具栏上的"监视"按钮，打开"监视"窗口，添加监视表达式"a"，观察结果如图 B-5 所示。

（5）按下快捷键 F8 或单击"调试"工具栏的"逐语句"按钮，单步执行程序，观察"局部变量"窗口与"监视"窗口中各变量或表达式值的变化。

（6）继续执行程序，参照上述方法，使用"调试"工具栏上的其他按钮，以熟悉调试的各种方法。

对程序进行调试最重要的是思考，估计程序可能出错的位置，然后运用调试器来帮助寻找错误。熟练使用上述调试工具将会加快调试过程。

附录 C VB6.0 与 VB.NET 的区别

VB.NET 是从 VB 发展而来，是完全面向对象的程序设计方法，而 VB 并不是真正面向对象的。因此 VB.NET 具有面向对象的三个基本特性：封装性、继承性和多态性，由此它会支持继承、重载、接口、构造函数等方法。

1. 数据类型的区别

	VB6.0	VB.NET
整型（Integer）	占用 2 字节	占用 4 字节
长整型（Long）	占用 4 字节	占用 8 字节
货币型	称为"Currency"	称为"Decimal"
任意类型	使用"Variant 类型"	使用"Object 类型"
日期型（Date）	被存储为 Double	引入 DateTime 类型，用于存储不同格式的日期
字符串型（String）	可以声明定长字符串	不支持固定长度的字符串
自定义类型	使用 Type…End Type 语句块创建	使用 Structure…End Structure 语句块创建。
字符型（Char）	无	有
短整型（Short）	无	有
关键字		引入新的关键字：friend、protected 等

2. 变量的区别

	VB6.0	VB.NET
是否支持同行声明多个同一类型变量	不支持	支持
变量初始化	声明时不能初始化	声明时允许初始化
全局变量	Public	除 Public 外，还可以用 Shared
变量作用域	不包含语句块级变量	包含语句块级变量

3. 运算符的区别

	VB6.0	VB.NET
关系运算符	<、<=、>、>=、=、<>	增加了 Is、IsNot、Like 和 TypeOf…Is
逻辑运算符	Not、And、Or	增加了 Xor、AndAlso、OrElse
复合运算符	无	有：+=、*=、-=、/=、\=、^=、&=
字符型数据的比较	按字符的 ASCII 码值进行比较	取决"Option Compare"语句的状态： 当为 Option Compare Binary 时，按字符的 ASCII 码值进行比较； 当为 Option Compare Text 时，不区分字符大小写，按文本排序顺序进行比较

4. 常用函数与方法的区别

	VB6.0	VB.NET
内部函数的使用	直接使用	要引入相关命名空间
数学函数 Sin、Cos、Tan、Atn、Sqr 等	直接使用	引入 System.Math 命名空间
字符串函数	直接使用	引入 Microsoft.VisualBasic.Strings 命名空间,增加 StrComp、StrReverse、Replace 等函数
Fix()函数	属于数学函数	移到 Microsoft.VisualBasic.Conversion 类中,属于转换函数
Int()函数	属于数学函数	移到 Microsoft.VisualBasic.Conversion 类,属于转换函数
随机函数		移到 Microsoft.VisualBasic.VBMath 类
日期时间函数		移到 Microsoft.VisualBasic.DateAndTime 类
返回系统当前日期函数	Date()函数	Today()函数
获取焦点方法	SetFocus 方法	Focus 方法
清除方法	Cls 方法	System.Drawing.Graphics.Clear 方法
InputBox 函数	无法设置对话框的坐标位置	通过两个参数设置对话框的坐标位置
MsgBox 函数	作为语句使用时,不加括号	任何情况必须加括号

5. 窗体与控件的区别

		VB6.0	VB.NET
对窗体的访问		允许代码直接访问尚未实例化的窗体类	必须要对窗体类进行实例化才能访问
改变位置		Move()方法	Location 属性
位置属性		Top 和 Left	Location 属性
修改大小		Width 和 Height 属性	Size 属性
StartPosition 属性		无	有
设置 Enter、Cancel 键		窗体的 Default 和 Cancel 属性	窗体的 AcceptButton 或 CancelButton 属性
文本属性		称为"Caption"	称为"Text"
Font 属性		可以直接赋值	不能直接赋值,需要使用以下语法: 对象名.Font=New [System.Drawing.]Font(字体名,字体大小[,字体样式,字体单位])
对齐方式		Align 属性	TextAlign 属性
按钮控件		称为"Command"	称为"Button"
标签控件		不能设置 Image 属性	可以设置 Image 属性
文本框控件	称谓	Text	TextBox
	方法		新增了 Clear、Copy、Cut、Paste 和 SelectAll 方法
	只读属性	Locked 属性	ReadOnly 属性

续表

		VB6.0	VB.NET
多行文本框		按 Enter 键结束输入，按 Ctrl+Enter 换行	按 Enter 键换行，按 Ctrl+Enter 结束输入
		WordWrap 属性指定标签中的文本是否垂直方向自动延伸	WordWrap 属性指示文本框是否自动换行
控件数组		有	无
分组面板控件 Panel		无	有
分组框控件		Frame	GroupBox
复选列表框控件		无	有
列表类控件	增加列表方法	Object 名.AddItem	Object 名.Items.Add
	删除指定列表项方法	Object 名.RemoveItem	Object 名.Items.Remove
	清除列表	Object 名.Clear	Object 名.Items.Clear
ListBox 控件	列表项总项数属性	ListCount 属性	Items.Count 属性
	获取列表项的内容属性	List 属性	Iterms 属性
	获取选中的列表项的序号属性	ListIndex	SelectedIndex
	是否允许多选属性	MultiSelect	SelectionMode
	被选中列表项的内容属性	Text	SelectedItem
ComboBox 控件		设置组合框样式属性：Style 属性，其他区别同 ListBox 控件	设置组合框样式属性：DropDownStyle 属性，其他区别同 ListBox 控件
Timer 控件		事件名为 timer，Interval 属性设置为 0 使 Timer 控件停止运行	事件名为 tick，将 Interval 属性设置为 0 不能使 Timer 控件停止运行而是将时间间隔设定为 1
PictureBox 控件		Picture 属性设置显示的图片，通过 LoadPicture 函数实现图像的加载；用 AutoSize 属性设置图片是否做自动调整	Image 属性设定其显示的图片，通过 Load 函数实现图像的加载；用 SizeMode 属性调整图片的大小和位置（4 个属性值为 AutoImage、CenterImage、Normal、StretchImage）
菜单控件		包含一种菜单控件 Menu	包含 MainMenu（窗口菜单）和 ContenxtMenu（弹出菜单）
弹出菜单控件		通过"菜单编辑器"与普通菜单一同设计，需要时使用 PopupMenu 弹出菜单	弹出菜单单独设计,通过相应对象的ContextMenuStrip 属性与之关联
工具栏控件	称谓	ToolBar	ToolStrip
	工具栏图像设置	由 ImageList 对象提供	由项目资源提供与管理
尺寸度量单位		Twips	Pixels

6. 语句的区别

	VB6.0	VB.NET
Set 语句	支持	不需要使用 set
While 循环结构	使用 While…end 结构	使用 While…End While 结构
输入语句	Print	使用 System.Console 对象
异常处理	On Error 语句	Try…Catch…Finally 语句

7. 数组的区别

	VB6.0	VB.NET
数组下界	可从任意开始，默认为 0	只能为 0,不支持 Option Base
初始化	不允许在定义数组的同时赋值	允许在定义数组的同时赋值
动态数组	声明动态数组时，数组名后面的括号内没有下标，即空维数组	允许对一个已经声明过长度的静态数组进行动态改变

8. 过程的区别

	VB6.0	VB.NET
参数默认传递方式	传地址	传值
过程调用方式	允许不用加圆括号调用过程(sub)，不过，用 Call 语句调用函数或 sub 时，一定要使用圆括号；调用 sub 过程不用 call 时不能加括号	所有的过程调用都需要圆括号，而 Call 语句则是可选的；调用 sub 过程不用 call 时也必须加括号
Optional 关键字	用来让用户决定传入一个默认值，之后在调用 IsMissing 函数判断参数是否有效	每个可选参数必须声明其默认值，无需调用 IsMissing 函数
Return 语句	Return 语句与 GoSub 语句一起使用	VB.NET 不再支持 GoSub 语句
函数返回值	赋值语句	用赋值语句以外，还可以用 Return 语句
同名过程	不允许定义同名过程，定义过程时没有可选参数	允许定义同名过程，定义过程时可以添加可选参数
过程创建	可使用 static	不可使用 static
实参是数组	必须在数组名后加一对圆括号	只要给出数组名即可，后面不需要加括号

9. 文件的区别

	VB6.0	VB.NET
打开文件	Open 语句	FileOpen 函数
关闭文件	Close 语句	FileClose 函数
读取记录	Get 语句	FileGet 函数
写记录	Put 语句	FilePut 函数

10. 图形的区别

	VB6.0	VB.NET
画直线	Line 方法	DrawLine 方法
画矩形	Line 方法	DrawRectangle 方法
画椭圆	Circle 方法	DrawEllipse 方法
画圆弧	Circle 方法	DrawArc 方法
颜色设置	RGB 函数、QBColor 函数或颜色常数，如：vbBlack 等	更丰富的颜色设置，可以使用 System.Drawing 命名空间内的 Color 结构中用于表示一些常用颜色的常数，还可以调用 System.Drawing 命名空间的 ColorTranslator 类的 FromOle 方法，将 QBcolor 函数、RGB 函数或 Long 类型数值翻译成 GDI+Color 结构，并从该结构翻译颜色
Pen 对象颜色设置	DrawMode 属性	System.Drawing.Pen.Color 属性
Pen 对象绘制的直线样式设置	DrawStyle 属性	System.Drawing.Pen.PenType 属性
Pen 对象宽度设置	DrawWidth 属性	System.Drawing.Pen.Width 属性

11. 数据库访问的区别

	VB6.0	VB.NET
数据库访问技术	ADO、RDO、DAO	ADO.NET、LinQ

参考文献

[1] 陈志泊. Visual Basic.NET 程序设计教程. 北京：人民邮电出版社，2011.
[2] 郑阿奇. Visual Basic.NET 实用教程. 北京：电子工业出版社，2011.
[3] 朱国华. Visual Basic.NET 程序设计. 北京：人民邮电出版社，2009.
[4] 江红，余青松. VB．NET 程序设计. 北京：清华大学出版社，2011.
[5] 刘瑞新，程云志. Visual Basic.NET 程序设计教程. 北京：机械工业出版社，2005.
[6] 李捷. Visual Basic 2005 程序设计教程. 北京：机械工业出版社，2007.